MEMS三维芯片集成技术

3D and Circuit Integration of MEMS

（日）江刺正喜　主编
Masayoshi Esashi

张景然　石广丰　译

内 容 简 介

《MEMS三维芯片集成技术》一书由微机电系统（MEMS）领域的国际著名专家江刺正喜教授主编，对MEMS器件的三维集成与封装进行了全面而系统的探索，梳理了业界前沿的MEMS芯片制造工艺，详细介绍了与集成电路成熟工艺兼容的MEMS技术，重点介绍了已被广泛使用的硅基MEMS以及围绕系统集成的技术。主要内容包括：体微加工、表面微加工、CMOS-MEMS、晶圆互连、晶圆键合和密封、系统级封装等。

本书全面总结了各类MEMS三维芯片的集成工艺以及目前最先进的技术，非常适合MEMS器件、集成电路、半导体等领域的从业人员阅读，为后摩尔时代半导体行业提供了发展思路以及研究方向，并且为电路集成和微系统的实际应用提供了一站式参考。

3D and Circuit Integration of MEMS by Masayoshi Esashi
ISBN 978-3-527-34647-9
Copyright © 2021 WILEY-VCH GmbH. All rights reserved.
Authorized translation from the English language edition published by WILEY-VCH GmbH.
本书中文简体字版由WILEY-VCH GmbH授权化学工业出版社独家出版发行。
本书仅限在中国内地（大陆）销售，不得销往中国香港、澳门和台湾地区。未经许可，不得以任何方式复制或抄袭本书的任何部分，违者必究。
北京市版权局著作权合同登记号：01-2023-0260

图书在版编目（CIP）数据

MEMS三维芯片集成技术/（日）江刺正喜主编；张景然，石广丰译．—北京：化学工业出版社，2023.4
ISBN 978-7-122-42711-3

Ⅰ．①M… Ⅱ．①江… ②张… ③石… Ⅲ．①集成芯片 Ⅳ．①TN43

中国国家版本馆CIP数据核字（2023）第009736号

责任编辑：毛振威　贾　娜　　　　　　　　装帧设计：史利平
责任校对：王鹏飞

出版发行：化学工业出版社（北京市东城区青年湖南街13号　邮政编码100011）
印　　装：涿州市般润文化传播有限公司
787mm×1092mm　1/16　印张24¾　字数583千字　2023年7月北京第1版第1次印刷

购书咨询：010-64518888　　　　　　　　　售后服务：010-64518899
网　　址：http://www.cip.com.cn
凡购买本书，如有缺损质量问题，本社销售中心负责调换。

定　　价：198.00元　　　　　　　　　　　　　　　　　版权所有　违者必究

译者序

在工业领域中，微机电系统（MEMS）对技术的要求越来越高。微机电系统是集微传感器、微执行器、微机械结构、微电源、微能源、信号处理和控制电路、高性能电子集成器件与通信技术等于一体的微型器件或系统。MEMS 是一项革命性的技术，广泛应用于高新技术产业，是一项关系到国家科技发展、经济繁荣和国防安全的关键技术。

MEMS 技术的参考资料、教程通常将该技术的工艺流程划分为许多单元过程，而这些单元过程对于形成 MEMS 来说过于零散。很多读者学过之后，很难完整地形成自己的一套系统的理论，因为这些教程缺乏系统性。

本书综述了 MEMS 技术，对从事 MEMS 设计、制造及应用的学生和专业人士具有指导意义。本书涵盖了 MEMS 制备工艺流程中所涉及的理论和实践，既可以作为 MEMS 工艺的整学期课程授课教材，也可以作为半导体行业中工程技术人员和科研人员的参考书。

本书组成

第 1 章简要介绍了 MEMS 的不同规格及其分类，对本书的章节组成进行了大致介绍。

第 2 章介绍了体微加工。体微加工是采用硅基底的选择性刻蚀以及键合多个刻蚀的晶圆和/或未刻蚀的晶圆来制造 MEMS 的技术。

第 3 章介绍了基于 MIS 工艺的增强体微加工技术。借鉴医学微创手术的思路，开发了一种用于 MEMS 压力传感器的微孔间刻蚀和密封（MIS）工艺。

第 4 章介绍了外延多晶硅的表面微加工。它与 CMOS 电路集成，称为 CMOS 微结构模块集成（MICS）。

第 5 章介绍多晶 SiGe 表面微加工及其应用。多晶 SiGe 作为结构材料，可实现在单个芯片中集成 MEMS 和 CMOS。

第 6 章介绍金属表面微加工。介绍了其优点，在实际应用中解决了蠕变和黏附的问题，实现了基于电气或材料调制方法无法获得的性能。

第 7 章介绍了异构集成氮化铝 MEMS 谐振器和滤波器。简要地介绍了集成氮化铝 MEMS 及其制备流程与封装技术。

第 8 章介绍了使用 CMOS 晶圆的 MEMS。介绍包括不同的 CMOS 和后 CMOS 制程工艺等几种制造技术，以实现制备 CMOS MEMS 器件。最后讨论了扩展现有 CMOS 技术以实现 MEMS 器件时的几个问题。

第 9 章介绍了晶圆转移，其包括薄膜转移，后通孔、先通孔转移，芯片级转移，等等，以便在大规模集成（LSI）晶圆上制造高性能 MEMS 而不损坏 LSI 晶圆。

第 10 章介绍了压电微机电系统，包括 PZT（锆钛酸铅）的基本特征、PZT-MEMS 制造工艺。一些压电材料如 PZT，需要高温才能溅射沉积。这种晶圆转移方法可用于使用压电陶瓷制作 SoC MEMS。

第 11 章至第 20 章对键合、密封和互连进行了介绍，对 MEMS 封装的基本技术有详细说明，包括：阳极键合（第 11 章）、直接键合（第 12 章）、金属键合（第 13 章）、反应键合（第 14 章）和聚合物键合（第 15 章）。介绍的密封和连接方法包括：局部加热钎焊（第 16 章），封装、密封和互连（第 17 章），真空封装（第 18 章），单片硅埋沟（第 19 章）和基底通孔（第 20 章）。

本书引用了大量参考文献，叙述紧密、条理清晰、内容翔实，与该领域一般性主题的其他教科书有所不同。

参与本书编译及核校的还有译者课题组的部分学生，此处不一一介绍，对他们一并表示感谢。

如果您能对本书提出进一步的建议将不胜感激。

译　者

目录

第1部分 导论 … 1

第1章 概述 … 2
参考文献 … 8

第2部分 片上系统（SoC） … 9

第2章 体微加工 … 10
2.1 体微加工技术的工艺基础 … 11
2.2 基于晶圆键合的体微加工技术 … 14
    2.2.1 SOI MEMS … 14
    2.2.2 空腔 SOI 技术 … 19
    2.2.3 玻璃上硅工艺：溶片工艺（DWP） … 20
2.3 单晶圆单面加工工艺 … 24
    2.3.1 单晶反应刻蚀及金属化工艺（SCREAM） … 24
    2.3.2 牺牲体微加工（SBM） … 27
    2.3.3 空腔上硅（SON） … 28
参考文献 … 32

第3章 基于 MIS 工艺的增强体微加工技术 … 36
3.1 多层 3D 结构或多传感器集成的重复 MIS 循环 … 36
    3.1.1 PS^3 型结构的压力传感器 … 36
    3.1.2 P+G 集成传感器 … 39
3.2 压力传感器制备：从 MIS 更新到 TUB … 41
3.3 用于各种先进 MEMS 器件的 MIS 扩展工艺 … 43
参考文献 … 44

第4章 外延多晶硅表面微加工 … 46
4.1 外延多晶硅的工艺条件 … 46
4.2 采用外延多晶硅的 MEMS 器件 … 46
参考文献 … 51

第 5 章　多晶 SiGe 表面微加工 53
5.1　介绍 53
5.1.1　SiGe 在 IC 芯片和 MEMS 上的应用 53
5.1.2　MEMS 所需的 SiGe 特性 54
5.2　SiGe 沉积 54
5.2.1　沉积方法 54
5.2.2　材料性能对比 54
5.2.3　成本分析 55
5.3　LPCVD 多晶 SiGe 56
5.3.1　立式炉 56
5.3.2　颗粒控制 57
5.3.3　过程监测和维护 57
5.3.4　在线测量薄膜厚度和锗含量 58
5.3.5　工艺空间映射 59
5.4　CMEMS® 加工 60
5.4.1　CMOS 接口问题 61
5.4.2　CMEMS 工艺流程 62
5.4.3　释放 67
5.4.4　微盖的 Al-Ge 键合 68
5.5　多晶 SiGe 应用 69
5.5.1　电子定时谐振器/振荡器 69
5.5.2　纳米机电开关 71
参考文献 74

第 6 章　金属表面微加工 78
6.1　表面微加工的背景 78
6.2　静态器件 79
6.3　单次运动后固定的静态结构 80
6.4　动态器件 81
6.4.1　MEMS 开关 81
6.4.2　数字微镜器件 83
6.5　总结 86
参考文献 87

第 7 章　异构集成氮化铝 MEMS 谐振器和滤波器 88
7.1　集成氮化铝 MEMS 概述 88
7.2　氮化铝 MEMS 谐振器与 CMOS 电路的异构集成 89
7.2.1　氮化铝 MEMS 工艺流程 90
7.2.2　氮化铝 MEMS 谐振器和滤波器的封装 91
7.2.3　封装氮化铝 MEMS 的重布线层 92

    7.2.4 选择单个谐振器和滤波器频率响应 ……………… 93
    7.2.5 氮化铝 MEMS 与 CMOS 的倒装芯片键合 …… 94
  7.3 异构集成自愈滤波器 ………………………………………… 96
    7.3.1 统计元素选择（SES）在 CMOS 电路 AlN MEMS 滤波器中的应用 ……………………………………… 96
    7.3.2 三维混合集成芯片的测量 ……………………… 98
  参考文献 ……………………………………………………………… 99

第 8 章 使用 CMOS 晶圆的 MEMS ………………………………… 102
  8.1 CMOS MEMS 的架构及优势简介 ………………………… 102
  8.2 CMOS MEMS 工艺模块 …………………………………… 107
    8.2.1 薄膜工艺模块 …………………………………… 109
    8.2.2 基底工艺模块 …………………………………… 113
  8.3 2P4M CMOS 平台（0.35μm）…………………………… 115
    8.3.1 加速度计 ………………………………………… 115
    8.3.2 压力传感器 ……………………………………… 116
    8.3.3 谐振器 …………………………………………… 117
    8.3.4 其他 ……………………………………………… 120
  8.4 1P6M CMOS 平台（0.18μm）…………………………… 120
    8.4.1 触觉传感器 ……………………………………… 120
    8.4.2 红外传感器 ……………………………………… 122
    8.4.3 谐振器 …………………………………………… 124
    8.4.4 其他 ……………………………………………… 127
  8.5 带有附加材料的 CMOS MEMS …………………………… 129
    8.5.1 气体和湿度传感器 ……………………………… 129
    8.5.2 生化传感器 ……………………………………… 135
    8.5.3 压力和声学传感器 ……………………………… 137
  8.6 电路和传感器的单片集成 ………………………………… 141
    8.6.1 多传感器集成 …………………………………… 141
    8.6.2 读出电路集成 …………………………………… 143
  8.7 问题与思考 ………………………………………………… 150
    8.7.1 残余应力、CTE 失配和薄膜蠕变 …………… 150
    8.7.2 品质因数、材料损失和温度稳定性 ………… 156
    8.7.3 电介质充电 ……………………………………… 158
    8.7.4 振荡器中的非线性和相位噪声 ……………… 159
  8.8 总结 ………………………………………………………… 160
  参考文献 ……………………………………………………………… 162

第 9 章 晶圆转移 ……………………………………………………… 175
  9.1 介绍 ………………………………………………………… 175

9.2	薄膜转移		177
9.3	器件转移（后通孔）		180
9.4	器件转移（先通孔）		183
9.5	芯片级转移		188
参考文献			190

第10章 压电微机电系统 …… 192

10.1	导言		192
	10.1.1	基本原则	192
	10.1.2	作为执行器的PZT薄膜特性	192
	10.1.3	PZT薄膜成分和取向	193
10.2	PZT薄膜沉积		194
	10.2.1	溅射	194
	10.2.2	溶胶-凝胶	196
	10.2.3	PZT薄膜的电极材料和寿命	199
10.3	PZT-MEMS制造工艺		199
	10.3.1	悬臂和微扫描仪	199
	10.3.2	极化	201
参考文献			201

第3部分 键合、密封和互连 203

第11章 阳极键合 …… 204

11.1	原理		204
11.2	变形		206
11.3	阳极键合对电路的影响		208
11.4	各种材料、结构和条件的阳极键合		210
	11.4.1	各种组合	210
	11.4.2	中间薄膜的阳极键合	213
	11.4.3	阳极键合的变化	213
	11.4.4	玻璃回流工艺	215
参考文献			216

第12章 直接键合 …… 218

12.1	晶圆直接键合		218
12.2	亲水晶圆键合		219
12.3	室温下的表面活化键合		221
参考文献			223

第13章 金属键合 …… 226

13.1	固液互扩散键合（SLID）		227

　　　　13.1.1　Au/In 和 Cu/In ……………………………………………… 228
　　　　13.1.2　Au/Ga 和 Cu/Ga ……………………………………………… 229
　　　　13.1.3　Au/Sn 和 Cu/Sn ……………………………………………… 230
　　　　13.1.4　孔洞的形成 …………………………………………………… 230
　　13.2　金属热压键合 ……………………………………………………………… 231
　　13.3　共晶键合 …………………………………………………………………… 233
　　　　13.3.1　Au/Si ………………………………………………………… 233
　　　　13.3.2　Al/Ge ………………………………………………………… 234
　　　　13.3.3　Au/Sn ………………………………………………………… 235
　　参考文献 ……………………………………………………………………………… 235

第14章　反应键合 ……………………………………………………………………… 239
　　14.1　动力 ………………………………………………………………………… 239
　　14.2　反应键合的基本原理 ……………………………………………………… 239
　　14.3　材料体系 …………………………………………………………………… 241
　　14.4　技术前沿 …………………………………………………………………… 242
　　14.5　反应材料体系的沉积概念 ………………………………………………… 242
　　　　14.5.1　物理气相沉积 ……………………………………………… 242
　　　　14.5.2　反应材料体系的电化学沉积 ……………………………… 244
　　　　14.5.3　具有一维周期性的垂直反应材料体系 …………………… 247
　　14.6　与 RMS 键合 ……………………………………………………………… 250
　　14.7　结论 ………………………………………………………………………… 252
　　参考文献 ……………………………………………………………………………… 252

第15章　聚合物键合 …………………………………………………………………… 255
　　15.1　引言 ………………………………………………………………………… 255
　　15.2　聚合物晶圆键合材料 ……………………………………………………… 256
　　　　15.2.1　聚合物的黏附机理 ………………………………………… 256
　　　　15.2.2　用于晶圆键合的聚合物性能 ……………………………… 257
　　　　15.2.3　用于晶圆键合的聚合物 …………………………………… 259
　　15.3　聚合物晶圆键合技术 ……………………………………………………… 262
　　　　15.3.1　聚合物晶圆键合中的工艺参数 …………………………… 262
　　　　15.3.2　局部聚合物晶圆键合 ……………………………………… 266
　　15.4　聚合物晶圆键合中晶圆对晶圆的精确对准 …………………………… 267
　　15.5　聚合物晶圆键合工艺实例 ………………………………………………… 268
　　15.6　总结与结论 ………………………………………………………………… 270
　　参考文献 ……………………………………………………………………………… 270

第16章　局部加热钎焊 ………………………………………………………………… 275
　　16.1　MEMS 封装钎焊 …………………………………………………………… 275
　　16.2　激光钎焊 …………………………………………………………………… 275

16.3　电阻加热和钎焊 ……………………………………………… 278
　　16.4　感应加热和钎焊 ……………………………………………… 280
　　16.5　其他局部钎焊工艺 …………………………………………… 282
　　　　16.5.1　自蔓延反应加热 ………………………………………… 282
　　　　16.5.2　超声波摩擦加热 ………………………………………… 283
　　参考文献 ………………………………………………………………… 285

第17章　封装、密封和互连 …………………………………………… 287
　　17.1　晶圆级封装 …………………………………………………… 287
　　17.2　密封 …………………………………………………………… 288
　　　　17.2.1　反应密封 ………………………………………………… 288
　　　　17.2.2　沉积密封（壳体封装） ………………………………… 291
　　　　17.2.3　金属压缩密封 …………………………………………… 293
　　17.3　互连 …………………………………………………………… 296
　　　　17.3.1　垂直馈通互连 …………………………………………… 296
　　　　17.3.2　横向馈通互连 …………………………………………… 301
　　　　17.3.3　电镀互连 ………………………………………………… 304
　　参考文献 ………………………………………………………………… 306

第18章　真空封装 ………………………………………………………… 310
　　18.1　真空封装的问题 ……………………………………………… 310
　　18.2　阳极键合真空封装 …………………………………………… 310
　　18.3　控制腔压的阳极键合封装 …………………………………… 314
　　18.4　金属键合真空封装 …………………………………………… 315
　　18.5　沉积真空封装 ………………………………………………… 315
　　18.6　气密性测试 …………………………………………………… 317
　　参考文献 ………………………………………………………………… 318

第19章　单片硅埋沟 ……………………………………………………… 320
　　19.1　LSI 和 MEMS 中的埋沟/埋腔技术 …………………………… 320
　　19.2　单片 SON 技术及相关技术 …………………………………… 322
　　19.3　SON 的应用 …………………………………………………… 330
　　参考文献 ………………………………………………………………… 333

第20章　基底通孔（TSV） ……………………………………………… 336
　　20.1　TSV 的配置 …………………………………………………… 336
　　　　20.1.1　实心 TSV ………………………………………………… 337
　　　　20.1.2　空心 TSV ………………………………………………… 337
　　　　20.1.3　气隙 TSV ………………………………………………… 338
　　20.2　TSV 在 MEMS 中的应用 ……………………………………… 338
　　　　20.2.1　信号传导至晶圆背面 …………………………………… 338
　　　　20.2.2　CMOS-MEMS 3D 集成 ………………………………… 338

　　　　20.2.3　MEMS 和 CMOS 2.5D 集成 ……………………… 339
　　　　20.2.4　晶圆级真空封装 …………………………………… 340
　　　　20.2.5　其他应用 …………………………………………… 341
　　20.3　对 MEMS 中 TSV 的探讨 …………………………………… 341
　　20.4　基本 TSV 制备技术 ………………………………………… 342
　　　　20.4.1　深孔刻蚀 …………………………………………… 342
　　　　20.4.2　绝缘体形成 ………………………………………… 344
　　　　20.4.3　导体形成 …………………………………………… 345
　　20.5　多晶硅 TSV …………………………………………………… 349
　　　　20.5.1　实心多晶硅 TSV …………………………………… 349
　　　　20.5.2　气隙多晶硅 TSV …………………………………… 352
　　20.6　硅 TSV ………………………………………………………… 353
　　　　20.6.1　实心硅 TSV ………………………………………… 353
　　　　20.6.2　气隙硅 TSV ………………………………………… 355
　　20.7　金属 TSV ……………………………………………………… 356
　　　　20.7.1　实心金属 TSV ……………………………………… 357
　　　　20.7.2　空心金属 TSV ……………………………………… 360
　　　　20.7.3　气隙金属 TSV ……………………………………… 365
　　参考文献 ……………………………………………………………… 366
附录 …………………………………………………………………………… 376
　　附录 1　术语对照 …………………………………………………… 376
　　附录 2　单位换算 …………………………………………………… 384

第1部分

导论

第1章 概述

Masayoshi Esashi

Tohoku University，Micro System Integration Center（μSIC），519-1176 Aramaki-Aza-Aoba，Aoba-ku，Sendai，980-0845，Japan

  微机电系统（micro-electro mechanical systems，MEMS）简称为微系统，已应用于传感器等多功能组件。该技术是基于硅晶圆表面制备集成电路（integrated circuit，IC）的先进微加工技术。该技术需要将掩模上的图案转移至硅晶圆表面，随后采用光刻技术制备结构。采用该技术能够在芯片上批量转移制造出 100 亿个晶体管，相当于在半径为 12in[1]（约 300mm）的硅晶圆表面制备出 1 万亿个晶体管。也能够通过刻蚀和沉积，对微加工技术进行扩展，从而制备出厚结构（2.5D）。这种拓展后的技术称为微加工技术。芯片上具有多功能组件和电路的 MEMS 在用户界面、无线通信、物联网（Internet of things，IoT）等先进系统方面扮演着重要的角色。本书介绍了 MEMS 的不同规格，如图 1.1 所示，包含了两种 MEMS 类型：一种是被称为片上系统（system on chip，SoC）的整体式 MEMS，另一种是被称为系统级封装（system in package，SiP）的复合式 MEMS。前者 SoC MEMS 为 MEMS 和电路均在同一芯片上，该部分将在第 2 章至第 10 章重点介绍。SoC MEMS 能够减少连接的复杂程度，且实现了 MEMS 的有源矩阵阵列。另一方面，由于诸如电路的热预算之类的限制，SoC 减少了 MEMS 工艺的自由度。后者 SiP MEMS 为 MEMS 和电路分别制备在不同芯片上，组装后进行封装，该部分的讨论见后述。

  图 1.1 中，体微加工是对块体硅晶圆进行刻蚀以制备出 MEMS 结构，该部分将在第 2 章进行描述。图 1.1 中的表面微加工如图 1.2（a）所示。首先沉积牺牲层，随后对牺牲层进行图案化处理。其次，对结构层进行沉积以及图案化处理。通过选择性地对牺牲层进行刻蚀，剩余的结构层可用于 MEMS 组件。

  美国加利福尼亚大学伯克利分校的 R. T. Howe 教授和 R. S. Muller 教授首先提出了通过表面微加工方法集成 n 型 MOSFET（NMOSFET，n 型金属-氧化物-半导体场效应晶体管）及 CMOS（互补金属氧化物半导体）电路的 MEMS。上述制备流程分别在图 1.3 和图 1.4 中进行说明。近年来，大规模集成电路（LSI）在晶圆代工厂采用标准化的工艺流程，而此类工艺流程不够灵活。因此，通常采用如图 1.2 中的 LSI 制造方法，这也要求不能污染 LSI 生产线。

---

[1] 1in=25.4mm。

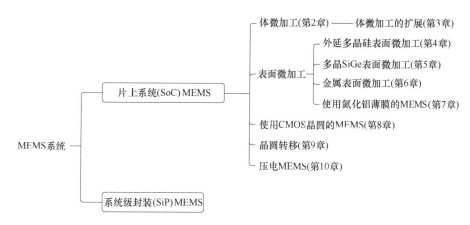

图 1.1 MEMS 的不同规格

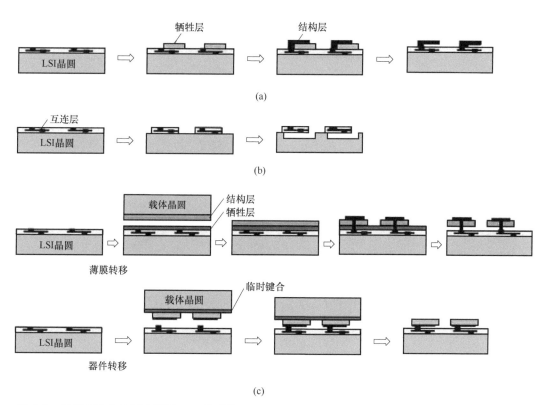

图 1.2 使用 LSI 方法制备不同 SoC 类型的 MEMS。(a) 表面微加工（基于沉积方法）（第 4~7 章）；(b) 使用 CMOS 晶圆的 MEMS（第 8 章）；(c) 晶圆转移（第 9 章）

多晶硅的表面微加工采用多晶硅作为结构层。关于外延多晶硅的表面微加工将在第 4 章介绍。多晶硅作为弹簧、运动元件等材料具有良好的力学性能，可用于传感器或用作谐振器的执行器。通过化学气相沉积（CVD）多晶硅需要 600℃ 左右的高温，共同制造的集成电路必须承受该温度。由多晶硅制备的谐振微结构，与耗尽型 NMOS 场效应晶体管（FET）相集成[4]，其制备流程如图 1.3（a）所示[1,4]。采用传统的硅局部氧化（LOCOS）技术制备了具有多晶硅栅极的 NMOSFET。作为 FET 栅极的多晶硅层也被用作谐振腔的驱动电极

1. 硅局部氧化NMOS工艺

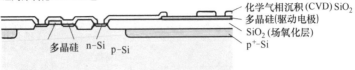

2. Si_3N_4沉积和图案化

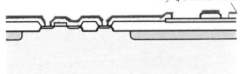

3. PSG(磷硅玻璃)/CVD SiO_2沉积与图案化

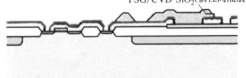

4. 多晶硅化学气相沉积、磷掺杂、快速热退火(1150℃, 3min)和图案化

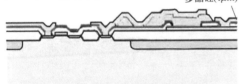

5. HF中的金沉积图案化和牺牲PSG刻蚀

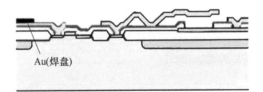

(a)

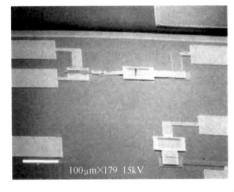
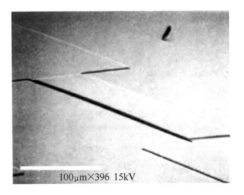

(b)

(c)

图 1.3 NMOS 集成多晶硅谐振微结构（SoC MEMS）。(a) 制造过程；
(b) 微结构照片；(c) 带有 NMOSFET 和谐振器的电路

来源：Putty et al.[1]. © 1989, Elsevier

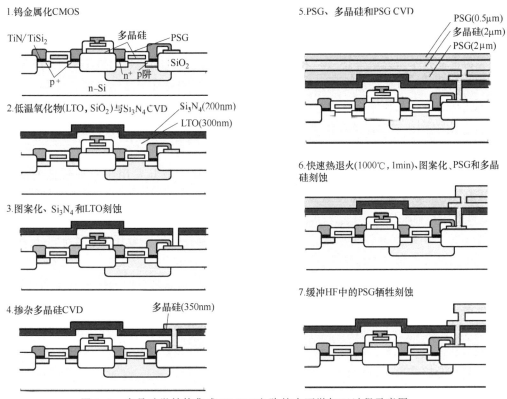

图 1.4 多晶硅微结构集成 CMOS 电路的表面微加工过程示意图

来源：Based on Yun et al.[2]；Bustillo et al.[3]

[图 1.3（a）中的第 1 步］。为了刻蚀牺牲层［图 1.3（a）中的第 2 步］所需的刻蚀停止层，沉积并图案化处理氮化硅（在光刻胶固化后刻蚀），采用 CVD 沉积磷硅玻璃（PSG）和 SiO_2 作为牺牲间隔层［图 1.3（a）中的第 3 步］。在 600℃时，沉积多晶硅，并通过离子注入进行磷的掺杂。在 1150℃下快速热退火（RTA）3min 后，进行图案化处理，需要 RTA 控制多晶硅的应力［图 1.3（a）中的第 4 步］。Au（金）沉积并进行图案化处理，最后在 HF（氢氟酸）中刻蚀掉 PSG 牺牲层，制成用于谐振器的多晶硅微悬臂梁［图 1.3（a）中的第 5 步］。Au 用来代替传统的 Al（铝），因为 Au 不会在 HF 溶液中刻蚀。图 1.3（b）所示为芯片表面照片和制备的自悬浮多晶硅悬臂梁。图 1.3（c）所示为 NMOSFET 和谐振器（谐振微桥）的电路示意图。为了减少杂散电容的影响，电容检测电路须与 MEMS 微结构集成在一起。

表面微加工的多晶硅微结构也可与 CMOS 电路集成，称为 CMOS 微结构模块集成（MICS）[2,3]，其制备流程如图 1.4 所示。多晶硅表面微加工需 600℃的沉积温度，热预算要求采用与传统的 Al 不同的金属化。在金属/硅接触处分别使用 W（钨）和 $TiN/TiSi_2$ 作为金属化层和扩散屏障，以承受高温过程（图 1.4 中的第 1 步）。采用 CVD 沉积低温氧化物（LTO，SiO_2）和 Si_3N_4（图 1.4 中的第 2 步），随后将 LTO 和 Si_3N_4 进行图案化处理（图 1.4 中的第 3 步）。沉积并图案化处理掺杂多晶硅（图 1.4 中的第 4 步）。采用 CVD 沉积 PSG、多晶硅及第二层 PSG（图 1.4 中的第 5 步）。使用 RTA 工艺，并且将 PSG 和多晶硅进行图案化处理（图 1.4 中的第 6 步）。通过在缓冲的 HF 溶液中对 PSG 进行牺牲刻蚀以获得可动多晶硅微结构（图 1.4 中的第 7 步）。

由于多晶硅的应力会导致晶圆弯曲，从而需要限制其厚度小于 $2\mu m$。另一方面，德国弗劳恩霍夫硅技术研究所（ISIT）和瑞典乌普萨拉大学（Uppsala University）开发了低应力外延多晶硅，可以使硅层厚度达到 $20\mu m$ 以上[5]。利用外延多晶硅进行表面微加工已被用于电容式传感器，如加速度计和陀螺仪。较厚的外延多晶硅层可使微结构的横向电容增大。对于 SoC MEMS，不需要单片集成电容检测电路。关于外延多晶硅的表面微加工，将在第 4 章进行详细介绍。

图 1.1 中分类的多晶 SiGe（poly-SiGe）表面微加工被开发用于实现较低的沉积温度（410℃）[6]。该部分将在第 5 章详细介绍。由于 Ge（锗）能够在 H_2O_2 中被选择性刻蚀，所以 Ge 可被用作牺牲层。

为了在 CMOS 大规模集成电路上制备反射镜阵列，开发了金属表面微加工技术，通过蒸镀或溅射的方法进行金属沉积。由于该技术不需要高温条件，从而不会对 CMOS 的大规模集成电路造成热损坏，故可以选择光刻胶作为牺牲层。非晶金属的使用提高了材料的耐久性。反射镜阵列已经成功地应用于视频投影仪和其他系统，这部分详见第 6 章。

另一种表面微加工是使用 AlN（氮化铝）的 MEMS。AlN 是一种压电材料，可以通过反应溅射在低温下沉积。这使得具有表面微加工结构的 SoC MEMS 能够在电路上使用压电材料。该部分将在第 7 章中介绍。

图 1.1 中使用 CMOS LSI 晶圆的 MEMS 为 SoC MEMS，其原理如图 1.2（b）所示。用于在 CMOS 晶圆上与体硅（bulk Si）互连的多层膜被用作 MEMS 结构，而在 MEMS 结构下的 Si 可以在必要时进行下刻蚀。该部分将在第 8 章中介绍。

如图 1.2（c）所示的晶圆转移方法将在第 9 章中进行详细说明。其中包括两种方法：一种为薄膜转移，将载体晶圆上的结构转移至 LSI 晶圆上，且在 LSI 晶圆上进行 MEMS 的制造；另一种为器件转移，即 MEMS 在载体晶圆上制造，然后通过凸块等方法转移到 LSI 晶圆上。MEMS 通过刻蚀载体晶圆或临时键合层留在 LSI 晶圆上，或者通过解键合（激光剥离）从载体晶圆上剥离。晶圆转移法的优点是结构层或 MEMS 不是在 LSI 晶圆上制造的，而是在载体晶圆上制造的，因此制造过程具有灵活性，载片可采用高温工艺。

一些压电材料如 PZT（锆钛酸铅）需要高温（700℃）才能溅射沉积。这种晶圆转移方法可用于使用压电陶瓷制作的 SoC MEMS。压电 MEMS 将在第 10 章中介绍。

单片 SoC MEMS 在前面已经讨论过。另一种是被称为 SiP MEMS 的混合类型。MEMS 芯片和 LSI 芯片可以实现互连，如图 1.5 所示。将暴露的 MEMS 芯片与 LSI 芯片并排配置，如图 1.5（a）所示。MEMS 芯片和 LSI 芯片的并排配置［图 1.5（b）］和 MEMS 芯片在 LSI 芯片上的堆叠配置［图 1.5（c）］被放置在一个金属壳或陶瓷封装中。封装的 MEMS 芯片和 LSI 芯片并排配置［图 1.5（d）］和 LSI 芯片在封装 MEMS 芯片上的堆叠配置［图 1.5（e）］可以用聚合物模压成型。这种复合方法的优势在于每个 MEMS 和 LSI 都可以通过优化的工艺进行单独制作。

未封装的 MEMS 芯片不能用树脂成型，因为表面有可移动的元件。MEMS 需要封装，尤其是晶圆级封装在 MEMS 中起着重要的作用[7]。MEMS 工艺和封装需要键合、密封和互

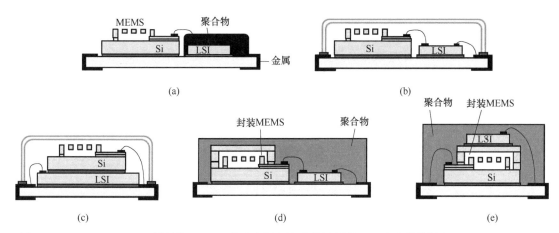

图 1.5 SiP MEMS。(a) 暴露的 MEMS 芯片和带有聚合物涂层的 LSI 芯片并排混合配置；(b) MEMS 芯片和 LSI 芯片在金属壳或陶瓷封装中并排混合配置；(c) MEMS 芯片和 LSI 芯片在金属壳或陶瓷封装中堆叠式排布；(d) 封装的 MEMS 芯片和 LSI 芯片并排混合配置，并使用聚合物进行模压成型；(e) 封装的 MEMS 芯片和 LSI 芯片堆叠排布，并使用聚合物进行模压成型

连。封装后的 MEMS 芯片如图 1.5（d）、（e）所示，采用玻璃熔块（焊锡玻璃和低熔点玻璃）进行键合和密封。详细介绍可见图 4.6（第 4 章）和图 17.35（第 17 章）。本书的第 11 章至第 20 章将对图 1.6 中列出的 MEMS 封装的基本技术进行详细说明。将介绍五种键合方法：阳极键合（第 11 章）、直接键合（第 12 章）、金属键合（第 13 章）、反应键合

图 1.6 MEMS 封装的基本技术

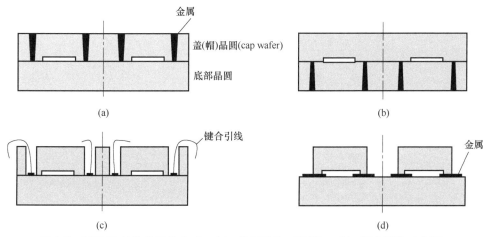

图 1.7 MEMS 封装的互连方式。(a) 基底通孔（顶部）；(b) 基底通孔（底部）；(c) 引线键合的硅通孔；(d) 横向馈通

（第 14 章）和聚合物键合（第 15 章）。介绍的密封和互连方法包括局部加热钎焊（第 16 章），封装、密封和互连（第 17 章），真空封装（第 18 章），单片硅埋沟（第 19 章）和基底通孔（第 20 章）。MEMS 封装的互连方法分类如图 1.7 所示。图 1.7（a）、（b）中的 TSV 将在 17.3.1 节和第 20 章中进行介绍。20.4.3.5 节将介绍图 1.7（c）中的引线键合硅通孔技术[8]。图 1.7（d）中的横向馈通（feedthrough）互连将在 17.3.2 节中讨论。

参 考 文 献

1 Putty, M. W., Chang, S. -C., Howe, R. T. et al. (1989). Process integration for active polysilicon resonant microstructures. *Sens. Actuators* 20：143-151.

2 Yun, W., Howe, R. T., and Gray, P. R. (1992). Surface micromachined, digitally force-balanced accelerometer with integrated CMOS detection circuitry. IEEE Solid-State Sensor and Actuator Workshop, Hilton Head Island, USA (22-15 June 1992), 126-131.

3 Bustillo, J. M., Fedder, G. K., Nguyen, C. T. -C., and Howe, R. T. (1994). Process technology for the modular integration of CMOS and polysilicon microstructures. *Microsyst. Technol.* 1 (1)：30-41.

4 Howe, R. T. and Muller, R. S. (1984). Integrated resonant-microbridge vapor sensor. IEEE IEDM 84, San Francisco, USA (9-12 December 1984), 213-217.

5 Kirsten, M., Wenk, B., Ericson, F., and Schweitz, J. A. (1995). Deposition of thick doped polysilicon films with low stress in an epitaxial reactor for surface micromachining applications. *Thin Solid Films* 259 (2)：181-187.

6 Takeuchi, H., Quévy, E., Bhave, S. A. et al. (2004). Ge-blade damascene process for post-CMOS integration of nano-mechanical resonators. *IEEE Electron Device Lett.* 25 (8)：529-531.

7 Esashi, M. (2008). Wafer level packaging of MEMS. *J. Micromech. Microeng.* 18 (7)：073001 (13pp).

8 Fischer, A. C., Grange, M., Roxhed, N. et al. (2011). Wire-bonded through-silicon vias with low capacitive substrate coupling. *J. Micromech. Microeng.* 21：085035 (8pp).

第2部分
片上系统（SoC）

第2章 体微加工

Xinxin Li and Heng Yang

State Key Lab of Transducer Technology, Shanghai Institute of Microsystem and Information Technology, Chinese Academy of Sciences, 865 Changning Road, Shanghai 200050, China

  体微加工是采用硅基底的选择性刻蚀以及键合多个刻蚀的晶圆和/或未刻蚀的晶圆来制造微机电系统（MEMS）的技术。纵观三维微加工技术，相对于制备硅MEMS的另一种方法——表面微加工技术而言，体微加工技术在加工台阶结构或加工较厚的硅结构时，具有较大的优势。当惯性传感器需要大振荡质量或高深宽比时，对于大静电力梳状驱动执行器需要较深的沟槽时，体微加工技术往往是首选。另一方面，对于集成电路（IC）的兼容性而言，表面微加工技术在加工过程中具有明显的优势，即能够采用更多的IC兼容薄膜（如多晶硅、SiN_x、SiO_2及其他金属层）作为结构层或牺牲层，且不需要过深的台阶结构。最重要的是，对于牺牲层释放经常遇到摩擦问题的表面微加工，体微加工通常具有较高的结构可靠性。因此，大量体微加工的MEMS器件产品已经成功应用于市场。此外，一些先进的体微加工技术已经能够模拟表面微加工过程，以制造具有更强结构鲁棒性的梳状驱动和牺牲层结构。事实上，随着先进的系统级封装（SiP）技术，如通过硅通孔（TSV或TSiV）堆叠MEMS芯片封装，CMOS-MEMS单片集成已经不仅仅是高密度MEMS器件或微系统的唯一选择。如何使用标准化的IC生产设备进行MEMS晶圆的批量制造，已经成为MEMS工业领域内急需解决的问题。相关的体微加工技术解决方案将在本章接下来的部分中依次讨论。

  图2.1所示为一个典型的体微加工结构——压阻式加速度计的示意图[1]。硅晶圆经各向异性刻蚀形成悬臂梁-质量块结构，作为加速度传感结构。在各向异性刻蚀前，在硅悬臂梁表面制作压敏电阻作为传感器。随后，将具有悬臂结构的硅晶圆键合在顶部和底部的玻璃

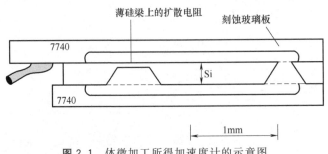

图 2.1 体微加工所得加速度计的示意图

来源：Petersen[1]. © 1982，IEEE

晶圆上，在玻璃晶圆上刻蚀各向同性的缝隙，并制造出金属线，将金属线连接到硅晶圆上。

体微加工中的机电结构通常要比表面微加工中的厚得多，这在许多MEMS器件中得到了重视。例如，当惯性传感器具有较大的质量块时，能够获得更高的性能[2]。单晶硅具有良好的抗疲劳性能和较低的残余应力，通常作为体微加工技术的加工材料。另一方面，部分体微加工技术不能与CMOS兼容，如各向异性湿法刻蚀、阳极键合、高温硅熔融键合等工艺。此外，键合晶圆中的电气布线也是另待解决的问题。

2.1节讨论了体微加工技术的工艺基础。在2.2节和2.3节中讨论了一些典型的工艺流程。

2.1 体微加工技术的工艺基础

刻蚀单晶硅是体微加工技术中最具代表性的例子之一。事实上，硅的体微加工通常是指单晶硅块体刻蚀[3]。硅的刻蚀技术包括：各向同性湿法刻蚀、各向异性湿法刻蚀、等离子体刻蚀和气相刻蚀。

在各向同性湿法刻蚀中，湿刻蚀剂会以相同的速度对硅晶圆的所有晶向进行刻蚀。各向同性湿刻蚀剂通常采用氢氟酸（HF）/硝酸（HNO_3）/乙酸（CH_3COOH）（简称HNA）。然而，由于各向同性的原因，导致加工精度较低，使得该方法并不是体微加工的主流方法。如图2.2所示，在各向同性刻蚀后，刻蚀剂显著地钻蚀（undercut）了掩模层下的硅。沟槽的宽度不是由光刻决定的，而是由刻蚀时间决定。由于刻蚀过程中的速率对刻蚀剂的搅拌非常敏感，所以导致了晶圆间的均匀性及不同批次的一致性较差。

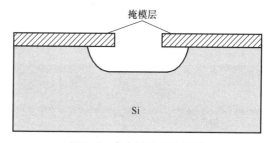

图2.2 各向同性湿法刻蚀

与各向同性湿法刻蚀工艺不同，各向异性湿法刻蚀工艺对加工精度有显著提高，因此该方法广泛地应用于体微加工技术中。常用的各向异性湿刻蚀剂均为碱性溶液，如氢氧化钾（KOH）、氢氧化钠（NaOH）及四甲基氢氧化铵（TMAH）等。各向异性湿法刻蚀的腐蚀速率与刻蚀方向有关。例如，当采用KOH溶液作为刻蚀剂刻蚀硅〈100〉方向时，其刻蚀速率约为刻蚀硅〈111〉方向的100～400倍。若在理想状态下进行加工，通过各向异性湿法刻蚀所得的晶圆能够获得以晶面为边界的几何形状。如图2.3所示，在（100）硅晶圆表面覆盖一层SiO_2后，将其置于KOH溶液中进行各向异性湿法刻蚀。刻蚀后的SiO_2层沿〈110〉晶向排布，所得空腔结构被（111）侧壁所包围。由于（111）平面的刻蚀速率可以忽略，因此SiO_2层刻蚀程度决定着空腔结构的长度和宽度。此外，由于各向异性刻蚀的刻蚀速率在不同的刻蚀剂中变化很小，如KOH、TMAH以及乙二胺邻苯二酚水溶液（EPW），从而能够通过控制刻蚀剂的浓度、使用时间和温度等条件，进而在微米级尺度上完成对空腔结构深度的控制。由于刻蚀速

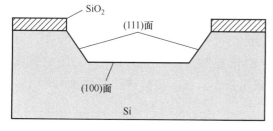

图2.3 KOH中的各向异性湿法刻蚀

率主要受表面反应速率控制,所以该方法对刻蚀速率并不敏感。已经有学者通过改变不同刻蚀参数,测量了不同情况下,硅的各向异性刻蚀速率[4-6]。其中,如图 2.4 所示为在 50℃的 KOH 溶液(40%)中($0\bar{1}\bar{1}$)晶面和($0\bar{1}1$)晶面的刻蚀速率分布[6]。

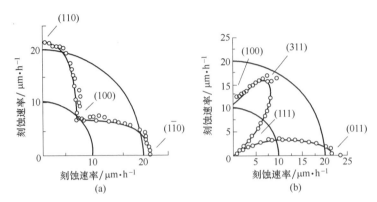

图 2.4　Si 在 KOH 溶液中的二维刻蚀速率极坐标图

来源:Yang et al.[6]. © 2000, Elsevier

各向异性刻蚀是通用的,能够采用该方法制备多种 MEMS 器件和结构。如图 2.5 所示为两个采用 KOH 刻蚀制备多层结构的例子[7]。

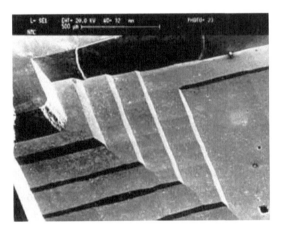

图 2.5　在 KOH 溶液中刻蚀得到的多层结构

采用刻蚀停止技术,可进一步提高各向异性刻蚀的加工精度。由于重掺硼硅在 EPW 中具有极低的刻蚀速率,因此可以实现硼刻蚀停止。这种刻蚀停止工艺的一个经典案例是由 Gianchandani 和 Najafi[8] 开发的溶片工艺(DWP),这将在 2.2 节中讨论。

电化学刻蚀停止是另一项重要技术,当硅和溶液之间的偏压大于开路电位(OCP)时,该技术依赖于各向异性湿刻蚀剂中 p 型和 n 型硅的阳极钝化特性。如图 2.6[9] 所示,可以用三电极或四电极刻蚀停止结构制备复杂的 MEMS 结构,其中 n 型硅在 KOH 中偏压比 OCP 大,p 型硅由于反向偏置二极管的存在而偏压较小。在 p 型硅被选择性地刻蚀后,由于 n 型硅的阳极钝化,刻蚀停止。

电化学刻蚀停止也可以用原电池[10] 实现,而不是外部偏压。原电池刻蚀停止的装置如图 2.7 所示。Au、Si 和各向异性刻蚀剂形成原电池。当 Au 与 Si 的面积比大于一个设定值

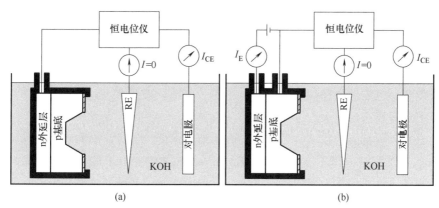

图 2.6 电化学刻蚀停止装置。(a) 三电极；(b) 四电极

来源：Kloeck et al.[9]. © 1989, IEEE

时，阳极电流大到足以选择性钝化 n 型硅。

各向异性湿法刻蚀的主要缺点之一是倾斜的（111）侧壁占用了较大的芯片面积。由于（111）侧壁与（100）表面的夹角约为 54.74°，因此（111）侧壁的投影宽度约为 $\sqrt{2}H$，其中 H 为晶圆的厚度。对于大于 100mm 的晶圆，占用芯片的面积是不可接受的。另一个缺点为各向异性湿法刻蚀通常与 CMOS 不兼容。

目前，各向异性湿法刻蚀已被深反应离子刻蚀（DRIE）所取代。Bosch 工艺[11] 是最著名的 DRIE 技术，通过在钝化和各向同性氟基等离子体刻蚀之间切换，实现了 Si 的高深宽比等离子体刻蚀，如图 2.8 所示。电感耦合等离子体（ICP）源可实现高刻蚀速率。Bosch 工艺在晶圆表面和垂直侧壁上实现了优异的加工精度。但与各向异性湿法刻蚀相比，在面外方向的加工精度较低。

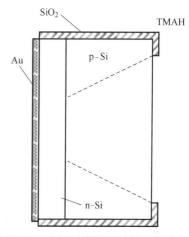

图 2.7 原电池刻蚀停止装置示意图

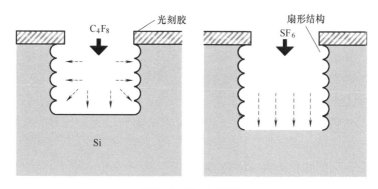

图 2.8 Bosch 工艺

除了等离子体刻蚀，气相刻蚀是干法刻蚀中的另一种类型。XeF_2 刻蚀是一种典型的气相刻蚀，其对硅、SiO_2 和金属具有很高的选择性。缺点为刻蚀是各向同性的，且由扩散驱

动,加工精度和均匀性不佳。

晶圆键合是另一种关键的体微加工技术。晶圆键合大致包括三种类型：直接晶圆键合、阳极键合和中间层键合。

硅熔融键合是一种广泛应用的直接晶圆键合技术。当晶圆表面保持干净平整时，可获得良好的键合质量，也能够实现气密性和真空密封。然而，该技术对污染和表面轮廓很敏感。在许多情况下还需要高温退火。

阳极键合是一种可靠的技术，可以实现高的结合强度，且对污染和表面轮廓不敏感。然而，高达1000V的键合电压不能与多数MEMS结构相兼容。由于玻璃晶圆不易加工，使得通过玻璃晶圆的电气线路成为新的问题。键合过程中产生的残余气体也是另外一个问题。

中间层键合则已广泛使用于封装级应用中[14]。

2.2 基于晶圆键合的体微加工技术

2.2.1 SOI MEMS

MEMS技术起源于二维电路集成加工。MEMS工艺中最重要的问题之一为控制晶圆的三维尺寸和公差，即晶圆的面外方向。在单晶硅体微加工技术中，绝缘体上硅（SOI）MEMS技术提供了结构层厚度及其公差的最佳控制，尽管该技术对层数有限制。

SOI晶圆是一种三明治结构，在单晶硅器件层和单晶硅基底之间有一层SiO_2。三层的加工精度均较好。当器件层厚度达到$100\mu m$时，器件层的厚度公差小于$1\mu m$。薄氧化埋层的厚度公差低至$\pm 50nm$，基底的厚度公差也为微米级。SOI MEMS能达到所需加工精度。

在SOI MEMS中，通常在器件层中制备独立结构。结构层比表面微加工中的结构层厚度大一个数量级。由于许多MEMS器件结构的厚度与性能之间存在正相关关系，例如惯性传感器和光学器件，因此相比于表面微加工工艺，使用SOI MEMS加工能够制备出质量更优的器件。

SOI MEMS工艺是通用的，氧化埋层作为优秀的隔离层，不仅能作为器件层和SOI晶圆的隔离基底，且器件层上的不同部位也可以使用沟槽来隔离。因此，电容传感和驱动结构易制作，如梳状驱动执行器。压阻式传感也可以应用于SOI MEMS器件中。

氧化埋层是内置的牺牲层或提供刻蚀停止。SOI MEMS能够简化制备工艺流程。同时，最顶层和最底部的表面足够光滑，从而能够在光学中得到应用。

采用SOI晶圆制造MEMS结构大致有三种策略：以氧化埋层为牺牲层的类表面微加工工艺、以硅基底为牺牲层的类表面微加工工艺及以氧化埋层为刻蚀停止层的传统体微加工工艺。

(1) 以氧化埋层为牺牲层的类表面微加工工艺

如图2.9所示的以氧化埋层为牺牲层的类表面微加工工艺流程较为简单。

图2.9（a）：在SOI晶圆的器件层掺杂之后，通过光刻和刻蚀技术对金属线进行沉积并图案化处理。需在DRIE工艺之前进行光刻，从而获得金属线。器件层通过光刻工艺获得图案，并通过DRIE工艺生成结构。释放孔应在大型结构上刻蚀，如质量块。后续的释放刻蚀

是一个各向同性且受时间控制的工艺。释放孔的设计可以控制刻蚀的时间和程度。

图 2.9（b）：通过刻蚀下方氧化埋层来释放结构并使其干燥。表面微加工中的刻蚀和干燥工艺可采用如氢氟酸蒸气刻蚀、高浓度氢氟酸刻蚀、冷冻干燥和超临界干燥。

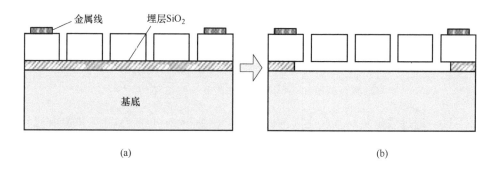

图 2.9 通过干法刻蚀工艺，将 SOI 晶圆的顶层刻蚀得到所需结构（如梳齿状）后，采用湿法刻蚀或 HF 蒸气去除下方的 SiO_2 层

根据释放刻蚀剂的不同，采用不同的金属，类似于表面微加工的情况。金属线也可以在 DRIE 或释放刻蚀后制备。然而，对线宽的控制可能会恶化。在 DRIE[15] 之后，由于在传统的光刻/刻蚀方法中，质量高的形貌结构侧壁可能会残留金属和光刻胶，所以通常采用剥离法而不是光刻/刻蚀法来制作金属线。释放的结构也可以用自对准工艺进行金属化处理[16]，如图 2.10 所示。

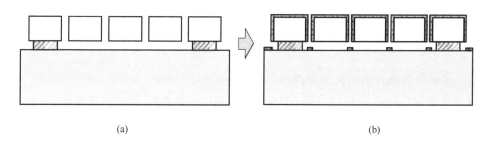

图 2.10 释放刻蚀的自对准金属化。(a) 制备独立结构；(b) 将氧化埋层断开后，再溅射一层金属

释放刻蚀是其关键步骤之一，需要注意一些事项。首先，在该工艺中使用的几乎所有 SOI 晶圆都是键合减薄后的 SOI（BESOI），其键合质量至关重要。当键合质量较低时，氧化埋层沿键合表面的刻蚀速度为其他方向刻蚀速度的数十倍甚至数百倍。SOI 晶圆应通过氧化埋层的 HF 刻蚀测试是否合格。其次，氧化埋层的刻蚀是各向同性的，且受时间控制，难以精确控制对空腔结构的刻蚀。由低应力 SiN_x 填充的沟槽可作为刻蚀停止结构来定义释放区域，如图 2.11 所示。

上述 SOI MEMS 工艺可以制作各种器件：惯性传感器[15]、光学 MEMS[16]、加速度计和光开关。SOI MEMS 结构可以是平面内或平面外的柔性结构，可以用电容传感或压阻传感进行检测。虽然被氧化埋层的厚度限制了结构的平面外位移，但梳状驱动和底部电极也可以分别驱动结构在平面内或平面外变形。图 2.12[15] 所示的电容式加速度计的梁-质量块结

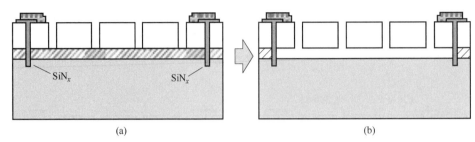

图 2.11　使用低应力的 SiN_x 作为自停止腐蚀结构，
随后刻蚀 SiO_2 埋层以释放获得 MEMS 结构

构为面外柔性，通过质量块与基底之间的电容来检测。图 2.13 所示的光开关由梳状驱动执行器驱动其在平面内移动[16]。

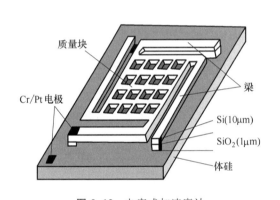

图 2.12　电容式加速度计

来源：Matsumoto et al.[15]. ⓒ 1996, Elsevier

图 2.13　由梳状驱动执行器驱动的光开关

来源：Noell et al.[16]

（2）以硅基底为牺牲层的类表面微加工工艺

在以氧化埋层为牺牲层的 SOI MEMS 中，结构层与基底层之间的厚度等于氧化埋层的厚度，且限制在几微米以内。小间隙限制了独立结构[17]的最大尺寸，因为 SOI 晶圆本身具有较高的应力水平，当悬空结构较大时，残余应力和应力梯度引起的变形可与独立结构的最大尺寸相当[15,16]。最大面外位移独立结构也受到小间隙的限制。

通过刻蚀下方的硅基底来释放独立结构，并将氧化埋层作为刻蚀停止层，可以消除由小间隙引起的限制。其基本工艺如图 2.14 所示，除需要使用 DRIE 工艺在背面释放独立结构外，其余工艺流程与前述流程基本类似。

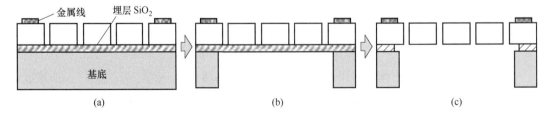

图 2.14　(a) 当金属线制备后，采用光刻对 Si 顶层进行图案化处理，并通过 DRIE 刻蚀获得对应结构；(b) 在背面通过 DRIE 刻蚀 Si 基底层；(c) 刻蚀 SiO_2 层后获得最终结构

众所周知的 SOI 多用户 MEMS 工艺（SOIMUMPs）[18] 采用了以硅基底作为牺牲层的 SOI 工艺。在 SOIMUMPs 中，提供了两种不同的金属线。第一个金属层在结构 DRIE 之前沉积和成形，从而获得精细金属特征，如图 2.14（a）所示。精细金属线被限制在 DRIE 过程中未被刻蚀的区域。在独立结构释放和阴影掩模定义之后，沉积第二个金属层。沉积金属后临时键合晶圆和释放，如图 2.15 所示[18]。

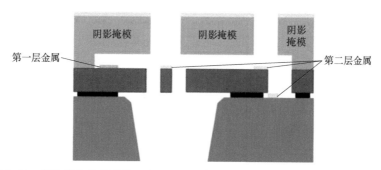

图 2.15　以掩模为界限的第二个金属层，暂时与晶圆键合，在金属沉积后去除
来源：Cowen et al.[18]。© 2005，MEMSCAP

在图 2.14 的过程中，需要考虑的一个问题为在 DRIE 过程中如何从背面保护脆弱的结构。在 DRIE 过程中，晶圆由未刻蚀一侧的氦气流冷却。整个晶圆的压降不为零，可能会破坏脆弱的结构，特别是刻蚀后的基底，仅剩余氧化埋层。该结构可以通过保护层或临时键合操作晶圆（handle wafer）来加强。

也可以从基底的正面刻蚀以释放独立结构。基本的工艺流程如图 2.16 所示，其工艺流程与图 2.10 相似。但在硅基底刻蚀的过程中，器件层必须受到掩模层的保护，而在刻蚀释放后独立结构下的掩模层和氧化埋层必须剥离。硅基底可以用各向同性干刻蚀剂（如 XeF_2）或湿刻蚀剂（如 KOH）刻蚀。由于热氧化层存在较大的压应力，从而导致独立结构产生较大的变形，所以独立结构下的氧化埋层必须剥离。

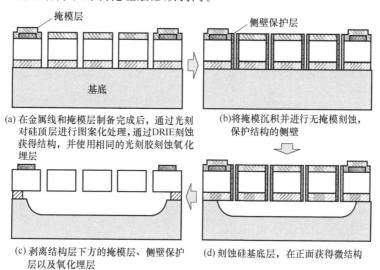

图 2.16　基底正面刻蚀基本工艺流程

由于独立结构下的硅基底已被刻蚀，因此不能使用底部电极。电容传感和静电驱动通常采用梳状驱动，因此，平面柔性结构被广泛应用于电容传感和静电驱动。然而，由于采用压阻式传感器不易检测平面内变形，因此利用该技术制备具有压阻式传感器和静电驱动的器件成了一个挑战。文献 [19] 中提供了上述问题的解决方案。如图 2.17 所示，将在晶圆与垂直方向倾斜 31°时，置入梁侧壁上的压敏电阻。

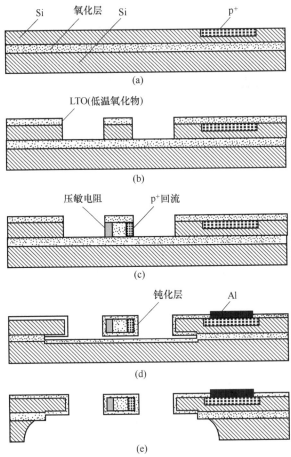

图 2.17　(a) p^+ 掺杂；(b) SOI 晶圆顶层的干法刻蚀；(c) 通过离子注入，在梁侧壁上进行 p 型和 p^+ 掺杂，以形成压敏电阻和回流路径；(d) 钝化层沉积；(e) 背面刻蚀，以获得加速度计的结构

来源：Partridge et al.[19]　© 2000，IEEE

(3) 以氧化埋层为刻蚀停止层的传统体微加工工艺

虽然在湿法刻蚀工艺中有很多刻蚀停止技术，如电化学刻蚀停止和重硼各向异性湿法刻蚀停止，但湿刻蚀剂对 MEMS 技术中常用的金属和钝化材料进行刻蚀，限制了该技术的应用。更糟糕的是，没有类似的刻蚀停止技术可用于干法刻蚀工艺，以对不同的材料进行时间控制或停止。SOI 晶圆中氧化埋层是干法、湿法刻蚀工艺中有效的刻蚀停止层。传统的体结构可以用 SOI 晶圆制备出更高的加工精度。

图 2.18 为采用 SOI 晶圆的压阻式三自由度（3-DOF）加速度计的工艺流程图[20]，具体流程如下。

图 2.18（a）：通过热生长获得氧化层。压敏电阻和金属互连在器件层中制造。

图 2.18（b）：采用 DRIE 从背面刻蚀 SOI 晶圆以定义质量块后，用 DRIE 从正面刻蚀 SOI 晶圆以定义梁。

图 2.18（c）：在玻璃晶圆上刻蚀缝隙后，将 SOI 晶圆与玻璃晶圆阳极键合。

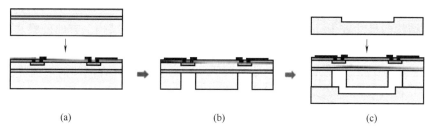

图 2.18 （a）在正面对 SOI 晶圆进行加工，获得压敏电阻和金属互连；（b）通过刻蚀晶圆背面，获得微结构；（c）将晶圆背面与玻璃晶圆键合

来源：Dao et al.[20]. © 2010，ANSNN

2.2.2 空腔 SOI 技术

在传统的体微加工中，独立结构下的空腔是在结构形成过程中或形成后形成的。因此，在清洁和键合过程中对独立结构的保护是必不可少的。此外，独立结构的形成会导致晶圆弯曲和晶圆表面粗糙，从而导致后续晶圆键合工艺的质量和良率下降。

在空腔 SOI 技术中[12,21-25]，首先形成空腔。由于通常采用的是浅空腔，因此对晶圆弯曲度和表面粗糙度的影响可以忽略。

空腔 SOI 技术可能要追溯到 20 世纪 80 年代，尽管当时还不知道这个术语。基本流程如图 2.19 所示，描述如下。

① 采用湿法或干法刻蚀基底晶圆正面的空腔，背面制备对准标记。
② 盖晶圆直接与基底晶圆结合。
③ 盖晶圆经研磨、抛光或刻蚀等工艺处理，获得设计要求的厚度。
④ 机械结构是通过在腔体上刻蚀硅膜片来制造的。

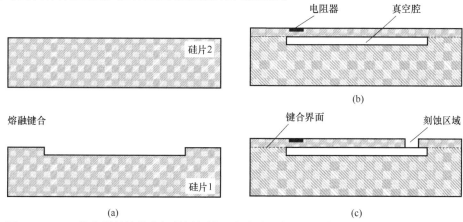

图 2.19 （a）带有预刻蚀的底部晶圆与另一片晶圆键合；（b）降低顶部晶圆的厚度至结构所需厚度，并制备压敏电阻；（c）通过正面干法刻蚀制备传感结构

来源：Petersen et al.[22]. © 1991，IEEE

空腔 SOI 技术的优点如下。

① 由于带有预刻蚀的晶圆对于 CMOS 工艺是透明的，使得该技术能够与 CMOS 相互兼容。

② 尺寸精度更高。空腔结构的几何尺寸能够通过光刻和浅刻蚀控制。此外，当 SOI 层厚度和空腔结构的尺寸处于一定范围内，也能够精确控制空腔结构上方的硅膜片厚度。该方法表现出的对准精度也非常高。误差主要来源于处理晶圆的双面光刻及对准标记转移至键合层的前表面等步骤。

③ 能够通过合适的键合环境调节空腔结构内压力。

空腔 SOI 技术的一个主要缺点是盖晶圆的薄化过程。当空腔尺寸较大时，薄膜片可能无法承受减薄过程。对于研磨抛光[25]的盖晶圆减薄过程，矩形腔体的腔尺寸和膜片厚度的安全范围如图 2.20 所示。

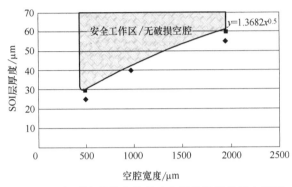

图 2.20 矩形空腔结构的尺寸和膜片厚度的安全范围
来源：Luoto et al.[25]。© 2007，Elsevier

2.2.3 玻璃上硅工艺：溶片工艺（DWP）

溶片工艺是一种在玻璃上制造厚度与宽度之比超过 10∶1 的单晶硅独立结构的技术。该过程的示意如图 2.21 所示，其描述如下。

（a）首先采用 KOH 刻蚀晶圆以形成锚和缝隙。虽然缝隙可以采用反应离子刻蚀（RIE）方法，但在参考文献 [8] 中推荐了各向异性湿法刻蚀，因为各向异性湿法刻蚀可以产生更平滑的沟槽底部。

（b）根据结构厚度的不同，可以选择第二步。硅片热氧化及图案化处理后，将最厚的

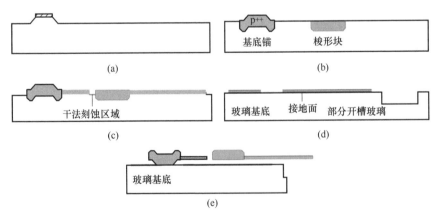

图 2.21 (a) 正面采用选择性浅刻蚀；(b) 在键合处掺杂硼；(c) 通过浅刻蚀确定微结构；(d) 使用微加工和金属化处理玻璃晶圆，用于与硅晶圆的键合；(e) 将硅晶圆与玻璃晶圆键合，随后将除掺杂部分外的硅晶圆刻蚀

来源：Gianchandani and Najafi[8]。© 1992，IEEE

区域（该区域的厚度一般为 15μm）暴露在外，掺杂大量硼[8]。热扩散过程耗时久，在温度为 1175℃ 下扩散 15μm，要持续约 16h[26]，且很难扩散到更深的区域。

（c）剥离所有的掩模层，并进行无掩模的硼扩散以确定平面结构的厚度。硼扩散的厚度一般为 2～20μm。干法刻蚀深沟槽来切割硼扩散层，以确定结构的深宽比。

（d）准备玻璃晶圆，用于连接金属和切割部分凹槽。

（e）当剥离所有掩模层后，通过阳极键合将硅晶圆与玻璃晶圆相互键合。相互键合部分和掺硼层部分重叠，确保该部分连接紧密，从而获得更好的欧姆接触。接触面积 $13000\mu m^2$ 的电阻约为 12Ω。金属键合需要承受阳极键合和各向异性湿法刻蚀过程。因此，应选择贵金属作为金属键合的材料。最终，在各向异性湿刻蚀剂中刻蚀晶圆，例如 EPW。重硼掺杂硅的刻蚀速率远低于未掺杂的刻蚀速率，可以忽略不计，称为重硼刻蚀停止。在未掺杂硅基底溶解后，能够释放玻璃上的重硼掺杂结构。

虽然重掺杂硅层由于硼扩散的特性而具有高应力的特点，但释放后测得结构的残余应力较小[27]。采用吸合电压技术、谐振频率技术及弯曲梁应变传感器测量残余应力，其测量值分别为 18.3MPa[27]、(18.5±4) MPa[8] 以及 15～40MPa[28]。释放后结构未观察到明显的面外变形，应力梯度可以忽略[28,29]。p^{++} 结构的杨氏模量约为 (175±40) GPa。

通过重硼扩散的多个案例，DWP 可以制备不同厚度的结构。由于硼扩散深度可以很精确地控制，因此利用 DWP 可以很好地控制结构的厚度及其公差。由于能够在玻璃上制造梳齿电极和底电极，结构的面内和面外运动都可以通过电容传感或静电驱动来实现。目前，已

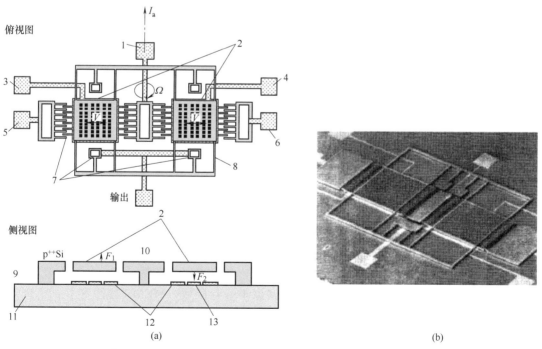

图 2.22 （a）通过 DWP 制备陀螺仪的示意图；（b）SEM 图像

来源：(b) Kourepenis et al.[30] © 1998，IEEE

1—中央电机；2—振动块；3—左侧传感器；4—右侧传感器；5—左侧电机；6—右侧电机；7—梳状结构锚点；
8—弯曲支撑；9—左电机驱动；10—中央电机驱动；11—玻璃基底；12—感应板；13—再平衡板

经使用 DWP 技术开发了许多 MEMS 器件，包括加速度计、陀螺仪、热分析仪、皮拉尼真空计和微执行器。图 2.22 所示为采用 DWP 技术制备陀螺仪的示意图[30,31]。

在使用 DWP 技术制备绝对压力传感器时，会产生一个问题，即 p^{++} 膜片会在真空中与玻璃基底相结合，形成绝对压力传感器的标准真空室。使用底层的底部电极对膜片的位移进行电容检测。在不破坏真空环境的条件下，在真空环境中制备底部电极的外接引线会产生一系列问题。图 2.23 所示为多晶硅连接玻璃电极和外部引线的解决方案[32]。

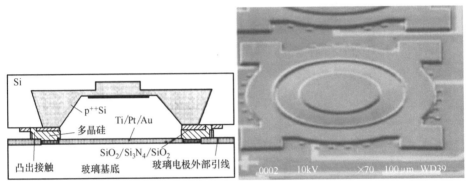

图 2.23　通过 DWP 制备陀螺仪的示意图及 SEM 图

来源：Mason et al.[32]。© 1998，IEEE

在标准的 DWP 制备过程中，仅玻璃上的底部电极是集成的，也可采用双键合和溶解工艺集成顶部电极。如图 2.24 所示，开发了一种带有顶部电极的隧道式加速度计[26]。在带有检测结构的晶圆与玻璃片键合后，将传感结构晶圆与玻璃晶圆键合并溶解以形成顶部电极。

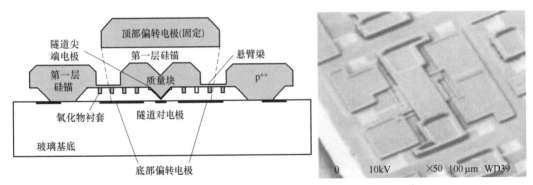

图 2.24　使用 DWP 制备加速度计的示意图及其 SEM 图像

来源：Yeh and Najafi[26]。© 1997，IEEE

为了将 CMOS 电路与 p^{++} MEMS 集成在同一个芯片上，文献 [33] 介绍了有源溶片工艺（ADWP）。如图 2.25 所示，CMOS 电路位于 n 型区域，MEMS 器件位于 p^{++} 区域。在各向异性溶解过程中，n 型区域呈阳极偏置以实现电化学自刻蚀停止。CMOS 电路的引线需要穿过 p^{++} 保护环的孔，导致部分刻蚀剂不可避免地穿过 p^{++} 保护环，对 CMOS 区域进行一定侵蚀。为了避免该侵蚀现象，在 CMOS 金属化后，需要沉积覆盖一层低温氧化物（LTO）[33]。

在 DWP 中，p^{++} 层的厚度会受到硼扩散过程的限制。深刻蚀浅扩散工艺[34] 可以作为一种改进。浅硼扩散法可以制备厚度为 $40\mu m$、宽间隙为 $2\mu m$ 的阵列结构。图 2.26 所示为

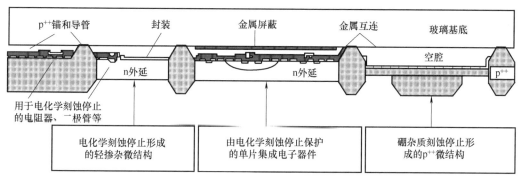

图 2.25 有源 DWP

来源：Gianchandani et al.[33]. © 1995, IEEE

工艺流程，其描述如下。

图 2.26（a）：首先刻蚀晶圆以形成锚和间隙。

图 2.26（b）：在沉积厚掩模层并获得图案后，采用 DRIE 工艺刻蚀获得深沟槽，将结构区域划分为狭窄的网格结构。在文献 [34] 中使用电子回旋共振源刻蚀沟槽，并使用电镀镍作为掩模层。DRIE 代表了一种比标准 RIE 更好的替代方法。

图 2.26（c）：进行浅硼扩散，将网格结构厚度转化为 p^{++} 层。

图 2.26（d）：对 DRIE 进行另一次迭代，通过底部的 p^{++} 层进行刻蚀。

图 2.26（e）：剥离所有掩模层后，通过阳极键合将晶圆与具有金属连接的玻璃晶圆相互键合。当各向异性湿法刻蚀溶解未掺杂硅基底后，在玻璃晶圆表面获得了 p^{++} 独立结构。

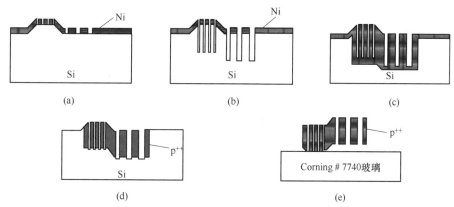

图 2.26 （a）首先刻蚀晶圆得到锚以及间隙；（b）进行深刻蚀，获得沟槽结构，并将结构划分为更窄的网格结构，掩模层材料为电镀镍；（c）进行硼的浅扩散，将网格结构转化为高浓度硼掺杂结构；（d）进行深刻蚀，从而穿透 p^{++} 层；（e）使用阳极键合，将晶圆与玻璃晶圆相连接，随后将硅基底溶解，得到掺硼的微结构

来源：Juan and Pang[34]. © 1996, IEEE

深刻蚀浅扩散工艺能够制备非常厚的结构。然而，该工艺受干法刻蚀的深宽比和设计间隙的宽度所限制。如图 2.27 和图 2.28 所示，文献 [35] 通过该技术制备了具有较大的深宽比的垂直硅反射镜阵列，用于光开关应用。为实现两个光路之间的切换，采用了一个厚度为 $50\mu m$ 的垂直反射镜，驱动方式为梳状驱动执行器驱动。根据反射镜的位置，输入光能够反

射到另一固定光纤,或者沿原路径照射,如图 2.27 所示。由于采用了较高的深宽比,直流电压为 30V 的情况下,反射镜的深宽比结构可使反射镜的运动幅度达到 $34\mu m$。

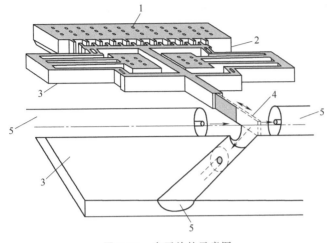

图 2.27 光开关的示意图

来源:Juan and Pang[35]. © 1998,IEEE

1—锚定至玻璃;2—梳状驱动电极;
3—玻璃基底;4—可移动反射镜;5—光纤

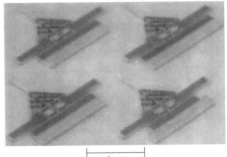

图 2.28 2×2 光开关阵列的 SEM 图像

来源:Juan and Pang[35]. © 1998,IEEE

2.3 单晶圆单面加工工艺

2.3.1 单晶反应刻蚀及金属化工艺(SCREAM)

SCREAM 工艺[36,37]是目前已知最早的单面体微加工工艺之一,用于在单晶硅基底中制备具有较高深宽比的结构。其流程极其简单,仅需一轮光刻即可制备出独立式器件。通过自对准溅射实现隔离金属化,不需要光刻。同时,该工艺不受晶向、掺杂类型和掺杂水平等条件的影响。如图 2.29 所示为工艺过程[36],其过程如下。

图 2.29(a):沉积一层 SiO_2 并进行图案化处理,作为整个工艺流程中的掩模。该掩模层的厚度非常重要,需要承受 RIE 刻蚀[在图(d)中有所体现],且需在各向同性刻蚀过程中保护结构的表面和上边缘[在图(f)中有所体现]。该掩模层的质量对工艺流程影响较弱。PECVD(等离子体增强 CVD)可以用于沉积 SiO_2 层,但最好选择更高质量的 SiO_2 层。

图 2.29(b):采用 DRIE 工艺进行刻蚀,其中刻蚀深度 D_1 大于结构高度 H。刻蚀结束后,剥离光刻胶。

图 2.29(c):沉积一层较薄的 SiO_2 层。

图 2.29(d):通过 RIE 去除沟槽底部的薄层 SiO_2,重要的是保持侧壁氧化物的完整性。

图 2.29(e):采用深硅 RIE,刻蚀至侧壁氧化物下边缘的 $3\sim5\mu m$。

图 2.29(f):采用各向同性刻蚀方法去除结构下方的硅,使其悬浮在基底上。平面内

刻蚀距离 D_3 需大于独立结构最大宽度的一半。如图中所示，尽管结构底部并不平整，在刻蚀是完全各向同性时，结构的高度大约为 D_1 与 D_3 的差值。

图 2.29（g）：通过自对准铝溅射，对释放所得结构进行金属化处理。若图（a）、（c）中使用 PECVD 沉积 SiO_2，上述所有步骤都能够在低温（<400℃）下进行。

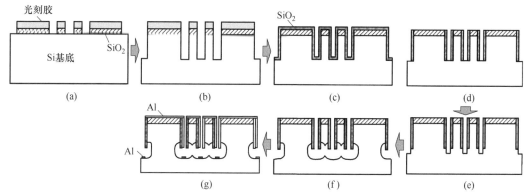

图 2.29 （a）对晶圆顶部的氧化层进行图案化处理；（b）使用深刻蚀获得沟槽结构；（c）通过沉积或者热生长方法，获得较薄的氧化层；（d）通过反应离子刻蚀去除底部的氧化层，保留侧壁的氧化物；（e）进行深刻蚀，刻蚀至侧壁氧化物下边缘的 3～5μm 处；（f）进行各向同性刻蚀，去除结构下方的硅基底；（g）通过自对准铝溅射方法，对释放得到的结构进行金属化处理

来源：Modified from Shaw et al.[36]

如参考文献［36］所述，需要遵循一些设计规则。

① 第一层 SiO_2 层必须比图 2.29（c）的沉积层厚很多。需特别注意保护结构上边缘。如图 2.30[38] 所示，上边缘 SiO_2 层的消耗可能大于表面 SiO_2 层的消耗，导致在图 2.29（f）中的释放刻蚀过程中，上边缘处出现了多余的刻蚀。边角 SiO_2 的额外消耗可能是氯气-RIE 过程中的高直流偏置[36]或第一掩模层的锥形轮廓。在某些情况下，SiO_2 层的厚度超过 2.5μm 时，足以保护上边缘[36]。保护上边缘的方法在参考文献［38］中有广泛的讨论。

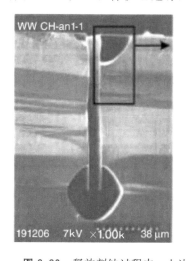 

图 2.30 释放刻蚀过程中，上边缘结构有不需要的刻蚀

来源：de Boer et al.[38]. © 2000，IEEE

② 如图 2.31（a）所示，在自对准金属化处理过程中，所有隔离的电互连、接触片及电容板必须用沟槽包围，以确保电隔离。如图 2.31（b）所示为互连线的截面。使用自对准金属化处理，简化了工艺的流程。另一方面，MEMS 结构不能通过 CMOS 金属化连接到 IC 上。

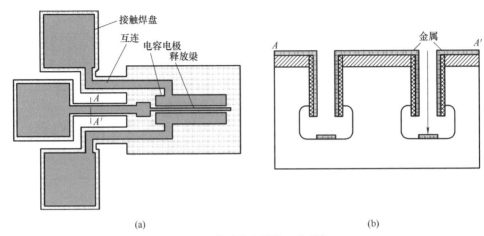

图 2.31　自对准金属化工艺器件

来源：Shaw et al.[36]. © 1994，Elsevier

③ 器件中所释放的横梁应该具有相同的宽度，且比锚点小。

图 2.32 所示为通过 SCREAM 工艺制备的梳状驱动微执行器。网格形可动板 D 由弹簧 B 支撑，由梳状驱动结构 A 驱动。微执行器在平面内运动，但可动结构通过 C 锚定到基底上。能够清楚地观察到锚 C 与固定板 E 的下方的钻蚀。

图 2.32　通过 SCREAM 工艺制备的梳状驱动微执行器

来源：MacDonald[37]. © 1996，Elsevier

SCREAM 工艺简单且通用。采用该工艺制备了许多表面微加工结构，其结构层比表面微加工结构厚得多。由于采用单晶硅结构，可以获得很低的残余应力，且无疲劳现象。

然而，该工艺同样存在一定的局限性。第一，悬空结构的厚度及悬空结构与基底之间的间隙是由各向同性刻蚀决定的，其加工精度远低于由光刻和 DRIE 决定的面内方向的加工精度；由于各向同性刻蚀，独立结构的底部并不平坦。第二，由于整个结构被自对准金属化层包裹，因此只能采用静电驱动和电容传感。第三，由于独立结构的硅部分与基底电连接，并起到屏蔽金属层的作用，因此无法驱动或感知独立结构的平面外运动，大部分 SCREAM 结构都是在平面内方向驱动或感知。第四，独立结构呈网格状，造成质量和强度的损失。第五，由于自对准金属化的使用，不能通过平面工艺将不同的结构连接。

作为一种早期的单晶圆单面加工工艺，SCREAM 工艺引出了很多新的工艺过程以及工艺革新，其中一些将在 2.3.2 节中进行详细讨论。

2.3.2 牺牲体微加工（SBM）

在 SCREAM 工艺过程中，释放结构的宽度受各向同性限制，且表面下的结构受到不均匀的刻蚀。牺牲体微加工（SBM）[39] 是另一种类表面微加工方法，可用于制造具有平坦下表面的宽结构。

SBM 工艺是基于各向异性刻蚀及（111）硅晶圆在各向异性湿刻蚀剂（如以 KOH 为刻蚀剂）中产生的自刻蚀停止效应。(111)晶圆中有 8 个 {111} 晶面。如图 2.33（a）[39] 中展示了其中的 6 个晶面，另外 2 个晶面为顶部和底部晶面。如图 2.33（b）所示，6 个 {111} 晶面中有 3 个晶面倾斜于垂直方向 19.47°，相反的 3 个平面的倾斜角度为 −19.47°。在 KOH 中 {111} 晶面的刻蚀速率远低于其他平面的刻蚀速率，可以忽略不计。如图 2.34

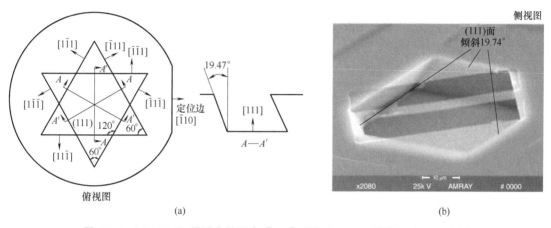

图 2.33 （a）{111} 晶圆中的所有 [111] 组晶向；(b) 暴露在 {111} 晶圆刻蚀空腔结构中的 (111) 晶面的 SEM 图像

来源：Lee et al.[39]. © 1999, IEEE

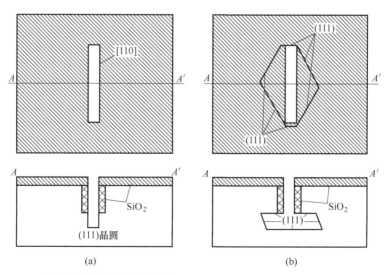

图 2.34 （a）上图为刻蚀得到的沟槽俯视图，下图为侧壁部分被氧化层覆盖的刻蚀沟槽；(b) 上图为自刻蚀停止的六边形空腔结构的俯视图，下图为对应的横截面图

(a)所示结构在 KOH 中刻蚀时,硅沿着横向刻蚀,因为上下表面为 {111} 晶面。在足够长时间的刻蚀后,8 个 {111} 晶面包裹着的空腔结构如图 2.34(b)所示,实现了自刻蚀停止。

SBM 的工艺流程如图 2.35 所示,其详细描述如下。

图 2.35(a):沉积一层 SiO_2,并对其进行图案化处理。由于需要进行长时间的各向异性湿法刻蚀工艺才能获得所要的结构,因此 SiO_2 层的厚度与质量均很重要,与之前的 SCREAM 工艺所需的 SiO_2 层有所区别。高温 SiO_2 为首选,比如通过热生长 SiO_2 及低压化学气相沉积(LPCVD)四乙氧基硅烷(TEOS)等。刻蚀方法为 DRIE 工艺,其中刻蚀深度略大于结构度。

图 2.35(b):沉积一层较薄的 SiO_2 层,首选高温 SiO_2。

图 2.35(c):通过 RIE 去除沟槽底部的薄 SiO_2 层,侧壁氧化物保持完整。

图 2.35(d):通过深刻蚀 RIE 方法在侧壁氧化物边缘下方刻蚀 3~5μm 后,通过各向异性湿法刻蚀释放结构。

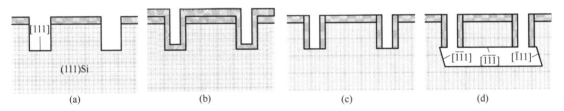

图 2.35 (a)在 SiO_2 沉积后,进行图案化处理,为了使得刻蚀深度略大于结构高度,选用深刻蚀;(b)沉积一层较薄的 SiO_2;(c)通过反应离子刻蚀取出沟槽底部的 SiO_2 薄层;(d)使用反应离子刻蚀在侧壁氧化物边缘下刻蚀 3~5μm 后,通过各向异性湿法刻蚀释放结构

来源:Lee et al.[39]. © 1999,IEEE

有学者[39]指出,SCREAM 工艺中的自对准金属化处理过程,同样能够在 SBM 工艺中使用,但其锚点设计相对复杂,原因在于自对准金属化处理所得结构,在各向异性湿刻蚀剂中很快就会产生缺口现象。解决该问题的方法是采用 pn 结隔离。

2.3.3 空腔上硅(SON)

空腔上硅(SON)结构是一种内部存在空白区域的单晶结构。该技术最初应用于低功率和高速金属氧化物半导体(MOS)器件。目前,该技术用于大规模生产压力传感器。

Sato 开发了硅内部空腔(ESS)工艺来制备具有自组织再结晶的 SON 结构[40,41]。如图 2.36(a)所示,当具有较高的深宽比沟槽的单晶硅样品在 1100℃左右的 H_2 中退火时,会发生表面迁移,用于密封沟槽并使表面能最小化。沟槽转换为球形 ESS 结构,转换所得球形结构的直径大于原沟槽直径。当沟槽排列紧密的硅样品进行再结晶时,可以得到管状 ESS 和平板状 ESS 结构,如图 2.36(b)、(c)所示。

文献[41]给出了 ESS 工艺中遵循的一些规则。首先,必须使表面迁移仅发生在没有氧化层的表面,且处于无氧环境中。其次,沟槽的初始深宽比和直径非常重要。当深宽比小于 3 时,再结晶后沟槽在没有 ESS 的情况下消失。当深宽比大于 9.5 时,将会垂直生成多

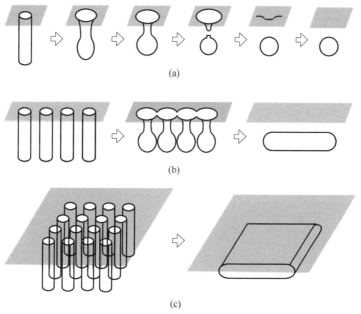

图 2.36 ESS 工艺流程图

来源：Sato et al.[41]. Copyright (2004) The Japan Society of Applied Physics

个 ESS 结构。此外，沟槽的初始直径必须小于由硅原子扩散系数决定的临界值，如图 2.37[41] 所示为硅原子的扩散系数与退火温度之间的函数关系。在 1100℃下退火 10min，能够将直径为 0.6μm 的沟槽转换为 ESS 结构。当温度升高至 1200℃，直径为 1.2μm 的沟槽会发生变化。为了获得平板状 ESS 结构，相邻沟槽的间距必须小于球形 ESS 的直径，即约为初始沟槽直径的 2 倍。图 2.38 所示为平板状 ESS 结构的横截面示意图[41]。

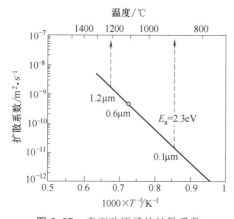

图 2.37 表面硅原子的扩散系数

来源：Sato et al.[41]. Copyright (2004) The Japan Society of Applied Physics

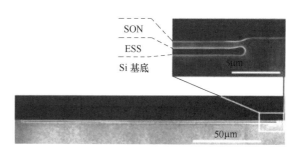

图 2.38 平板状 ESS 结构的横截面图

来源：Sato et al.[41]. Copyright (2004) The Japan Society of Applied Physics

为了使压力传感器等 MEMS 器件的顶部硅层达到所需的厚度，通常需要采用硅外延工艺对原始的顶部硅层进行增厚处理。意法半导体公司开发的用于制造气压计压力传感器的 VENSENS 工艺 MEMS 制造技术，是一种改进的 ESS 工艺，其外延上层作为压敏膜片。

Robert Bosch GmbH[42]开发了一项称为先进多孔硅膜（APSM）的 SON 技术，如图 2.39 所示为该工艺流程。多孔硅在单晶硅晶圆中局部刻蚀后，在无氧条件下生长外延层。由于孔壁内部的原子保留了原来的单晶顺序，可获得单晶外延层。在外延过程中，由于多孔硅的再结晶，多孔区域形成空腔结构，从而使表面能最小化。当采用 SiH_4 分解外延层时，空腔内残留气体为 H_2，其能够在高温下穿透外延层。在 N_2 中采用高温退火工艺，能够在空腔结构中获得真空环境。与 ESS 工艺相比，空腔结构上方获得较厚的硅层，其厚度主要由外延决定。因此，该方法能够制备较大的膜片。目前，已经采用该方法制备了一系列的压力传感器。图 2.40 为使用 APSM 工艺制作的压力传感器的 SEM 图。

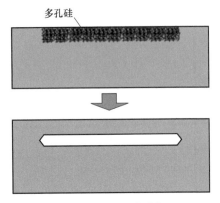

图 2.39　APSM 工艺

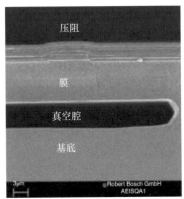

图 2.40　压力传感器的 SEM 图
来源：Melzer[43]

APSM 工艺中，膜片的厚度仅受到膜片间压力差的限制，而带空腔 SOI 技术中的膜片厚度还会受到掩模和抛光工艺质量的限制。

一种最近发展起来的微孔间刻蚀和密封（MIS）工艺值得介绍[44,45]，在单晶圆单面体微加工中没有外延。该方法与 2.3.2 节中的 SBM 工艺相似，MIS 工艺需要在（111）晶圆中执行，并利用了独特的各向异性湿法刻蚀特性[46]。然而，此处（111）晶圆中的 MIS 工艺不是用于惯性传感器或静电执行器的梳状结构，而是用于压敏膜片和悬臂梁，在其下形成一个腔来构建类 SON 结构。Xinxin Li 的团队开发了这个工艺，他们将 MIS 工艺与其他 SON 工艺一起归为第三代工艺。相比之下，硅-玻璃键合的压力传感结构和空腔 SOI 的制备技术分别属于第一代和第二代制备工艺。显然，第三代工艺是单片和单面的，这与一般的 IC 制造兼容，且制造的器件更小，成本更低。

图 2.41 所示为制造压阻式压力传感器的 MIS 工艺，该工艺仅从（111）晶圆的正面进行。打开两排直径为微米级的微孔（沟槽）用于横向间刻蚀（用 TMAH 进行下切刻蚀），以控制形成腔体和膜片（具有所需厚度）。最后用 LPCVD 多晶硅封闭微孔，形成真空腔。

基于各向异性湿法刻蚀，相邻的微沟槽布置的设计规则如图 2.42 所示，其中满足以下结构关系[47]：

$$b = h\tan 19.47° \geqslant w$$
$$n \leqslant [im + (i-1)w]\tan 30°$$

其中，i 为〈111〉方向的沟槽数；其他符号见图 2.42。

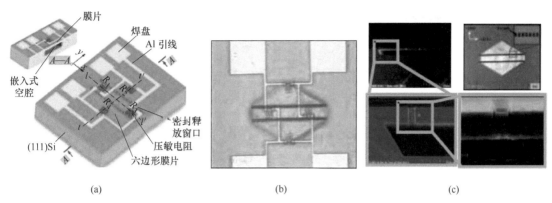

图 2.41 在（111）晶圆中使用 MIS 工艺，制备得到的压阻式压力传感器。（a）基于单晶圆的单面压力传感器的示意图；（b）红外俯视图图像，展示了制备的压阻式压力传感器的六边形膜片和空腔结构；（c）放大的红外俯视图，显示为达到各向异性刻蚀而制备的两排微孔，以及形成的六边形膜片和真空腔，膜片和腔体结构的连续放大的截面显示了具有低应力多晶硅的密封微孔（沟槽）

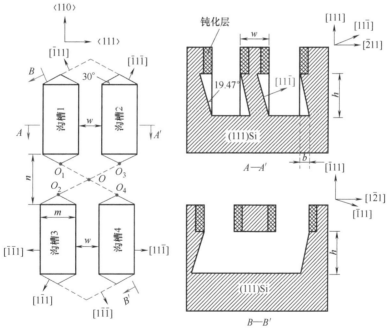

图 2.42 （111）晶圆中六边形硅膜片的成形方案。俯视图显示了沿〈110〉方向的横向钻蚀，其中，横截面 $A—A'$ 为沿〈211〉方向的横向钻蚀

与医疗上的微创手术（MIS）类似，但该 MIS 工艺不是为人类而是为硅片操作的。此外，如图 2.43 所示，所有用于 MIS 工艺步骤的制造技术都已在标准 IC 晶圆代工厂就绪，既不需要晶圆键合，也不需要双面对准/光刻。

与前面所述单晶圆单面的 SON 工艺的 ESS 和 APSM 技术相比，均应用于制造压阻式压力传感器，MIS 工艺不使用类似于在 APSM 多孔硅和硅外延处理中的特殊工艺。更重要的是，MIS 工艺可以多次循环或修改更复杂的 3D 结构。第 3 章将对这部分内容进行详细讨论。

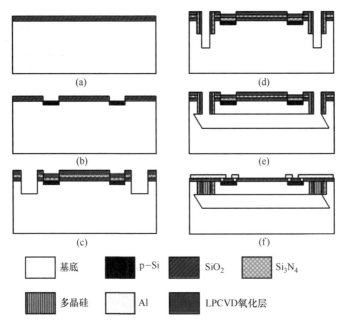

图 2.43 使用 MIS 工艺制备压力传感器的流程图。(a) 氧化；(b) 压敏电阻的图案化处理以及硼离子的注入；(c) 使用 LPCVD 将 Si_3N_4 和 SiO_2 分别沉积，并且通过干法刻蚀释放沟槽图案；(d) LPCVD 将 Si_3N_4 和 SiO_2 分别沉积，剥离底部钝化层，定义压力腔的深度；(e) 六边形压敏膜片的 TMAH 刻蚀产生的横向钻蚀；(f) 开口使用 LPCVD 多晶硅进行密封，形成相对标准压力空腔，同时完成接触孔开孔、铝溅射以及图案化处理等操作

参 考 文 献

1　Petersen, K. (1982). Silicon as a mechanical material. *Proc. IEEE* 70: 420-457.

2　Yazdi, N., Ayazi, F., and Najafi, K. (1998). Micromachined inertial sensors. *Proc. IEEE* 86: 1640-1659.

3　Kovacs, G. T. A., Maluf, N. I., and Petersen, K. E. (1998). Bulk micromachining of silicon. *Proc. IEEE* 86: 1536-1551.

4　Sato, K., Shikida, M., Matsushima, Y. et al. (1998). Characterization of orientation-dependent etching properties of single-crystal silicon: effects of KOH concentration. *Sens. Actuators A* 64: 87-93.

5　Shikida, M., Sato, K., Tokoro, K., and Uchikawa, D. (2000). Differences in anisotropic etching properties of KOH and TMAH solutions. *Sens. Actuators A* 80: 179-188.

6　Yang, H., Bao, M., Shen, S. et al. (2000). A novel technique for measuring etch rate distribution of Si. *Sens. Actuators A* 79: 136-140.

7　Li, X., Bao, M., and Shen, S. (1996). Maskless etching of three-dimensional silicon structures in KOH. *Sens. Actuators A* 57: 47-52.

8　Gianchandani, Y. B. and Najafi, K. (1992). A bulk silicon dissolved wafer process for microelectromechanical devices. *J. Microelectromech. Syst.* 1 (2): 77-85.

9　Kloeck, B., Collins, S. D., de Rooij, N. F., and Smith, R. (1989). Study of electrochemical etch-stop for high-precision thickness control of silicon membranes. *IEEE Trans. Electron Devices* 36:

663-669.

10　Connolly, E. J., French, P. J., Xia, X. H., and Kelly, J. J. (2004). Galvanic etch stop for Si in KOH. *J. Micromech. Microeng.* 14: 1215-1219.

11　Laermer, F., Schilp, A., Funk, K., and Offenberg, M. (1999). Bosch deep silicon etching: improving uniformity and etch rate for advanced MEMS applications. Technical Digest. IEEE International MEMS 99 Conference. Twelfth IEEE International Conference on Micro Electro Mechanical Systems (Cat. No. 99CH36291), Orlando, FL, USA, 211-216.

12　Schmidt, M. A. (1998). Wafer-to-wafer bonding for microstructure formation. *Proc. IEEE* 86 (8): 1575-1585.

13　Miki, N., Zhang, X., Khannaa, R. et al. (2003). Multi-stack silicon-direct wafer bonding for 3D MEMS manufacturing. *Sens. Actuators A* 103: 194-201.

14　Chen, K. (2005). *Copper Wafer Bonding in Three-Dimensional Integration*. Massachusetts Institute of Technology.

15　Matsumoto, Y., Iwakiri, M., Tanaka, H. et al. (1996). A capacitive accelerometer using SDB-SOI structure. *Sens. Actuators A* 53: 267-272.

16　Noell, W., Clerc, P., Dellmann, L. et al. (2002). Applications of SOI-based optical MEMS. *IEEE J. Sel. Top. Quantum Electron.* 8 (1): 148-154.

17　Sari, I., Zeimpekis, I., and Kraft, M. (2012). A dicing free SOI process for MEMS devices. *Microelectron. Eng.* 95: 121-129.

18　Cowen, A., Hames, G., Monk, D. et al. (2011) SOIMUMPs design handbook. Revision 8.0. http://www.memscapinc.com (accessed 6 September 2011).

19　Partridge, A., Reynolds, J. K., Chui, B. W. et al. (2000). A high-performance planar piezoresistive accelerometer. *J. Microelectromech. Syst.* 9: 58-66.

20　Dao, D. V., Nakamura, K., Bui, T. T., and Sugiyama, S. (2010). Micro/nano-mechanical sensors and actuators based on SOI-MEMS technology. *Adv. Nat. Sci.: Nanosci. Nanotechnol.* 1: 013001.

21　Petersen, K., Barth, P., Poydock, J. et al. (1988). Silicon fusion bonding for pressure sensors. IEEE Technical Digest on Solid-State Sensor and Actuator Workshop, Hilton Head Island, SC, USA, 144-147.

22　Petersen, K., Gee, D., Pourahmade, F. et al. (1991). Surface micromachined structures fabricated with silicon fusion bonding. TRANSDUCERS'91: 1991 International Conference on Solid-State Sensors and Actuators. Digest of Technical Papers, San Francisco, CA, USA, 397-399.

23　Wang, Y., Zheng, X., Liu, L., and Li, Z. (1991). A novel structure of pressure sensors. *IEEE Trans. Electron Devices* 38 (8): 1797-1802.

24　Parameswaran, L., Hsu, C., and Schmidt, M. A. (1995). A merged MEMS-CMOS process using silicon wafer bonding. Proceedings of International Electron Devices Meeting, Washington, DC, USA, 613-616.

25　Luoto, H., Henttinen, K., Suni, T. et al. (2007). MEMS on cavity-SOI wafers. *Solid-State Electron.* 51 (2): 328-332.

26　Yeh, C. and Najafi, K. (1997). A low-voltage tunneling-based silicon micro accelerometer. *IEEE Trans. Electron Devices* 44: 1875-1882.

27 Najafi, K. and Suzuki, K. (1989). A novel technique and structure for the measurement of intrinsic stress and Young's modulus of thin films. Proceedings IEEE Workshop on Microelectromechanical Systems (MEMS 89), 96-97.

28 Gianchandani, Y. B. and Najafi, K. (1996). Bent-beam strain sensors. *J. Microelectromech. Syst.* 5 (1): 52-58.

29 Gianchandani, Y. B. and Najafi, K. (1997). A silicon micromachined scanning thermal profiler with integrated elements for sensing and actuation. *IEEE Trans. Electron Devices* 44 (11): 1857-1868.

30 Kourepenis, A., Borenstein, J., Connelly, J. et al. (1998). Performance of MEMS inertial sensors. IEEE 1998 Position Location and Navigation Symposium (Cat. No. 98CH36153), Palm Springs, CA, USA, 1-8.

31 Weinberg, M., Connelly, J., Kourepenis, A., and Sargent, D. (1997). Micro electro-mechanical instrument, and systems development at the Charles Stark Draper Laboratory, Inc. 16th DASC. AIAA/IEEE Digital Avionics Systems Conference. Reflections to the Future. Proceedings, Irvine, CA, USA, 8.5-33.

32 Mason, A., Yazdi, N., Chavan, A. V. et al. (1998). A generic multielement microsystem for portable wireless applications. *Proc. IEEE* 86 (8): 1733-1746.

33 Gianchandani, Y. B., Ma, K. J., and Najafi, K. (1995). A CMOS dissolved wafer process for integrated P^{++} microelectromechanical systems. Proceedings of the International Solid-State Sensors and Actuators Conference - TRANSDUCERS'95, Stockholm, Sweden, 79-82.

34 Juan, W. and Pang, S. W. (1996). Released Si microstructures fabricated by deep etching and shallow diffusion. *J. Microelectromech. Syst.* 5: 18-23.

35 Juan, W. and Pang, S. W. (1998). High-aspect-ratio Si vertical micromirror arrays for optical switching. *J. Microelectromech. Syst.* 7 (2): 207-213.

36 Shaw, K. A., Zhang, Z. L., and MacDonald, N. C. (1994). SCREAM I: a single mask, single-crystal silicon, reactive ion etching process for microelectromechanical structures. *Sens. Actuators A* 40: 63-70.

37 MacDonald, N. C. (1996). SCREAM micro electro mechanical systems. *Microelectron. Eng.* 32: 49-73.

38 de Boer, M. J., Tjerkstra, R. W., Berenschot, J. W. et al. (2000). Micromachining of buried micro channels in silicon. *J. Microelectromech. Syst.* 9: 94-103.

39 Lee, S., Park, S., and Cho, D. (1999). The surface/bulk micromachining (SBM) process: a new method for fabricating released MEMS in single crystal silicon. *J. Microelectromech. Syst.* 8: 409-416.

40 Mizushima, I., Sato, T., Taniguchi, S., and Tsunashima, Y. (2000). Empty-space-in-silicon technique for fabricating a silicon-on-nothing structure. *Appl. Phys. Lett.* 77: 3290-3292.

41 Sato, T., Mizushima, I., Taniguchi, S. et al. (2004). Fabrication of silicon-on-nothing structure by substrate engineering using the empty-space-in-silicon formation technique. *Jpn. J. Appl. Phys.* 43: 12-18.

42 Armbruster, S., Schafer, F., Lammel, G. et al. (2003). A novel micromachining process for the fabrication of monocrystalline Si-membranes using porous silicon. TRANSDUCERS'03. 12th International Conference on Solid-State Sensors, Actuators and Microsystems. Digest of Technical Papers (Cat. No. 03TH8664), Boston, MA, USA, 246-249.

43　Melzer, F. *Consumer MEMS-A Technology Play*. Bosch Sensor Tec.
44　Wang, J. and Li, X. (2011). Single-side fabricated pressure sensors for IC-foundry compatible high-yield and low-cost volume production. *IEEE Electron Device Lett.* 32 (7): 979-981.
45　Wang, J. and Li, X. (2011). A single-wafer-based single-sided bulk-micromachining technique for high-yield and low-cost volume production of pressure sensors. Transducers'2011, Beijing, China, 410-413.
46　Seidel, H., Csepregi, L., Heuberger, A., and Baumgärtel, H. (1990). Anisotropic etching of crystalline silicon in alkaline solutions. *J. Electrochem.* Soc. 137 (11): 3612-3626.
47　Wang, J., Xia, X., and Li, X. (2012). Monolithic integration of pressure plus acceleration composite TPMS sensors with a single-sided micromachining technology. *J. Microelectromech. Syst.* 21 (2): 284-293.

第 3 章 基于 MIS 工艺的增强体微加工技术

Xinxin Li and Heng Yang

State Key Lab of Transducer Technology, Shanghai Institute of Microsystem and Information Technology, Chinese Academy of Sciences, 865 Changning Road, Shanghai 200050, China

3.1 多层 3D 结构或多传感器集成的重复 MIS 循环

3.1.1 PS^3 型结构的压力传感器

Xinxin Li 等人通过借鉴医学微创手术（minimally invasive surgery, MIS）的思路, 开发了一种用于 MEMS 压力传感器的微孔间刻蚀和密封（micro-holes interetch and sealing, MIS）工艺。正如第 2 章的最后部分所述, MIS 工艺是基于单晶圆的单面加工工艺, 与标准模拟 IC 的制造理念兼容。此外, 与硅内部空腔（ESS）和先进多孔硅膜（APSM）的空腔上硅（SON）工艺不同, 这种工艺只能构建单层膜片腔结构, 而 MIS 步骤可以重复使用, 形成更复杂的多层 3D 结构。该方法可大大提高三维 MEMS 的单面制造能力。

图 3.1 所示为一种先进压阻式压力传感器的三维结构图和工艺流程图, 该传感器采用悬臂式结构将真空腔和膜片结构悬挂在硅基底上, 以适应压力传感部分。这种形成的结构命名为 PS^3, 即封装应力抑制悬架（packaging stress suppressing suspension）[1]。从工艺流程中可以看出, MIS 工艺循环重复两次, 分别形成绝对压力传感器和悬架结构。在第二次循环后, 形成的狭窄沟槽替代了微孔沟槽, 以确定悬架结构, 并取消最后的真空密封步骤。

这样的 PS^3 结构是为了抑制来自封装基底中的热失配应力, 当压力传感器芯片附着在非硅基底上时, 这是一个常见的问题, 为降低传感器误差, 通常要费时费力地补偿应力引起的热漂移。但使用 PS^3 结构, 可以消除封装压力。如图 3.2 所示的有限元仿真结果很好地验证了 PS^3 结构的功能。

如图 3.3 所示为采用重复循环 MIS 工艺制备的复杂三维 PS^3 结构。将带有 PS^3 传感器的器件与没有 PS^3 传感器的器件对比, 证明了 PS^3 结构能够成功地降低压力传感器的温度偏移系数（TCO）。在不进行任何热漂移补偿的情况下, PS^3 结构传感器的温度漂移仅为 0.016%/℃ FSO（满量程输出）, 性能是没有 PS^3 结构传感器的 15 倍左右, 测试温度范围为 −40~120℃。

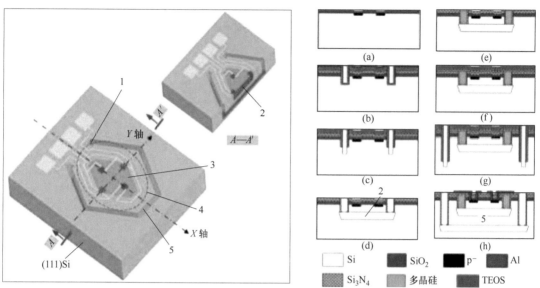

图 3.1 （左）与 PS³ 结构单片集成的压力传感器三维示意图；（右）PS³ 集成压力传感器的制备流程，所得截面为沿左图 A—A′ 所截

1—沟槽；2—悬臂压力参考空腔；3—六角膜片；4—压力传感器；5—悬臂梁

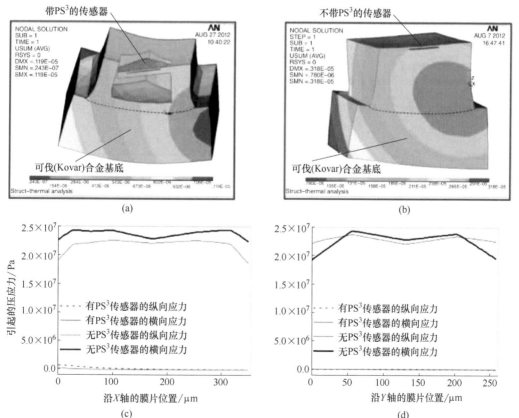

图 3.2 （上）将压力传感器芯片封装在 Kovar 合金基底后，模拟了封装热失配引起的结构弯曲变化（代表封装应力）对传感膜片变形的影响，其中（a）中带有 PS³ 结构，（b）中没有 PS³ 结构；（下）有无 PS³ 传感器对模拟封装热失配引起的膜片的弯曲应力（分布自膜片表面）的比较，其中（c）为封装引起的 X 轴（如图 3.1）的应力，（d）为封装引起的 Y 轴（如图 3.1）的应力

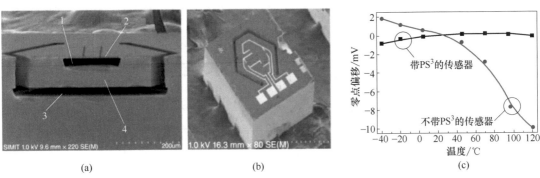

图 3.3 （a）带有 PS³ 结构的传感器横截面的 SEM 图像；（b）PS³ 压力传感器芯片的 SEM 图像；
（c）有无 PS³ 结构对于零点偏移的温度漂移的对比图
1—参考腔；2—隔膜；3—悬架间隙；4—悬臂状 PS³

为了进一步降低由传感器表面绝缘层（如 SiN_x 或 SiO_2）的热应力等其他因素所导致的 TCO 系数，通过 MIS 工艺设计制备了双单元 PS³ 传感器[2]。图 3.4 所示为双单元传感器的

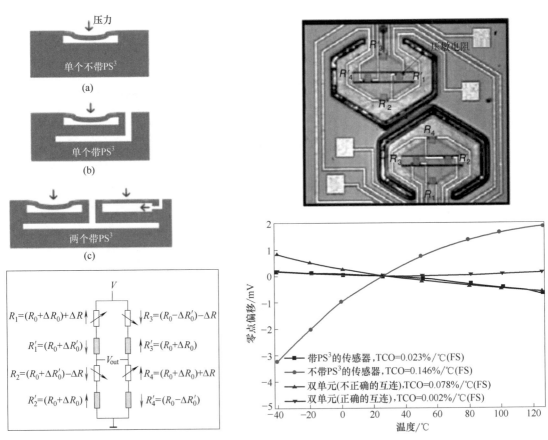

图 3.4 （左上）三种压力传感器结构的横截面示意图，其中（a）为传统的单体单元压力传感器，
（b）为单体单元 PS³ 传感器，（c）为双单元 PS³ 传感器，双单元传感器用于消除由表面绝缘层中的
应力等其他因素所引起的热不稳定现象；（右上）带有压敏电阻的双单元 PS³ 传感器的红外俯视图；
（左下）用于芯片表面 TCO 自补偿的跨单元惠斯通电桥互连；（右下）将三种类型的传感器
测试 TCO 的结果汇总得到的示意图，TCO 结果在图中有所呈现

概念示意图，分别与带有 PS^3 结构和不带 PS^3 结构的双单元传感器进行了对比。在双单元传感器中，通过将空腔内的空气与空腔外的空气相连接，一个单元为压力敏感，另一个虚设单元（dummy unit）为压力不敏感。这两个单元的膜片表面绝缘层引起的热应力分布是相同的，实现了传感器的 TCO 自补偿效应。

如图 3.4 所示为制备的双单元 PS^3 传感器示意图，每个压敏电阻在传感器膜片上表示为 $R_1 \sim R_4$，在虚设膜片上表示为 $R_1' \sim R_4'$。单元上下两角的应力与左右两角的应力符号相反，压力敏感单元的压敏电阻与其在虚设膜片上相反符号的对应元件串联，最后得到了如图所示的跨单元惠斯通电桥。通过这种方式，由于绝缘子表面应力引起的桥臂上的电阻变化具有自补偿特性，因此预计相关的温度漂移将大大降低。

在 $-40 \sim 125$℃ 的温度区间，对三种结构（单体单元不带 PS^3 传感器、单体单元带有 PS^3 传感器及双单元带有 PS^3 传感器）的 TCO 系数进行了测试。三种类型的压力传感器都封装在 Kovar 合金的传感器外壳中。图 3.4 绘制了三种传感器的 TCO 系数，没有对热漂移使用任何额外的补偿方法。具有跨单元惠斯通电桥的双单元 PS^3 传感器的 TCO 仅为 0.002%/℃ FSO，性能是单体单元带有 PS^3 传感器的约 11 倍，是单体单元不带有 PS^3 传感器的约 72 倍。可见，悬浮式双单元压力传感器能够有效地抑制由于不平衡因素所产生的位于芯片表面的残余应力，从而能够显著地提高温度稳定性。在不使用任何额外补偿方法的情况下，0.002%/℃ FSO 已经能够出色地满足大多数低成本压力传感器的应用要求。

3.1.2 P+G 集成传感器

MIS 工艺的多次操作可以在一块芯片上制作复合传感器。一个典型的例子为集成的 P+G 传感器用于汽车轮胎压力监测系统（TPMS）的应用，其中通常需要一个压力传感器和一个加速度计来监测轮胎压力和车轮转动。如果使用 MIS 工艺来集成压力传感器和加速度计，难点在于加速度计所含质量块的厚度必须与压力传感器膜片的厚度相同，因此过小的质量块将无法达到加速度的灵敏度要求。这种方法需要在薄硅板上形成一层较厚的电镀金属来满足灵敏度的要求，这极大地增加了制备过程的复杂性和工艺成本[3]。目前最新的 TPMS 传感器需要集成 X 轴和 Z 轴加速度计（即检测平面和垂直加速度），以增加自动识别特定车轮的功能，从而从单个车轮获取更多轮胎信息。形成这样一个复杂的整体结构具有挑战性。通过重复 MIS 的加工周期，将 P+X/ZG 集成传感器制造在一块（111）晶圆上，并只从晶圆的正面进行制造[4]。图 3.5 所示为 P+2G 传感器芯片（2mm×2mm 的尺寸）的结构和经过多次 MIS 循环处理的制作流程图。除了 PS^3 压力传感器外，平面内的 X 轴悬臂式质量加速度计和垂直的 Z 轴悬臂式质量加速度计都集成在同一个芯片中。

为了进一步减小 P+G TPMS 传感器的芯片尺寸，采用重复 MIS 循环过程获得了 PinG 配置，其中 PS^3 压力传感器置于悬臂梁-质量块加速度计的质量块中[5]。图 3.6（a）所示为设计的 PinG 传感器芯片示意图，其中 PS^3 压力传感器置于 Z 轴加速度计的质量块内。图 3.6（b）为其横截面图。其中，加速度计的悬臂梁、底部质量块、过载保护的间隙、压力传感膜片及超量程止动位移（真空腔的高度），上述所有微机械结构都具有不同的厚度和刻蚀深度，从而要求建立六层三维结构，如图 3.6（b）所示。

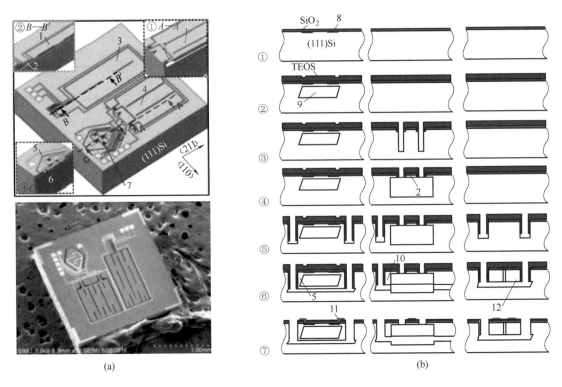

图 3.5 （a）P+2G 集成传感器的三维模型以及 SEM 图像；（b）重复 MIS 循环过程的制备流程，横截面在左图三维模型图中有所标记

1—抗震块；2—悬臂梁；3—X 轴加速度计；4—Z 轴加速度计；5—悬架；6—空腔薄膜；7—压力传感器；
8—压敏电阻；9—压力参考腔；10—Z 轴加速度计质量块；11—铝引线；12—X 轴加速度计质量块

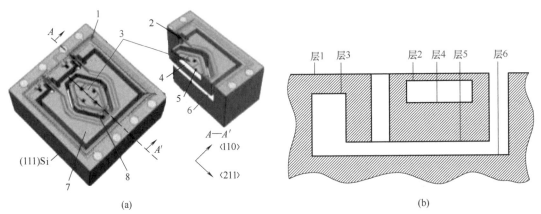

图 3.6 单面加工得到的 PinG 传感器的三维结构和截面示意图

1—加速度计；2—悬臂梁；3—悬架；4—空腔；5—膜片；6—气隙；
7—抗震块；8—压力传感器

图 3.7 为 MIS 循环往复依次形成压力传感器、加速度计质量块底部和悬臂的过程。采用不同的扫描电镜图像对所制备的 PinG 传感器进行了验证。该技术仅通过单个（111）晶圆的正面加工，形成了非常精密的六层 3D 微结构。

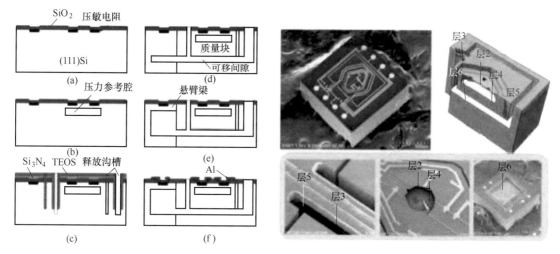

图 3.7 PinG 传感器芯片的制备流程以及 SEM 图像

3.2 压力传感器制备：从 MIS 更新到 TUB

通过 MIS 工艺能够制备出绝对压力传感器。然而，对于表压或差压传感器，除了从膜片前方引入的压力外，还需要另外一个压力源。若使用深反应离子刻蚀（DRIE）仅从晶圆背面刻蚀压力口，会使得整个晶圆的刻蚀速率不同，导致非常薄的硅膜片（约几微米）出现损坏，从而显著降低制备过程的良率。为了保证打开后侧压力进气道时的良率，Xinxin Li 团队又对 MIS 工艺进行了修改，研发了体硅下薄膜（TUB）技术。图 3.8（a）所示为采用 TUB 工艺制备的压差传感器三维结构示意图。采用双岛形加强梁-膜结构将压力集中到梁上，实现了高灵敏度和高线性度[6]。在单晶硅梁的中央和侧面添加压阻惠斯通电桥，用于读出传感信号。释放应力的多晶硅薄膜（最小厚度为 $1\mu m$）作为膜片。两个背面压力入口孔位于膜片下方的空腔结构，每个孔位于岛结构的下方。

为了保证极小厚度的均匀性，获得较高的灵敏度，期望在达到所需厚度时自动停止多晶硅的沉积。在 MIS 工艺中的微孔沉积多晶硅方法能够满足上述目的，其中孔的直径（或半边长）要与所需多晶硅的厚度相同[7]。在此工艺过程中，当微孔填充完成时沉积停止；当多晶硅薄膜的沉积达到所需厚度（例如 $1\sim 3\mu m$）时，会取消沉积。然而，一个新的问题需要解决。通过正面刻蚀工艺，刻蚀单晶硅形成梁岛膜片结构，如何保留多晶膜片？在文献[7]中，在多晶硅沉积前形成了一层很薄的热氧化层。通过微孔将氧气送入空腔完成氧化过程。由于形成的 SiO_2 薄层夹在单晶硅和随后沉积的多晶硅之间，氧化层能够作为后续正面刻蚀的停止层，形成单晶硅梁-岛结构，同时保护多晶硅膜片不被刻蚀。除此之外，腔体底部的 SiO_2 层也可作为刻蚀停止层，防止过度刻蚀背面，形成压力输入口。由于背面的 DRIE 的刻蚀深度很深，且整个晶圆的刻蚀速率不均匀性不容忽视，任何过度刻蚀都会从背面破坏极薄的梁岛膜片硅结构。当背面刻蚀至空腔结构时，预埋 SiO_2 层可以成功阻止硅的深度刻蚀。在结构的正面浅层刻蚀完成后，除梁-岛结构区域外，其余部分的 SiO_2 将会被去除。由于单晶硅梁-岛结构下方有残留的 SiO_2 层，会产生应力失配现象。然而梁-岛结构顶

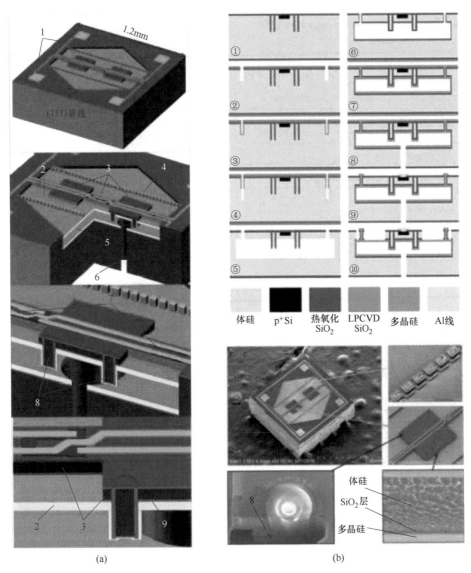

图 3.8 （a）采用 TUB 工艺制备的不同压力传感器的结构示意图，从上至下按照依次放大的顺序排布；（b）传感器的工艺步骤及其对应 SEM 图像

1—铝线；2—多晶硅薄膜；3—体硅梁岛；4—密封；5—空腔；6—后孔；7—压敏电阻；
8—保护柱；9—两者之间的二氧化硅

部的 SiO_2 绝缘层能够在很大程度上弥补失配的应力。综上，通过 TUB 工艺步骤，能够实现在梁-岛结构的单晶硅层下，获得多晶硅薄膜膜片。图 3.8（b）所示为工艺流程及传感器结构的 SEM 图像。值得指出的是，在每个矩形岛的四个角的背面形成了四个微脚以承受超量程压力。由于采用了 TUB 工艺，使压力测量量程低至 1kPa，经过测试，该传感器具有高灵敏度、高线性度和超过 100 倍的超量程保护能力。

通过更新的 TUB 工艺，将开孔沟槽的直径设置为 2μm，多晶硅膜片的厚度可降低至 1μm，所得压力传感器芯片的尺寸就会极小。随后，采用 TMAH 湿法刻蚀能够非常快速地（在膜片下）形成小的空腔结构。图 3.9（a）为通过 TUB 工艺制备的气压传感器，其芯片尺寸仅为 0.4mm×0.4mm。由于所得小尺寸腔体的刻蚀速度非常快，所以不需要于膜片区域构建微沟槽开口。相比之下，微孔只能放置于单晶硅岛和膜片的周围区域。这种微孔布局有助于形成"无痕"的多晶硅膜片[8]。这种小型传感器可以采用 TUB 工艺制造，有着晶圆级的高良率，一个裸片（die）的制造成本低至 1 美分。同时，廉价的传感器仍然具有约 1mV/1kPa/3.3V 的灵敏度和约 0.3% FS（满量程）的良好线性度。图 3.9（b）中所示的红外显微图像是 TMAH 横向刻蚀在膜片下形成空腔时按顺序拍摄的。

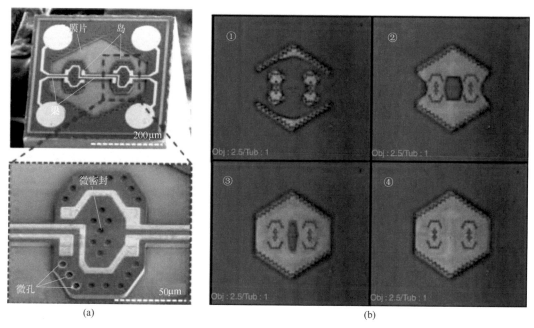

图 3.9 （a）"无痕"压力传感器芯片的俯视 SEM 图像，其中所有微孔均密封在膜片外部；（b）记录了 TMAH 刻蚀过程的红外显微图，①~④的刻蚀时间分别为 0.5h、1h、1.5h 和 2h，岛上的微孔有助于将六边形刻蚀区域分为几个小区域，能够缩短刻蚀时间

3.3　用于各种先进 MEMS 器件的 MIS 扩展工艺

MIS 工艺的基本概念，即通过预先在（111）晶圆中构建所需深度的微沟槽，在硅膜片下方制备空腔结构，能够灵活地对该工艺进行适当的修改，以制备不同类型的 MEMS 器件结构。

图 3.10 所示为一系列 MEMS 结构图，分别为：（a）用于通过直接表面贴装技术（SMT）封装在印制电路板（PCB）上的压差微流量传感器芯片[9]；（b）在单晶硅和金属之间具有高灵敏度热电偶的热电堆红外传感器[10]；（c）单面制备的 p^+ Si/Al 热电堆气体流量传感器[11]；（d）三轴电容式加速度计[12]；（e）单轴和单晶圆集成的三轴高冲击加速度计[13,14]；（f）用于检测衡量化学蒸气的哑铃状微谐振器[15,17]；（g）用于环境空气污染监测的谐振悬臂粒子（$PM_{2.5}$）传感器[16]。归因于 MIS 工艺的独特优势，这些器件具有更好的性能或更低的制造成本。

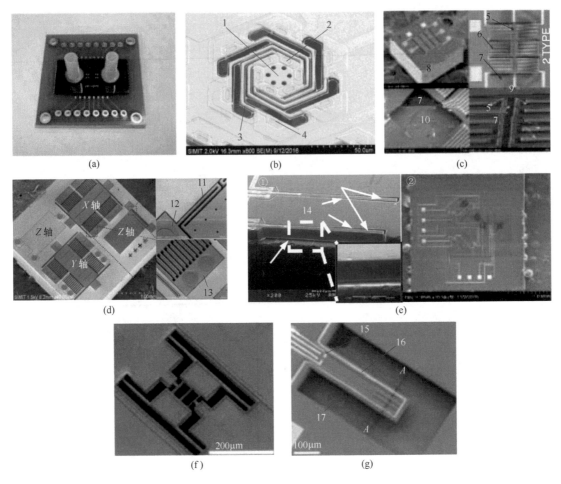

图 3.10 采用灵活修改的 MIS 工艺制备的各种 MEMS 传感器。(a)～(g) 分别为压差微流量传感器、红外传感器、热电堆气体流量传感器、三轴加速度计、冲击传感器、谐振化学传感器和谐振悬臂粒子监测器

来源：(a) Liu et al.[9]；(b) Li et al.[10]；(c) Xue et al.[11]；(d) Chen et al.[12]；(e) ①Wang 和 Li[13]，②Cai et al.[14]；(f) Yu et al.[15]；(g) Bao et al.[16]

1—红外吸收器；2—热接点；3—热电偶；4—冷接点；5—P*SI 加热器；6—铝线；7—SiN-SiO$_2$ 膜片；8—衬垫；9—P*SI 梁；10—绝缘腔；11—栓带；12—环形电气隔离锚；13—传感电极；14—弯角；15—压敏电阻；16—电热驱动线；17—微通道

参 考 文 献

1　Wang，J. and Li，X. (2013). Package-friendly piezoresistive pressure sensors with on-chip integrated packaging-stress-suppressed suspension (PS^3) technology. *J. Micromech. Microeng.* 23：045027.

2　Wang，J. and Li，X. (2014). A dual-unit pressure sensor for on-chip self-compensation of zero-point temperature drift. *J. Micromech. Microeng.* 24 (8)：085010.

3　Wang，J.，Xia，X.，and Li，X. (2012). Monolithic integration of pressure plus acceleration composite TPMS sensors with a single-sided micromachining technology. *IEEE J. Microelectromech. Syst.* 21 (2)：284-293.

4 Wang, J., Ni, Z., Zhou, J. et al. (2017). *Pressure＋X/Z Two-Axis Acceleration Composite Sensors Monolithically Integrated in Non-SOI Wafer for Upgraded Production of TPMS (Tire Pressure Monitoring System)*, 1359-1362. Las Vegas: IEEE MEMS.

5 Wang, J. and Li, X. (2015). Single-side fabrication of multilevel 3-D microstructures for monolithic dual sensors. *J. Microelectromech. Syst.* 24 (3): 531-533.

6 Bao, M. (2000). *Micro Mechanical Transducers-Pressure Sensors, Accelerometers and Gyroscopes*. Amsterdam, The Netherlands: Elsevier.

7 Zou, H., Wang, J., and Li, X. (2017). High-performance low-range differential pressure sensors formed with a thin-film under bulk micromachining technology. *J. Microelectromech. Syst.* 26 (4): 879-885.

8 Ni, Z., Jiao, D., Zou, H. et al. (2017). 0.4mm×0.4mm Barometer sensor-chip fabricated by a scar-free 'MIS' (minimally invasive surgery) process for 0.01US＄/die product. *Transducers* 2017: 774-777.

9 Liu, J., Wang, J., and Li, X. (2012). Fully front-side bulk-micromachined single-chip micro flow-sensors for bare-chip SMT (surface mounting technology) packaging. *J. Micromech. Microeng.* 22: 035020.

10 Li, W., Ni, Z., Wang, J., and Li, X. (2019). A front-side microfabricated tiny-size thermopile infrared detector with high sensitivity and fast response. *IEEE Trans. Electron Devices* 66 (5): 2230-2237.

11 Xue, D., Song, F., Wang, J., and Li, X. (2019). Single-side fabricated p^+ Si/Al thermopile-based gas flow sensor for IC-foundry-compatible, high-yield, and low-cost volume manufacturing. *IEEE Trans. Electron Devices* 66 (1): 821-824.

12 Chen, F., Zhao, Y., Wang, J. et al. (2018). A single-side fabricated triaxis (111)-silicon microaccelerometer with electromechanical sigma-delta modulation. *IEEE Sens. J.* 18: 1859-1869.

13 Wang, J. and Li, X. (2010). A high-performance dual-cantilever high-shock accelerometer single-sided micromachined in (111) silicon wafers. *J. Microelectromech. Syst.* 19 (6): 1515-1520.

14 Cai, S., Li, W., Zou, H. et al. (2019). Design, fabrication, and testing of a monolithically integrated tri-axis high-shock accelerometer in single (111)-silicon wafer. *Micromachines* 10 (4): 227.

15 Yu, F., Wang, J., Xu, P., and Li, X. (2016). A tri-beam dog-bone resonant sensor with high-Q in liquid for disposable 'test-strip' detection of analyte droplet. *IEEE J. Microetecteomech. Syst.* 25 (2): 244-251.

16 Bao, Y., Cai, S., Yu, H. et al. (2018). A resonant cantilever based particle sensor with particle-size selection function. *J. Micromech. Microeng.* 28: 085019.

17 Yu, F., Xu, P., Wang, J., and Li, X. (2015). Length-extensional resonating gas sensors with IC-foundry compatible low-cost fabrication in non-SOI single-wafer. *Microelectron. Eng.* 136: 1-7.

第4章 外延多晶硅表面微加工

Masayoshi Esashi

Tohoku University，Micro System Integration Center（μSIC），519-1176 Aramaki-Aza-Aoba，Aoba-ku，Sendai，980-0845，Japan

4.1 外延多晶硅的工艺条件

外延多晶硅（epi-poly Si）由德国弗劳恩霍夫硅技术研究所（ISIT）和瑞典乌普萨拉大学共同开发[1]，在控制薄膜应力的情况下，可以制备出厚度为 $20\mu m$ 以上的外延多晶硅，其厚度约为常规多晶硅的 10 倍[2]。随着 PH_3（磷化氢）气体的通入，完成 n^+ 层的掺杂。厚掺杂外延多晶硅特别适用于制作梳状结构的电容式传感器。这是由于杂散电容相对较大，减小了杂散电容的影响。因此，用于电容检测电路的芯片不需与 MEMS 传感器集成。该工艺提高了设计的灵活性并降低了加工成本。

图 4.1 外延多晶硅截面的 SEM 图像

加工工艺流程如下：在 650℃ 的温度下，通过低压化学气相沉积（LPCVD）技术在 SiO_2 上沉积较薄的多晶硅（厚度为 125nm）。该步骤为外延多晶硅的初始步骤。在 1000℃ 的温度下，硅外延反应器中生长低应力（3MPa）垂直状多晶硅。在降低压力且温度为 1000℃ 的条件下，能够实现以较高的沉积速率（$0.55\mu m \cdot min^{-1}$），获得极低的表面粗糙度和较低的应力（3MPa）。

如图 4.1 所示为采用外延多晶硅获得晶圆截面的 SEM 图像[3]，图中垂直柱状结构能够有效减小应力。

4.2 采用外延多晶硅的 MEMS 器件

Robert Bosch 公司采用外延多晶硅开发了单晶圆集成电容式加速度计[4]。图 4.2 所示为加速度计的集成流程。该集成器件中嵌入的扩散层，能够将 MEMS 加速度计与电路连接。制备过程如下。

第一步：制备牺牲氧化层。

第二步：在牺牲氧化层上沉积厚度为 $10\mu m$ 的外延多晶硅，同时在硅表面外延生长单晶硅。

第三步：通过离子注入的方式对多晶硅进行掺杂，在外延生长的 Si 层制备双极 CMOS（BiCMOS）电路。

第四步：通过钝化层保护电路，并使用深反应离子刻蚀完成对外延多晶硅的图案化处理；如图 4.2（b）所示为采用 DRIE 工艺制备的梳齿状结构图；采用 HF 刻蚀牺牲氧化层，能够有效防止外延多晶硅的微结构黏附在底部的硅片表面；若采用湿法刻蚀，干燥过程中所产生水的表面张力能够引起黏附现象的发生。

第五步：最后刻蚀钝化层。

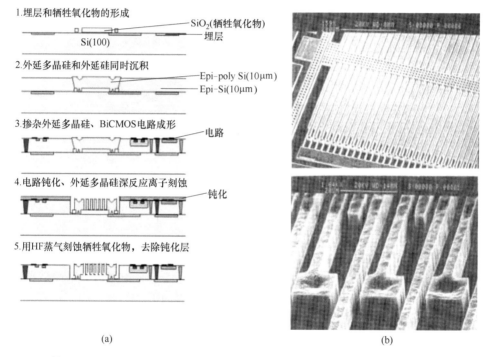

图 4.2　使用外延多晶硅集成的加速度计的工艺流程和形貌图。(a) 制备流程；(b) 形貌图片

来源：Offenberg et al.[4]

如图 4.3（a）[5] 所示为 Robert Bosch 公司使用外延多晶硅制备谐振陀螺仪的加工过程。

第一步：在厚度为 $2.5\mu m$ 的 SiO_2 表面生成厚度为 $12\mu m$ 的掺磷外延多晶硅，并将 SiO_2 层沉积至 Si 晶圆表面，作为牺牲层；随后沉淀铝材料，对其进行图案化处理。

第二步：采用 DRIE 技术在外延多晶硅中制备微沟槽，并在硅片背面进行刻蚀。

第三步：通过 DRIE 技术，调控外延多晶硅、SiO_2 及外延多晶硅的厚度。

第四步：采用 HF 刻蚀外延多晶硅表面的沟槽，暴露 SiO_2 牺牲层。

第五步：通过低熔点玻璃，在真空中键合盖晶圆，完成真空封装并切片。

如图 4.3（b）所示为谐振陀螺仪的结构示意图。其中，两个质量块悬挂于弹簧上，通过相反的方向进行电磁振荡。通过质量块和外部永磁体的交流电完成电磁振荡的驱动。当传感器芯片绕轴垂直旋转时，横摆角速度会产生科氏力（科里奥利力）。采用振荡质量块上的电容式加速度计检测科氏力。

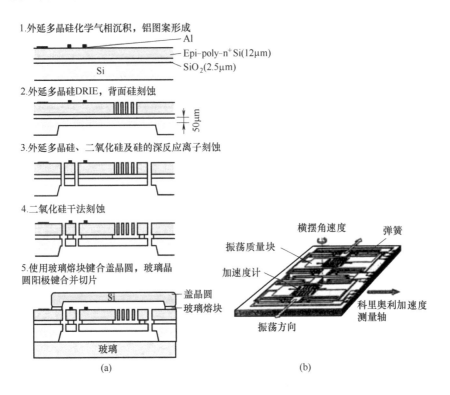

图 4.3　通过外延多晶硅制备的谐振陀螺仪。(a) 制备流程；(b) 陀螺仪的结构组成

来源：Lutz et al.[5]

外延多晶硅已经被应用于外延密封，用来在高真空环境中制备密封的单晶硅振荡器[6]，如图 4.4 所示。图 4.4（a）为该工艺的流程图，详细过程如下。

第一步：采用绝缘体上硅（SOI）晶圆。

第二步：通过 DRIE 在 SOI 晶圆的表面活性层制备沟槽。

第三步：通过 CVD 工艺沉积 SiO_2 以填充沟槽，并对 SiO_2 层进行图案化处理。

第四步：通过 DRIE 沉积外延多晶硅，并在其中制备沟槽。

第五步：刻蚀沟槽内的 SiO_2 层。

第六步：采用 SiO_2 填充沟槽顶部的孔洞，进行密封，随后沉积 Al 材料并进行图案化处理，形成 Al 焊盘。

所得器件截面如图 4.4（b）所示。

通过外延多晶硅，能够制备用于智能手机和其他微系统的 MEMS 传感器。STMicroelectronics（意法半导体）公司开发了如图 4.5 所示的工艺[7]，用于制造三轴陀螺仪[8] 和其他 MEMS 器件，工艺流程如下。

第一步：通过热氧化工艺，在硅片表面形成厚度为 $2\mu m$ 的 SiO_2 层。

第二步：沉积薄多晶硅（厚度为 650nm），并进行图案化处理，以实现电气互连。

第三步：通过等离子体增强 CVD（PECVD）工艺，沉积了厚度为 $2\mu m$ 的氧化牺牲层，

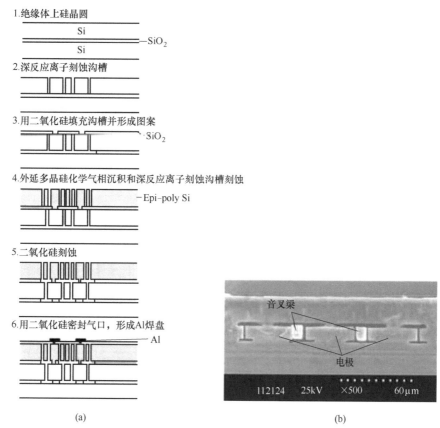

图 4.4 通过外延多晶硅制备的振荡器。(a) 制备流程；(b) 截面图

来源：Candler et al.[6]

并进行图案化处理。

第四步：沉积较薄的外延多晶硅（15μm）。

第五步：通过 DRIE 工艺，刻蚀多晶硅得到沟槽结构。

第六步：通过干法工艺刻蚀氧化牺牲层和热氧化物。

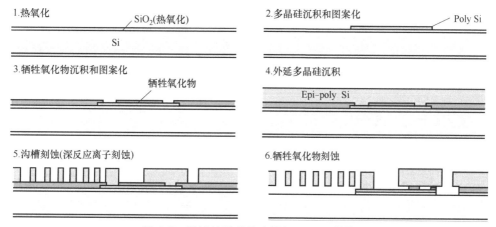

图 4.5 通过外延多晶硅制备 MEMS 器件

来源：Langfelder et al.[7]. © 2011，STMicroelectronics N.V.

通过外延多晶硅制备的 MEMS 器件，与电路芯片连接后，能够应用于 SiP MEMS。如图 1.5 所示，SiP 包含堆叠式分布和并排式分布。如图 4.6 所示，堆叠式封装的 MEMS 中，包含一个专用集成电路（ASIC）芯片，其制备流程如下。

第一步：制备有玻璃熔块的 MEMS 晶圆和盖晶圆。

第二步：采用玻璃熔块将盖晶圆和 MEMS 晶圆相互键合。

第三步：由于熔融玻璃熔块可以覆盖由横向馈通制成的非平面表面，因此可以进行密封。

第四步：通过切割顶部晶圆，获得键合焊盘，得到封装的 MEMS；将 MEMS 切割成芯片后，将 ASIC 芯片与封装的 MEMS 芯片键合。

第五步：通过基底上的引线将 ASIC 芯片和 MEMS 芯片相互键合。

第六步：注入树脂，成型。

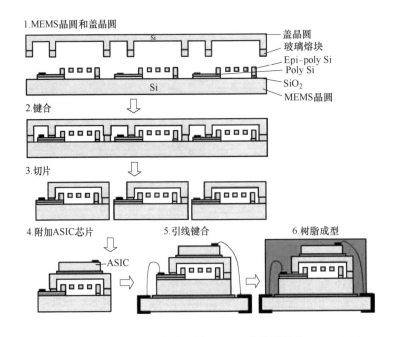

图 4.6　堆叠配置的工艺流程图（ASIC 芯片封装在 MEMS 上）

Robert Bosch 公司通过双层厚多晶硅，开发了不受封装应力影响的 MEMS 传感器[9]。图 4.7（a）～（c）分别为制备流程、SEM 图像及作为弯曲力函数的偏移位移图像。制备流程如下。

第一步：热氧化形成 SiO_2 层。

第二步：通过 CVD 沉积用于布线的薄多晶硅，并进行图案化处理。

第三步：通过 CVD 沉积 SiO_2 层，并进行图案化处理。

第四步：沉积厚度为 $10\mu m$ 的多晶硅，并通过 DRIE 进行刻蚀。

第五步：通过 CVD 沉积 SiO_2 层，并进行图案化处理。

第六步：通过各向同性 SF_6 等离子体工艺，刻蚀多晶硅。

第七步：再次通过 CVD 沉积 SiO_2 层，并进行图案化处理。

第八步：通过 CVD 沉积第二层厚多晶硅（厚度为 30μm），并采用 DRIE 刻蚀。

第九步：通过 HF 蒸气刻蚀 SiO_2 层。

如图 4.7（c）所示，使用具有适当支撑结构的双层厚多晶硅，弯曲力引起的偏移量大约减少至 1/4。

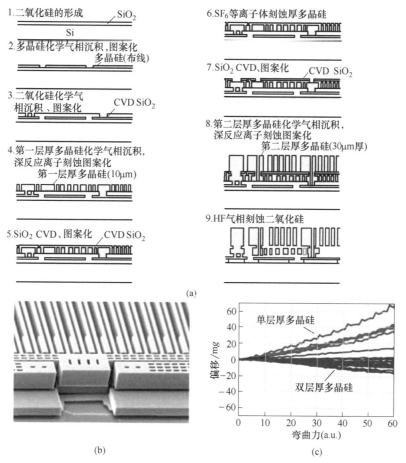

图 4.7 通过双厚层多晶硅工艺制备的加速度计。(a) 制备流程；
(b) SEM 图像；(c) 弯曲力函数的偏移位移图像

来源：Classen et al.[9]. © 2017, IEEE

参 考 文 献

1　Kirsten, M., Wenk, B., Ericson, F., and Schweitz, J. A. (1995). Deposition of thick doped polysilicon films with low stress in an epitaxial reactor for surface micromachining applications. *Thin Solid Films* 259 (2): 181-187.

2　Lange, P., Kirsten, M., Riethmüller, W. et al. (1996). Thick polycrystalline silicon for surface-micromechanical applications: deposition, structuring and mechanical characterization. *Sens. Actuat. A* 54: 674-678.

3　Suzuki, Y., Totsu, K., Watanabe, H. et al. (2012). Low-stress epitaxial polysilicon process for micromirror devices. The 29th Symposium on Sensors, Micromachines and Applied Systems, SP2-7, Kitakyushu City, Japan (22-24 October 2012), 548-553.

4 Offenberg, M., Lärmer, F., Elsner, B. et al. (1995). Novel process for a monolithic integrated accelerometer. The Eighth International Conference on Solid State Sensors and Actuators, and Eurosensors IX (Transducers'95 Eurosensors IX), Stockholm, Sweden (25-29 June 1995), 589-592.

5 Lutz, M., Golderer, W., Gerstenmeier, J. et al. (1997). A precision yaw rate sensor in silicon micromachining. 1997 International Conference on Solid-State Sensors and Actuators (Transducers'97), Chicago, USA (16-19 June 1997), 847-850.

6 Candler, N., Park, W. -T., Li, H. et al. (2003). Single wafer encapsulation of MEMS Devices. *IEEE Trans. Adv. Packaging* 26 (3): 227-232.

7 Langfelder, G., Longoni, A. F., Tocchio, A., and Lasalandra, E. (2011). MEMS motion sensors based on the variations of the fringe capacitances. *IEEE Sens. J.* 11 (4): 1069-1077.

8 Prandl, L., Caminada, C., Coronato, L. et al. (2011). A low-power 3-axis digital-output MEMS gyroscope with single drive and multiplexed angular rate readout. 2011 IEEE International Solid-State Circuit Conference (ISSCC 2011), San Francisco, USA (20-24 February 2011), 104-105.

9 Classen, J., Reinmuth, J., Kälberer, A. et al. (2017). Advanced surface micromachining process—a first step towards 3D MEMS. The 30th IEEE International Conference on Micro Electro Mechanical Systems (MEMS'17), Las Vegas, USA (22-26 January 2017), 314-316.

第 5 章

多晶SiGe表面微加工

Carrie W. Low[1]，Sergio F. Almeida[2]，Emmanuel P. Quévy[3] and Roger T. Howe[4]

[1] TDK InvenSense，1745 Technology Dr.，San Jose，CA 95110，USA
[2] DiDi Labs，450 National Ave.，Mountain View，CA 94043，USA
[3] ProbiusDx Inc.，39355 California St.，Suite 207，Fremont，CA 94538，USA
[4] Stanford University，Department of Electrical Engineering，330 Jane Stanford Way，Stanford，CA 94305，USA

5.1 介绍

近年来，微机电系统（MEMS）技术逐渐将半导体应用于制备芯片级传感器、执行器和谐振器等器件。然而，大部分 MEMS 产品采用双芯片解决方案：将 MEMS 芯片与单独的集成电路（IC）组装成一个多芯片模块。虽然该方案简便，但由于非标准的 MEMS 工艺，例如深反应离子刻蚀，可以在小规模 MEMS 代工厂中完成，未能利用主流 CMOS 代工厂的高度控制工艺。此外，双芯片解决方案中，由于耦合电容较大，导致部分 MEMS 传感器和谐振器的性能有所降低。双芯片解决方案采用标准低压化学气相沉积（LPCVD）多晶硅作为结构材料。在高于 CMOS 晶圆所能承受的温度下，能够对该材料进行沉积。自 20 世纪 90 年代末，加州大学伯克利分校（UC Berkeley）和比利时微电子研究中心（IMEC）[1-3] 对 LPCVD 多晶硅在 MEMS 中的应用进行了研究，IMEC 在 21 世纪初起草了一项关于等离子体增强 CVD 多晶硅的长期项目。自 2008 年以来，UC Berkeley 致力于研究多晶 SiGe 技术的新应用，其中之一是将其作为超低功耗计算的纳米机械继电器[7]。

UC Berkeley 于 2004 年成立了 Silicon Clocks，旨在将其 LPCVD 多晶 SiGe 技术商业化，即在代工厂 CMOS 上制造谐振器，应用于定时功能。2010 年，Silicon Labs 收购了 Silicon Clocks，并引入了 CMEMS® 计时技术。中芯国际（SMIC）是 CMEMS® 工艺的代工合作伙伴。采用低温 LPCVD 多晶 SiGe 作为结构材料，MEMS 谐振器能够直接构建在先进的混合 CMOS 上，实现在单个芯片中集成 MEMS+CMOS。MEMS+CMOS 集成具有更小的尺寸、更好的性能、更低的成本和扩展性强等优点。

5.1.1 SiGe 在 IC 芯片和 MEMS 上的应用

有学者对作为多种结构的基底材料 SiGe 进行了广泛研究，将其用于异质结双极性结晶体管[8,9]，作为栅极、源/漏极或通道材料应用于 CMOS 器件[10-12]，以及作为光电子或热电子的吸收材料[13,14]。

多晶 SiGe 还被研究作为表面微加工的替代结构材料。多晶 SiGe 与多晶硅具有相似的材料特性。与多晶硅相比，多晶 SiGe 能够在极低温下沉积并结晶，同时具有良好的稳定性，在 MEMS 的后 CMOS（post-CMOS）集成中具有广阔的应用前景。SiGe MEMS 的应用包括陀螺仪[4]、光学器件[15]、谐振器[16]、辐射热计[5]和压力传感器[6]。多晶 Ge 能够很好地应用为牺牲层，原因在于该材料能够配合高选择性刻蚀技术，完成对 Ge 浓度小于 60% 的多晶 $Si_{1-x}Ge_x$ 合金的刻蚀[2]。

5.1.2 MEMS 所需的 SiGe 特性

MEMS 应用所需的 SiGe 特性不同于多数电子器件的应用。一般情况下，横向电容传感需厚度大于 $2\mu m$ 的薄膜。在后 CMOS 中，需限制多晶 SiGe 的沉积温度低于 450℃。较高的锗含量能够提高薄膜的沉积速率和结晶度。但在 H_2O_2 刻蚀中，纯锗牺牲层对多晶 SiGe 结构层的刻蚀选择性随着锗含量的增加而降低。为了得到合理的沉积速率和结晶度及较好的抗 H_2O_2 腐蚀性能，锗含量的最佳理想值为 60%。为与电子设备保持良好的电气连接，射频 MEMS 应用所需的电阻率应低于 $10m\Omega \cdot cm$。对于悬挂长度较大的惯性传感器，应具有较低的残余应力和应力梯度。为避免两端固支梁发生屈曲，需要较小的拉伸残余应力。然而，若在悬架设计中得到补偿，具有压应力的薄膜能够用于某些应用。惯性传感器应用中最关键的要求为低应变梯度。惯性传感器的应变梯度须小于 $1\times 10^{-5}\mu m^{-1}$，使 1mm 长的梁尖端挠度小于 $5\mu m$。除了上述的材料要求，对于大批量生产而言，研发高产量、高良率和可重复的工艺过程同样至关重要。

5.2 SiGe 沉积

5.2.1 沉积方法

目前，已有多个研究小组开发了几种用于 MEMS 的多晶 SiGe 沉积方法：常压或减压化学气相沉积（APCVD 或 RPCVD）[17]、LPCVD[1,2,18]、等离子体增强化学气相沉积（PECVD）[19-21]和脉冲激光沉积（PLD）[22]。在与 CMOS 兼容的温度（520℃）下，APCVD 或 RPCVD 工艺的沉积速率约为 4nm/min，沉积速率过低，降低了经济效益。采用 PLD 沉积的薄膜具有较高的粒子密度，需添加退火才能结晶。

在 450℃ 的温度下，PECVD 工艺的沉积速率约为 100nm/min[19]，是相同条件下 LPCVD 沉积速率的 6 倍左右。虽然 LPCVD 工艺具有较低的沉积速率，但该工艺满足大批量生产的要求，能够以更低的成本获得更高的产量。LPCVD 工艺的另一个优点为该技术能够覆盖所有的表面，该优点能够应用于平面化和填充间隙。PECVD 和 LPCVD 多晶 SiGe 工艺都有望应用于 post-CMOS 集成；研究和开发的重点是降低热预算、精细调整材料性能及开发用于大批量生产。

5.2.2 材料性能对比

多晶 SiGe 能够在 CMOS 兼容温度下展现优异的力学性能，可以作为 post-CMOS 应用的 MEMS 结构材料。表 5.1 列出了通过 PECVD 和 LPCVD 方法沉积的多晶 SiGe 薄膜材料性能的大致值。

表 5.1 PECVD[20] 和 LPCVD 多晶 SiGe 薄膜的材料特性[23]

来源：Based on Gonzalez and Rottenberg[20]

性质	单位	CVD/PECVD SiGe(450℃)	LPCVD SiGe(410℃)
膜厚	μm	4	2
Ge 含量	—	约 70%	约 60%
密度(ρ)	$kg \cdot m^{-3}$	4400	4130
杨氏模量(E_Y)	GPa	130	135.5
泊松比(ν)	—	0.22	0.283
残余应力(σ_o)	MPa	40	−153
应变梯度	μ/m	$<2 \times 10^{-5}$(4μm 厚的薄膜)	约 3×10^{-4}(2μm 厚的薄膜)
热膨胀系数(CTE)	K^{-1}	5×10^{-6}	4×10^{-6}
热导率(κ)	$W \cdot m^{-1} \cdot K$	11	9.6
电阻率(ρ)	$m\Omega \cdot cm$	1~100	0.6

IMEC 对 PECVD SiGe 工艺展开研究[19-21]。在 IMEC 的 SiGe 工艺中，包含硅烷（SiH_4）和锗烷（GeH_4）的氢气作为前体气体；氢中的乙硼烷（B_2H_6）用作原位掺杂气体。作为基底的多晶 SiGe 结构层厚度为 4μm，沉积温度为 450℃。该结构层由厚度为 400nm 的 CVD 层，厚度为 1.6μm 的 PECVD 层及另一层厚度为 2μm 的 PECVD 层堆叠而成。CVD 层作为多晶籽晶用于诱导 PECVD 层中的结晶生长。由于等离子体提供的能量，能够获得较高的沉积速率。工艺气体中的稀释氢气为低温结晶提供了另一种能量来源。因此，大部分 PECVD SiGe 薄膜具有极高的氢含量。结合准分子激光退火工艺，氢元素析出并在薄膜中留下小孔[24]。相比之下，准分子激光退火在 LPCVD 薄膜中并没有产生气孔[25]。

加州大学伯克利分校、Silicon Clocks 公司和 Silicon Labs 公司已对 LPCVD SiGe 过程开展研究。在 LPCVD 工艺中，使用纯硅烷（SiH_4）和纯锗烷（GeH_4）作为前体气体；在氢中稀释的三氯化硼（BCl_3）作为原位掺杂气体。作为基底的多晶 SiGe 结构层厚度为 2μm，在 410℃下沉积一薄层非晶硅作为籽晶层。PECVD 薄膜和 LPCVD SiGe 薄膜具有类似的材料特性。LPCVD SiGe 薄膜在残余应力的表现较 PECVD 薄膜差，但能够满足部分应用。厚度为 2μm 的 LPCVD SiGe 薄膜的应变梯度高于厚度为 4μm 的 PECVD SiGe 薄膜。

5.2.3 成本分析

和多晶硅相比，多晶 SiGe 的一个主要缺点是成本较高。GeH_4 作为多晶 SiGe 沉积所需的前体，其价格较为昂贵：一瓶 2600g 纯的 GeH_4 售价为 20604 美元[26]。根据理想气体定律计算，每标准立方厘米（scc）的 GeH_4 成本约为 0.027 美元，约为每标准立方厘米（scc）的 SiH_4 成本的 80 倍。此外，还需要复杂的设备用于多晶 SiGe 沉积。需要对多晶 SiGe 沉积过程进行优化，以提高生产能力并降低材料成本。表 5.2 对比了用 PECVD 和 LPCVD 方法沉积多晶 SiGe，其中，对于 4μm 厚的多晶 SiGe 结构层沉积，综合考虑设备产量和 GeH_4 材料成本。

表 5.2 使用 PECVD 和 LPCVD 两种方法制备多晶 SiGe 的成本

来源：Gonzalez and Rottenberg[20]，Guo et al.[21]

	IMEC PECVD 多晶 SiGe	SMIC LPCVD 多晶 SiGe
设备	AMAT Centura CxZ	Kokusai Electric DJ835V
基底尺寸/mm	200	200
每批产品晶圆数	1	100
沉积温度/℃	450	410
沉积速率/(nm/min)	36(CVD)；164.4(PECVD)	6.4
膜厚/μm	4	4
Ge 含量	77%(CVD)；71%(PECVD)	60%
沉积时间/min	11(CVD)；22(PECVD)	625
总加工用时/min	37	1285
产量(每小时单位)	1.62	4.67
GeH_4 流速/sccm❶	332	118
GeH_4 气体浓度	10%，在 H_2 中	100%
GeH_4 每晶圆成本	$29.84	$20.08

PECVD 工艺的批量大小通常为每个腔室一个晶圆。采用 400nm CVD 膜、1.6μm PECVD 薄膜和 2μm PECVD 薄膜叠层沉积，构成了厚度为 4μm 的 SiGe 薄膜。每 2μm 的 SiGe 沉积都需要对腔室进行清洁，以避免过多的颗粒干扰结果[20]。在清洁期间，需将晶圆取出，这一操作会导致 SiGe 薄膜的表面形成氧化物。使用 CF_4 清洁以移除层界面处不需要的氧化物。作为基底的 PECVD SiGe 晶圆厚度为 4μm，总处理时间大约需要 37min[20]。

对于 LPCVD 工艺，单次批量能够获得 141 个晶圆。排除在末端放置的假片（dummy wafer），每批能够装载大约 100 个产品晶圆。可单次沉积厚度为 4μm 的薄膜，无需运行腔室清洁周期。若有额外的工艺要求，可在沉积后进行粒子的监测和回收。采用 LPCVD SiGe 沉积厚度为 4μm 的基底，其总工艺时间约 1285min，包括晶圆加载、沉积时间和卸载后的颗粒恢复等过程。表 5.2 中的数字表明 LPCVD 工艺具有更高的产量和更低的材料成本。然而，当工艺出现意外问题的情况下，LPCVD 工艺所生产的 100 个产品晶圆可能全部报废。此外，为了提高产量，生产 PECVD 工具可搭配多个腔室。

5.3 LPCVD 多晶 SiGe

5.3.1 立式炉

立式 LPCVD 炉在工业中普遍使用。和卧式炉相比，立式炉具有更好的工艺均匀性及更大的产量[27]。中芯国际上海分公司用于 CMEMS® 工艺的 SiGe 生产炉由日立国际电气公司制造，型号为 DJ835V。该款立式炉能够同时制备 141 个晶圆（直径 200mm），工作压力范围为 1～100Torr❷，工作温度范围为 300～800℃。如图 5.1 所示为该炉的示意图。该炉最初设计用于 LPCVD 多晶硅沉积，随后对多晶 SiGe 工艺进行了优化。CMEMS® 工程团队通

---

❶ sccm：标准毫升/分。
❷ 1Torr=133.3224Pa=1mmHg。

过从早期的熔炉事故中吸取经验,对设备进行优化,使得该设备能够代表第三代 SiGe 沉积工艺。

该团队主要对气体面板和内部气体分布进行改造。SiGe 炉的前体气体包括纯乙硅烷（Si_2H_6）、硅烷（SiH_4）和锗烷（GeH_4）。乙硅烷主要用于薄的非晶硅沉积作为籽晶层。硅烷和锗烷作为 SiGe 的前体。在氦（He）中稀释三氯化硼（BCl_3）作为掺杂气体。为达到试验目的,在氦（He）中稀释的氧（O_2）也与掺杂线连接。

所有过程气体从底部进入内层管,到达腔室顶部,并在底部通过外部管泵至出气口。在燃烧室中,有三个位于不同高度的前体喷射器,每个前体喷射器仅在其末端有一个气体出口。由于前体气体穿过熔炉的加热区域,导致在前体喷射器内发生沉积。若通过多孔喷射器引入前体气体,喷射器和气孔上的沉淀物会导致在使用寿命内,喷射器内部

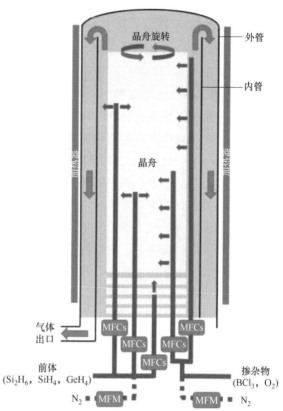

图 5.1 垂直 LPCVD 多晶 SiGe 炉的示意图
MFM—质量流量计；MFC—质量流量控制器

气体分布不均匀。该设计中采用了多个前体喷射器,以在使用周期内保持气体分布一致。此外,每个前体注入器在顶部,都具有较大的直径和较大的出口,以防止堵塞。有学者研究表明,掺杂的三氯化硼气体不会分解,会导致注射器堵塞[28]。两个多孔掺杂剂喷射器用于掺杂剂气体均匀分布。专门设计的气体分配系统有助于改善交叉负载均匀性,而晶舟旋转有助于改善交叉晶圆均匀性。此外,通过每个喷射器引入的每种气体都由质量流量控制器（MFC）单独控制,从而允许工艺工程师调整气流以进一步提高均匀性。

5.3.2 颗粒控制

当在加工腔体室内部和工作板上沉积时,由于热循环导致薄膜剥落,成为颗粒的来源。与石英相比,碳化硅（SiC）具有更接近多晶 SiGe 的热膨胀系数。该过程使用碳化硅舟和衬层能够最大限度地减少热应变、薄膜剥落和颗粒的产生,延长了维护周期。在负载锁定处包含氮气控制的微型环境,对于控制颗粒非常关键。氮气环境会显著降低加载和卸载过程中舱室的氧化,从而提高颗粒性能。

5.3.3 过程监测和维护

SiGe LPCVD 炉的监测过程包括定期 MFC 鉴定、颗粒监测、沉积速率和均匀性监测。沉积速率与薄膜的力学、电学性能都十分依赖于锗和掺杂剂的含量,而锗和掺杂剂的含量又

取决于每个 MFC 的输出。密切监测 MFC 的性能能够控制工艺过程。每种前体气体对应三个 MFC，每种掺杂气体对应两个 MFC。MFC 实现重复运行的最重要性质为均匀性，并非准确性。质量流量计（MFM）安装在气体面板中用于 MFC 监测（图 5.1）。在常规沉积过程中，并接并激活 MFM 管线，达到 MFC 监控。在 MFC 试验过程中，逐一引导氮气通过每个 MFC。氮气的气流量由每个 MFC 调节，并由 MFM 量化。使用氮气将 MFM 校准至原始标准，并使用校正系数转换被测 MFC 的实际氮气输出。

清洁是生产环境中颗粒控制的关键。由于 MEMS 应用中存在较厚的 SiGe 和 Ge 沉积，经常通过 SiGe 炉中的机械运行对颗粒性能进行监测。机械运行所用基底为一个裸硅，在颗粒计数器中进行前后扫描。采用氮气流循环松散颗粒，通过计算裸硅上增加的颗粒来检测松散颗粒。如果颗粒计数不符合规定，能够采用氮气循环气流清洁熔炉。

此外，能够监测炉壁上的总沉积厚度。达到临界厚度后（约 $80\mu m$），需要停机并对硬件进行湿清洁，以防止熔炉出现颗粒损坏。由于意外断电而导致的管道冷却，也可在达到临界厚度之前停机。由于温度循环，薄膜可能会剥落并产生颗粒。该停机维护程序包括拆卸、硬件（晶舟、衬层和其他石英件）清洁、安装、温度测量和 MFC 鉴定。若欲恢复工艺，首先沉积一个厚度为 500nm 的 Si 薄膜，覆盖裸露的硬件；随后进行 SiGe 沉积和 Ge 沉积，以确保工艺恢复。为监测 SiGe 炉的工艺稳定性，需定期进行基准 SiGe 沉积。分别在设备空腔的顶部、中心和底部收集薄膜厚度、锗含量、应力和电阻率等参数。

5.3.4 在线测量薄膜厚度和锗含量

采用横截面扫描电子显微镜（SEM）能够测量多晶 SiGe 薄膜的厚度，可通过二次离子质谱（SIMS）测量锗含量。在生产环境中，在线和无损检测多晶 SiGe 薄膜的特性是加工过程中所必需的。

多晶硅薄膜的厚度通常在微米范围内。采用光学仪器，如光学探针或椭偏仪，很难测量不透明和粗糙的多晶 SiGe 膜。X 射线荧光光谱（XRF）能够用于检测薄膜厚度和锗含量。X 射线荧光测量时间约为 100s/点，光斑直径约为 40mm。对于 $Si_{1-x}Ge_x$ 薄膜，通过 XRF 测量 Ge 计数（$count_{Ge}$）的精度取决于薄膜厚度（t_{SiGe}）和锗含量（$at\%_{Ge}$❶）。XRF 测量的 Si 计数（$count_{Si}$）取决于薄膜厚度（t_{SiGe}）、锗含量（$at\%_{Ge}$）以及从底层 SiO_2 薄膜检测到的硅含量。该关系能够通过以下方程描述：

$$t_{SiGe} \times at\%_{Ge} = A \times count_{Ge}$$
$$t_{SiGe} \times (1 - at\%_{Ge}) = B \times count_{Si} - C \times count_{O_2}$$

其中，A、B 和 C 为常数；$count_{O_2}$ 为 XRF 的氧气计数。为获得常数 A、B 和 C，采用一组 $Si_{1-x}Ge_x$ 参考晶圆用于校准。$Si_{1-x}Ge_x$ 参考晶圆具有不同的厚度（$0.5\sim 5\mu m$）和锗含量（50%～70% 和 100%）。分别采用 SEM 和 SIMS 测量薄膜厚度和锗含量。

在 $0\sim 5\mu m$ 范围内的 SiGe 薄膜，Ge 计数和薄膜厚度呈较好的线性关系。随着薄膜厚度的增加，表面所覆盖 SiGe 薄膜能够吸收处于更深处产生的 Ge 元素的 X 射线信号。厚度为 $20\mu m$ 的 SiGe 薄膜能够吸收约一半 X 射线。此外，对于厚度大于 $2\mu m$ 的 SiGe 薄膜，由于

---

❶ at%，原子分数。

表面覆盖的 SiGe 薄膜能够吸收 Si 元素的 X 射线信号，导致常数 C 能够忽略不计。厚度为 $2\sim5\mu m$ 范围内，且 Ge 含量的范围为 $50\%\sim70\%$，SiGe 的薄膜厚度和 Ge 含量可通过以下公式进行计算：

$$t_{SiGe} = A \times count_{Ge} + B \times count_{Si}$$

$$at\%_{Ge} = \frac{A \times count_{Ge}}{A \times count_{Ge} + B \times count_{Si}}$$

对于厚度范围为 $0\sim5\mu m$ 的纯锗薄膜，薄膜厚度可表示为：

$$t_{Ge} = A \times count_{Ge}$$

5.3.5 工艺空间映射

CMEMS® 工艺所需的 SiGe 薄膜需要是多晶、导电、保形的，锗含量约为 60%。所需要的锗薄膜既要均匀又要保形。在生产环境中，良好的跨负载和跨晶圆均匀性是高生产量的关键。

基于前人的学术研究[18] 和前期生产经验，CMEMS® 生产开发了 SiGe 和 Ge 工艺。SiGe 沉积速率随着温度、压力、前体气体总流量和锗浓度的增加而增加。薄膜的电阻率主要取决于掺杂气体的流速。在 $400\sim450$℃的温度范围内，SiGe 薄膜的平均残余应力是压缩应力，在这个温度范围的较低部分，具有更大的压缩应力。SiGe 薄膜的应变梯度强烈依赖于薄膜的纹理，工艺过程中任意步骤都会对该纹理造成影响。过氧化氢溶液的刻蚀速率主要取决于薄膜的锗含量，因此与 $SiH_4:GeH_4$ 比率成反比增加[2]。

为了确定新熔炉的特性，学者们进行了多次试验。首先测试了上一代熔炉的基准条件，在第二次运行中施加更高的压力，以提高沉积速率和均匀性。随后，试验设计（DoE）的首要关注点为获得 60% 锗含量、合理的沉积速率及电阻率。根据之前的数据，以 $SiH_4:GeH_4$ 比率和掺杂气体流动率为变量，确定晶粒条件、SiH_4 和 GeH_4 整体流量、温度和压力。当 $SiH_4:GeH_4$ 气体流动比为 $2.4:1$ 时，锗含量达到 60%，沉积速率约为 $6nm/min$。SiGe 薄膜的电阻率约为 $1m\Omega \cdot cm$。晶圆内锗含量、沉积速率和电阻率均合理。

试验的第二关注点为改进横向负载的均匀性。该 SiGe 炉的设计具有一定的灵活性，能够更改横向负载的均匀性。首先，前体气体分布在顶部、中心和底部喷射器。可通过 MFC 对每个位置的 SiH_4 和 GeH_4 输出，进行单独调整。其次，炉内有五个加热区，允许较小的温度变化以适用于不同区域。最后，加载模式也能够调整均匀性。该 SiGe 炉有 141 个晶圆腔室。在沉积速率较低的区域，为减少表面积，每隔一个腔室加载晶圆。

CMEMS 工艺中有三层 SiGe 沉积层；其中两层是电气互连层，一层是谐振器的机械层。电气互连层需要充分结晶以获得良好的导电性。低 SiH_4 和 GeH_4 流速、较高流速的 BCl_3，快速生长的（$5\sim10min$）SiGe 籽晶层有助于促进结晶。在低沉积速率下，下一个气体分子被吸收之前，气体分子有更多的时间在表面晶格能量较低的位置上沉积。如图 5.2（a）所示，一旦晶圆覆盖完全结晶的籽晶层，随即提高压力和气体流量以提高沉积速率。后一层沉积的薄膜遵循籽晶层的多晶性，整个薄膜厚度完全结晶。

当应用于谐振器时，机械层应具有低应变梯度（小于 $1\times10^{-4}\mu m^{-1}$）。有研究表明[18]，

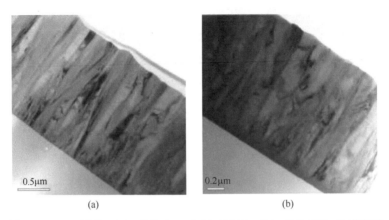

图 5.2 TEM 图像。(a) 多晶 SiGe 电气互连层；(b) 多晶 SiGe 机械薄膜

来源：Low[18]

细晶粒籽晶能够形成具有高应变梯度的锥形微观结构。为了实现薄膜具有低应变梯度和良好的均匀性，在保持柱状晶粒结构的同时，在 SiGe 薄膜底部应有一较薄的非晶区域。对于机械层，用一薄层非晶硅作为籽晶层。如图 5.2（b）所示，较晚沉积的 SiGe 薄膜底部有约 $0.1\mu m$ 的非晶区，并通过结晶得到剩余厚度。

CMEMS® 工艺中的锗薄膜能够作为牺牲层，用于定义亚微米间隙的间隔层，在盖晶圆上用于平面化的填充层和键合层。其沉积的主要目的是保形台阶覆盖，获得较好的均匀性。在低气体流量和 350℃ 的低工艺温度下，可实现保形台阶覆盖。通过在负载上偏移几摄氏度的温度，可以获得良好的均匀性。

5.4 CMEMS® 加工

CMEMS® 一词来自两个缩写词：CMOS+MEMS。CMEMS 技术能够在先进的射频/混合信号（RF/MS）CMOS 电路（$0.18\mu m$ 及以下）的表面上，直接对 MEMS 器件进行模块

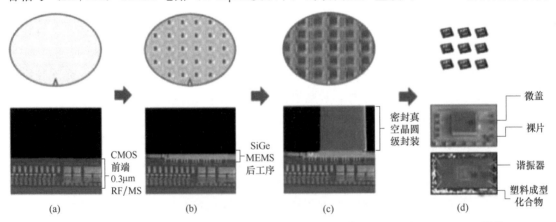

图 5.3 CMEMS 制造流程的基本顺序。(a) CMOS 起始材料；(b) 多晶 SiGe MEMS 器件；
(c) 晶圆级封装；(d) 芯片切单和标准的小尺寸封装组件

来源：Quévy[29]

化后处理。如图 5.3 所示为 CMEMS 的制备流程，其中：（a）一个钝化的平面 CMOS 晶圆为起始材料；（b）在此基础上，采用表面微加工工艺，将多晶 SiGe 集成为 MEMS 器件；（c）采用晶圆级键合将 MEMS 器件封装在真空中；（d）切片并以标准的小尺寸封装组件，得到一个标准的 CMOS 产品。该方法依靠先进的 CMOS 制造技术的可扩展性，作为模块化的后端选件，可用于制造高级 CMOS 晶圆的生产线。最新一代 CMEMS® 制造技术允许在具有八个金属层的 0.13μm CMOS 表面上集成 0.2μm 空间和 0.5μm 线特征尺寸的 MEMS 器件。

图 5.4 为平板谐振器的 SEM 图。该谐振器的特点为 CMOS 顶部金属和 SiGe MEMS 层之间欧姆接触，谐振器板表面上的氧化物填充缝用于温度补偿，亚微米（0.2μm）静电换能器间隙及用于真空密封封装共晶晶圆间键合。制备该 MEMS 器件需要六个掩模，还需要两个掩模用于封装。

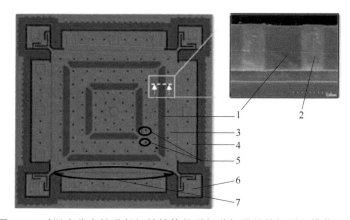

图 5.4 对温度稳定性进行机械补偿的平板谐振器的俯视图和横截面图

来源：Quévy[29]

1—二氧化硅夹缝；2—结构 SiGe；3—谐振器板；4—电极；5—释放孔；
6—带分离弹簧的锚；7—亚微米传感器间隙

5.4.1 CMOS 接口问题

在现有的 CMOS 晶圆上构建 MEMS 结构涉及几个问题。为了与 CMOS 兼容，MEMS 工艺的最高温度为 410℃。对于不同应力和热膨胀系数（CTE）失配的材料来讲，制造工艺的热循环是一个问题。多晶 SiGe 具有压缩性，其 CTE 为个位数 ppm❶/℃，下方的金属相堆叠通常具有拉伸性，CTE 在 10～20ppm/℃ 范围内。CMOS 金属化通常具有虚设填充图案以保持均匀的图案密度。然而，在大块虚设金属上沉积多晶 SiGe 薄膜，由于热失配现象会导致薄膜分层。将大块虚设金属改为小块使材料稳定。

在 CMOS 晶圆边缘 1～2mm 内没有图案。然而，由于在光刻过程中有多个步骤需要去除边缘及在固定卡环的工具中沉积，导致材料的堆叠并没有很好地定义。晶圆边缘的材料通常为较厚的钝化氧化物和氮化物。钝化和多晶 SiGe 之间的热失配会导致边缘薄膜分层。在

---

❶ ppm：百万分之一。

SiGe 沉积后进行晶圆边缘刻蚀可显著减少边缘分层和颗粒问题。

基底放气也是一个问题。MEMS 谐振器需要稳定的真空操作环境。然而，挥发性分子能够从金属中扩散逸出和改变真空水平的封装腔。为了获得稳定的器件性能，需要对后端堆叠材料[30] 的物理化学性能进行仔细研究。

5.4.2 CMEMS 工艺流程

图 5.5～图 5.19 为 CMEMS® 制造技术[31] 的透视图和横截面图。采用圆盘谐振器来说明流程仿真。工艺流程分为多个模块：顶层金属、插槽、结构化 SiGe、狭缝、结构、间隔、电极和焊盘。

5.4.2.1 顶部金属模块

顶部金属模块是 CMOS 工艺流程的最后一个金属化过程，且也是 MEMS 器件的电气接口。图 5.5 所示为简化的 CMOS 电路基底示意图，包括氧化物绝缘层、最上方的铜层和氧化物/氮化物钝化层。将氧化物/氮化物钝化层刻蚀至铜层，进行互连。在图 5.6 中，沉积铝金属层至 MEMS 电极的导电部分，并图案化处理。随后，采用化学机械抛光（CMP）对隔离氧化物进行沉积和平面化处理。

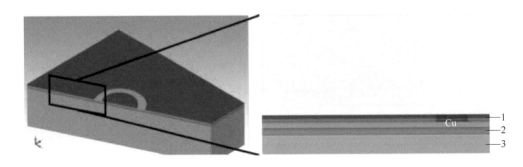

图 5.5 CMOS 顶部金属

来源：Quévy[31,32]

1—氮化物；2—氧化物；3—硅基底

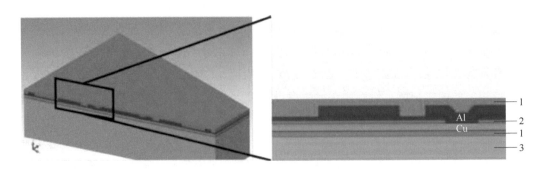

图 5.6 CMOS 顶部钝化

来源：Quévy[31,32]

1—氧化物；2—氮化物；3—硅基底

5.4.2.2 插槽模块

插槽模块是 CMOS 电路和 MEMS 器件的接口，创建电触点和机械锚点。经氧化物 CMP 处理后，沉积氮化层和氧化层作为钝化层。如图 5.7 所示，对钝化层进行图形化处理并刻蚀至铝表面层。钛和氮化钛层作为胶合层（Ti）及阻挡层（TiN）沉积。随后，沉积厚度为 $1\mu m$ 的硼掺杂多晶 SiGe 插槽层（PL），使其覆盖通孔。足够厚度的 TiN 阻挡层能够防止铝和 SiGe 之间的共晶反应。随后通过刻蚀去除 SiGe(PL) 层、TiN 和 Ti 层，端点在氧化物钝化层上，仅将材料留在通孔内部，从而形成电接触。

图 5.7 通孔形成至 CMOS

来源：Quévy[31,32]

1—氮化物；2—氧化物；3—硅基底

5.4.2.3 结构化 SiGe 模块

结构化的 SiGe 模块为 MEMS 谐振器沉积了牺牲层和结构层材料。在图 5.8 中，沉积了厚度为 $0.5\mu m$ 的锗牺牲层 Ge(SA)、厚度为 $0.1\mu m$ 的氧化物刻蚀停止层及厚度为 $2.5\mu m$ 的多晶 SiGe 结构层 SiGe(ST)。随后采用 CMP 抛光 SiGe(ST) 层以去除表面粗糙部分。

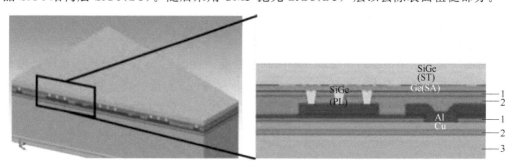

图 5.8 牺牲层、刻蚀停止层和结构层沉积

来源：Quévy[31,32]

1—氮化物；2—氧化物；3—硅基底

5.4.2.4 狭缝模块

SiGe 的杨氏模量温度系数与单晶硅相同（60～80ppm/℃），意味着该材料会随着温度的升高而变软。幸运的是，SiO_2 会随着温度的升高而变硬。杨氏模量的增加可用于抵消 SiGe 的软化[33-35]。为实现这一目标，狭缝模块将 SiO_2 嵌入嵌入 SiGe 结构层中。

在图 5.9 中，沉积了氧化物硬掩模层。对氧化物硬掩模层及 SiGe(ST) 层进行图形化处理和刻蚀。刻蚀停止发生在 Ge(SA) 层表面的氧化物刻蚀停止层。图 5.10 所示为高密度等离子体（HDP）氧化物沉积在狭缝区域。随后采用 CMP 抛光 HDP 氧化物至 SiGe(ST) 结构层暴露，该过程仅在狭缝区域留下氧化物。

图 5.9　狭缝刻蚀

来源：Quévy[31,32]

1—氮化物；2—氧化物；3—硅基底；4—狭缝

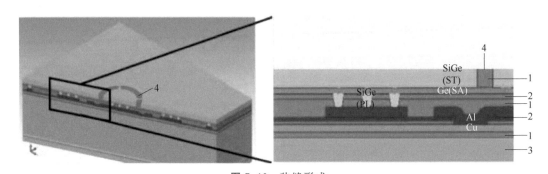

图 5.10　狭缝形成

来源：Quévy[31,32]

1—氧化物；2—氮化物；3—硅基底；4—狭缝

5.4.2.5　结构模块

结构模块定义了谐振器的质量块、电极和释放孔。在图 5.11 中，首次沉积硬掩模氧化层。在多次干法刻蚀步骤中，去除氧化物硬掩模、SiGe(ST) 层、氧化物刻蚀停止层和 Ge(SA) 牺牲层，暴露插槽模块中形成的互连 SiGe(PL) 模块及其他区域的钝化氧化物。

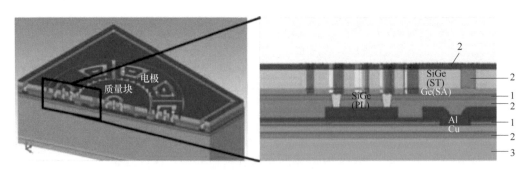

图 5.11　结构层刻蚀

来源：Quévy[31,32]

1—氮化物；2—氧化物；3—硅基底

5.4.2.6 间隔模块

间隔模块定义了亚微米传感器间隙。在图 5.12 中，在图案化结构顶部、底部表面及所有侧壁覆盖厚度为 $0.2\mu m$ 的间隔层 Ge(SP)。该锗间隔层的厚度至关重要，因为该厚度决定了静电传感器的间隙大小。在光刻步骤中，光刻胶覆盖在质量块的侧壁上的间隔层，同时刻蚀电极侧壁。对于超过 $2\mu m$ 的拓扑结构，需要过曝光、双熔池、双漂洗来生成所需的光刻胶剖面。此外，在电极边缘生成锯齿形图案，为沟槽底部提供更多的间隙，用于清除光刻胶。在图 5.13 中，采用各向同性刻蚀对 SiGe(ST) 层进行过度刻蚀来清除电极侧壁上的锗。在去除光刻胶后，锗层保留在防蚀质量块侧壁和电阻覆盖的顶部表面。

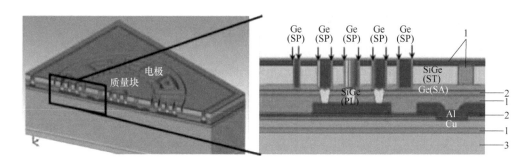

图 5.12 间隔层沉积

来源：Quévy[31,32]

1—氧化物；2—氮化物；3—硅基底

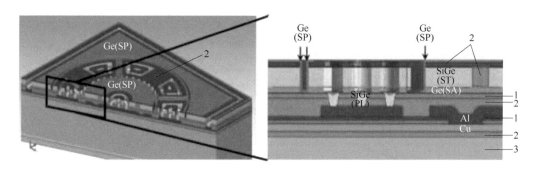

图 5.13 间隔层刻蚀

来源：Quévy[31,32]

1—氮化物；2—氧化物；3—硅基底

5.4.2.7 电极模块

电极模块定义了MEMS器件的机械锚点和电气连接。在图 5.14 中，在结构层刻蚀后的所有沟槽表面，沉积厚度为 $1.5\mu m$ 的多晶 SiGe 电极 SiGe(EL)。该 SiGe(EL) 层与 SiGe(ST) 层互相接触以作为机械锚点和电气触点。为确保良好的电接触，晶圆在沉积 SiGe(EL) 之前，需要经过溅射清洁和稀释氢氟酸浸泡以除去侧壁的天然氧化物。在图 5.15 中，SiGe(EL) 层从顶部表面开始刻蚀，于氧化物硬掩模层结束。随后采用光刻胶覆盖电极和锚点区域。如图 5.16 所示，刻蚀 SiGe(EL) 层的多余部分，以将 MEMS 器件从虚设结构中分离出来，并将电极相互分离。此外，移除释放孔内的 SiGe(EL) 层。

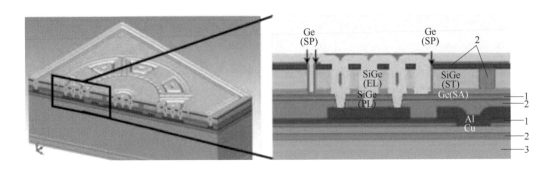

图 5.14　SiGe(EL)层沉积
来源：Quévy[31,32]
1—氮化物；2—氧化物；3—硅基底

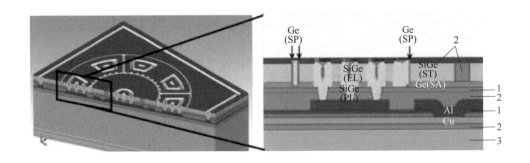

图 5.15　SiGe(EL)层内刻蚀
来源：Quévy[31,32]
1—氮化物；2—氧化物；3—硅基底

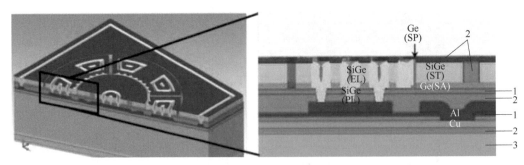

图 5.16　电极成形刻蚀
来源：Quévy[31,32]
1—氮化物；2—氧化物；3—硅基底

如图 5.17 所示，晶圆上沉积的厚度为 $0.5\mu m$ 的锗层（FL），用于填充刻蚀电极所残留的间隙。在刻蚀顶部表面的锗后，露出氧化物硬掩模层。在图 5.18 中，通过 CMP 工艺移除硬掩模层。采用 Ge(FL) 层填充沟槽防止 CMP 颗粒残留在沟槽中。

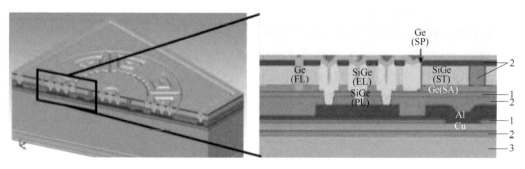

图 5.17　Ge(FL) 沉积

来源：Quévy[31,32]

1—氮化物；2—氧化物；3—硅基底

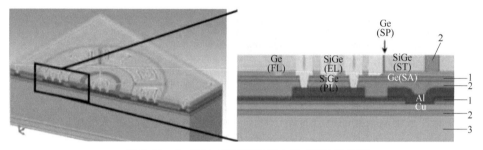

图 5.18　Ge(FL) 背面刻蚀和去除 CMP 硬掩模

来源：Quévy[31,32]

1—氮化物；2—氧化物；3—硅基底

5.4.2.8　焊盘模块

焊盘模块（图 5.19）打开铝焊盘和密封圈区域。通过多个干法刻蚀步骤，去除 SiGe (ST)、SiGe(EL)、氧化物刻蚀停止层、Ge(SA) 层、SiGe(PL) 插槽层及铝键合焊盘和密封圈顶部的钝化层。

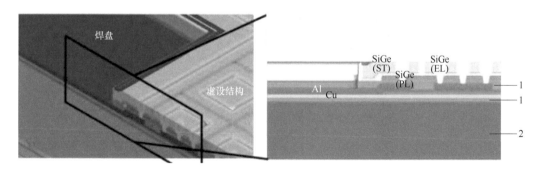

图 5.19　焊盘和密封环刻蚀

来源：Quévy[31,32]

1—氧化物；2—硅基底

5.4.3　释放

图 5.20 为释放后的 MEMS 器件。加热至 90℃，去除所有的锗层：Ge(SA)、Ge(SP)

层和 Ge(FL) 层。H_2O_2 会轻微氧化 SiGe 和铝表面。将 MEMS 器件快速浸入稀释比为 50∶1 的 HF 酸中，可使晶圆表面保持疏水状态。为了尽量减少释放黏滞，通过 Marangoni 效应干燥器（Dai Nippon Screen，型号 WS-820L）对晶圆进行干燥。将晶圆于具有异丙醇（IPA）层的去离子（DI）水浴中缓慢取出。随着表面张力梯度的增加，水被从晶圆上推出，使释放所得的器件无黏滞现象。

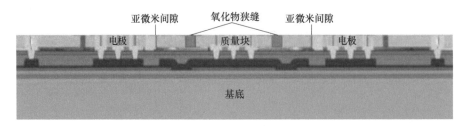

图 5.20　释放器件
来源：Quévy[31,32]

5.4.4　微盖的 Al-Ge 键合

MEMS 器件采用晶圆间的键合封装。图 5.21 所示为盖晶圆的横截面图。首先沉积一层氧化物隔离层和厚度为 $0.5\mu m$ 的锗。随后采用深反应离子刻蚀确定密封环并形成空腔。在腔内溅射一层金属钛（无污染模式）[36]，作为吸气材料，稳定气体密封腔内的真空环境。如图 5.22 所示，在 435℃ 下，通过锗和铝的共晶反应键合盖晶圆和 MEMS 器件。结合退火工艺，激活 Ti 吸气性能。在图 5.23 中，盖晶圆侧和 MEMS 器件侧的键合晶圆需接地。最后将盖晶圆进行切削以暴露键合焊盘。

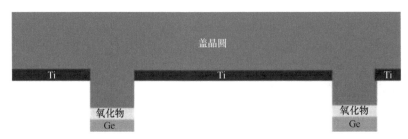

图 5.21　盖晶圆横截面图
来源：Quévy[31,32]

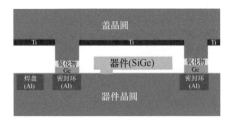

图 5.22　采用 Al-Ge 共晶反应的晶圆到晶圆键合

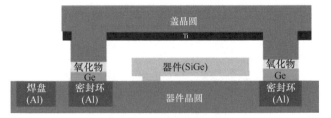

图 5.23　最终研磨和切割

5.5 多晶 SiGe 应用

5.5.1 电子定时谐振器/振荡器

CMEMS® 技术最初定位在频率控制产品领域，与已有 100 年历史的石英晶体谐振器技术竞争。几乎所有类型的电子产品都依靠一小块石英晶体产生相对频率。石英振荡器以其独特的性能成为频率控制的标准，其稳定性可达到十亿分之几（几个 ppb）。多年来，石英制造商一直在不断地改进他们的工艺使石英振荡器更稳定、更准确，并可应用于更小的封装中。在过去的十年中，基于双芯片 MEMS 的振荡器[37] 在交付周期、供应稳定性、器件尺寸和价格方面具有一定的优势，从而进入频率控制市场。另一方面，MEMS 谐振器进入频率控制市场时同样存在一定的缺点。首先，MEMS 器件无法同石英器件一样进行物理切割，以达到十亿分之一的精度。在晶闸管外的谐振腔通常有±0.2％的 6σ 目标频率范围。其次，标准 MEMS 材料（单晶硅、多晶硅和多晶 SiGe）具有随温度漂移的力学性能。随着温度的升高，上述材料变得更软，转化为频率温度系数高达－30ppm/℃。相比之下，石英晶体的频率温度系数接近为零。

为了解决微调和初始温度精度问题，图 5.24 为 CMEMS 振荡器的结构框图，CMEMS® 振荡器结构具有 MEMS 稳定的压控振荡器（VCO），通过锁相环产生一个单独的振荡器锁定到 MEMS 参考器件。该回路使 MEMS 振荡器和 VCO 之间有一个预设定的比率，便于 MEMS 在不准确的情况下校正 VCO 的输出频率。该方法还允许输出具有一定的可编程性的频率。通过在该系统中添加温度传感器，影响 MEMS 与 VCO 频率比的修正值，能够补偿 MEMS 振荡器的温度漂移。通过电路补偿，输出时钟信号准确稳定，不需要对 MEMS 振荡器进行调整。

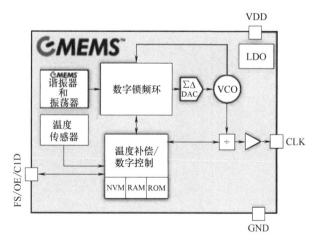

图 5.24 CMEMS 振荡器结构框图

来源：Quévy[29]. ©2013, Silicon Laboratories

为了解决 MEMS 谐振器的温度漂移问题，CMEMS® 技术将多晶 SiGe 结构材料嵌入二氧化硅（SiO_2）区域，获得温度补偿特性（图 5.4）。随着温度升高，SiO_2 变硬，多晶 SiGe

变软。补偿的 SiO_2 以氧化物的狭缝形式放置于最大应力点，如5.4.2.4节所述。图5.25展示了 CMEMS® 平板谐振器固有频率温度特性，该值介于±2ppm/℃之间，非常接近石英晶体。

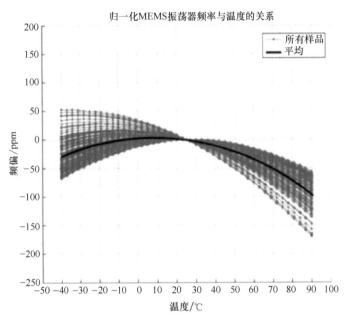

图 5.25　图 5.4 中所示平板谐振器的固有频率温度特性

来源：Quévy[38]

通过氧化物缝隙补偿热漂移及温度传感器，CMEMS 振荡器在几个 ppb 的范围内表现出短期稳定性。在系统层级，温度校准进一步补偿了设备的温度稳定性（图5.26）。

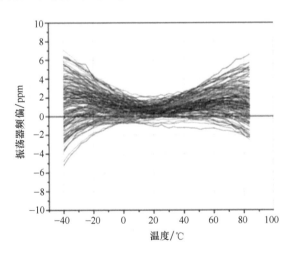

图 5.26　完全校准和补偿的 CMEMS® 振荡器的温度特性，包括焊料偏移

来源：Quévy[29]

与双芯片 MEMS 振荡器和石英振荡器相比，CMEMS 振荡器具有更好的热回转性能。通过冷冻喷雾/热喷枪试验，对三种结构（双芯片 MEMS、石英和 CMEMS®）进行了测

试。如图 5.27 所示，CMEMS® 振荡器在较大的热回转情况下保持稳定，而其他解决方案显示出温度转换灵敏性。双芯片 MEMS 振荡器的热转移路径包括 CMOS 芯片、引线键合、芯片键合剂、MEMS 芯片及整个封装系统，这使得系统难以补偿温度的变化。石英的温度敏感性较小，但其陶瓷封装的热滞后较大。CMEMS 振荡器具有机械补偿，具有温度灵敏度小、热转移路径短、单片集成的热常数小等特点。对于不受控的环境，系统集成和热传输的稳定性非常重要。

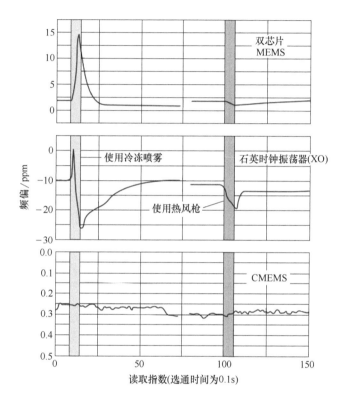

图 5.27　三种振荡器结构与快速热瞬态的频率响应比较

来源：Quévy[29]

与双芯片 MEMS 振荡器和石英振荡器相比，CMEMS® 振荡器也具有优异的长期使用能力。图 5.28 给出了几种石英、双芯片 MEMS 和 CMEMS 振荡器在老化试验中的对比。在图中石英振荡器的老化温度为 70℃，而所有的双芯片 MEMS 和 CMEMS® 设备的老化温度为 125℃，推断出两者具有相同的使用寿命。与现有 MEMS 技术方法相比，CMEMS® 器件展示出更优的稳定性。

综上，CMEMS® 振荡器结合了基于 MEMS 定时解决方案的优点，同时保留和改进了传统石英晶体的许多优异特性。与传统石英和双芯片 MEMS 振荡器相比，CMEMS 振荡器具有卓越的可制造性、快速的制备时间和优异的性能。

5.5.2　纳米机电开关

多晶 SiGe 纳米机电（NEM）开关作为一种替代品，用来克服 MOS 晶体管在超低功耗

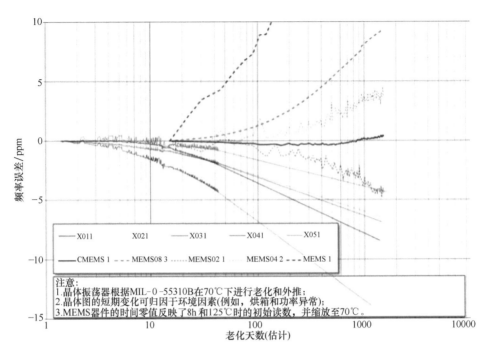

图 5.28 石英、双芯片 MEMS 和 CMEMS® 振荡器的老化试验比较

来源：Quévy[38]

应用中的缺点。尽管晶体管的尺寸一直在缩小，但工作电压（V_{DD}）并没有遵循同样的趋势。由于 V_{DD} 没有随着晶体管的尺寸进行缩小，芯片的功率密度成为持续改进 CMOS 技术的主要挑战。晶体管的总能耗由动态和静态能量组成。晶体管在开关过程中消耗的最小能量与 V_{DD} 呈二次方衰减函数关系；然而，关断状态下的漏电流随着 V_{DD} 的减小而增加。因此，如图 5.29（a）所示，总能量相对于 V_{DD} 具有最小值。另一方面，NEM 开关提供零静态能量（无漏电流），仅有开关消耗能量。因此，当 V_{DD} 减少至 1/10 时，总能耗减少至 1/100。

典型的 NEM 开关由两块平行的金属板组成，金属板之间通过空气间隙（或驱动间隙）隔开；两金属板中，一块金属板固定在基底上，另一块通过弹簧悬浮于空气中。当在极板上施加电压时，产生静电力，并使两极板接近。当设备处于 OFF 状态时，由于空气间隙将触点相隔（触点间隙），漏电流为零。但由于金属间的接触，会急剧过渡到通电状态。如图 5.29（b）所示，NEM 开关有两种主要配置：三个端子开关，其静电力位于源极和栅极之间；四个端子开关，其静电力位于栅极和基极（第四端子）之间。对于后者，输出独立于输入，并允许使用基极端子降低栅极电压。

加州大学伯克利分校的 NEM 多晶 SiGe 开关采用了 4 端子结构，用于互补逻辑电路在 50mV[40] 下工作，并具有 10^{10} 次循环的机械寿命[41]。如图 5.30 所示为其制造工艺流程[40]，包括六个光刻步骤。首先，采用原子层沉积（ALD）于 300℃ 下沉积 Al_2O_3，以便将器件与硅基底隔离；随后，在室温下溅射并干法刻蚀钨，形成基极、源极和锚电极；通过 LPCVD 在 400℃ 沉积低温 SiO_2（LTO），形成触点间隙（g_{cont}）和驱动间隙（g_{act}）；每次沉积后，都会进行干法刻蚀步骤，为源极形成接触凹坑和通孔，其连续沉积和图案化类似于第一种金属。于 270℃ 下，通过等离子体增强 ALD 沉积 Al_2O_3，并通过干法刻蚀形成图案，

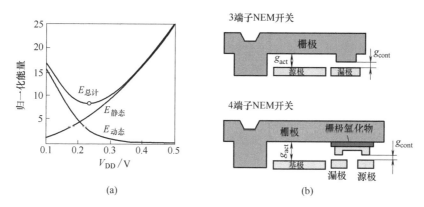

图 5.29 （a）CMOS 晶体管的标准化能量与工作电压的关系；（b）3 端子和 4 端子 NEM 开关原理图
来源：（a）Nathanael[39]

制备栅极氧化层，为锚点创建通孔。通过 LPCVD 在 410℃ 下沉积多晶 $Si_{0.4}Ge_{0.6}$ 膜，生成结构层；为了获得高导电薄膜，对多晶 SiGe 进行原位掺杂，同时保持较低的应力梯度。随后，采用低温 CVD 氧化物（LTO）作为用于 SiGe 刻蚀的硬掩模。在最后，采用蒸气 HF 选择性去除 LTO 来释放获得该器件。该工艺流程温度保持在 410℃ 以下，与大多数 CMOS 的后处理技术兼容。

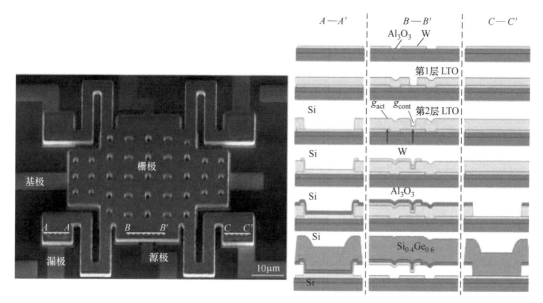

图 5.30 NEM 开关的制造工艺

图 5.31（a）、（b）所示为在 50mV 电压下工作的与（AND）门和一个 2∶1 复用器（MUX）的波形图。如示意图所示，NEM 开关能够根据器件偏置按 p 型或 n 型工作。驱动间隙与触点间隙之比和触点间的黏附力是限制 NEM 开关 V_{DD} 降低的因素。V_{DD} 与驱动间隙和触电间隙之差成正比。然而，由于间隙变小，释放过程中产生黏滞，制造良率急剧下降。为了克服这一问题，在不牺牲良率的情况下，采用体偏置来人为地减小驱动间隙。加州大学伯克利分校（UC Berkeley）已经证明，采用该技术的良率高于 98%。另一个重要的考虑因

素是 g_{cont}/g_{act} 的比值。由于静电力的非线性，当平行板开关之间的间隙减小到总间隙的 1/3 时，会破坏平行板。因此，若比值大于 1/3，则器件在拉入模式下运行，开启开关所需的电压（释放电压）急剧降低，导致较大的迟滞限制了 V_{DD}。在比值小于 1/3 的情况下，继电器在非拉入模式下工作，迟滞电压低，仅取决于接触附着力。因此，对结构的应力梯度的控制非常重要。含有 60% 的锗和 40% 的硅，且硅厚度为 1.8μm 的多晶 SiGe 被证明是最佳材料。另外，在接触表面上添加氟化自组装单层，证实得到迟滞电压降低了 71%[42]。综上，如图 5.31（c）所示，适当的弹簧常数、基极偏置、间隙比和分子涂层有助于实现 V_{DD} 小于 50mV[40]。

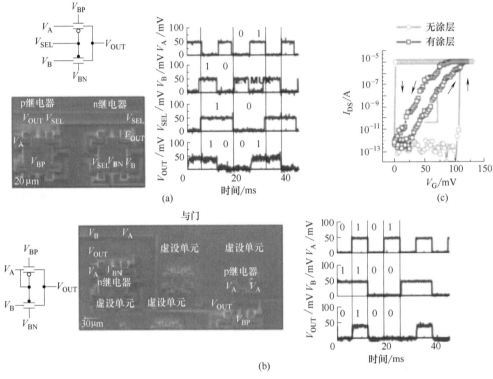

图 5.31　电路工作原理图、平面视图、SEM 图和波形图。(a) 50mV 下的 2∶1 MUX；(b) 50mV 下的与门；(c) 有无分子涂层的 NEM 开关的 I_{DS}-V_G 图

来源：Ye et al.[40]

参考文献

1　Franke，A. E. （2000）. Polycrystalline silicon-germanium films for integrated microsystems. Ph. D. Thesis，University of California at Berkeley.

2　Heck，J. M. （2001）. Polycrystalline silicon germanium for fabrication，release，and packaging of microelectromechanical systems. Ph. D. Thesis，University of California at Berkeley.

3　Low，C. W.，King Liu，T. -J.，and Howe，R. T. （2007）. Characterization of polycrystalline silicon-germanium film deposition for modularly integrated MEMS applications. *IEEE/ASME J. Microelectromech. Syst.* 16（1）：68-77.

4　Witvrouw，A.，Mehta，A.，Verbist，A. et al. （2005）. Processing of MEMS gyroscopes on top of

5 Sedky, S., Fiorini, P., Baert, K. et al. (1999). Characterization and optimization of infrared poly SiGe bolometers. *IEEE Trans. Electron Devices* 46 (4): 675-682.

6 Gonzalez, P., Rakowski, M., San Segundo, D. et al. (2012). CMOS-Integrated poly-SiGe piezoresistive pressure sensor. *IEEE Electron Device Lett.* 33 (8): 1204-1206.

7 Qian, C., Peschot, A., Osoba, B. et al. (2017). Sub-100 mV computing with electro-mechanical relays. *IEEE Trans. Electron Devices* 64 (3): 1323-1329.

8 Iyer, S. S., Patton, G. L., Delage, S. S. et al. (1987). Silicon-germanium base heterojunction bipolar transistors by molecular beam epitaxy. Proceedings of International Electron Devices Meeting, New York, 874-876.

9 Cressler, J. D. and Niu, G. (2003). *Silicon-Germanium Heterojunction Bipolar Transistors*. Artech House.

10 Kistler, N. and Woo, J. (1993). Symmetric CMOS in fully-depleted silicon-on-insulator using P^+-polycrystalline SiGe gate electrodes. Proceedings of International Electron Devices Meeting, 727-730.

11 Takeuchi, H., Lee, W. -C., Ranade, P., and King, T. -J., (1999). Improved PMOSFET short-channel performance using ultra-shallow $Si_{0.8}Ge_{0.2}$ source/drain extensions. Proceedings of International Electron Devices Meeting, 501-504.

12 King, T. -J. and Saraswat, K. C. (1994). Polycrystalline silicon-germanium thin-film transistors. *IEEE Trans. Electron Devices* 41 (9): 1581-1591.

13 Strasser, M., Aigner, R., Franosch, M., and Wachutka, G. (2002). Miniaturized thermoelectric generators based on poly-Si and poly-SiGe surface micromachining. *Sens. Actuators A* 97-98: 535-542.

14 Van Gerwen, P., Slater, T., Chévrier, J. B. et al. (1996). Thin film boron-doped poly-crystalline silicon$_{70\%}$-germanium$_{30\%}$ for thermopiles. *Sens. Actuators A* 53: 325-329.

15 Lin, B. C. -Y, King, T. -J., and Muller, R. S. (2006). Poly-SiGe MEMS actuators for adaptive optics. Photonics WEST, sponsored by SPIE, The International Society for Optical Engineering, Conference, San Jose, CA, (25 January 2006) 6113-6128.

16 Quévy, E. P., San Paulo, A., Basol, E. et al. (2006). Back-end-of-line Poly-SiGe disk resonators. 19th IEEE Micro Electro Mechanical Systems Conference (MEMS-06), Istanbul, Turkey, January 2006, 234-237.

17 Sedky, S., Fiorini, P., Caymax, M. et al. (1998). Structure and mechanical properties of polycrystalline silicon germanium for micromachining applications. *IEEE/ASME J. Microelectromech. Syst.* 7 (4): 365-372.

18 Low, C. W. (2007). Novel processes for modular integration of silicon-germanium MEMS with CMOS electronics. Ph. D. Thesis, University of California at Berkeley.

19 Mehta, A., Gromova, M., Czarnecki, P. et al. (2005). Optimization of PECVD Poly-SiGe layers for MEMS post-processing on top of CMOS. Proceedings of 13th International Conference on Solid-State Sensors, Actuators and Microsystems (Transducers 05), Seoul, Korea (5-9 June 2005) 1326-1329.

20 Gonzalez, P. and Rottenberg, X. (2015). Thin films on silicon: Poly-SiGe for MEMS-above-CMOS applications. In: *Handbook of Silicon Based MEMS Materials and Technologies*, 2nde (eds. M. Tilli, M. Paulasto-Krockel, T. Motooka and V. Lindroos), 141-154. Elsevier.

21 Guo, B., Severi, S., Bryce, G. et al. (2010). Improvement of PECVD silicon-germanium crystallization for CMOS compatible MEMS applications. *J. Electrochem. Soc.* 157 (2): 103-110.

22 Sedky, S., El Defrar, I., and Mortagy, O. (2006). Pulsed laser deposition of boron doped $Si_{70}Ge_{30}$. Proceedings of Materials Research Society Meeting, San Francisco, CA.

23 Silicon Clocks, Inc. (2008). Documentation. http://www.Siliconclocks.com.

24 Sedky, S., Gromova, M., Van der Donck, T. et al. (2006). Characterization of KrF excimer laser annealed PECVD Si_xGe_{1-x} for MEMS post-processing. *Sens. Actuators A* 127: 316-323.

25 Sedky, S., Howe, R. T., and King, T.-J. (2004). Pulsed laser annealing, a low thermal budget technique for eliminating stress gradient in poly-SiGe MEMS structures. *IEEE/ASME J. Microelectromech. Syst.* 13 (4): 669-675.

26 Air Liquide (2019). Private communication. https://www.airliquide.com.

27 Ogawa, K., Mino, Y., and Ishihara, T. (1989). Performance of a new vertical LPCVD apparatus. *J. Electrochem. Soc.* 136 (4): 1103-1108.

28 Low, C. W., Wasilik, M. L., Takeuchi, H. et al. (2000). In-situ doped poly-SiGe LPCVD process using BCl_3 for post-CMOS integration of MEMS devices. Proceedings of Electrochemical Society SiGe Materials, Processing, and Devices Symposium, Honolulu, HI (3-8 October 2000) 1021-1032.

29 Quévy, E. P. (2013). *CMEMS® Technology: Leveraging High-Volume CMEMS Manufacturing for MEMS-Based Frequency Control*. A White Paper Published by Silicon Laboratories.

30 Howe, R. T., Quévy, E. P., and Gu, Z. (2015). Gas diffusion barriers for MEMS encapsulation. US Patent 9,018,715 B2, 28 April 2015.

31 Quévy, E. P. (2009). IC-compatible MEMS structure. US Patent 7,514,760, 7 April 2009.

32 Quévy, E. P., Low, C. W., Hui, J. R., and Gu, Z. (2014). Technique for forming a MEMS device. US Patent 8,852,984 B1, 7 October 2014.

33 Quévy, E. P. and Bernstein, D. H. (2007). Method for temperature compensation in MEMS resonators with isolated regions of distinct material. US Patent 7,639,104, 9 March 2007.

34 Bernstein, D. H., Howe, R. T., and Quévy, E. P. (2007). MEMS structure having a compensated resonating member. US Patent 7,591,201, 9 March 2007.

35 Howe, R. T., Quévy, E. P., and Bernstein, D. H. (2007). MEMS structure having a stress inverter temperature-compensated resonating member. US Patent 7,514,853, 10 May 2007.

36 Fouad, O. A., Rumaiz, A. K., and Shah, S. I. (2009). Reactive sputtering of titanium in Ar/CH_4 gas mixture: Target poisoning and film characteristics. *Thin Solid Films* 51 (19): 5689-5694.

37 Lam, C. S. (2008). A review of the recent development of MEMS and crystal oscillators and their impacts on the frequency control products industry. 2008 IEEE Ultrasonics Symposium, Beijing, China, November 2008, 694-704.

38 Quévy, E. P. (2013). *CMEMS® Oscillator Architecture*. A White Paper Published by Silicon Laboratories.

39 Nathanael, R. (2012). Nano-electro-mechanical (NEM) relay devices and technology for ultra-low energy digital integrated circuits. Ph.D. Thesis, University of California at Berkeley.

40 Ye, Z. A., Almeida, S., Rusch, M. et al. (2018). Demonstration of 50-mV digital integrated circuits with microelectromechanical relays. Proceedings of 2018 IEEE International Electron Devices Meeting (IEDM), San Francisco, CA, USA (December 2018), 4-1.

41 Chen, Y., Nathanael, R., Yaung, J. et al. (2013). Reliability of MEM relays for zero leakage logic. Proceedings of Reliability, Packaging, Testing, and Characterization of MOEMS/MEMS and Nanodevices XII. International Society for Optics and Photonics, San Francisco, CA, USA, March 2013. Vol. 8614, 861404.

42 Fathipour, S., Almeida, S. F., Ye, Z. A. et al. (2019). Reducing adhesion energy of nano-electro-mechanical relay contacts by self-assembled Perfuoro (2,3-Dimethylbutan-2-ol) coating. *AIP Adv.* 9 (5): 055329.

第6章 金属表面微加工

Minoru Sasaki

Toyota Technological Institute，Department of Advanced Science and Technology，2-12-1 Hisakata，Tenpaku-ku，Nagoya 468-8511，Japan

6.1 表面微加工的背景

典型的表面微加工使用多晶硅（poly-Si）作为结构材料。沉积的多晶硅薄膜中存在残余应力。但由于器件基底通常为硅片，采用高温退火可以消除这种应力。由于沉积的硅与基底具有相同的热膨胀系数等特性，因此可获得无应力薄膜。当器件尺寸较大时，消除残余应力非常重要。当薄膜应力存在时，特别是在应力梯度与厚度的关系下，薄膜结构会发生弯曲。针对这一问题，采用表面微加工对薄层进行优化。其优点在于，能够获得带有软弹簧的执行器，且设计具有灵活性。通过实践可知，弹簧常数与薄膜厚度的立方成正比。

当选择金属为结构材料时，由于金属具有更大的热膨胀系数，高温退火工艺不能消除金属对硅基底的热膨胀。基于这一特性，在材料选择上建议采用单晶硅基底结合多晶硅薄膜进行表面微加工。加速度计 ADXL50（1991，Analog Devices，Inc.）作为一个纪念性的产品，实现了单芯片加工[1]。在硅基底上采用金属作为结构层，被认为是相当不合理的。此外，还要考虑避免使用接触机制的器件，因为相同的材料很容易相互扩散，产生黏附问题，这会

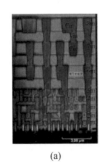
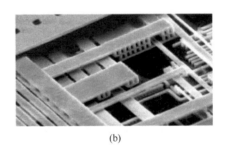

图 6.1 （a）用于130nm 技术节点的 8 层铜互连系统的横截面，采用氟化硅酸盐玻璃作为层间介质（ILD）；（b）LSI 多层互连金属线

来源：（a）Ohsaki[2]．©2003，1999，the Japan Society of Applied Physics；（b）Kawasaki[3]．©2003，1999，the Japan Society of Applied Physics

使 MEMS 执行器固定。ADXL50 便没有接触机制。

与上述设计相反,有些器件通过金属进行表面微加工制造所得,包括目前部分公司所制备的产品。采用金属的动机是金属线结构,这已包含在现代 CMOS 的既定工艺中。为连接晶体管和集成单元,构筑了多层金属线。图 6.1 为该例的示意图。较低的层用于连接晶体管,顶层金属用于连接各单元。因此,下层较薄,上层较厚[2]。在器件内部的集成电路中,金属线与各层间通过电介质相连。若夫除这些层结构,如图 6.1(b)[3] 所示,移除气体空隙后,所得结构类似于移动式 MEMS 器件。通过调整金属层的掩模设计,可实现结构的多样性。

6.2 静态器件

较厚($>10\mu m$)的金属线首先从制备牺牲模具(聚合物和金属)开始,随后是金属的电镀。目前已开发一种方法实现三维光刻胶模具以获得三维金属微结构。该方法已应用于电磁电感器的制作。射频(RF)或微波应用需要减少感应电子元件的尺寸及基底耦合和欧姆损耗。能够结合 X 射线光刻、电铸、压模(LIGA)[4] 和 LIGA 类紫外线(UV)等工艺在基底表面制备微结构。射频区对电感要求很高。图 6.2 所示为基于多次曝光和单次显影的厚光刻胶模具,采用金属表面微加工制成的电感器[5]。在基底表面上方 $100\mu m$ 处,得到了悬挂的平面和较厚的结构。

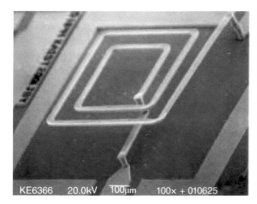 

图 6.2　基底表面上方 $100\mu m$ 处悬挂的螺旋电感器

来源:Yoon et al.[5]. Figure 6.©2002,IEEE

金属表面微加工的一个方法是使涂层变薄。这将使通过薄膜的热传导最小化,为一种利用红外线照射后引起悬挂结构产生温度变化的辐射热计,提供了强大的优势。图 6.3 所示为非冷却辐射热计的纳米级的铂(Pt)层和 Al_2O_3 底层(约 10nm 厚)的边缘[6]。采用 XeF_2 气体刻蚀工艺,得到厚度为 $3.5\mu m$ 的多晶硅作为牺牲层。铂的厚度为 5.5 nm,利用三甲基(甲基环戊二烯基)铂和等离子体激活的氧气作为前体,通过原子层沉积的方法实现。辐射热计具有如下缺点:较厚的金属对红外光有较高的反射率。然而,当铂薄膜的厚度小于 7nm 时,该反射特性转变为较高的吸收特性。使得薄铂层既能够用于吸收,也可作为与温度相关的电阻。该辐射热计搭配厚度为 5.5nm 的铂层及面积为 $30\mu m \times 30\mu m$ 的吸收区,在偏置电流为 $200\mu A$ 时,热

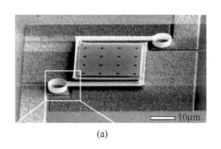 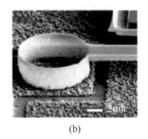 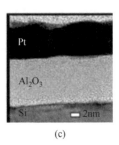

图 6.3　具有纳米级厚度金属层的辐射热计。(a) 整体形貌图；(b) 锚接处及宽度为 $3\mu m$ 的悬梁放大图；(c) Pt/Al$_2$O$_3$ 薄膜的 TEM 图

来源：Purkl et al.[6]. ©2013, IEEE

导率为 $1.1\times 10^{-7}\mathrm{W\cdot K^{-1}}$，灵敏度为 $2\times 10^{7}\mathrm{V\cdot W\cdot A^{-1}}$。其噪声等效温差为 163mK。

6.3　单次运动后固定的静态结构

图 6.4 为美国朗讯科技公司 MicroStar 项目开发用于实现大型光开关的微镜。在 1999 年 10 月的 Telecom 99 会议上进行了第一次展示。图 6.4（a）所示为三微镜的第一版[9]。

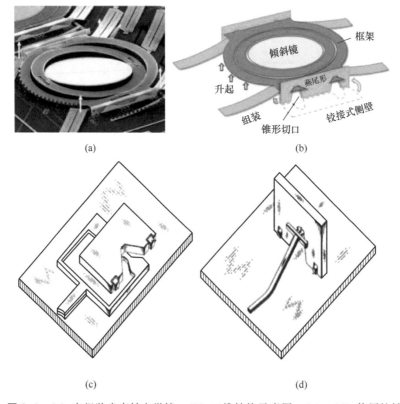

图 6.4　(a) 自组装光束转向微镜；(b) 三维结构示意图；(c)、(d) 使用铰链自组装结构，组装臂运动前、后的示意图

来源：(a), (b) Based on Aksyuk et al.[7]；(c), (d) Aksyuk and Bishop[8]. Reused with permission of Nokia Corp. and AT&T Archives

其中，倾斜镜的直径为 500μm，排列间距为 1mm[7]。在顶部表面悬涂了金薄膜以增强反射率。多晶硅的厚度为 3.5μm。需注意，通过倾斜镜周围的四个弹簧（长 400μm，宽 100μm）从基底上提升 50μm。该拉伸距离对于反射镜的大倾斜角非常重要。采用四电极并联板式驱动器，倾斜角度约为±9°。在多晶硅层上的金属层，所具有的残余应力用于拉伸的能量源。在没有外部电源的情况下，在工艺过程的释放步骤中完成自组装。在四个装配臂的金属沉积过程中，存储机械能。其金属名称及沉积工艺未公开。在释放组装臂后，该层的拉伸应力使其向上弯曲，并推动镜框上升至基底上方。图 6.4（b）为过程的简化示意图。图 6.4（c）和图 6.4（d）所示分别为组装臂向上弯曲前后放大的铰链元件[8]。铰接侧壁中的锥形切口与机架边缘的燕尾结构啮合，当框架升起时，侧壁从基底平面内的初始位置旋转 90°。侧壁的最终垂直位置由光刻定义的停止刻蚀层提供，精确锁定框架。

金属层的塑性变形也可用于 MEMS 层的调整。该变形与失效机制相同，包括器件在多次驱动后不返回原始位置的现象。厚度为 10μm 的电镀镍悬臂梁经焦耳加热可调节静电驱动性能。

6.4 动态器件

6.4.1 MEMS 开关

舌簧继电器和固态开关的使用频率为 0Hz～100GHz。工作频率范围为无线通信（小于 3000GHz）、汽车雷达系统（24GHz、60GHz 和 77GHz）和卫星通信（12～35GHz）。传统继电器的缺点是工作频率频带较窄；寿命越短，通道越有限，包装尺寸越大。超过 10GHz 时，半导体开关的性能下降。MEMS 开关具有接触零功耗、高隔离、低插入损耗等优点[11]。

MEMS 开关结构包括源极、栅极和漏极。图 6.5（a）所示为操作说明示意图[12]。A 为开关没有漏极接触点时，处于 OFF 位置。当直流电压施加到栅极上时，静电下拉力使开关梁弯曲，正负电荷板相互吸引。如 B 所示，当栅极电压足够高，吸引力（红色箭头）克服了悬臂梁弹力，使得悬臂梁弯曲并接触漏极，这连接了源极和漏极之间的电路，开关变为 ON 状态。如 C 所示，当栅极电压返回到 0V 时，静电引力消失，开关梁作为弹簧，具有足够的恢复力（蓝色箭头），断开源极和漏极之间的连接，返回到 OFF 位置。图 6.5（b）所示为制造过程的主要步骤[12]。①该开关构建在高电阻率（HR）硅片上，硅片顶部沉积有一层厚的电介质层（也译介电层），以便在下面的基底之间提供电气隔离。采用标准后端 CMOS 互连工艺，用于与 MEMS 开关互连。②采用低电阻金属和多晶 Si 进行电气连接，并嵌入介电层[13]。如图 6.5（c）所示，红色标记的金属通孔用于连接开关输入和输出，并将栅极连接到如图 6.5（c）所示的引线键合焊盘。利用牺牲层对悬臂梁进行表面微加工，在其下方形成气隙。图 6.5（c）所示为具有重要尺寸的运动部件结构。该开关由 7.2μm 厚的金层组成，接触间隙为 0.3μm，驱动间隙为 0.7μm。③开关悬臂梁和焊盘由金材料制备。沉积在电介质表面的低电阻薄金属形成了开关触点和栅极。金属应为耐磨的导电材料。根据参考文献中的专利 [14]，该案例用于接触的材料为钌或铂。

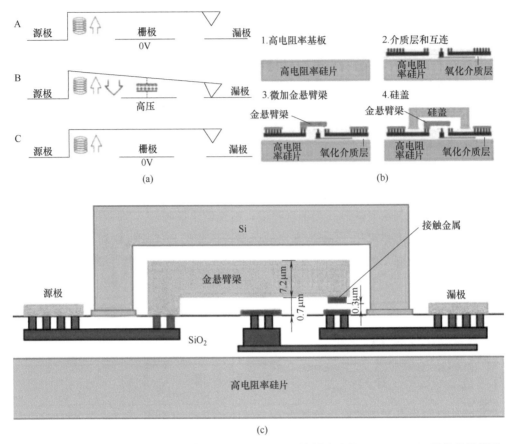

图 6.5 （a）MEMS 开关操作的示意图；（b）MEMS 开关制造过程；（c）MEMS 开关的横截面

来源：(a)，(b) Carty et al.[12]．©2016，Analog Devices，Inc.；(c) Modified from Ceccarelli et al.[13]

图 6.6（a）所示为单刀四掷多路复用器中的四个 MEMS 开关悬臂放大示意图。每个开关悬臂都有 5 个并联欧姆触点以减少电阻并增加开关时的功率处理能力。图 6.6（b）所示为 MEMS 开关的 SEM 图，该开关由高电阻率硅芯片形成密封保护壳。如图 6.5（c）所示为硅盖的示意图，通过密封保护，增加开关的环境稳定性及使用寿命。开关模位于左侧，驱动 ASIC 位于右侧。通过金线键合将 MEMS 芯片连接到金属引线框架，并密封于塑料封装中。

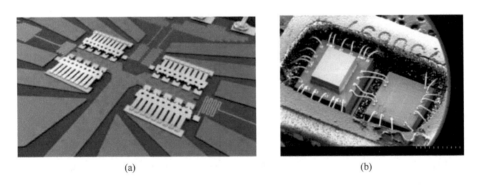

图 6.6 （a）四个 MEMS 开关悬臂的放大示意图；（b）带盖 MEMS 开关和驱动 ASIC 在同一塑料封装中

来源：(a) Carty et al.[12]，Figure 4.©Analog Devices，Inc.；(b) Ceccarelli et al.[13]，Figure 2(b).©2016，IEEE

6.4.2 数字微镜器件

美国德州仪器公司开发的数字微镜器件（DMD）是一种独特的 MEMS 器件，主要应用于投影。采用数字操作意味着微镜+/-方向向机械极限倾斜，其最大角度约为 $10°\sim12°$。无其他角度，角度控制变为开环，操作简单。图 6.7（a）所示为遵循 0/1 操作命令的器件示意图[15]。处于 ON 状态的微镜，将光线反射到透镜上，在投影图像中对应像素变亮。处于关闭状态的微镜，将灯光反射转为光线存储，图像中的像素变暗。来自微镜的反射光能够提供较高对比度的白色或黑色信息。灰度级是通过切换黑白像素信息来实现的，比人眼的响应时间（约 60Hz）更快。当白色和黑色的比例都是 50% 时，人类识别它的像素是 50% 的灰色亮度。因定时信号和占空比控制提供了高精度的相对亮度，该时序控制具有亮度控制准确的优点。倾斜微镜的响应时间小于 $5\mu s$，能够在 1/60s 内切换三种颜色（红、绿、蓝）的光，提供了足够时间以进行一张图像的拍摄。因此，尽管实际像素信息是单色数字 0 或 1，但微镜阵列的信息在人脑中集成以提供全彩色图像形象。

上述操作意味着即使对应的像素连续表达相同的颜色，微镜也必须一直在基极上移动。因此，运动部件需具有严格的寿命保证。图 6.7（b）所示为 CMOS 静态随机存储器电路上的微镜金属结构层的透视图。由于单个微镜元件较小，面积约为 $10\mu m\times10\mu m$，无需考虑镜面的弯曲问题。由于能够隐藏底层微驱动器，可获得阵列微镜板的高填充系数。

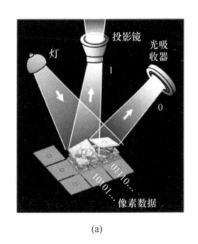 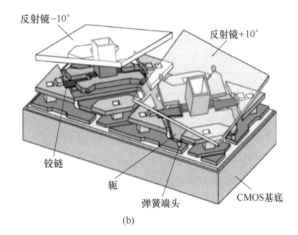

图 6.7 （a）微镜运行期间的开关位置；（b）DMD 结构的透视图
来源：（a）Gong and Hogan[15]；（b）Sontheimer[16]. ©2002, IEEE

图 6.8 所示为去除偏置驱动电压长时间操作后从侧面观察到的微镜。由于操作倾斜指令聚集到一侧，微镜表面具有不同的倾斜度。此固定角度称为铰链记忆。该角度需要额外的驱动电压以便将反射镜倾斜至另一侧。若此角度过大，反射镜将无法向另一侧倾斜，产生故障。然而，图 6.8 中的铰链记忆产生的误差是允许的。虽然 DMD 经过优化设置，由光学装置实现，允许该误差，但铰链记忆是限制器件寿命的最大障碍。选择延展性的铝作为结构材料，即会产生该变形问题。Al 具有面心立方（FCC）晶体结构，其变形一般具有原子滑移特征。同时，随着合金元素的加入，铝的力学特性也发生了变化，加工硬化也会使其性能发

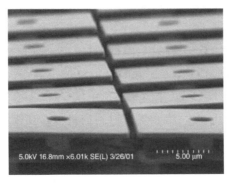

图 6.8 微镜的铰链记忆。图像底部的第一行处于正常平坦无偏状态。
第二行和后续行倾斜到负的一面

来源：Sontheimer[16]. Figure 2.©2002，IEEE

生变化，如表 6.1 所示。

表 6.1 报道的体块铝合金和 $TiAl_3$-O 薄膜的力学性能

	抗拉强度	备注
纯 Al	40~50MPa(加工硬化约 100MPa)	FCC 晶体结构
Al，含 3%Si	120~130MPa	40~50MPa，0.2%屈服应力
含锌超高硬铝	580MPa	在 20 世纪 40 年代用于飞机
Ti-6Al-4V 合金	1000~1200MPa 应变 6%~11%	α+β 型 现在用于飞机
用于铰链的 $TiAl_3$-O	3200MPa 应变 2%	源自图 6.9[17]

1992 年，德州仪器公司启动了数字成像项目，用于评估市场上的 DMD[17]。在该背景下，在 65℃ 的温度下，DMD 运行的寿命约为 100h。该器件结构最初由低合金 Al（Al-1%Si-0.2%Ti）制成反射镜和铰链。该材料适用于电气连接，不适于作为机械元件。在低屈服应力下性能较差，在应力-应变曲线上有较小的线弹性区域，无疲劳极限，与铰链宽度、蠕变等相比具有较大的晶粒尺寸（100~500nm）等。为了解决这些问题，学者们开始寻找新的铰链材料。该研究从半导体制造中常用金属开始，因为铰链材料必须以较高屈服强度集成到现有的 DMD 工艺中。尝试的材料包括纯钛、约 7.5%Ti 的钨合金、AlN、Al-2%Cu 和 Al/Al_2O_3 复合材料。

TiAl 合金是一种金属间化合物，具有规则的原子结构且有较高的抗蠕变性能。由于钛的性质，有望提高耐热性。由于其重量轻（Ti 的相对密度为 4.5，Al 的相对密度为 2.7）的优点，TiAl 合金已应用于涡轮轮毂、汽车涡轮增压器和航空喷气发动机[18] 的涡轮叶片，改善了机械损失和燃烧效率。另一方面，TiAl 材料本身存在脆性、抗氧化性低、制造困难等缺点。对于块体材料，通过添加适当平衡的合金元素、微结构控制及一些创新工艺，能够克服上述问题。

铰链候选材料转向为通过溅射所得的非晶 $TiAl_3$。有报道证明非晶相的质量能够对性能造成影响。在固定晶圆系统中沉积薄膜时，能够得到尺寸约为 50nm 的内部晶胞结构。原因在于完全填充第一层前，在第二层原子生长了岛状或三维结构。与纯非晶薄膜相比，多孔薄膜的力学性能较差。虽然晶胞不是清晰的晶粒结构，但在纳米结构材料中，认为晶胞边界与常规材料中的晶界相似，且可能与蠕变阻力和铰链记忆有关。

为了提高铰链记忆性能，在 $TiAl_3$ 的生长过程中添加了不同组合的氮和氧。在非晶 $TiAl_3$-O 中加入约 4% 的氧作为铰链。如图 6.9 所示为 50nm 厚薄膜的应力-应变关系曲线。这一曲线与韧性材料的曲线有很大的不同。在应变约为 2% 的情况下，开始出现微裂缝，曲线呈现较大的弹性范围。横轴包括 DMD 中铰链和弹簧尖端出现的应变，其数值远远低于 2%。竖轴的偏移可能与应力弛豫有关。测量了不同气体组合所得薄膜在 0.5% 应变下的应力弛豫，发现非晶 $TiAl_3$-O 会产生最低的应力弛豫。如图 6.10 所示，非晶 $TiAl_3$-O 具有额外特性，使得该合金在共轭支架侧面形成弹簧尖端。弹簧允许共轭支架具有较弱的反弹，有助于从接触表面释放。该设计减少了接触黏附引起的问题，避免永久失效。如表 6.1 所示，图 6.9 中应力-应变曲线的弹性模量约为 160GPa，该数值与晶体硅弹性模量相同。学者们从 1994 年至 1996 年一直在对上述铰链合金进行优化。$TiAl_3$-O 铰链是一种强度较高、滑移系统较少的材料，持续生产到 2005 年[17]。DMD 的使用寿命延长至 100000h，比 5000h 的要求高得多。

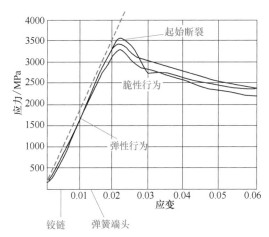

图 6.9　沉积在聚酰亚胺基底上的 50nm 厚非晶 $TiAl_3$-O 薄膜的应力-应变曲线

来源：Tregilgas[17]．ASM International

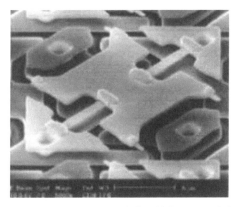

图 6.10　反射镜板下方隐藏的结构，H 形支架倾斜并落至边缘的底部。$TiAl_3$-N 用于 H 形支架，$TiAl_3$-O 用于铰链和弹簧端头

来源：Van Kessel et al.[19]．Figure 11．©1998，IEEE

图 6.11 所示为采用上述铰链材料制备 DMD 上层结构的工艺过程。该过程是从完整的 CMOS 静态随机存取存储电路开始的，该电路有两个金属层。在金属-2 上沉积较厚的 SiO_2，随后采用化学机械抛光进行平面化处理。上层结构过程基于金属-3 的沉积和图案化处理。旋涂有机物光刻胶的牺牲层（间隔层-1）并硬化。如图 6.10 所示，该间隔层定义了倾斜轭架的间隙。铰链金属（$TiAl_3$-O）和较厚的轭架金属（$TiAl_3$-N）溅射沉积在间隔层的侧壁。铰链的几何参数大约如下：宽度为 1000nm，长度为 4000nm，厚度为 50~70nm。采用等离子体沉积 SiO_2 掩模，图案化处理后，通过刻蚀工艺获得 $TiAl_3$ 层。刻蚀过程是单一步骤，铰链金属在溅射金属层下变得连续。旋涂得到第二层有机牺牲层（间隔层-2），并对其进行图案化、硬化处理。在间隔层-2 上沉积溅射铝层形成镜像平面。该图案还采用了

与溅射层相同的方式,即刻蚀氧化物掩模。通过等离子体刻蚀光刻胶牺牲层,在反射镜下形成气隙。经过该工艺后,可移动的 DMD 上层结构对内部的黏附和外部的颗粒变得非常敏感。需沉积一层较薄且具有自限性的防粘层,降低接触部件的表面能。在单独封装中,键合引线后重复进行类似的钝化处理。最后,将带有光学窗口的封盖焊接至包装上,以确保 DMD 上部结构的环境清洁。

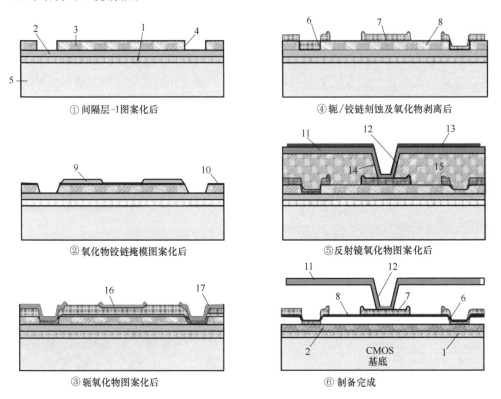

图 6.11 CMOS 上 DMD 上层结构的制造流程

来源:Van Kessel et al.[19]. ©1998. IEEE

1—CMP 氧化层(未显示通孔 2);2—金属-3;3—间隔层-1;4—间隔层通孔-1;5—具有 CMOS 地址电路的基底;
6—铰链支撑柱;7—轭;8—铰链;9—氧化物铰链掩模;10—铰链金属;11—反射镜;12—反射镜支撑柱;
13—氧化物反射镜掩模;14—间隔层通孔-2;15—间隔层-2;16—氧化物轭掩模;17—轭(梁)金属

6.5 总结

基础表面微加工采用标准的多晶硅 CMOS 材料作为结构材料,进一步发展引入金属材料是合理的技术方向。1991 年,Analog Devices,Inc. 发布了加速度计 ADXL50。次年,德州仪器公司启动了数字成像项目。标准 CMOS 电路具有用于连接晶体管和收集单元的金属线。通过改变掩模设计,能够制备各种各样的结构。从目前市面上已有的采用金属表面微加工制备的器件来看,一些金属结构允许机械运动和 MEMS 器件的接触,解决了蠕变和黏附问题。这在更高层次上提炼了 MEMS 的优势,如电导率或反射光强度的主要变化,实现了基于电气或材料调制方法无法获得的性能。

参 考 文 献

1. Riedel, B. (1993). Surface-machined monolithic accelerometer. *Analog Dialogue* 27 (2): 3-7.
2. Ohsaki, A. (2003). Trends in multilevel interconnections for ULSI devices. *OYO BUTURI* 72 (9): 1162-1166, and "OYO BUTURI" cover page.
3. Kawasaki, H. (1999). Electromigration phenomena in ULSI multilevel metallization. *OYO BUTURI* 68 (11): 1226-1236, and "OYO BUTURI" cover page.
4. Hirata, Y., Inagaki, S., Chiba, Y. et al. (2012). Commercialization of ultra micro fabrication using electroplating. *J. Jpn. Soc. Precis. Eng.* 78 (12): 1025-1029.
5. Yoon, J.-B., Kim, B.-I., Choi, Y.-S., and Yoon, E. (2002). 3-D lithography and metal surface micromachining for RF and microwave MEMS. Proceedings of the IEEE International Conference on Micro Electro Mechanical Systems, 673-676.
6. Purkl, F., English, T., Yama, G. et al. (2013). Sub-10 nanometer uncooled platinum bolometers via plasma enhanced atomic layer deposition. Proceedings of the IEEE International Conference on Micro Electro Mechanical Systems, 185-188.
7. Aksyuk, V. A., Pardo, F., Carr, D. et al. (2003). Beam-steering micromirrors for large optical cross-connects. *J. Lightwave Technol.* 21 (3): 634-642.
8. Aksyuk, V. A. and Bishop, D. J. (1999). Self-assembling micro mechanical device. US Patent 5,994,159, Lucent Technologies, Inc.
9. Aksyuk, V. A., Simon, M. E., Pardo, F., and Arney, S. (2002). Optical MEMS design for telecommunications applications. Solid-State Sensor, Actuator and Microsystems Workshop Hilton Head Island (2-6 June 2002), 1-6.
10. Yoon, Y.-H., Han, C.-H., Lee, J.-S., and Yoon, J.-B. (2018). A proactive plastic deformation method for fine-tuning of metal-based MEMS devices after fabrication. *J. Microelectromech. Syst.* 27 (6): 1124-1134.
11. Rebeiz, G. M. (2003). RF MEMS switches: status of the technology. Proceedings of the 12th International Conference on Solid State Sensors, Actuators and Microsystems, Boston (8-12 June 2003), 1726-1729.
12. Carty, E., Fitzgerald, P., and McDaid, P. The Fundamentals of Analog Devices' Revolutionary MEMS Switch Technology. Analog Devices Technical Article. https://www.analog.com/en/technicalarticles/fundamentals-adi-revolutionary-mems-switch-technology.html#.
13. Ceccarelli, E. M., Heffernan, C., Browne, J., and Fitzgerald, P. (2016). Intrinsic reliability characterization for stand-alone MEMS switch technology. Proceedings of IEEE International Integrated Reliability Workshop, 80-82.
14. Macnamara, J. G., Fitzgerald, P. L., Goggin, R. C., and Stenson, B. P. (2018). MEMS switch device and method of fabrication. US Patent 9,911,563 B2.
15. Gong, C. and Hogan, T. (2014). CMOS compatible fabrication processes for the digital micromirror device. *IEEE J. Elect. Devices Soc.* 2 (3): 27-32.
16. Sontheimer, A. B. (2002). Digital micromirror device (DMD) hinge memory lifetime reliability modeling. Proceedings of IEEE International Reliability Physics Symposium, 118-121.
17. Tregilgas, J. (2005). Amorphous hinge material. *Adv. Mater. Process.* 163 (1): 46-49.
18. Koyanagi, Y. (2017). Technology evolution for commercial expansion of TiAl alloys as a light weight heat resistant material. *Senkiseiko* 88 (2): 77-84. (in Japanese).
19. Van Kessel, P. F., Hornbeck, L. J., Meier, R. E., and Douglass, M. R. (1998). A MEMS-based projection display. *Proc. IEEE* 86 (8): 1687-1704.

异构集成氮化铝MEMS谐振器和滤波器

Enes Calayir[1], Srinivas Merugu[2], Jaewung Lee[2], Navab Singh[2], and Gianluca Piazza[1]

[1] Carnegie Mellon University（CMU），Department of Electrical and Computer Engineering，5000 Forbes Avenue，Pittsburgh，PA 15213，USA

[2] A＊STAR Institute of Microelectronics（IME），Singapore，11，Science Park Road，Singapore Science Park II，Singapore 117685，Singapore

7.1 集成氮化铝 MEMS 概述

随着引入薄层氮化铝（AlN）薄膜，特别是薄层氮化铝体声谐振器（TFBAR）或氮化铝体声谐振器（FBAR）的商业成功，学者们对微机电系统（MEMS）压电器件的兴趣开始升温。将可重复使用的物理气相沉积技术，应用于硅上生长氮化铝薄膜，引发了学者们对压电领域，尤其是氮化铝 MEMS 的大量研究。目前，大多数采用硅制成的传统 MEMS 器件，已通过采用 AlN 薄膜压电技术进行了替代（在大多数情况下性能得到了提高）。例如，通过 AlN 制备所得的谐振器[14]、滤波器[5-7]、开关[8-10]、能量收集器[11-13]、超声波换能器[14,15]、麦克风[16,17]、应变传感器[18]、化学传感器[19] 和加速度计[20] 等已经证明了这一点。

AlN MEMS 也是集成 MEMS-CMOS 硅芯片的首选候选芯片，具有更加广阔的应用前景。将 MEMS 和电路共存于同一芯片或堆叠成单个组件，AlN MEMS 将广泛应用于与模拟世界的接口，用于传感和驱动、信号处理和计算。

已有多种方法将 AlN MEMS 与 CMOS 集成在一起[21-27]，每种方法都有其特有的优点和缺点。根据最终集成技术中使用的基片数量，可以将 CMOS MEMS 集成方法主要分为单片集成和混合（异构）集成[28]。在单片集成的情况下，采用多种工艺于单个晶圆制备单个基底；在混合集成的情况下，两个或多个基底堆叠形成最终的芯片。每种技术都是单独处理到一定的步骤，随后通过键合将多个基底集成在一起。基于目标应用可以采用这些方法中的任何一种[29,30]。当两种技术需要相互独立地开发、修改和升级时，混合集成是有利的。该特性不仅降低了芯片的制造复杂度、开发时间和集成成本，且在选择或改进每个芯片的技术方面提供了更大的灵活性。此外，当 CMOS 和 MEMS 技术之间存在尺寸不匹配时，就像本章所述的特定应用的情况一样，由于它更有效地利用了这两个基底的面积，使得混合集成更经济。

在本章中，我们提出了一种采用倒装芯片键合、将特定的 AlN MEMS 谐振器和滤波器与 CMOS 电路集成的方法[32]。我们描述了构建一个稳定的 AlN MEMS 平台所需的晶圆级处理步骤，其中包括器件封装和重布线层（RDL）。完成这些工艺之后，将 MEMS 器件分离成单个芯片，随后将其倒装于先进的 CMOS 节点上。虽然本章案例所述为针对特定的 AlN MEMS 谐振器和基于自愈的滤波器，但 3D 异构集成工艺广泛适用于任何其他 AlN MEMS 技术。

7.2 氮化铝 MEMS 谐振器与 CMOS 电路的异构集成

针对特定的目标应用，AlN MEMS 谐振器与 CMOS 电子器件的异构集成面临着各种挑战。一般来说，当大量的 MEMS 器件与 CMOS 电子集成时，若两个芯片之间的尺寸不匹配，则通过 CMOS 层进行电气布线是不合理且不经济的[33]。因此，需要在 MEMS 芯片上开发 RDL。为获得 RDL，也应在晶圆级上完成对 MEMS 器件的封装。薄膜封装（TFE）对保护 AlN MEMS 器件不受环境影响及在倒装芯片键合过程中至关重要[34]。

在本章中，我们将介绍与新加坡 A∗STAR IME 合作开发的 8in 的硅晶圆工艺流程的概述，用于制备 AlN MEMS 谐振器和滤波器，其中三星公司完成了 TFE 工艺、制备 RDL、凸块（由 Tag and Label Manufacturers Institute 完成）及通过倒装芯片与 28nm CMOS 芯片键合。如图 7.1 所示为与 CMOS 3D 异构集成的 AlN MEMS 平台的横截面。该平台的制备过程可分为四个主要阶段：①制备 MEMS 器件（即 AlN 谐振器和滤波器）；②同样的 TFE 工艺；③在 MEMS 上制备 RDL 用于实现高效且低损耗的信号路径；④CMOS 焊盘的焊料凸块与 AlN MEMS 芯片焊盘的倒装芯片键合。在下面的小节中，我们将介绍通过上述

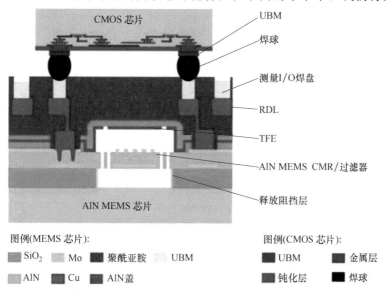

图 7.1 已开发的 AlN MEMS 平台及其与 CMOS 芯片 3D 异构集成的横截面图

工艺，获得高性能 3D 异构集成谐振器和滤波器中所需克服的挑战。如图 7.2 所示为在 A*STAR IME 完成的晶圆级制备过程，并将在后续小节中详细描述。CMOS 凸块和倒装芯片键合步骤也将在后述小节中分别呈现并描述。

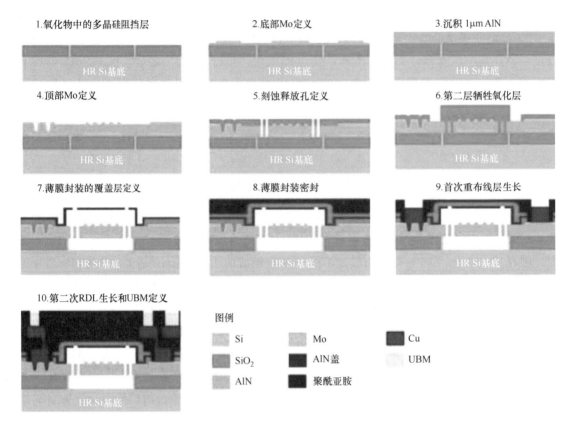

图 7.2 新加坡 A*STAR IME 开发的 AlN MEMS 平台的制作工艺流程（UBM，凸块下金属化；RDL，重布线层）

7.2.1 氮化铝 MEMS 工艺流程

MEMS 的制造始于在 8in 的标准高电阻率（HR）硅片上通过等离子体增强化学气相沉积（PECVD）$3.5\mu m$ 厚的 SiO_2。该氧化层用作牺牲材料，将器件从基底中释放。为隔离释放区域，在 SiO_2 层内部设置了宽度为 $2\mu m$ 的硅阻挡层。这是通过深沟槽刻蚀氧化层，然后使用低压化学气相沉积过程填充多晶硅完成的。上述工艺完成后，通过化学机械平坦化（CMP）工艺去除多余的 Si，降低氧化层的表面粗糙度（即图 7.2 中的步骤 1）。随后，在 20nm 的 AlN 籽晶层上沉积厚度为 150nm 的钼（Mo），将其用于 AlN MEMS 谐振器的底金属板（如图 7.2 中的步骤 2 所示）。形成底部金属电极后，沉积厚度为 $1\mu m$ 的压电 AlN 作为器件层（如图 7.2 步骤 3 所示）。通过基于 Cl_2 的刻蚀工艺，在 AlN 中制备为顶部和底部 Mo 层之间提供电连接的通孔。随后沉积第二层 150nm 的 Mo 层并图案化，以获得一组用于驱动谐振器的顶端交错电极。沉积 Mo 材料时，也填充了 AlN 层中的通道（即图 7.2 中的步骤 4）。需要注意的是，该 Mo 层还用于互连谐振器以形成滤波器。在本工作中，滤波器由三个串联的 AlN MEMS 谐振器组成。随后，在 AlN 器件层中定义释放孔，使其能够释放位于下方的底部牺牲材料谐振体（即图 7.2 中的步骤 5）。在封装 AlN MEMS 器件后，释放牺牲材料，MEMS 制备流程至此完成。

7.2.2 氮化铝 MEMS 谐振器和滤波器的封装

为了在倒装芯片键合过程中保护 AlN 悬挂结构，并在环境条件下提供密封，封装 AlN MEMS 器件至关重要。主要目标是为 AlN MEMS 谐振器的大规模集成（LSI）开发具有成本效益的晶圆级封装工艺。

AlN MEMS 的 TFE 包含两部分层结构，具有两种不同的作用。第一层是覆盖整个运动谐振器腔体的薄层；第二层用于释放后密封盖上的孔，这一层还包括厚的聚酰亚胺以提供额外的结构刚性，并使整个晶圆的形貌更加平滑。

为制备顶部覆盖层，首先在 MEMS 器件上沉积一层 SiO_2，形成顶部牺牲层，最终在盖晶圆与悬挂谐振体之间形成间隙。在此之后，将 SiO_2 层刻蚀以确定盖晶圆的锚点（如图 7.2 步骤 6 所示）。所得锚点位于 AlN MEMS 工艺中定义的释放阻挡层之外，以确保牺牲材料释放后封装牢固。同时该层结构定义了谐振器顶部的释放区。换句话说，锚点围绕着释放所得谐振器体顶部的牺牲层，形成锚定的沟槽，作为顶部氧化物刻蚀停止的屏障。得到覆盖层后（大部分由 AlN 与其他 A*STAR IME 专有接口层组成），制备覆盖释放孔，采用干蒸气氢氟酸（HF）工艺对硅晶圆处理，释放所有器件（如图 7.2 步骤 7 所示）。顶部和底部牺牲材料的周围存在刻蚀停止层，能够释放不同尺寸的器件，无需考虑基底和互连下方的区域被破坏。从设计的角度来看，这是一个非常重要的方面，因为能够准确定义谐振器的锚点，且器件能够密集地封装。释放后，覆盖二氧化硅至上述晶圆，以密封为牺牲材料释放而形成的覆盖层中的开口。通过该方式放置覆盖层中的释放孔，使覆盖层内沉积的物质进入该区域，不影响器件性能。为了限制该区域的介电量，释放孔设计得非常小，以便在二氧化硅沉积期间迅速密封。由于顶部的 Mo 层位于介电材料下面，建立互连位置，并通过密封层和覆盖层定义通孔。随后，在最终厚度为 $5\sim7\mu m$ 的密封 MEMS 晶圆上旋涂并固化一层光敏封装聚酰亚胺。商业级晶圆采用聚酰亚胺涂层增强整个 MEMS 晶圆的机械和化学稳定性。随着聚酰亚胺的沉积，TFE 工艺完成（即图 7.2 中的步骤 8）。

在 AlN 轮廓模式谐振器（CMR）的 TFE 开发中，主要的挑战为确保控制薄膜中的应力，最大限度地减少盖晶圆层的弯曲。可控应力限制了器件的尺寸和长宽比及器件的优化程度。封盖和密封的材料也必须在射频下与器件的操作兼容，并应最大限度地减少信号馈通[35]。

在 TFE 的开发过程中，会发生如下问题，如牺牲材料释放不足、薄膜断裂、覆盖层向下弯曲和/或器件层 AlN 向上弯曲，导致覆盖层接触到谐振器腔体。为解决这些问题，在 AlN 器件层和覆盖层上的刻蚀释放孔都应尽可能小，尽可能分布均匀，从而不干扰谐振器的有源区域。此外，两组释放孔不应重叠，以确保覆盖层的最小形貌，提高结构刚度。此外，还应优化牺牲材料的厚度以减小 TFE 层中的残余应力，并确保在释放过程中能够完全刻蚀。为了确定牺牲层的厚度和形成顶盖的材料堆的厚度，进行了试验设计（DoE）。

根据 DoE 的结果可知，为增加 TFE 中覆盖层的回弹性并提高整体器件良率，需采用沉积材料堆叠层替代单一沉积 AlN（关于这些层及其厚度的信息来源为 A*STAR IME 的专利）。该研究的另一个结果表明，牺牲层厚度应至少为 $3\mu m$，以确保器件能够正常释放，且不会导致覆盖层与谐振器因残余应力相互接触。

同时 DoE 结果还提出了一些附加的限制条件，即盖晶圆层的最大长度需小于 $110\mu m$，覆盖层锚点的最小宽度应为 $10\mu m$。显然，这两个条件限制了可封装的最大器件尺寸及可实现的最大器件密度。图 7.3 所示为通过 TFE 工艺成功开发的用于 AlN MEMS 谐振器和滤波器的 SEM 图像。

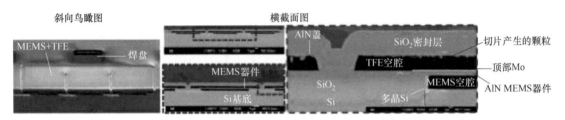

图 7.3　通过 TFE 工艺制备所得 AlN MEMS 谐振器的斜向及横截面扫描电镜图像

7.2.3　封装氮化铝 MEMS 的重布线层

RDL 的开发目标是在 AlN MEMS 平台上合成低损耗和低寄生的金属化层，用于信号互连和路由，且使制造复杂性有限。该方法有助于充分利用 AlN MEMS 谐振器作为 RF 前端应用的构建模块的潜力，并有效地采用 CMOS 芯片。除凸块下金属化（UBM）层，RDL 还包括两个铜（Cu）金属层，使得 3D 集成系统的布线具有一定的灵活性。

RDL 的制造过程如下：首先在第一层聚酰亚胺制备通孔，用于 TFE 工艺的最后一步沉积。这些通孔为第一层重分布金属层和顶部 Mo 层之间提供了电气连接。然后，沉积一层厚度为 $3\mu m$ 的 Cu 层，将其作为 AlN MEMS 平台的第一层信号线路层（如图 7.2 中的步骤 9 所示）。随后，沉积并图案化处理另一层聚酰亚胺和铜，得到第二层信号线路层。采用聚酰亚胺覆盖第二层铜层之后，制备焊盘，再由剥离工艺沉积并图案化处理得到由 Cu/Ni/Au 堆叠形成厚度为 $3\mu m$ 的 UBM 层，使得焊盘与 MEMS 芯片和 CMOS 芯片之间的倒装芯片键合。每个步骤中添加的聚酰亚胺层，使整个晶圆表面平滑。将晶圆分割至单个 MEMS 芯片后，全部 AlN MEMS 制造过程完成（即图 7.2 中的步骤 10）。

图 7.4　用于 RDL 制造步骤表征和建模的测试结构子集的光学图像

RDL 主要为金属层和金属间电介质（IMD）设定适当的厚度，以最大限度地减少与阵列器件和电路布线相关的电阻损耗及电容和电感寄生效应。有学者采用有限元分析（FEA）和 DoE 相结合的方法，完成了层厚的选择。最大限度地减少制造复杂性对设置层厚度也是重要的。在这方面，采用有限元分析和 DoE 相结合的方法来驱动层厚的选择。设计不同的测试结构，建模提取所有金属层和金属间通孔的重叠电容、非重叠电容和馈通电容以及薄层电阻和电感（见图 7.4）。为了在测试结构中去除任何接触电阻并提高建模精度，将电阻结构的 I/O 焊盘设计与参考文献［36，37］中的四点探针测量技术兼容。对于模拟 RDL 的电容和电感行为的测试结构，设计了三种形状相同但长度不同的测试结构，采用最小二乘递归拟合法[38]，以提高参数提取的准确性。试验结果与有限元分析设计结果一致，选择了厚度为 3μm 的 Cu 金属层和厚度为 5～7μm 的聚酰亚胺层。由于聚酰亚胺层为平台提供了自然的平整度，其厚度在重叠处的金属线周围变化（见图 7.5）。

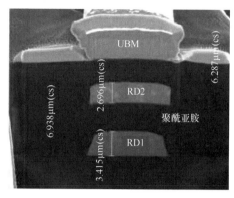

图 7.5 制备 RDL 后经激光 FIB 切割所得横截面的扫描电镜图像

7.2.4 选择单个谐振器和滤波器频率响应

如图 7.6 所示为采用特定几何形状的谐振器来验证封装及 RDL 对单个器件和滤波器性能的影响。如图 7.7 所示，绘制了单谐振器的导纳响应和由三个级联谐振器组成的滤波器频率 S 参数响应，用于比较 TFE 和 RDL 工艺对 AlN MEMS 器件性能的影响。

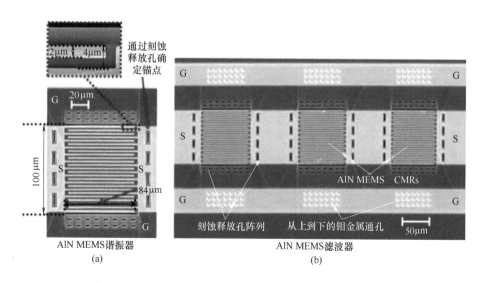

图 7.6 扫描电镜图像。（a）两端口 AlN MEMS 谐振器；（b）由三个级联谐振器组成的滤波器。这些图像是从经过 AlN MEMS 制造的芯片上拍摄所得（图 7.2 中的步骤 1～5）

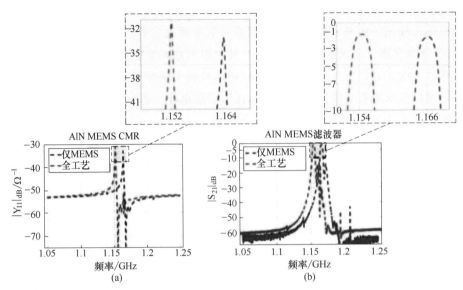

图 7.7 仅 MEMS 晶圆和封装晶圆(全工艺)运行时的:(a) 双端口谐振器的频率响应;(b) 双端口谐振器串联的滤波器频率响应。表 7.1 和表 7.2 分别提供了仅 MEMS 晶圆与封装晶圆谐振器和滤波器的性能比较表。注意,对于滤波器结果,S 参数终止设置为 200Ω,以匹配响应

表 7.1　AlN MEMS 谐振器经仅 MEMS 工艺和全工艺的性能比较

来源:Calayir et al.[39]

制造类型	f_o/GHz	k_t^2/%	Q	C_0/fF
仅 MEMS	1.164	1.68	1423	303
全工艺(MEMS+TFE+RDL)	1.152	1.61	1850	311

注:在仅 MEMS 工艺中没有 UBM 形成。需要四个关键谐振器参数来表征 AlN MEMS CMRs[39] 的特性,分别为 f_o(谐振频率)、k_t^2(机电耦合系数)、Q(品质因数)和 C_0(静电器件电容)。

表 7.2　AlN MEMS 滤波器经仅 MEMS 工艺和全工艺的性能比较

来源:Calayir et al.[40]

制造类型	f_o/GHz	IL/dB	BW/MHz	OBR/dB
仅 MEMS	1.166	1.62	3.47	22.26
全工艺(MEMS+TFE+RDL)	1.164	1.30	3.38	23.58

注:在仅 MEMS 工艺中没有 UBM 形成。参考文献[40]定义了四个参数,用于描述滤波器特性,分别为 f_o(通带中心频率)、IL(插入损耗)、BW(通带 3dB 带宽)和 OBR(频率为 1.5 BW 时远离 f_o 的带外抑制)。

图 7.8 对比了采用 TFE 和 RDL 构建的谐振器和滤波器,证明其不会因额外层和工艺而有任何性能降低。实际上,滤波器损耗随着互连电阻损耗的最小化而降低。

7.2.5　氮化铝 MEMS 与 CMOS 的倒装芯片键合

本节所述工艺为制造 2mm×2mm AlN MEMS 滤波器阵列芯片 3D 异构集成相关步骤,使用的是在三星公司 28nm 工艺线上制造的 1.35mm×1.35mm CMOS 芯片的工艺。由美国得克萨斯州 TLMI 公司在 CMOS 芯片上放置直径为 50μm 的焊球。图 7.9 为集成前制作的独立 AlN MEMS 和 CMOS 芯片的光学显微镜图像。新加坡的 A*STAR IME 公司通过倒装芯片焊料键合工艺完成了最终的芯片集成。倒装芯片键合过程包括三个步骤:

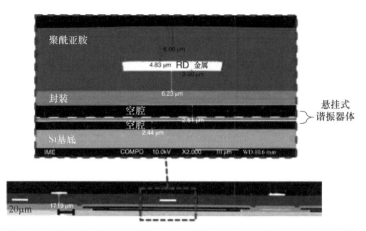

图 7.8 器件全工艺后的 SEM 截面图。经过聚焦离子束切割和机械抛光后的侧面图像

① 将焊球浸入助焊剂中,以消除焊点上的任何氧化层,并改善焊盘之间的结合。

② 将 MEMS 芯片放置在集成电路芯片上。该工艺采用 FC300 高精度芯片/倒装键合器完成,包括对芯片的精准对齐。

③ 将芯片放在 BTU 公司的 Pyramax 回流焊炉中,使焊球在焊盘上再度回流,将 MEMS 和 IC 芯片牢固地键合在一起。

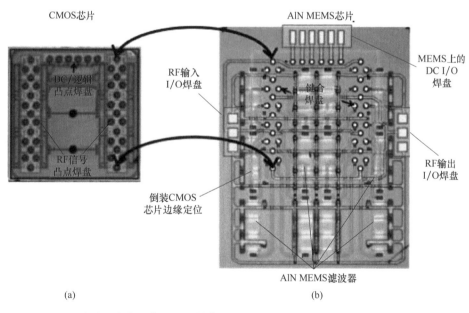

图 7.9 光学显微镜图像。(a) 制作的 CMOS 芯片(28nm 带焊点技术,三星);(b) 设计的 AlN MEMS 芯片,将与 CMOS 芯片倒装键合

图 7.10 模拟了 AlN MEMS 芯片和 CMOS 芯片的倒装键合过程。由于 RDL 在 AlN MEMS 芯片的 I/O 焊盘上提供了低损耗的信号路由,且能够容易地更改尺寸,将 MEMS 芯片制备为基底芯片,将所有的 I/O 焊盘放置其中,用于探针加载和电测试。通过焊盘将 MEMS 与 CMOS 相互键合,用于传输必要的直流电源和数字逻辑信号,及 CMOS 组件和 AlN MEMS 滤波器之间的互连。

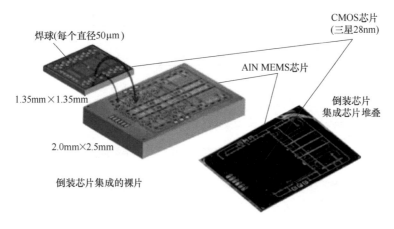

图 7.10　AlN MEMS 芯片与 CMOS 芯片的集成过程示意图

7.3　异构集成自愈滤波器

在本节中，我们将介绍一种创新的自愈滤波方法的概念验证演示，如图 7.11 所示，该方法由 AlN MEMS 与 CMOS 的 3D 异构集成实现。

7.3.1　统计元素选择（SES）在 CMOS 电路 AlN MEMS 滤波器中的应用

窄带 AlN MEMS 滤波器的实际实现受到制造过程和失配变化[41]的阻碍。

表 7.3 总结了由三个级联双端口 AlN MEMS 谐振器组成的独立 AlN MEMS 滤波器的芯片级性能统计数据，这些在前几节中已经提过。最显著的滤波器变化是在 f_o，虽然插入

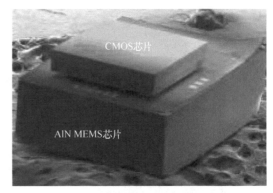

图 7.11　通过倒装键合的 AlN MEMS 和 CMOS 芯片堆叠

损耗（IL）、带宽（BW）、带外抑制（OBR）也因谐振器工艺引起的变化而变化，然而在窄带滤波器中 f_o 值的变化更为关键，因为 ±0.02% 的变化对应着滤波器中 BW 13.9% 的变化。在使用这些滤波器阵列的情况下，上述变化阻止滤波器达到最佳性能，阻碍更复杂电路的实现。因此，开发能够承受这些变化的高可靠性和高鲁棒性的系统是至关重要的。

表 7.3　封装的独立 AlN MEMS 滤波器测量数据

	f_o	IL	BW	OBR
均值	1.152GHz	1.27dB	3.31MHz	23.48dB
均值方差(%)	0.02%	3.27%	0.51%	0.60%

注：为了对 AlN MEMS 滤波器进行统计，将 12 个设计相同的滤波器以 3×4 矩阵的形式放置在 2mm×2mm 的芯片区域内。这里的每个滤波器由三个级联的双端口 AlN 谐振器组成，其几何形状在前一节中描述。

为了解决芯片内变化带来的挑战，我们借用了参考文献［41-43］中提出的统计元素选择（SES）技术的概念。为了应用 SES 算法，我们将最终所需的滤波器分成更小的版本（由更高的阻抗/更小的谐振器组成的子滤波器），并通过添加相同的冗余元素创建并组合它们。通过放置在 AlN MEMS 子滤波器的射频输入和输出的系列 CMOS 开关，从 N 个名义上相同的子滤波器元素组中选择一个子集 k，并联连接，以构建一个高良率的自愈滤波器。图 7.12 给出了自愈滤波器阵列的电路原理图。即使一个最小数组大小（N）和子集大小（k），也有大量的组合可用，例如，$^{12}C_4 = 495$。

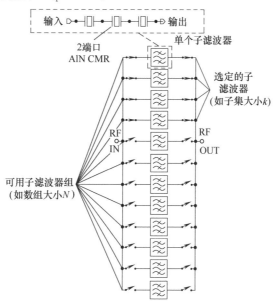

图 7.12　在射频输入和输出中使用 CMOS 开关的自愈 AlN MEMS 滤波器的电路原理图
（在该图中，k 等于 4，N 等于 12）

为了说明 SES 对改善 f_o 统计变化的有益影响，我们生成了独立滤波器相对于 SES 应用的概率密度函数（PDF），其 N 为 12、k 为 4，从而提供 495 个独特的、可选择的滤波器组件。在此对比中，设计了一个典型的频率 f_o 为 1.15GHz、BW 为 3.8MHz 的滤波器。当要求这些滤波器的 f_o 在目标值的 100kHz 以内时，能够很容易地观察到，SES 技术相对于一个独立滤波器（小于 36%），提供了一个显著的良率增加，如图 7.13 所示。

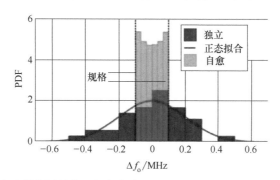

图 7.13　独立滤波器的测量中心频率偏移（Δf_o）的 PDF 与自愈滤波器的模拟分布。为验证采样滤波器响应的频率分布，绘制了独立滤波器的正态拟合图

7.3.2 三维混合集成芯片的测量

通过将12个相同的 AlN MEMS 子滤波器阵列与 CMOS 开关集成,我们实际演示了 SES 的概念,根据前几节所述的工艺步骤,这两个芯片是异构集成的。

基于其中一个 3D 集成芯片堆叠中采集的测量结果,几种可能组合的响应如图 7.14 所示。IL 低至 3.15dB,OBR 高至 25.1dB。在同一图中,我们比较了自愈滤波器与集成 CMOS 之前的独立滤波器的响应。

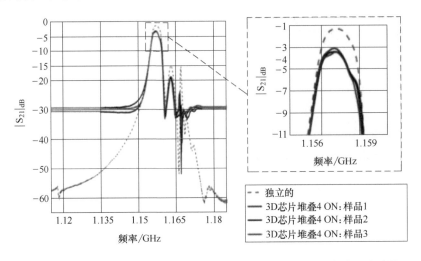

图 7.14 三个可能的自愈滤波器(红色、蓝色和黑色)与一个独立滤波器(绿色虚线)的匹配频率响应

与独立滤波器相比,自愈滤波器中 IL 的额外 2dB 来自 CMOS 开关串联电阻(每个开关和主项约 10.7Ω),CMOS 上的部分信号路由,通过焊球与芯片互连。集成芯片的带外性能(即在远离滤波器通带的频率上的响应)也能够进一步改善,通过改善两个芯片的接地连接质量,使其更接近单独的独立滤波器响应。

尽管集成滤波器的性能降低,但它仍可证明 SES 的概念。图 7.15 显示了 SES 技术在取

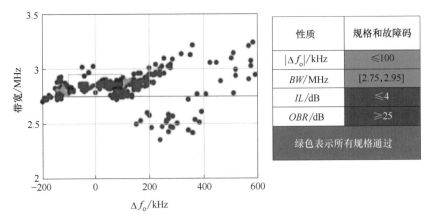

图 7.15 SES算法在 $N=12$、$k=4$ 自愈 AlN MEMS 滤波器上的应用。AlN MEMS 芯片上的子滤波器通过串联 D 触发器链控制的 CMOS 开关矩阵进行组合选择

自 3D 异构集成芯片堆叠的试验数据上的应用。考虑自愈滤波器的频率响应，设置参数过滤器性能规格：$\Delta f_0 < 100\mathrm{kHz}$，$IL < 4\mathrm{dB}$，$BW$ 为 $2.75 \sim 2.95\mathrm{MHz}$，$OBR > 25\mathrm{dB}$。在图 7.15 中，数据点标记为绿色表示产生结果的子滤波器的组合符合所有要求的规格。橙色点表示 f_0 和 BW 未过，但通过 IL 和 OBR 指标的滤波器。红色的点表示在 IL 或 OBR 方面失败的滤波器。

除了明显的良率改进外，SES 还提供了关于调整一些滤波器参数的其他好处。例如，在这个特定的例子中，我们能够看到 f_0 的调谐范围为 $300\mathrm{kHz}$，BW 的调谐范围为 $250\mathrm{kHz}$。

参考文献

1. Piazza, G., Stephanou, P. J., and Pisano, A. P. (2006). Piezoelectric aluminum nitride vibrating contour-mode MEMS resonators. *J. Microelectromech. Syst.* 15: 1406-1418.
2. Ruby, R. C., Bradley, P., Oshmyansky, Y. et al. (2001). Thin film bulk wave acoustic resonators (FBAR) for wireless applications. 2001 IEEE Ultrasonics Symposium. Proceedings. An International Symposium (7-10 October 2001), 813-21.
3. Harrington, B. P. and Abdolvand, R. (2011). In-plane acoustic reflectors for reducing effective anchor loss in lateral-extensional MEMS resonators. *J. Micromech. Microeng.* 21: 085021 (11 pp.).
4. Bjurstrom, J., Katardjiev, I., and Yantchev, V. (2005). Lateral-field-excited thin-film Lamb wave resonator. *Appl. Phys. Lett.* 86: 154103 (3 pp.).
5. Chengjie, Z., Sinha, N., and Piazza, G. (2010). Very high frequency channel-select MEMS filters based on self-coupled piezoelectric AlN contour-mode resonators. *Sens. Actuators, A* 160: 132-140.
6. Rinaldi, M., Zuniga, C., Chengjie, Z., and Piazza, G. (2010). Super-high-frequency two-port AlN contour-mode resonators for RF applications. *IEEE Trans. Ultrason. Ferroelectr. Freq. Control* 57: 38-45.
7. Ruby, R., Bradley, P., Larson, J., III, et al. (2001). Ultra-miniature high-Q filters and duplexers using FBAR technology. 2001 IEEE International Solid-State Circuits Conference. Digest of Technical Papers (5-7 February 2001), 120-1.
8. Mahameed, R., Sinha, N., Pisani, M. B., and Piazza, G. (2008). Dual-beam actuation of piezoelectric AlN RF MEMS switches monolithically integrated with AlN contour-mode resonators. *J. Micromech. Microeng.* 18: 105011 (11 pp.).
9. Sinha, N., Wabiszewski, G. E., Mahameed, R. et al. (2009). Piezoelectric aluminum nitride nanoelectromechanical actuators. *Appl. Phys. Lett.* 95: 053106 (3pp.).
10. Sinha, N., Jones, T. S., Zhijun, G., and Piazza, G. (2012). Body-biased complementary logic implemented using AlN piezoelectric MEMS switches. *J. Microelectromech. Syst.* 21: 484-496.
11. Elfrink, R., Kamel, T. M., Goedbloed, M. et al. (2009). Vibration energy harvesting with aluminum nitride-based piezoelectric devices. *J. Micromech. Microeng.* 19: 094005 (8 pp.).
12. Elfrink, R., Renaud, M., Kamel, T. M. et al. (2010). Vacuum-packaged piezoelectric vibration energy harvesters: damping contributions and autonomy for a wireless sensor system. *J. Micromech. Microeng.* 20: 104001 (7 pp.).

13　Ting-Ta, Y., Hirasawa, T., Wright, P. K. et al. (2011). Corrugated aluminum nitride energy harvesters for high energy conversion effectiveness. *J. Micromech. Microeng.* 21: 085037 (9 pp.).

14　Guedes, A., Shelton, S., Przybyla, R. et al. (2011). Aluminum nitride pMUT based on a flexurally-suspended membrane. TRANSDUCERS 2011-2011 16th International Solid-State Sensors, Actuators and Microsystems Conference (5-9 June 2011), 2062-5.

15　Shelton, S., Mei-Lin, C., Hyunkyu, P. et al. (2009). CMOS-compatible AlN piezoelectric micromachined ultrasonic transducers. 2009 IEEE International Ultrasonics Symposium (20-23 September 2009), 402-5.

16　Littrell, R. and Grosh, K. (2012). Modeling and characterization of cantilever-based MEMS piezoelectric sensors and actuators. *J. Microelectromech. Syst.* 21: 406-413.

17　Williams, M. D., Griffin, B. A., Reagan, T. N. et al. (2012). An AlN MEMS piezoelectric microphone for aeroacoustic applications. *J. Microelectromech. Syst.* 21: 270-283.

18　Goericke, F. T., Chan, M. W., Vigevani, G. et al. (2011). High temperature compatible aluminum nitride resonating strain sensor. TRANSDUCERS 2011-2011 16th International Solid-State Sensors, Actuators and Microsystems Conference (5-9 June 2011), 1994-7.

19　Zuniga, C., Rinaldi, M., Khamis, S. M. et al. (2009). Nanoenabled microelectromechanical sensor for volatile organic chemical detection. *Appl. Phys. Lett.* 94: 223122 (3 pp.).

20　Olsson, R. H. III, Wojciechowski, K. E., Baker, M. S. et al. (2009). Post-CMOS-compatible aluminum nitride resonant MEMS accelerometers. *J. Microelectromech. Syst.* 18: 671-678.

21　Gokhale, V. J., Figueroa, C., Tsai, J. M. L., and Rais-Zadeh, M. (2015). Low-noise AlN-on-Si resonant infrared detectors using a commercial foundry MEMS fabrication process. 2015 28th IEEE International Conference on Micro Electro Mechanical Systems (MEMS), Estoril, 73-76.

22　Podoskin, D., K. Brückner, M. Fischer et al. (2015). Multi-technology design of an integrated MEMS-based RF oscillator using a novel silicon-ceramic compound substrate. 2015 German Microwave Conference, Nuremberg, 406-409.

23　Patterson, A., Calayir, E., Fedder, G. K. et al. (2015). Application of statistical element selection to 3D integrated AlN MEMS filters for performance correction and yield enhancement. 2015 28th IEEE International Conference on Micro Electro Mechanical Systems (MEMS), Estoril, 996-999.

24　Kochhar, A., T. Matsumura, G. Zhang et al. (2012). Monolithic fabrication of film bulk acoustic resonators above integrated circuit by adhesive-bonding-based film transfer. 2012 IEEE International Ultrasonics Symposium, Dresden, 1047-1050.

25　Horsley, D. A., Y. Lu, H. Y. Tang et al. (2016). Ultrasonic fingerprint sensor based on a PMUT array bonded to CMOS circuitry. 2016 IEEE International Ultrasonics Symposium (IUS), Tours, 1-4.

26　Wojciechowski, K. E., Olsson, R. H., Tuck, M. R. et al. (2009). Single-chip precision oscillators based on multi-frequency, high-Q aluminum nitride MEMS resonators. TRANSDUCERS 2009-2009 International Solid-State Sensors, Actuators and Microsystems Conference, Denver, CO, 2126-2130.

27　Dubois, M. -A., Carpentier, J. F., Vincent, P. et al. (2006). Monolithic above-IC resonator technology for integrated architectures in mobile and wireless communication. *IEEE J. Solid-State Circuits* 41 (1): 7-16.

28　Mansour, R. R. (2013). RF MEMS-CMOS device integration: an overview of the potential for RF researchers. *IEEE Microwave Mag.* 14 (1): 39-56.

29　Qu, H. (2016). CMOS MEMS fabrication technologies and devices. *Micromachines* 7 (1): 14.

30　Witvrouw, A. (2008). CMOS-MEMS integration today and tomorrow. *Scr. Mater.* 59 (9): 945-949.

31　Ramm, P., A. Klumpp, J. Weber et al. (2010). 3D integration technology: status and application development. 2010 Proceedings of ESSCIRC, Seville, 9-16.

32　Piazza, G., Stephanou, P. J., and Pisano, A. P. (2007). Single-chip multiple-frequency AlN MEMS filters based on contour-mode piezoelectric resonators. *J. Microelectromech. Syst.* 16 (2): 319-328.

33　Cardoso, A., L. Dias, E. Fernandes et al. (2017). Development of novel high density system integration solutions in FOWLP-complex and thin wafer-level SiP and wafer-level 3D packages. 2017 IEEE 67th Electronic Components and Technology Conference (ECTC), Orlando, FL, 14-21.

34　Soon, J. B. W., Singh, N., Calayir, E. et al. (2016). Hermetic wafer level thin film packaging for MEMS. 2016 IEEE 66th Electronic Components and Technology Conference (ECTC), Las Vegas, NV, 857-862.

35　Najafi, K. (2003). Micropackaging technologies for integrated microsystems: applications to MEMS and MOEMS. Proceedings SPIE Micromachining and Microfabrication Process Technology Ⅲ, 1-19.

36　Newman, M. W., S. Muthukumar, M. Schuelein et al. (2006). Fabrication and electrical characterization of 3D vertical interconnects. 56th Electronic Components and Technology Conference 2006, San Diego, CA, 394-398.

37　Baodong, L., Pengfei, W., and Xinfu, L. (2016). Micro-area sheet resistance measurement system of four-point probe technique based on LabVIEW. 2016 International Symposium on Computer, Consumer and Control (IS3C), Xi'an, 998-1001.

38　Ismail, M. Y. and Principe, J. C. (1996). Equivalence between RLS algorithms and the ridge regression technique. Conference Record of The Thirtieth Asilomar Conference on Signals, Systems and Computers, Pacific Grove, CA, USA, Vol. 2, 1083-1087.

39　Calayir, E., Piazza, G., Soon, J. B. W., and Singh, N. (2016). Analysis of spurious modes, Q, and electromechanical coupling for 1.22 GHz AlN MEMS contour-mode resonators fabricated in an 8″ silicon fab. 2016 IEEE International Ultrasonics Symposium (IUS), Tours, 1-4.

40　Calayir, E., Xu, J., Pileggi, L. et al. (2017). Self-healing narrowband filters via 3D heterogeneous integration of AlN MEMS and CMOS chips. 2017 IEEE International Ultrasonics Symposium (IUS), Washington, D.C. (6-9 September 2017).

41　Wang, F., G. Keskin, A. Phelps et al. (2012). Statistical design and optimization for adaptive post-silicon tuning of MEMS filters. DAC Design Automation Conference 2012, San Francisco, CA, 176-181.

42　Liu, R. and Pileggi, L. (2015). Low-overhead self-healing methodology for current matching in current-steering DAC. *IEEE Trans. Circuits Syst.* Ⅱ: *Express Briefs* 62 (7): 651-655.

43　Keskin, G., Proesel, J., and Pileggi, L. (2010). Statistical modeling and post manufacturing configuration for scaled analog CMOS. IEEE Custom Integrated Circuits Conference 2010, San Jose, CA, 1-4.

第 8 章 使用CMOS晶圆的MEMS

Weileun Fang[1], Sheng-Shian Li[1], Yi Chiu[2] and Ming-Huang Li[1]

[1] Tsing Hua University（Hsinchu），Department of Power Mechanical Engineering，Kuang-Fu Road，Hsinchu 300044，Taiwan，China

[2] Yang Ming Chiao Tung University，Department of Electrical Engineering，Ta-Hsueh Road，Hsinchu 30010，Taiwan，China

8.1 CMOS MEMS 的架构及优势简介

2018 年，半导体行业庆祝了集成电路诞生 60 周年。通过使用包括薄膜沉积、图案化和刻蚀的半导体制造工艺，数百万到数十亿个电子元件可以在几平方毫米的单个芯片上制造和集成。此外，在一个 8~12in 的晶圆上可以批量制造数百到数万个芯片。根据半导体行业建立的商业模式，很多无晶圆厂（fabless）设计公司（例如高通、联发科等）可以使用代工厂（foundry，例如 TSMC、UMC 等）提供的制造工艺来实现其集成电路器件。一般来说，代工厂可以向无晶圆厂客户提供标准制造工艺和相关设计规则，以节省开发时间。上述商业模式带动了半导体行业许多中小企业的诞生和成长。如果微机电系统（MEMS）行业也能利用这种商业模式来加速微机电系统产品的开发和商业化，并增加微机电系统无晶圆厂设计公司的数量，将对整个行业是有益的。

目前，平面制造技术（如半导体制造工艺）已被广泛用于制造和集成电子、机械、光学、生物等各种基底上的器件[1-3]。由于许多类型的机械元件具有不同的设计原则，例如柔性弹簧和刚性质量块，导致微机电系统结构产生了不同的工艺要求。在某些情况下，研发新的制造工艺用来提供功能材料以及具有更好力学性能的薄膜[4]。综上，微机电系统行业经常面临着 "一种产品，一种工艺"（Bosch Sensortec，三轴加速度计）的挑战。迄今为止，已经开发了大量的制造工艺来实现不同应用的 MEMS 器件（MEMSCAP，MUMPs® 工艺；TDK InvenSense），也建立了许多制造平台和多项目晶圆（MPW）工艺，包括体、表面、绝缘体上硅（SOI）等微加工技术，以效仿半导体行业的成功模式（Silex Microsystems；Teledyne DALSA；Asia Pacifc Microsystems；Sensornor）。例如，如图 8.1 所示的体微加工技术已经被 Sensornor 用来研究具有硅微机电系统结构的 MPW 工艺。此外，如图 8.2 所示，众所周知的 MUMPs 表面微加工工艺具有两到三个多晶硅层，展示了实现无源和有源微机械组件的能力[5-8]，并进一步集成这些组件以形成复杂的设备和微系统[9-11]。

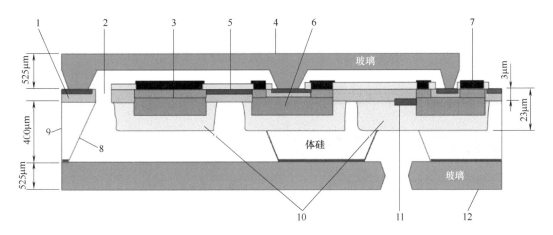

图 8.1 采用硅 MEMS 结构的 MPW 工艺

来源：Sensornor

1—n 型外延层，用于薄膜片和释放刻蚀结构；2—通过外延膜深反应离子刻蚀释放刻蚀；3—表层导体；4—带预结构化密封腔和引线键合区的阳极键合顶盖；5—p 型表面压阻器；6—穿越阳极键合的 p^+ 型埋置导体；7—键合区；8—各向异性刻蚀空腔；9—p 型基底；10—扩散 n 阱，用于振荡块、隔膜或均可；11—p 型埋置压阻器；12—具有通孔和/或密封空腔的阳极键合玻璃

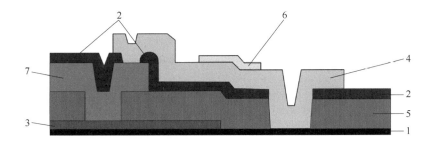

图 8.2 MUMPs 表面微加工 MPW 工艺

来源：PolyMUMPs Design Handbook, MUMPs® process, Allen Cowen, Busbee Hardy, Ramaswamy Mahadevan, and Steve Wilcenski MEMSCAP Inc. Revision 13.0 MEMSCAP, MUMPs® process. © 2011, MEMSCAP

1—氮化硅；2—第二层氧化硅；3—固定多晶硅；4—第二层可移动多晶硅；5—第一层氧化硅；6—金属；7—第一层可移动多晶硅

如图 8.3 所示，用于机械结构的厚外延多晶硅层的表面微加工工艺已经被 MEMS 产业采用，并用于制备惯性传感器平台（STMicroelectronics）[12]。图 8.4 所示的 SOI 微加工技术被 Tronics 用来实现具有悬浮 MEMS 结构的 MPW 工艺[13]。可以在单个芯片上制造工艺平台并进行单片集成，得到各种微机电系统结构、传感器和执行器，从而可以采用片上系统（SoC）方法实现微系统。此外，"组合传感器"或"传感器中枢"的概念近年来引起了学者们的关注[14]。例如，惯性中枢由加速度计、陀螺仪和磁力计组成（TDK InvenSense），环境中枢由温度、压力和湿度传感器组成（Bosch Sensortec，BME680 集成环境单元）。因此，如图 8.5 所示，过程平台具有采用 SoC 方法形成传感器中枢的潜力（TDK InvenSense）。简言之，如果代工厂能够建立多个标准和稳定的工艺平台和相关设计规则，同时设计人员（无

晶圆厂、设计公司等）能够选择合适的现有工艺平台来设计 MEMS 器件，则 MEMS 器件的开发时间可以显著缩短。此外，代工厂可以通过标准工艺平台提供全晶圆和 MPW 服务。最后，工艺平台使设计公司能够在单个芯片上实现组合传感器或微系统。

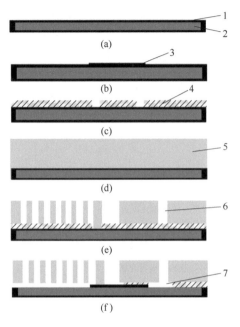

图 8.3　具有厚外延多晶硅层的表面微加工 MPW 工艺

来源：Langfelder et al.[12]．© 2012，IEEE
1—热氧化层；2—硅；3—多晶硅；4—牺牲氧化层；5—光学多晶硅；6—沟槽刻蚀；7—牺牲氧化层的去除

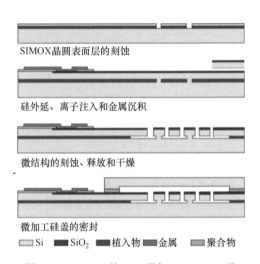

图 8.4　Tronics 的 SOI 微加工 MPW 工艺

来源：Renard[13]．©2000，IOP Publishing

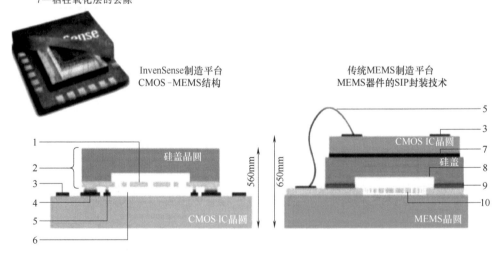

图 8.5　TDK InvenSense 组合传感器的工艺平台

来源：TDK InvenSense

1—核心 MEMS 硅结构；2—MEMS 晶圆；3—外部连接；4—共晶金属密封；5—CMOS-MEMS 互连；6—真空密封空腔；7—外延片附加；8—吸气剂；9—玻璃熔块密封；10—多晶硅

CMOS 晶体管是微电子器件和系统的关键构建模块。因此，开发并改进了 CMOS 器件的制造工艺（称为 CMOS 工艺）。目前各种标准的 CMOS 工艺，例如图 8.6（a）所示的 0.35μm 2P4M（两层多晶硅和四层金属）工艺、图 8.6（b）所示的 0.18μm 1P6M（一层多晶硅和六层金属）工艺、BiCMOS 工艺等已在代工厂投入研发。通过遵循众所周知的摩尔定律[15]，CMOS 组件的尺寸和密度不断提高。代工厂还显著提高了器件的良率和可靠性，并同时降低了工艺成本。简而言之，CMOS 工艺已经成熟，可以在许多现有的代工厂中使用。因此，利用现有的 CMOS 制造技术来实现 MEMS 器件将是一种具有成本效益的工艺。此外，8in 甚至 6in 的 CMOS 工艺技术可以满足 MEMS 器件的大部分尺寸要求。CMOS MEMS 技术的另一个优势为，大多数 8in 代工厂没有折旧成本。因此，基于 CMOS 的微加工工艺技术为实现 MEMS 器件提供了一种有前景的方法。

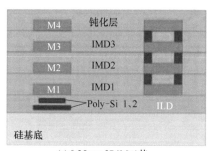 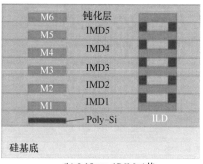

(a) 0.35μm 2P4M工艺　　　(b) 0.18μm 1P6M工艺

图 8.6　两种现有的标准 CMOS 工艺

如图 8.7 所示为扩展 CMOS 技术用于实现 MEMS 器件的概念，可以通过添加一些刻蚀工艺来实现悬浮的 MEMS 结构，如对图 8.6 中 CMOS 芯片完成后的金属薄膜、电介质薄膜和硅基底的刻蚀。由于 CMOS 工艺主要用于实现 IC，因此使用 CMOS MEMS 技术可以很容易地单片制造和集成微电子和微机械元件。根据图 8.7 中的概念，已经开发了许多 CMOS MEMS 后制程工艺来制造基于 CMOS 的 MEMS 器件，例如惯性传感器[17,18]、麦克风[19]、压力传感器[20,21]、化学传感器[20,22]、湿度传感器[23]、执行器[24]、谐振器[25] 等。一些成功的 CMOS MEMS 器件也已经商业化，如惯性传感器（MEMSIC）、气流传感器（Sensirion）等。因此，有学者[16,26] 总结了一些用于实现 MEMS 器件的后 CMOS（post-CMOS）工艺。然而，由于许多 CMOS MEMS 器件是采用不同的后 CMOS 工艺制造的，因此实现 MPW 工艺并不容易。此外，将具有不同后 CMOS 工艺的 CMOS MEMS 器件单片集成以在单个芯片上实现传感器中枢也具有挑战性。

如图 8.8 所示，已经开发了通用的后 CMOS 工艺，以证明在晶圆上制造和集成各种 CMOS 微机电系统器件的可能性[27]。通过这种后 CMOS 工艺技术，可以实现基于 CMOS 微机电系统的 MPW 和微系统，并且还可以使用片上系统方法实现 CMOS 微机电系统传感器中枢。图 8.8 中的通用制造平台是 TSMC 公司的标准 0.35μm 2P4M（两个多晶硅层和四个金属层，金属层命名为 M1～M4）和其他学者[27-30] 所开发的内部后 CMOS 工艺组成。基于工艺平台，展示了单片集成的不同类型的传感器，如图 8.9 所示的扫描电子显微镜（SEM）图像。图 8.9（a）显示了压力传感器和单轴加速度计在单片上的集成[28]。图 8.9

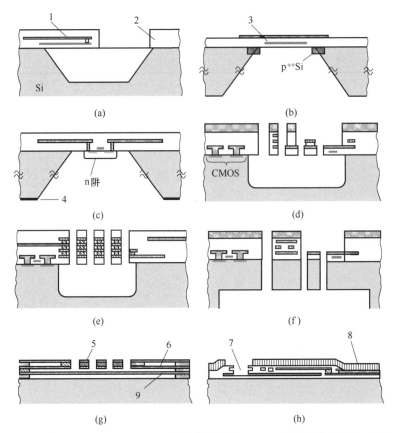

图 8.7 用于制造基于 CMOS MEMS 器件的各种后 CMOS 薄膜和基底刻蚀工艺的总结

来源：Fedder[16]。© 2005，IEEE

1—CMOS 金属；2—CMOS 电介质；3—多晶硅；4—氮化硅；5—金属层 2、3，通孔堆叠；6—氧化层；
7—铝刻蚀；8—光刻胶；9—金属层 1

(b) 所示的第二个例子是由三个单轴加速度传感单元的单片所集成，形成一个三轴加速度计[29]。此外，如图 8.9 (c) 所示，压力传感器、三轴加速度计和温度传感器的集成实现了轮胎压力监测系统（TPMS）[30]。综上，现有的标准 CMOS 工艺是实现薄膜层堆叠和图案化的成熟工具。首先由代工厂通过现有的 CMOS 工艺制备晶圆，随后采用后 CMOS 工艺可以在晶圆上制造和集成微机电系统器件。

本章将介绍几种制造技术，包括不同的 CMOS 和后 CMOS 工艺，以实现制备 CMOS MEMS 器件。其中，8.2 节将介绍用于后道工序（BEOL）的多层薄膜和去除硅基底的后 CMOS 工艺模块。随后，8.3 节和 8.4 节分别详细阐述了两种代工可用的标准 CMOS 工艺，作为示例，包括 $0.35\mu m$ 2P4M（两个多晶硅层和四个金属层）和 $0.18\mu m$ 1P6M（一个多晶硅层和六个金属层）CMOS 平台，通过集成不同的后 CMOS 工艺模块来展示多种实现 MEMS 器件的方法。此外，8.5 节将介绍几种工艺技术来沉积功能材料，如聚合物或组装功能结构，能够将磁球组装到 CMOS 芯片上，以提高 MEMS 器件的性能。为展示 CMOS MEMS 的能力，8.6 节进一步演示了多个传感器和传感电路的单片集成，以展示 CMOS MEMS 实现传感器中枢的能力。最后，在 8.7 节指出扩展现有 CMOS 技术以实现 MEMS 器件时的几个问题。

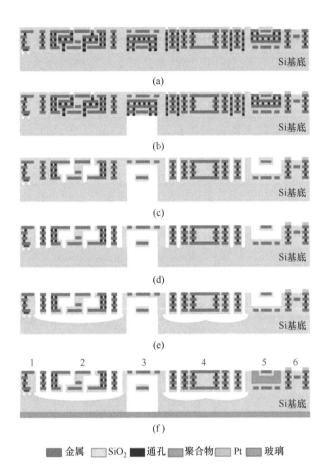
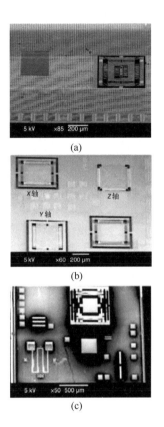

图 8.8 为组合传感器或 MPW 应用制造不同 MEMS 器件的通用后 CMOS 工艺。
（a）CMOS 层堆叠；（b）背面硅刻蚀；
（c）金属组刻蚀；（d）介电层刻蚀；
（e）硅基底刻蚀；（f）附加工艺（例如，聚合物分散）

来源：Fang et al.[27]. © 2013, IEEE
1—传感电路；2—三轴 G 传感器（加速度计）；
3—压力传感器；4—磁性传感器；
5—触觉传感器；6—温度传感器

图 8.9 CMOS MEMS 传感器的实现和单片集成的示例。（a）压力传感器和单轴加速度计的集成；（b）三个单轴加速度传感单元的集成；（c）集成压力传感器、温度传感器和加速度计以形成 TPMS

来源：(a) Sun et al.[28]. © 2009, IOP Publishing；(b) Tsai et al.[29]. © 2009, IOP Publishing；(c) Sun et al.[30]. © 2009, IEEE

8.2 CMOS MEMS 工艺模块

本节提供了几个关键的工艺模块（或称工艺构建块）来实现上述 CMOS MEMS 器件。后 CMOS 技术已经应用多年，以实现与 IC 技术的单片集成，同时避免热预算限制。CMOS 工艺的标准化允许根据系统要求和成本选择 CMOS 代工厂和技术节点时的设计灵活性和可制造性[31-33]。顾名思义，在后 CMOS MEMS 技术中，所有 MEMS 工艺步骤仅在 CMOS 制造步骤完成后进行。后 CMOS MEMS 制造工艺可以大致分为两种方法——一种采用氧化物刻蚀，另一种采用金属去除。两者都能够在 0.35μm 2P4M 和 0.18μm 1P6M CMOS 技术中实现。MEMS 器件的几何形状由临界尺寸小于 1μm 的 BEOL 层的布局定义。最后能够通过各种刻蚀技术完成释放步骤，例如基于 XeF_2 的各向同性硅刻蚀或基于 KOH 的各向异性刻蚀。

图 8.10 为制备的 MEMS SoC 器件的横截面概念图，所用技术为 0.35μm（2P4M）和 0.18μm（1P6M）CMOS 技术，工艺过程中无任何光刻步骤。大多数嵌入在传统 IC 架构中的前端（FEOL）和 BEOL 的材料层都有特定的作用。通过 CMOS IC 中的 FEOL 所包含的多晶硅层和硅基底，能够获得芯片上的无源和有源元件。通过 BEOL 处理建立布线连接多

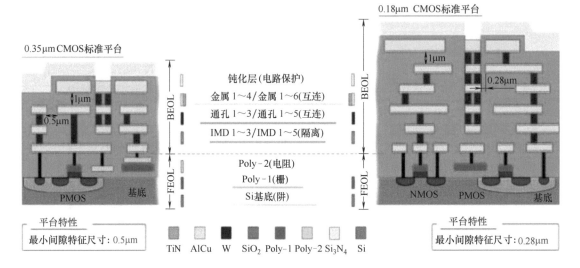

图 8.10　以 0.35μm（2P4M）和 0.18μm（1P6M）COMS 技术实现的未发布的 CMOS MEMS 芯片的横截面图，显示了特定的堆叠配置和固有的单片能力

来源：Chen et al.[33]. ©2018, MYU K. K.

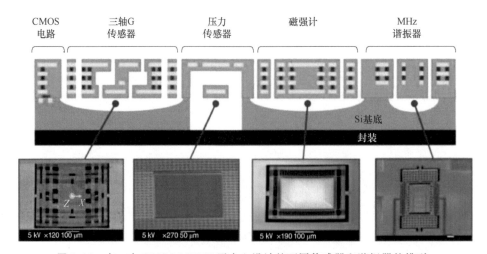

图 8.11　在一个 CMOS MEMS 平台上设计的不同传感器和谐振器的排列

来源：Courtesy of Prof. Weileun Fang

层金属，用于连接所有空间维度中的各个元素。

CMOS MEMS 的多层堆叠配置允许设计者通过光刻方式定义具有灵活信号路由的机械装置，从而在商业代工服务中实现具有各种换能机制（如电容和压阻换能）的一系列机械结构设计。图 8.11 为在 CMOS MEMS 平台上实现不同传感器和谐振器的多种方法。采用 CMOS 中的现有层方法，能够通过去除用于 MEMS 制造的额外掩模和光刻步骤来实现高效益的制造技术，并获得可访问的协同设计 MEMS 平台以及快速制备[34]。

8.2.1 薄膜工艺模块

必须在传感器和谐振器释放后，才能使换能器（例如悬臂梁、桥结构和膜）进行机械运动。因此，本节介绍了 CMOS BEOL 的三种微加工方法，在基底完好无损的情况下实现所需的薄膜结构。根据去除 BEOL 牺牲材料的不同，能够分为金属牺牲、氧化物牺牲和 TiN 复合材料等工艺模块。

8.2.1.1 金属牺牲

顾名思义，这种后 CMOS 工艺采用来自 BEOL 的金属或金属叠层作为牺牲金属来实现 CMOS 传感器/谐振器[29]。将过氧化氢（H_2O_2）和加热的硫酸（H_2SO_4）以 1∶3 比例混合，得到"食人鱼"（piranha）刻蚀剂并刻蚀牺牲金属，形成含有氧化物的结构或复合结构，如图 8.12（a）所示。之后进行单步反应离子刻蚀（RIE）（通常是干氧化物刻蚀），以打开用于器件测试或引线键合的探测焊盘。这种无掩模刻蚀工艺在氧化层和金属层之间提供了良好的选择性，并在 2P4M 和 1P6M CMOS 平台中提供了接近 100% 的器件良率[35,36]。通过这种后处理获得的富含氧化物结构的 Q 值较高，因此获得了较低的品质因数退化[37-39]。富含氧化物的堆叠结构的体模式振动可以提供约为 15000 的 Q 值[40]。BEOL SiO_2 还提供被动温度补偿，从而进一步增强了宽热范围内的频率稳定性。通常采用金属刻蚀和 XeF_2 基底释放工艺获得属于 FEOL 工艺中的标准多晶硅层，并且该硅层也能够作为机械结构的一部分，如图 8.12（b）所示。该技术具有较好的效果，因为多晶硅驱动和传感区域能够完全接触耦合，避免了由热压阻谐振器（TPR）[41]中的较低结构电阻引起的馈通现象。此外，该技术能够获得较低的热容，提高了换能效率和灵敏度等[42]。

尽管 CMOS MEMS 金属去除工艺显示出优异的刻蚀选择性，并且能够通过简单的工艺步骤形成富含氧化物的结构，但由于电容换能器中较大的有效间隙，使得动态电阻（R_m）通常处于兆欧级别。为了解决这个问题，可以采用两步湿法释放工艺，通过在内部即谐振器与电极之间构建 180nm 的间隙，以实现强静电耦合[43]。如图 8.12（c）所示，从金属湿法刻蚀开始后加工，通过 H_2SO_4 和 H_2O_2 的混合液去除牺牲金属，对二氧化硅具有高刻蚀选择性[44,45]。然后添加四甲基氢氧化铵（TMAH）溶液释放 2P4M 平台中的牺牲多晶硅层（Poly2），从而获得 180nm 的气隙间距。最后，为了打开铝焊盘以进行引线键合和探测，采用正面 RIE 刻蚀 Si_3N_4 钝化层。

图 8.13（a）为通过金属去除工艺获得的可能不同排列的横截面图。随着有效间隙的减小，能够观察到电容动态电阻的减小。Poly2 刻蚀方法在金属和多晶硅之间产生了 297nm 的有效间隙，其所得结果的 R_m 值与传统金属刻蚀方法所得结果相比，缩小至 1/140，实现了单片过滤和时序构建[45,46]。通过在封闭金属区域下设计柱状钨排列，形成 190nm 的等效间

隙[47]，能够将动态电阻降至 1/6。图 8.13（b）得到了与预测结果的良好一致性，接触阵列方法能够提供比金属到多晶硅间隙方法更低的动态电阻。由于受到 CMOS 工艺的限制，实验和分析结果之间的微小差异来自接触阵列设计中实现的较小的换能面积。其中，图上的 SEM 图像显示了接触阵列和金属到多晶硅间隙方法的 FIB 视图。

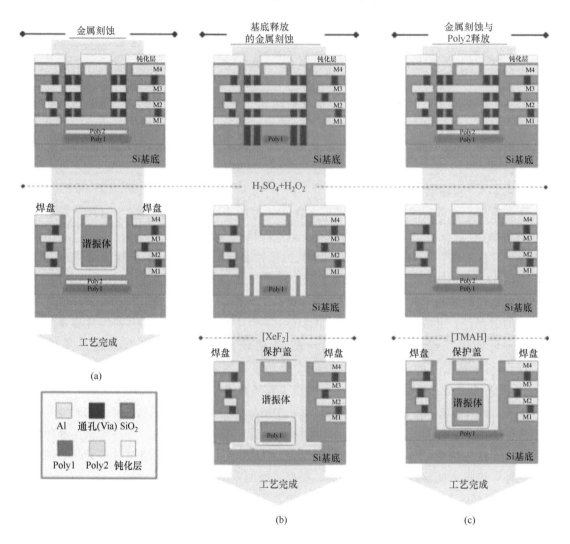

图 8.12　富氧化物器件的综合后处理流程。（a）普通金属刻蚀；
（b）Si 基底释放的改良金属刻蚀；（c）Poly2 释放的改良金属刻蚀
来源：Chen et al.[33]。© 2018，MYU K.K.

8.2.1.2　氧化物牺牲

氧化物去除释放工艺的实现方式有两种：一种是湿法刻蚀（基于液体的工艺）；另一种是干法刻蚀（基于等离子体）。在湿法刻蚀工艺中，通孔壁（钨）应置于器件边缘的两侧，形成富含金属的结构，以保护嵌入的氧化物。图 8.14 显示了氧化物去除释放工艺的制造流程，其中可以通过使用有效的 SiO_2 刻蚀剂 [如缓冲氧化物刻蚀（BHF/BOE）溶液、Silox Vapox Ⅲ 等] 刻蚀暴露的电介质，从而保留富含金属的结构。刻蚀剂对金属层、触点（钨）

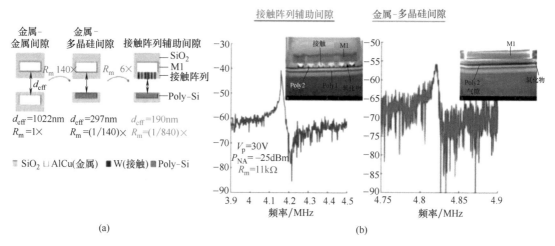

图 8.13 （a）有效间隙分别为 1μm、297nm 和 190nm 时对减小的电容动态电阻（R_m）的预测；（b）在基于 Poly2 释放工艺的不同间隙配置下测量的频率响应，表明通过接触阵列设计显著改善了 R_m

来源：Chen et al.[33]. © 2018，MYU K. K.

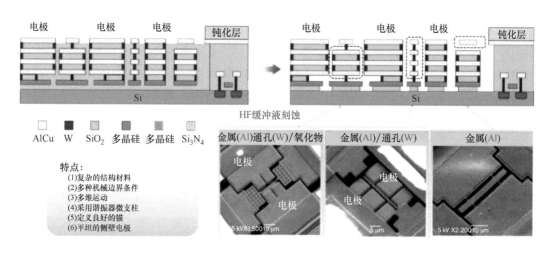

图 8.14 采用氧化物去除方法的标准 0.35μm 2P4M CMOS 技术实现的各种 COMOS MEMS 谐振器的后处理步骤

来源：Chen et al.[33]. © 2018，MYU K. K.

和通孔具有非常高的选择性。Lopez 等人[48] 采用专用的 0.35μm CMOS 平台证明了最小气隙为 40nm。虽然电介质湿法刻蚀工艺过程简单，但应仔细控制工艺的刻蚀时间，以防止咬边，避免器件良率下降。与电介质湿法刻蚀相比，各向异性氧化物干法刻蚀通过保留多晶硅而实现更多功能（即微型恒温器、热驱动和压阻传感）[49,50]。因此，可以在该制造平台中设计谐振器（包括面内和面外结构）并使用多种材料，例如金属含量较多或金属/氧化物复合材料，提供更好的换能器效率，等等，用于提高传感器和射频应用的设计灵活性[51,52]。上述过程都可以通过使用钝化层来保护晶体管电路来实现。在此工艺中，所得最小电极到谐振器的间隙（2P4M 为 $0.5\mu m$，1PM6 为 $0.28\mu m$）受 $0.35\mu m/0.18\mu m$ CMOS 技术节点的设计检查规则（DRC）和动态电阻的限制，并且由于机电耦合系数较低，使得谐振器的动态电阻为几兆欧。此外，由于采用铝作为高损耗声学材料，因此金属含量较多的谐振器品质因数 Q 是有限的[53]。通过选择金属释放工艺或采用复合材料的谐振器结构，可以较好地改善这种情况。

8.2.1.3 TiN 复合材料（TiN-C）

尽管氧化物含量较多时能够解决谐振应用中金属含量较多导致的大多数问题，如 Q 值和良率，但电介质充电问题仍然对电容式 MEMS 谐振器构成重大挑战。对于纯硅器件，依靠 SiO_2 的正 TC_E 值（弹性模量温度系数），能够有效地得到介电层的 TC_f 值（频率温度系数）[54]。

然而，在电容换能中，当施加直流偏压时，感应电荷会增加，并能够存在于介电层中。这将导致充电效应产生，影响静电弹簧常数（k_e）并导致谐振频率随时间漂移。这种充电问题会导致频率稳定性方面出现问题，特别是对于氧化物含量较多的谐振器，其几何形状受到标准 CMOS MEMS 平台的固定堆叠材料配置的限制[55]。因此，通过保留作为电极的 TiN 层并去除 AlCu 金属芯，设计了一种新的后 CMOS 制造工艺，即 TiN-C CMOS MEMS 平台[56]，有助于器件实现良好的机电耦合以及用于电容换能的电荷消除。

TiN-C 结构主要使用标准 $0.35\mu m$ CMOS 技术中采用的 BEOL 材料。图 8.15 给出了 CMOS 释放后的过程。根据 8.2.1.1 节中描述的过程，通过释放金属牺牲层来确定结构轮廓。接下来分别通过正面电介质和金属 RIE 工艺刻蚀掉暴露的氧化物和 TiN 材料。结束干法刻蚀工艺后，使用商业化铝刻蚀剂去除 CMOS 互连的 AlCu 金属芯，释放 MEMS 结构。最后，再次使用两步 RIE 工艺打开用于器件测试的探测焊盘区域。

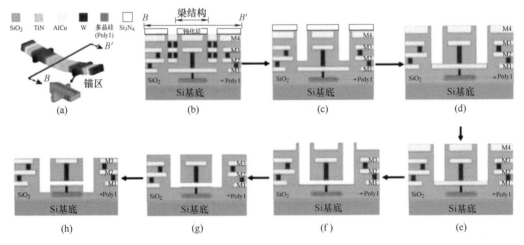

图 8.15　TiN-C CMOS MEMS 平台的完整后道工艺。(a) 器件几何形状；(b) 未释放的 CMOS MEMS 芯片；(c) 用于结构定义的金属湿法刻蚀工艺；(d)、(e) 用于去除暴露的氧化物和 TiN 层的干法释放工艺；(f) 铝刻蚀剂释放的结构；(g)、(h) 两步 RIE 工艺的探测焊盘开口

来源：Chen et al.[33]. © 2018, MYU K.K.

图 8.16 显示了 TiN-C 两端自由梁（free-free beam，FFB）谐振器的 SEM 图像，该结构具有 400nm 的换能间隙，其中鳍片结构的氧化物为多端口操作提供电气隔离能力。通过

记录前30min的频谱，研究充电对电容换能器谐振行为的影响。观察到TiN-C FFB谐振器没有明显的漂移。由于间隙电荷引起的内置电压，富氧化物双端音叉（DETF）谐振器显示出超过2000ppm的频偏[57]。与具有较高负值和正值的TC_f的金属含量较多的FFB[25]和氧化物含量较多的Lamé模式谐振器[37]不同，TiN-C FFB谐振器实现了最低的TC_f。尽管BEOL材料选择和对其物理特性的控制存在限制，但这种集成声学、机械和电气领域的后处理平台为未来可穿戴/物联网电子产品中的信号处理器提供了基于单芯片MEMS的解决方案。

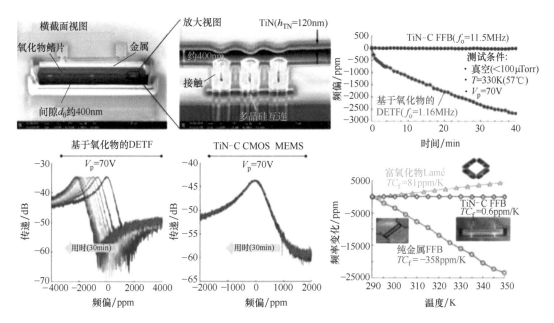

图8.16 传统富含氧化物和TiN-C谐振器的频率漂移随时间的测量结果
来源：Chen et al.[33]. © 2018, MYU K.K.

8.2.2 基底工艺模块

另一种释放器件的方法是刻蚀硅基底，释放用于大型器件的结构，例如加速度计、麦克风和压力传感器。本节详细介绍了基底上的三种微加工方法，包括干湿法各向同性和各向异性硅刻蚀。

8.2.2.1 SF_6和XeF_2（干法各向同性）

当刻蚀剂为气相时，刻蚀过程可称为"干法"。刻蚀可以是各向同性的或各向异性的。干法各向同性刻蚀既不取决于离子轰击的方向，也不受基底材料的取向影响。干法各向同性刻蚀是基于诸如SF_6气体的等离子体，或通过非等离子体XeF_2气体，分解产生的氟自由基所得的。这些刻蚀是在未钝化或未覆盖的区域中进行的[58]。

使用XeF_2对硅进行各向同性干法刻蚀。这种气相刻蚀工艺能够制造大型咬边结构并有着优异的刻蚀选择性，能够使用各种刻蚀掩模，如铝、光刻胶、二氧化硅和氮化硅等材料。然而，该工艺往往会获得粗糙度较大的硅表面。由于该工艺为气相刻蚀，需要将释放结构和基底之间的静摩擦力最小化。XeF_2的硅刻蚀速率很大程度上取决于暴露于刻蚀剂中的硅的表面积，一般约为1μm/min。各向同性 XeF₂ 刻蚀，连同金属牺牲湿法刻蚀，或氧化物牺牲刻蚀可用于在 CMOS 平台上实现各种 MEMS 换能器的制备[59,60]。使用 XeF₂ 的刻蚀工艺存在安全隐患，由于该过程会产生副产品——SiF₄，因此应保证工艺过程的安全，人体吸入过多的 XeF₂ 或 SiF₄ 会导致呼吸道化学灼伤。

8.2.2.2 KOH 和 TMAH（湿法各向异性）

最常见的硅基底剥离技术是各向异性湿法刻蚀，可用于制造膜和梁结构。由于晶体固有的各向异性，湿刻蚀剂沿不同的晶体方向以不同的刻蚀速率刻蚀体硅基底。当到达（111）硅平面或二氧化硅（或氮化硅）层时，湿法各向异性硅刻蚀剂的刻蚀停止，表现为刻蚀速率降低至少一到两个数量级。只有使用稳定的刻蚀停止技术才能产生可重复的刻蚀结果。最常见的各向异性硅刻蚀剂为氢氧化钾（KOH）溶液，通常用于制造膜结构，例如压力传感器。采用氮化硅薄膜作为刻蚀掩模，因为二氧化硅在 KOH 溶液中有很高的刻蚀速率（浓度为 6mol/L 的 KOH 溶液中的热氧化物约 1μm/h[22]）。KOH 溶液相对便宜且非常稳定，能够获得重复性较好的刻蚀结果。如果在 KOH 刻蚀工艺期间，刻蚀到 CMOS 基底中高度掺杂的 p 型区域，则硅刻蚀速率会大大降低。KOH 溶液的主要缺点之一为能够刻蚀 SiO₂ 和 Al 区域，因此需要对电路进行保护。KOH 刻蚀是从晶圆背面进行的，而机械保护膜保护着晶圆的正面[61]。可供选择的替代刻蚀剂是基于氢氧化铵的化合物，例如四甲基氢氧化铵（TMAH）。可以通过调节 pH 值来降低铝金属化刻蚀速率[62]，使得 TMAH 成为从 CMOS 基底前部释放微结构的候选刻蚀剂之一[45,46,63]。使用 TMAH 的刻蚀速率在高硼掺杂区域（$N_A \geq 10^{19} cm^{-3}$）中会降低。也可在 pn 结的交界处采用电化学刻蚀停止（ECE）技术，实现停止刻蚀[64]。这种刻蚀停止技术通常用于制造硅膜以及 n 阱结构。

8.2.2.3 RIE 和 DRIE（正面 RIE、背面 DRIE）

深反应离子刻蚀（DRIE）是用于干法刻蚀工艺的重要步骤之一，能够用于制备极高深宽比的微结构。DRIE 工艺依赖于使用高密度等离子体源的刻蚀以及聚合物涂层侧壁保护步骤的交替工艺。在 Bosch 工艺中，氩气和三氟甲烷的混合物用于聚合物沉积。光刻胶和二氧化硅层可用作刻蚀掩模。与简单的湿法刻蚀步骤相比，DRIE 工艺非常昂贵，并且一次只能处理一个晶圆。但它可以提供非常高的各向异性，并且与晶体的取向无关。DRIE 或两种方法的组合（RIE 和 DRIE），可以在基底的背面、正面或基底的两侧进行，为制造 CMOS MEMS 器件提供了可能性[59,60]。通过在 BEOL CMOS 薄膜结构材料上进行正面 RIE，已经研发并商业化得到不同类型的 MEMS 器件。

MEMS 结构可以通过一系列工艺来释放和定义，包括 SiO₂ 的各向同性刻蚀，硅的 DRIE 工艺以及各向异性的硅刻蚀咬边[18]。顶部金属层用作硬掩模，形成 MEMS 结构，并且还为相关的 CMOS 电路提供保护。由电介质和金属制成的多层 CMOS 堆叠结构，可以形成质量块和机械弹簧，应用于通过薄膜技术制造的惯性传感器。梳齿结构用于探测侧壁电容的变化。可以使用嵌入在 FEOL 和 BEOL 中层状结构的布线，建立机械结构内部的电气连接，从而获得不同的传感方法。薄膜 CMOS 层堆叠产生的残余应力，会导致悬挂的 MEMS 结构发生较大的垂直卷曲和横向屈曲，这对优化器件性能和制造造成了一定的干扰。虽然对于像 RF MEMS 和热传感器等具有较小外形的设备，可以忽略结构卷曲带来的影响，但是对于大尺寸的惯性传感器等器件，卷曲会产生严重的影响，需要额外的补偿技术[17]。此外，由于在制造过程中需要刻蚀孔，因此器件的尺寸和质量受到限制。为了增加质量和稳定性，并克服 MEMS 结构的结构卷曲，可以在 CMOS BEOL 材料堆叠下方使用单晶硅（SCS）。Xie 等人[18] 采用图解说明的方法，描述了在 $0.35\mu m$ CMOS 平台中采用 DRIE 直接从硅基底形成的 SCS 结构的工艺流程。在 CMOS MEMS 技术中采用 DRIE 有利于制造相对较大的 MEMS 器件，例如微镜[65]。该技术还被用于证实具有低噪声源的 CMOS MEMS 陀螺仪[50]。为了获得更高的信噪比（SNR），SCS 连接在 CMOS 堆叠梳齿结构下方，这有助于增加电容式传感器的传感电容。添加硅背面 DRIE 工艺，以定义在设计中的硅结构厚度。因此，为了定义 MEMS 微结构区域，需要在晶圆背面附加光刻步骤。

8.3 2P4M CMOS 平台（$0.35\mu m$）

通过采用 8.2 节中描述的不同后 CMOS 工艺模块，$0.35\mu m$ CMOS 平台可用于实现不同的 MEMS 结构。8.2 节同样概述了 CMOS 平台的结构。该技术节点由不同的 CMOS BEOL 和 FEOL 材料组成，其中包括两个多晶硅层和四个金属层，用于实现不同的 MEMS 器件。本节介绍了一些传感器和器件，如谐振器、加速度计和压力传感器，以展示 8.2 节中不同的后 CMOS 工艺模块的集成，以及在标准 2P4M CMOS 平台准备的晶圆上实现 MEMS 器件。

8.3.1 加速度计

加速度计中最重要的参数是灵敏度，能够通过增加加速度计的质量块来优化灵敏度[29,66]，也可以通过增加感应金属电极的数量和重叠梳状电极的面积来提高加速度计的灵敏度。图 8.17 显示了在 TSMC $0.35\mu m$ 2P4M 工艺中实现面内和面外间隙结构的方法。面内和面外特征对于实现加速度计的三轴灵敏度是必要的。

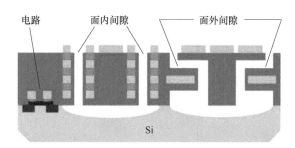

图 8.17 使用 TSMC $0.35\mu m$ 2P4M 代工工艺实现的面内和面外间隙闭合电容式加速度计横截面图，使用金属湿法刻蚀释放基底

来源：Tsai et al.[29]. © 2009, IOP Publishing

牺牲金属后 CMOS 刻蚀和硅基底释放技术被用于释放此结构，如图 8.18 所示的制造流程。该流程包括金属湿法刻蚀及 RIE 去除钝化层。采用 XeF_2 各向同性刻蚀 Si 基底以释放结构。该工艺的优势在于，CMOS MEMS 加速度计的总厚度可以达到 $7\mu m$，从而增加了质量。使用各向异性干法刻蚀无法实现用于面外结构的金属钻蚀。通过该工艺可以获得具有亚微米间隙的传感电极，并且干法刻蚀没有金属硬掩模，降低了寄生电容。图 8.9 显示了设计

的三轴加速度计的 SEM 图像。该器件提供的灵敏度分别为 11.5mV/g（面内，x 轴）和 7.8mV/g（面外，z 轴）。

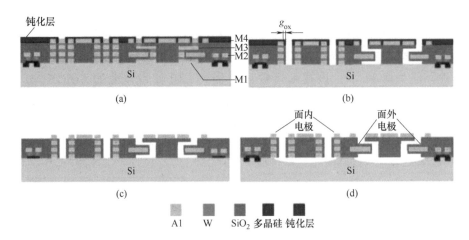

图 8.18 加速度计制造流程。(a) 从 TSMC 代工厂获得的 CMOS 芯片；(b) 牺牲金属刻蚀；
(c) 使用 RIE 去除钝化层；(d) 用于 Si 基底释放的 XeF_2 各向同性刻蚀

来源：Tsai et al.[29]. © 2009，IOP Publishing

8.3.2 压力传感器

采用双侧制造工艺可在 CMOS 0.35μm 工艺中得到压力传感器。如图 8.19 所示，它包含一个承受压力的可变形隔膜。通过背面后处理实现悬空结构，而传感电极是由嵌入介电薄膜的金属形成的。悬空结构也会对施加的压力作出反应，称为参考电极。采用间隙的变化来传感隔膜两侧的压力，并且对应于两个传感电极之间发生的电容变化。传感电极上存在氧化物电介质可防止传感电极短路。采用不同的金属可以获得不同的压力灵敏度，以获得不同的隔膜厚度和传感间隙，如图 8.19（c）所示。

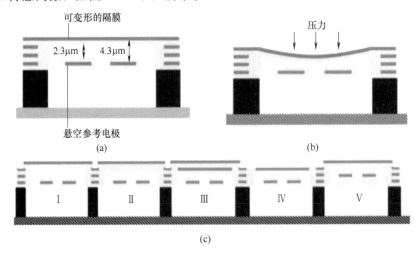

图 8.19 CMOS MEMS 0.35μm 的压力传感器的 SEM 横截面图。(a) 未施加压力；
(b) 于隔膜上施加压力；(c) 通过改变隔膜厚度实现不同压力范围

来源：Sun et al[28]. © 2009，IOP Publishing

压力传感器制造流程如图 8.20 所示。该过程从背面 DRIE 开始,以在后期释放结构。剥离的图案化的铝作为 DRIE 获得孔的掩模,如图 8.20(b)所示。金属层释放过程如下,采用 $H_2SO_4 + H_2O_2$ 的溶液从背面刻蚀铝和钨通孔的牺牲层,并形成金属嵌入电极结构,如图 8.20(c)所示。采用 RIE 去除正面钝化层,结合 Pyrex 7740 玻璃密封背面。图 8.21 显示了制造的压力传感器的 SEM 图像。测量结果证明器件灵敏度范围为 0.14～7.87mV/kPa[28]。

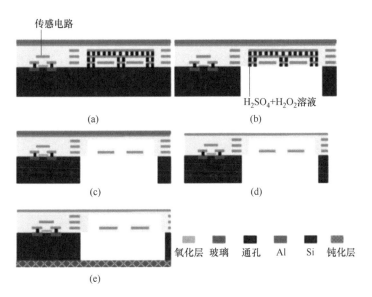

图 8.20 压力传感器制造流程。(a) TSMC 制作的 CMOS 芯片;(b) DRIE 背面刻蚀;
(c) 使用过氧化氢和硫酸的混合物进行金属的刻蚀;(d) 通过 RIE 去除钝化层;
(e) 使用 Pyrex 7740 对背面进行密封
来源:Sun et al[28]. © 2009,IOP Publishing

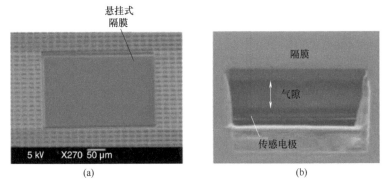

图 8.21 SEM 图像。(a) 制造的压力传感器;(b) 隔膜、传感电极和气隙的 FIB 切割图像
来源:Sun et al.[28]. © 2009,IOP Publishing

8.3.3 谐振器

使用 CMOS MEMS 实现的谐振器具有很多优点,包括减小外形尺寸、提高性能、降低

寄生杂散电容的电路集成以及增加设计矩阵以适应不同应用的面内和面外设计，例如振荡器和滤波器。虽然 CMOS 工艺中的谐振器可以通过不同的后 CMOS 工艺来实现，但存在一些缺点，这导致设计人员转向 TiN-C 工艺[34,67]。如图 8.22 所示为通过不同的后处理工艺，设计人员获得了不同的谐振器[34]。

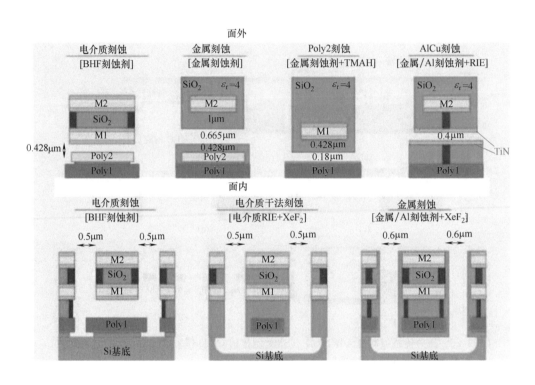

图 8.22　CMOS MEMS 0.35μm 谐振器的不同截面图，显示了不同的后 CMOS 工艺
来源：Chen et al.[34]。© 2019，IEEE

可以通过金属刻蚀技术将谐振器结构和 XeF_2 释放基底技术相结合，使得金属含量较多结构品质因数低的问题得到有效解决。但面临的主要挑战是两个间隙之间存在的介电材料，并因此使谐振器受到充电效应的影响，从而导致有害的频率漂移。该工艺还需要改进动态电阻，该问题通过使用更小的技术节点或包含更小的换能间隙的 TiN-C 工艺进一步减小间隙来实现。由于难以控制刻蚀时间，因此通过电介质刻蚀获得的谐振器结构成品率低。尽管使用电介质干法刻蚀可以解决该问题，但使用干法刻蚀会在侧壁引入多余的沉积。正如之前所解释的，使用 TiN 复合材料可以解决充电效应产生的问题，并且可以通过该工艺获得较小间隙。图 8.23 为描述的另一种 TiN 工艺，可用于实现设计人员需要保留底部两个多晶硅作为机械结构的一部分。与 8.2 节中解释的 TiN 复合工艺相比，主要变化是在 RIE 的前两步之后通过 XeF_2 气相硅基底刻蚀释放结构，如图 8.23 所示。在此过程中需要注意，换能器的底部应大于其顶部，以在前两步 RIE 过程中暴露金属 1 中的牺牲 AlCu。如图 8.24 所示为内部带有底层多晶硅层的 TiN-C 谐振器的 SEM 图像。借助各向同性 XeF_2 刻蚀工艺的可控释放时间，谐振器电路集成可以非常紧凑。

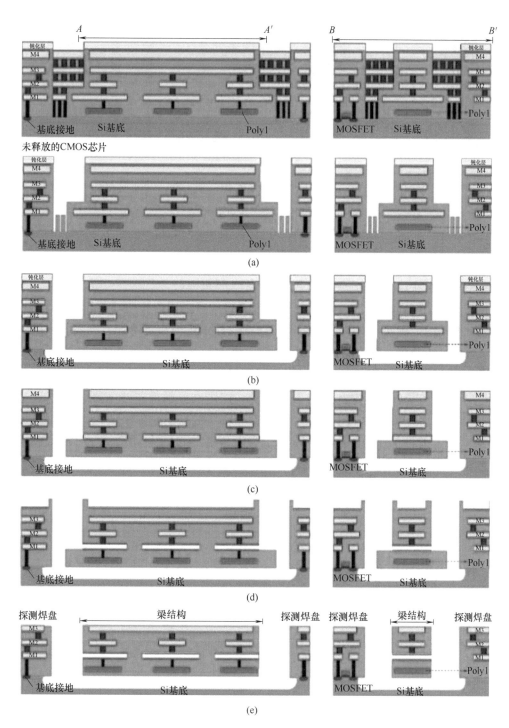

图 8.23 使用 XeF$_2$ 各向同性基底刻蚀的 TiN-C 工艺的制造流程。(a) 用 H$_2$SO$_4$ + H$_2$O$_2$ 湿法刻蚀去除金属；(b) 通过 XeF$_2$ 干法刻蚀去除结构；(c) 干法刻蚀去除 SiO$_2$ 和 TiN（M4 作为硬掩模）；(d) 用 Al 刻蚀剂湿法刻蚀；(e) 干法刻蚀去除氧化物和 TiN（M3 作为硬掩模/焊盘）

来源：Chen et al.[34]. © 2019，IEEE

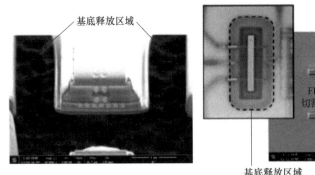
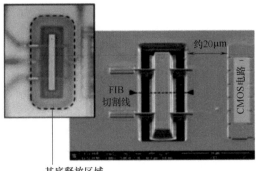

图 8.24　采用 TiN-C 工艺和 XeF_2 各向同性基底刻蚀制造的谐振器 SEM 图像
来源：Chen et al.[34]．© 2019，IEEE

8.3.4　其他

通过不同的设计，使用相同的 0.35μm CMOS 和相同的工艺流程，可以制备触觉传感器[68] 和红外（IR）传感器[69]。通过该技术能够将许多不同的传感器集成在同一芯片上，从而设计一个系统，例如，可以在智能 TPMS 的设计中集成加速度计、压力传感器和温度传感器。该器件可监测车轮的轮胎压力和温度，并与加速度计一起检测作用在车轮上触发 TPMS 的离心力[28]。由两层多晶硅组成的 CMOS MEMS 工艺，可用于设计 TPR 振荡器作为质量传感器。原因在于周围环境中的高损耗，使用电容换能很难实现。CMOS MEMS 0.35μm[42,70,71] 谐振器中的 TPR 设计可以在高品质因数、换能效率和质量灵敏度方面提供与 SOI MEMS 同类产品相当的性能[72,73]。它通过使用 Poly1 作为热驱动和 Poly2 作为压阻传感器，具有隔离电阻馈通的优势。此类谐振器的动态跨导（g_m）为 16.96 μS，与 SOI 同类产品的数百微西门子（μS）相当。一些 CMOS-TPR 设计可以实现超过 10000 的品质因数[71]。

8.4　1P6M CMOS 平台（0.18μm）

本节介绍基于 1P6M CMOS 技术的触觉传感器、IR 传感器和谐振器的操作概念和制造原理，其中使用了 8.2 节中提到的工艺模块。此外，非 CMOS 材料，如钢珠，也可以通过后 CMOS 工艺组装集成到传感器中，用于进一步增强传感器的功能。

8.4.1　触觉传感器

触觉传感器用于感应触摸、力或压力[74]，能够用于多个领域，例如机器人领域（手指传感）、医疗（人体体重/血压测量）[75] 和消费电子产品（移动电话）。使用当前的 MEMS 技术和标准 CMOS 工艺，可以通过使器件变小来进一步提升性能和扩展应用范围。多种传感机制都可用于触觉传感，如电容式[76,77]、压阻式和压电式[78,79]。然而，压电式存在一定的响应问题和极化场效应问题。因此，常见的是压阻式和电容式传感机制。触觉传感器中，需要优化的主要参数是灵敏度和传感范围。众所周知，电容式传感具有高灵敏度，但感应范围较小；而压阻式传感具有较宽的感应范围，但不提供高灵敏度。通常，触觉传感器仅用于检测小负载，因其传感范围主要受机械结构刚度的影响，而机械结构的刚度通常取决于CMOS工艺中可用的薄膜厚度。已经有学者报道了各种方法来提高触觉传感器的传感范围，如聚合物填充[76,77]和电流变（ER）液填充[80]。但这再次对提高灵敏度和宽传感范围提出了挑战。因此，为了同时实现灵敏度和宽传感范围，可以使用集成的电容和压阻传感[81]。电容和敏感环境变化中的寄生电容，以及压阻的复杂制造，仍然是主要挑战。此外，受电容和压阻工艺影响，导致的热膨胀系数（CTE）失配或薄膜残余应力产生的残余应力，会导致传感的机械悬浮结构变形甚至损坏。因此，电感式传感是最近的关注热点[82-85]。

使用电感线圈传感的最新设计，包括一个铬钢球作为检测界面，称为触觉凸起。额外的聚合物层（可变形）沉积在传感芯片上，以便通过调整其厚度，调整刚度，从而调整传感范围[83]。

如图 8.25 所示，平面螺旋 CMOS 感应线圈有一个由聚合物填充的腔。使用聚合物封装，在传感芯片上集成了一个铬钢球（充当弹簧和传感接口）。通过在感应线圈上施加交流信号来引入磁通量。当触觉力施加在触觉凸块上时，聚合物会变形，从而改变线圈和铬钢球之间的距离。这种感应磁通量会改变感应线圈的电感，以检测施加的触觉力。

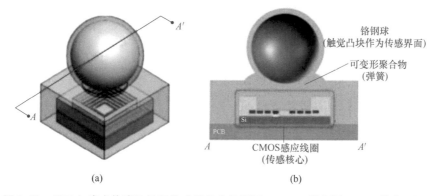

图 8.25 基于电感式传感的触觉传感器的多组视图。(a) 三维视图；(b) 横截面视图
来源：Yeh et al.[83]. (Courtesy of Prof. Weileun Fang)

CMOS 工艺通过提供小尺寸、低功耗、电路集成能力以及执行后工艺以实现各种优点的灵活性，为制造触觉传感器提供了一个广阔的平台。如图 8.26 Ⅰ(a) 所示，TSMC 公司使用 $0.18\mu m$ 1P6M 标准工艺完成了堆叠和图案化；为在线圈上产生空腔，采用 H_2SO_4 和 H_2O_2 湿法刻蚀去除金属牺牲层，如图 8.26 Ⅰ(b) 所示；在金属湿法刻蚀过程中，电介质保护感应线圈和电气布线；图 8.26 Ⅰ(c) 为采用 RIE 打开焊盘；随后如图 8.26 Ⅰ(d) 所示进行电气连接；图 8.26 Ⅰ(e) 是使用另一个丙烯酸模具实施聚合物模具后的传感芯片封装；图 8.26 Ⅰ(g) 描述了使用定位平台和真空头将铬钢球放置在封装聚合物上；最后，铬钢球被一层薄薄的聚合物密封。图 8.26 Ⅱ(a) 为金属牺牲刻蚀后的 CMOS 传感芯片；图 8.26 Ⅱ(b) 展示了传感芯片与铬钢球的集成；图 8.26 Ⅱ(c) 为聚合物涂层传感芯片，其 PCB 顶部有铬钢球以及用于无线传感的读取线圈；图 8.26 Ⅱ(d) 是感应线圈的俯视图；嵌入的图显示了图 8.26 Ⅱ(e) 和Ⅱ(f) 中描绘的球和线圈之间的尺寸差异，最后展示了铬钢球的 SEM 图片。

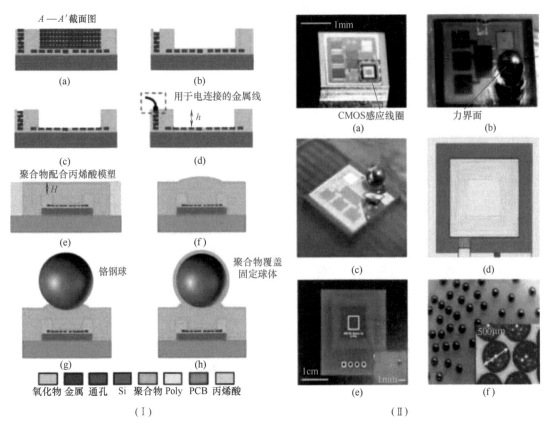

图 8.26 （Ⅰ）装置的制作过程；（Ⅱ）器件图片
来源：Yeh and Fang[68]. (Courtesy of Prof. Weileun Fang)

8.4.2 红外传感器

红外传感器由于能够检测红外/不可见波，因此被广泛用于各种商业、工业和军事领域，以检测人类行为、夜视（例如用于驾驶辅助）、家庭安全监控、非接触式温度测量[86,87]等。一般来说，使用光子和热探测器是一种可以完成红外传感的方法[88]。与光子（量子）探测器不同，热探测器可以在室温下使用，从而避免使用额外的冷却系统[89]。此外，要分析微传感器或微电子器件的可靠性和性能，对其热特性的表征也很重要。因此，红外传感通常使用热探测器完成。红外传感的热检测主要使用三种传感机制完成：①辐射热计；②热释电；③热电[90-92]。为了获得无噪声和低功耗的优势，选择了热电效应。该效应利用塞贝克效应工作，将传感器的温差转换为电输出电压。

为了获得更小的尺寸和更高的响应度，热电传感器主要考虑因素是实现良好的热流路径并在冷热区域之间获得更大的温差。为了提高热电红外传感器的性能，有学者报道了各种结构和方式，包括螺旋热电偶[93]、独立结构[94]、金属黑薄膜[95]、多层堆叠[96]、蛇形热电堆[69]等。最近有学者提出了一种伞形结构和蛇形换能器（带有嵌入式热电偶），以实现高响应度，同时保持相同的器件占用空间[97]。为了获得上述配置，使用了 TSMC 0.18μm 1P6M 标准 CMOS 工艺。电气布线的灵活性、机械材料和牺牲材料的选择以及在 CMOS 工艺中使用多层堆叠，为改进热电偶结构设计提供了很多方便，提高了热电红外传感器的性能。例如，由于塞贝克系数高，选择多晶硅作为热电偶材料可提供更好的性能。图 8.27 为整体传感器设计，带有嵌入式热电偶的蛇形热电堆通过使用柱状的伞形吸热器进行屏蔽。入射红外辐射在伞形吸收器上产生的热量，通过柱传递到热电偶，从而增加其温度。使得在冷端和热端之间产生更大的温差（ΔT）。在蛇形热电偶上打孔，以形成气隙为 $3.2\mu m$ 的热隔离。由于伞形吸收器中没有孔，吸收面积增加了 12%，因此响应度进一步提高，通过减小传感器尺寸可以获得更高的响应度。

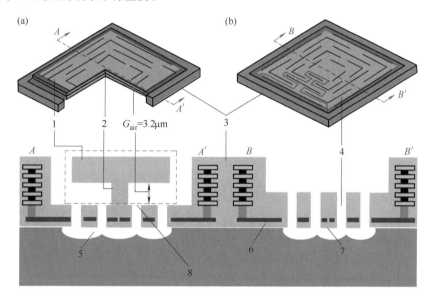

图 8.27 （a）拟采用伞形设计的 IR 传感器；（b）不带屏蔽板吸收器的参考设计
来源：Shen et al.[97]. © 2019，IOP Publishing
1—屏蔽板；2—支柱；3—散热装置；4—释放孔；5—保温空腔；6—冷接点；7—热接点；8—伞形吸收器

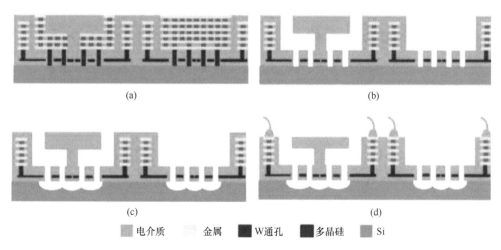

图 8.28 红外传感器的后 CMOS 制造工艺步骤。（a）切片；（b）金属湿法刻蚀；
（c）XeF_2 释放结构；（d）RIE 焊盘开口和引线键合
来源：Shen et al.[97]. © 2019，IOP Publishing

整个过程如图 8.28 所示。如上所述，堆叠结构和图案化是由 TSMC 公司完成的，随后进行制造工艺，实现图案化处理和结构的释放。为了定义蛇形结构和伞形吸收器，首先使用食人鱼刻蚀溶液（$H_2SO_4 + H_2O_2$）去除金属层。随后为定义热隔离，嵌入热电偶的蛇形结构，并通过使用 XeF_2 的干硅体刻蚀使其悬空。最后，采用 RIE 工艺，打开用于引线键合的键合焊盘。

使用 $0.18\mu m$ 1P6M 工艺有利于 IR 传感器的设计，其优值由下式定义：

$$Z = \frac{\alpha^2}{\rho\kappa}T \tag{8.1}$$

其中，α 是传感器材料的塞贝克系数；ρ 是电阻率；T 是温度；κ 是热导率，可以通过从可用的 CMOS 薄膜（金属、电介质、多晶硅和钨）中选择具有更高 α 的材料进行优化。通过调整 Si 层的掺杂，还可以提高半导体的塞贝克系数。制造后的最终 SEM 照片如图 8.29 所示。

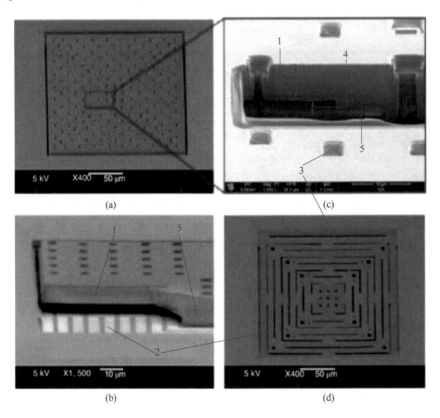

图 8.29　红外传感器的 SEM 图。(a)、(b) 伞形吸收器的设计过程；
(c) 横截面的 FIB 图；(d) 蛇形热电堆
来源：Shen et al.[97]．© 2019，IOP Publishing
1—吸收器；2—蛇形热电偶；3—释放孔；4—间隙；5—支柱

8.4.3　谐振器

得益于 MEMS 技术，能够制造小尺寸和低成本的谐振器，并将其用于时序参考器件和振荡器中的各种应用[98,99]。CMOS MEMS 的使用提供了一种将 MEMS 与电路集成的方法,进一步促进了用于无线收发器的系统的小型化。谐振器主要由两个关键参数来表征其性能:动态电阻 R_m 和品质因数 Q。能够看到,许多谐振器是使用 CMOS $0.35\mu m$ 工艺制造的[25,100]。但是在 $0.35\mu m$ 工艺中,由于氧化物刻蚀[25,101,102] 所导致较大的间隙和不足的换能(transduction)面积,将会获得较差的 R_m 和较低的 Q。为获得较大的换能面积以及较小的电极与谐振器间距,谐振器的制造工艺从 CMOS $0.35\mu m$ 工艺换到 $0.18\mu m$ 工艺。在 CMOS $0.18\mu m$ 1P6M 工艺中,嵌入金属电极的氧化物结构,可以进一步用于提高 Q 因数和谐振器中的温度补偿。此外为抑制馈通,利用 $0.18\mu m$ CMOS 平台提供的灵活电气布线,实现了全差分配置。

为了提高谐振器的性能,除了工艺上的优势外,谐振器的结构设计也起着重要的作用。据报道,垂直 DETF(双端音叉)氧化物谐振器具有更高的换能面积以最小化锚损耗,其 Q 在 10.4MHz 下大于 4800,阻带抑制超过 20dB[36]。如图 8.30 所示,DETF 氧化物谐振器嵌入金属电极,显示了内部电气布线。Poly 和 M6(金属层 6)电极作为差分驱动端口,而 M2 和 M4 作为差分传感端口。M1、M3 和 M5 作为释放过程中的牺牲层。通过向嵌入式电极施加直流偏置电压来激发异相模式,从而产生静电力。由于在 M4-M6 和 Poly-M2 之间生成了两个时变电容器,输出端会生成两个极性相反的运动电流,将其加在一起可提供增强的运动感应信号。由于支架处的独特机械设计(细长梁),该 DETF 谐振器还抑制了面内模式。

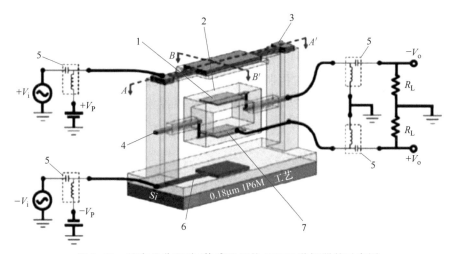

图 8.30 具有差分驱动/传感配置的 DETF 谐振器的示意图

来源:Chen et al.[36]。© 2012,IEEE

1—M4 输出电极;2—DETF 氧化物谐振器;3—M6 输入电极;4—M3 路由;5—Bias-Tee(偏置器);6—Poly 输入电极;7—M6 输出电极

图 8.31 Ⅰ(a) 中的芯片采用 TSMC $0.18\mu m$ CMOS 平台制造;如图 8.31 Ⅰ(b) 所示,为了获得 $0.53\mu m$ 的气隙间距,采用湿刻蚀剂(KOH 和 TMAH)去除金属牺牲层;如图 8.31 Ⅰ(c) 所示,采用 RIE 进行焊盘开口。完整谐振器的全局 SEM 图如图 8.31 Ⅱ(a) 所示;图 8.31 Ⅱ(b) 展示了 FIB 切割后的横截面图;图 8.31 Ⅱ(c) 为嵌入金属电极的气隙的放大图像;图 8.31 Ⅱ(d) 是独特的支撑梁放大图像。

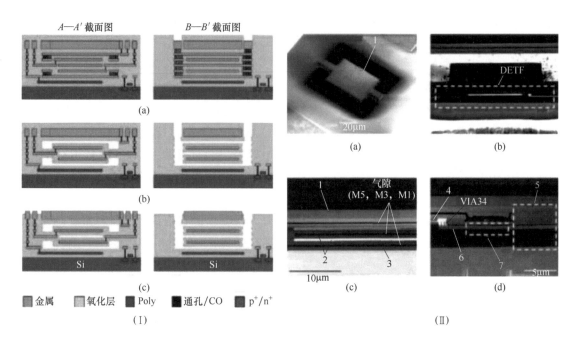

图 8.31 （Ⅰ）DETF 的制造工艺流程；（Ⅱ）全局 SEM 和 FIB 切割图像
来源：Chen et al.[36]. © 2012, IEEE
1—M6 顶电极；2—M4、M2 嵌入电极；3—Poly 底电极；4—M4 嵌入电极；
5—锚；6—M3 嵌入电极；7—支撑

有学者[102]报道了采用 TSMC 0.18μm CMOS 平台制造的谐振器的另一个例子，该案例采用由金属/氧化物复合结构制成的 FFB，以降低 R_m（15.3 MHz 时为 880kΩ）并增加 Q。图 8.32（a）显示了谐振器的设计及其模拟模式形状，图 8.32（b）为制造过程。

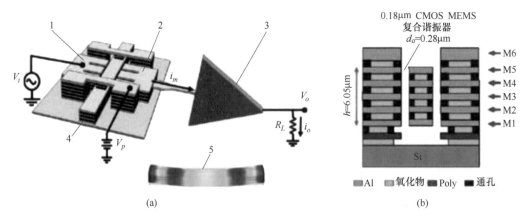

图 8.32 （a）两端自由梁设计示意图；（b）使用 0.18 μm CMOS 工艺的谐振器截面图
来源：Li et al.[102]. © 2012, IEEE
1—驱动电极；2—传感电极；3—跨阻放大器；4—M1～M4 金属/二氧化硅堆叠；
5—两端自由梁模式形状

使用 TSMC 公司 0.18μm CMOS 工艺从代工厂获得芯片后，使用高选择性氧化物刻蚀剂 Silox Vapox Ⅲ 释放谐振器结构，以定义 0.28μm 的间隙间距。如图 8.33（a）所示为通过后 CMOS 工艺制备的各种类型谐振器。图 8.33（b）为采用 0.18μm 1P6M CMOS 工艺实现的 FFB 和音叉的 FIB 横截面图和 SEM 图。

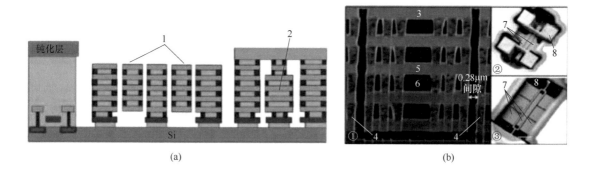

图 8.33 （a）后 CMOS 工艺后的截面图；(b) 谐振器的 FIB 和 SEM 图
来源：Li et al.[102]. © 2012, IEEE
1—音叉；2—两端自由梁；3—谐振器结构；4—环绕电极；5—金属；6—氧化物；7—电极；8—锚

8.4.4 其他

许多其他类型的传感器是使用 0.18μm CMOS 工艺制造的。例如，有学者[103] 报道了使用蛇形弹簧的单轴和三轴加速度计测量导航和运动检测的重力加速度。单轴和三轴加速度计的设计原理分别见图 8.34（a）和 (b)。制作过程如图 8.35 所示。在标准 0.18μm CMOS 工艺完成后，会沉积额外的金属层（ME7）[图 8.35（a）]。随后，仅在电路区域上图案化钝化层 [图 8.35（b）]，该层用作抗刻蚀掩模。随后进行氧化物干法刻蚀（各向异性）以去除未受保护的区域 [图 8.35（c）]，最后进行各向同性硅干法刻蚀以最终释放微结构 [图 8.35（d）]。

使用 0.18μm CMOS 工艺制造传感器的另一个示例是压力传感器[104]。压力传感器能够用于汽车、生物医学和航空航天的许多应用领域。最常见的是电容式压力传感器。通过可变分离，能够测量两个电极之间由于移动的膜而产生的电容。压力传感器的横截面如图 8.36（a）所示。悬浮膜以及可移动电极是使用 M4 和 M5 金属层、三个金属间电介质（IMD3、IMD4 和 IMD5）以及连接 M4 和 M5 的通孔形成的。M2 形成由 IMD2 保护的固定电极。M3 用作牺牲层以产生间隙。采用 TSMC 0.18μm CMOS 工艺对芯片进行图案化后，除感应区外的所有区域都被氧化层覆盖并被图案化 [图 8.36（b）]。随后采用食人鱼刻蚀剂刻蚀牺牲层 [图 8.36（c）]。需要注意的是，在牺牲金属刻蚀过程中，电连接或顶部和底部电极都受到氧化层的保护。接着沉积低应力氧化物以密封刻蚀孔，最后进行 RIE 以打开焊盘 [图 8.36（d）]。表 8.1 总结了使用 2P4M 和 1P6M CMOS MEMS 平台制造的各种传感器的独特特性和参数。

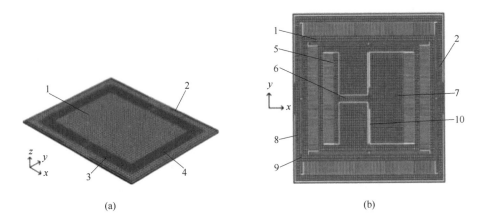

图 8.34 （a）单轴加速度计设计图；（b）三轴加速度计顶视图
来源：Liu and Wen[103]. CC BY 4.0
1—质量块；2—卷曲匹配框；3—弹簧；4—感应指；5—区域Ⅰ；6—区域Ⅱ；7—区域Ⅲ；8—x 轴弹簧；
9—y 轴弹簧；10—z 轴弹簧

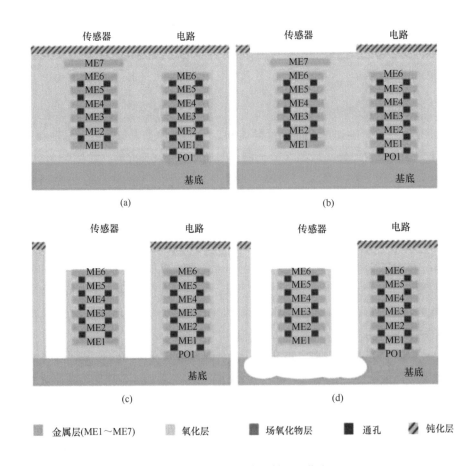

图 8.35 三轴加速度计的制造工艺流程
来源：Liu and Wen[103]. CC BY 4.0

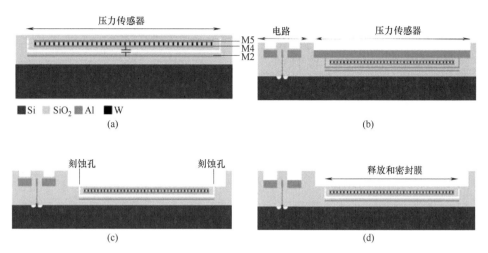

图 8.36 使用 CMOS MEMS 工艺的压力传感器及其完整制造工艺流程的横截面图

来源：Narducci et al.[104]. © 2013，IOP Publishing

8.5 带有附加材料的 CMOS MEMS

标准 CMOS 工艺中使用的材料包括 SCS（单晶硅）、多晶硅、硅基电介质（SiO_2 和 SiN）和金属（Al、W 和 Cu）。这些材料用于构建晶体管和集成电路的互连。然而，如果可以设计并达到所需的弹性或热性能，也可以将其用于 MEMS 结构。因此，许多仅采用标准 CMOS 材料的物理换能器，例如加速度计、陀螺仪、扫描反射镜和电热执行器，已在 CMOS MEMS 技术中得到验证。

为了扩展 CMOS MEMS 应用的范围，各种传感器和执行器需要更多功能性、活性材料。这些附加材料通常应用于后 CMOS 工艺中的 CMOS 芯片，以确保与标准 CMOS 代工工艺的兼容性。下面将介绍各种具有附加材料的 CMOS MEMS 器件。

8.5.1 气体和湿度传感器

对于环境传感、污染监测和排放控制而言，气体和湿度传感非常重要。标准的 CMOS 材料通常不与气体或湿气分子相互作用，也不产生吸附作用。因此，必须在 CMOS 芯片上沉积额外的传感材料，以实现基于 CMOS 的气体和湿度传感器。当传感薄膜吸附这些分子时，它们的介电常数或电阻率会发生变化。可以相应地设计片上电容或电阻接口读出电路。气体和湿度传感器最常用的传感材料是金属氧化物和聚合物。以下内容将讨论气体传感薄膜与 CMOS 芯片的集成。

8.5.1.1 金属氧化物

宽带隙半导体氧化物如氧化锡、氧化锌、氧化钛和氧化镓已广泛用于气体传感器[109]。气体分子在金属氧化物表面的吸附会引起氧化还原反应，并由于反应中电子的获得或损失，从而导致其电阻率发生变化。为了获得更好的灵敏度，基于金属氧化物的气体传感器通常在 200～400℃ 左右的高温下运行。在小型化气体传感器中，传感薄膜和微型加热器可以集成在悬浮膜中。热隔离设计可降低加热器功耗并改善传感器响应时间。对于基于 CMOS MEMS 的器件，微型加热器或微型热板通常使用多晶硅制备。

表 8.1 采用 CMOS MEMS 工艺制备的谐振器和传感器

	参考文献	CMOS 技术	牺牲层	结构材料	器件类型	器件运动	谐振频率	Q 因数	备注
谐振器	Verd et al.(UAB)[100]	AMS 0.35μm	CMOS 金属间电介质	金属	夹持梁	横向弯曲	60MHz	30	由于换能面积有限，运动阻力不是很高
	Lopez et al.(UAB)[101]	AMS 0.5μm	CMOS 金属间电介质	多晶硅	夹持梁	横向弯曲	22MHz	4400	非常小的换能间隙，但存在良率问题
	Chen et al.[25]	TSMC 0.35μm	CMOS 金属间电介质	金属	自由梁	垂直弯曲	3.66MHz	1770	由于谐振器的灵活设计，实现了多维运动
	Li et al.[102]	TSMC 0.35μm	CMOS 金属间电介质	金属和 CMOS 金属间电介质	自由梁	横向弯曲	15.3MHz	767	880kΩ 的动态电阻
	Li et al.[105]	TSMC 0.35μm	CMOS 氧化物	金属＋IMD（富含金属）	自由梁	垂直弯曲	10.5MHz	2200	320nm 同隙良率低
	Li et al.[56]	TSMC 0.35μm	金属＋W	金属＋IMD（富含氧化物）	过度 DETF	横向弯曲	1.2MHz	3029	930nm 同隙，充电问题，100% 良率
	Chin et al.[44]	TSMC 0.35μm	多晶硅	金属＋IMD（富含氧化物）	RGFET	垂直弯曲	4.28MHz	1000	290nm 同隙，仅适用于两个多晶 CMOS
	Chen et al.[67]	TSMC 0.35μm	金属（AlCu）	金属＋IMD（富含氧化物）	伪自由梁	垂直弯曲	11.43MHz	1823	400nm 同隙，无充电问题，后期制作复杂
	参考文献	CMOS 技术	牺牲层	结构材料	器件类型	器件运动	敏感度/mV·g^{-1}	感应范围/g	备注
加速度计	Tsai et al.[29]	TSMC 0.35μm	CMOS 金属间电介质	金属＋IMD（富含氧化物）	板型	横向和纵向	z 轴:7.8 x 轴/y 轴:11.5	z 轴: 0.01~3.0 x 轴/y 轴: 0.01~3.0	降低寄生电容，亚微米感应间隙，大感应面积
	Sun et al.[106]	TSMC 0.35μm	CMOS 金属间电介质	金属＋IMD（富含氧化物）	具有蛇形平面外的单一质量块	z 轴为蛇形的三轴	z 轴:7.8 x 轴:0.53 y 轴:0.28	0.8~6	减少设备占用空间，抑制交叉轴信号耦合

续表

	参考文献	CMOS技术	牺牲层	结构材料	器件类型	器件运动	敏感度 /mV·g^{-1}	感应范围/g	备注
加速度计	Chen et al.[107]	TSMC 0.35μm	CMOS 金属间电介质	金属+IMD（富含氧化物）	蛇形单标准质量块	x轴		最高10	机械噪声6.673μg/$\sqrt{Hz}$，3.1kHz谐振频率
	Chiang[108]	TSMC 0.35μm	CMOS 金属间电介质	金属+IMD（富含氧化物）	应力补偿框架设计	横向和纵向	2.4	0.25~6.75	总噪声579μg/$\sqrt{Hz}$，$BW<100Hz$
	Lin et al.[75]	TSMC 0.35μm	氧化物	金属，CMOS 金属间电介质	由四根微梁在角落支撑的两个方形膜	电容式	131.99	0~388mmHg	为了调整膜的机械强度，使用了三种不同的通孔设计
触觉传感器	Tu et al.[81]	TSMC 0.18μm	金属	金属和多晶硅	带有四个悬臂梁的电容膜	集成电容和压阻传感	电容:1.8fF/mN 压阻:9mV/N	电容:0~0.3N 压阻:0.05~0.5N	两级感应，扩大感应范围
	Yeh et al.[68]	TSMC 0.35μm	氧化物	聚合物作为弹簧和金属制成的线圈	三轴触觉传感器	感应式	2.65Hz/mmHg	—	用于法向力检测（z轴）的同隙闭合，用于x轴和y轴检测的基于区域的感测，使用感测线圈阵列
	Yeh et al.[83]	TSMC 0.18μm	金属	聚合物作为弹簧	带铬钢球感应接口的螺旋感应线圈	感应式	z轴:2.9nH/N x轴:17.4nH/N y轴:15.3nH/N	0~1.4N	非线性度为2%，不需要机械悬挂梁

	参考文献	CMOS技术	牺牲层	结构材料	器件类型	传感机制	响应度	探测率	备注
红外传感器	Gitelman et al.[88]	CMOS-SOI	CMOS 金属间电介质	硅、多晶硅和金属间电介质	悬臂式机械结构	热/非制冷传感	40mA/W	—	噪声等效温差约64mK，电流温度系数约4%~13%
	Chang et al.[69]	TSMC 0.35μm	硅	氧化物和多晶硅	一种带通孔的新型蛇形吸收膜	热电	146.4V/W	0.29×10⁸ cm·$Hz^{0.5}$/W	平均灵敏度:2.1mV/K
	Shen et al.[97]	TSMC 0.18μm	硅	氧化物和多晶硅	蛇形热电偶上的伞形吸收器	热电	885.9V/W 200mTorr时	0.058×10⁸ cm·$Hz^{0.5}$/W	由于伞形结构，吸收面积更大

Graf 等人展示了一种基于 SnO_2 的集成 CO 传感器，具有片上控制和传感电路[110]（图 8.37）。通过 6.2 节中提到的电化学各向异性 KOH 刻蚀从基底上释放得到悬浮结构。在底部形成厚度为 $5.5\mu m$ 的 n 型硅岛悬浮膜，使温度分布均匀并加强结构的稳定性。通过滴涂将 Pd 掺杂纳米晶 SnO_2 的厚膜施加到膜上[111]。涂覆后，在 400℃ 下对传感材料进行退火和烧结，并且没有降低片上电路的性能。实验结果表明，标称电阻为 125Ω 的加热器在 5V 电源下可以达到 350℃。涂层传感器的热时间常数为 22ms。在 CO 气体检测测试中，传感器响应时间小于 10s，检测限为 5ppm。

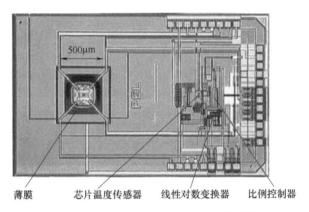

图 8.37 集成 CMOS MEMS 气体传感器的显微照片

来源：Graf et al.[110]. © 2004，IEEE

Afridi 等人制备了类似的悬浮气体传感器[112]。在通过 XeF_2 硅刻蚀释放悬浮膜后，通过低压化学气相沉积（LPCVD）工艺分别在 250℃ 和 300℃ 下，在 CMOS 芯片上沉积传感 SnO_2 和 TiO_2 薄膜。测得微型多晶硅加热器的热效率为 10℃·m/W。在传感实验中测试了多种气体，包括氢气、一氧化碳和甲醇，并证明了该传感器的检测限为 100ppb。

Dai 等人研究了各种基于金属氧化物的气体和湿度传感器，例如 CoO[113]、CoOOH/CNT[114]、ZnO[115-117]、SnO_2[118,119]、WO_3[120]、TiO_2[121] 和 Fe_2O_3[122]。这些传感器都是用了通用叉指传感电极设计。在后 CMOS 工艺中（图 8.38），首先刻蚀传感区以暴露金属或多晶硅传感电极。活性传感材料采用溶胶-凝胶工艺制备，并使用精密微滴管沉积在 CMOS 芯片的传感区域。暴露于目标气体或水分后，通过三种可能的机制检测到吸附的气体分子：

① 金属电极间传感材料介电常数变化的电容检测[113,116,118,122]；
② 金属电极间传感材料电阻率变化的电阻检测[117,119,121]；
③ 多晶硅电极电导变化的电阻检测[114,115,120]。

可以根据需要，将多晶硅微型加热器嵌入传感电极和薄膜下。然而这些传感器中，大多数并不是在隔热悬浮膜上制造的。因此有学者证明产生了更高的功耗（例如 1.24W[122]）和更长的响应/恢复时间（例如几十秒[114-116]）。

8.5.1.2 聚合物

气体和湿度传感也可以通过使用聚合物或基于聚合物的复合薄膜来进行。如果不需要高

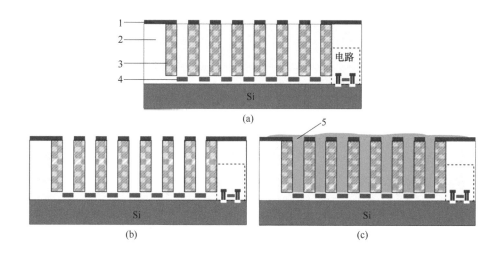

图 8.38　典型 CMOS 气体传感器的后 CMOS 制造工艺。(a) 收到的 CMOS 芯片；
(b) 牺牲氧化物刻蚀；(c) 活性传感材料沉积
来源：Yang and Dai[118]．CC BY 4.0
1—钝化层；2—氧化层；3—金属层；4—多晶硅层；5—二氧化锡

操作温度，聚合物与金属氧化物相比是有利的。

　　Lazarus 等人[123,124]通过在释放所得梳齿结构与平行板电极之间填充聚酰亚胺，从而获得 CMOS MEMS 电容式湿度传感器（图 8.39）。通过牺牲氧化物[123]或金属[124]刻蚀获得电极之间的间隙。由于传感聚酰亚胺和水分之间的接触面积更大，释放的结构有助于减少响应时间。通过喷射和毛细管芯吸效应在电极之间进行聚酰亚胺的填充。有学者报道[124]垂直平行板（VPP）传感电容器的牺牲层能够作为 CMOS 工艺中的 M2 层，电容器电极设计在 M2 上方和下方的 TiW 金属黏附层中。如果将 M1 和 M3 用作电容器电极，可以减少由于金属间氧化物引起的灵敏度下降。

　　Dai 等人还研究了具有基于聚合物与集成片上传感电路集成的湿度传感器。有学者报道[125]，通过在叉指传感电极上涂覆和图案化聚酰亚胺传感薄膜制备电容式湿度传感器，该电极在类似于图 8.38 中的后 CMOS 工艺中暴露。有学者报道[126]，通过化学聚合合成聚吡咯并滴至 CMOS 传感电极上。聚吡咯薄膜是多孔的，粒度为 $0.3\sim0.5\mu m$。这种纳米多孔结构有助于提高灵敏度。传感电容器的电极设计成螺旋形图案，以增加表面积并提高灵敏度（图 8.40）。

　　Chung 等人[127]展示了一种基于

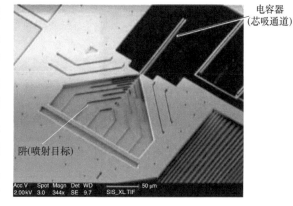

图 8.39　CMOS MEMS 电容式湿度传感器
来源：Lazarus et al.[123]．© 2010，IEEE

VPP 传感电容器的 CMOS MEMS 湿度传感器，类似于参考文献 [124] 中的电容器。与叉指式传感电容相比，由于 VPP 结构周围空气而产生的边缘电容较小，因此可以提高灵敏度。采用间苯二酚-甲醛（RF）气凝胶填充传感间隙（图 8.41）。与常用的聚酰亚胺相比，湿度灵敏度提高了 1 倍。

图 8.40　CMOS MEMS 电容式湿度传感器的螺旋传感电容器

来源：Yang et al.[126]. CC BY 3.0

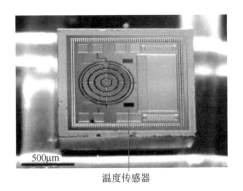

图 8.41　基于 RF 气凝胶的湿度传感器

来源：Chung et al.[127]. ©2015, Elsevier

通过在 MEMS 谐振平台上沉积聚合物传感材料，从而证明具有气体传感能力。传感膜中吸附的气体分子，增加了平台质量，并改变了谐振频率。因此，可以通过谐振频率的偏移来测量气体浓度。有学者报道[128]，通过喷墨打印将聚苯乙烯沉积在悬臂梁末端的悬挂平台上 [图 8.42（a）]。测试并校准了多种有机气体，包括甲醇、乙醇、2-丙醇和丙酮。使用聚碳硅烷作为传感薄膜，制备了类似的器件 [图 8.42（b）][129]。通过该器件，已针对化学武器中的神经刺激剂 DMMP 进行了测试，并证明其检测限为 20ppb 或 $0.1 \mathrm{mg} \cdot \mathrm{m}^{-3}$。

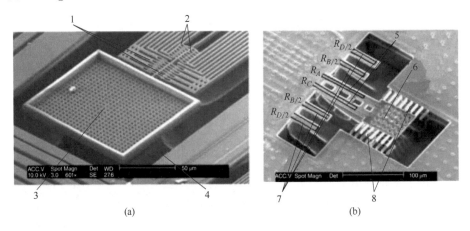

图 8.42　(a) 带有聚苯乙烯的质量敏感谐振气体传感器；(b) 聚碳硅烷传感薄膜

来源：(a) Bedair and Fedder[128]. © 2004, IEEE；(b) Voiculescu et al.[129]. © 2005, IEEE

1—梳状驱动电极；2—传感电极；3—端板与刻蚀孔用于释放；4—硅蚀坑；5—压敏电阻；
6—聚合物涂层用矩形板；7—惠斯通电桥电阻用无源梁；8—用于驱动微悬臂梁的叉指

8.5.2 生化传感器

采用 CMOS 技术的生化传感通常需要对传感器表面添加涂层或进行功能化处理,从而可以与目标分子反应或吸附。一旦目标分子附着到传感器表面,就可以通过各种机制产生电输出信号,其中最常见的是电化学检测、阻抗测量、质量敏感谐振测量和基于离子敏感场效应晶体管(ISFET)的测量。

有学者[130]报道了一个通用的 CMOS BioMEMS 平台。除通过释放刻蚀工艺获得 MEMS 结构之外,在后 CMOS 工艺中还沉积了额外的金,以促进硫醇修饰的生物分子的结合,并对其进行固定(图 8.43)。展示了两种生物传感器,第一个是带有 Pt 纳米粒子和用于免疫测定的银增强的阻抗传感器,与以前的工作相比,采用 CMOS 叉指电极的阻抗测量,证明改进后的检测时间有所减少;第二个传感器是用于肌酐检测的扩展栅极 ISFET,将肌酐印迹聚合物薄膜涂覆在顶部 CMOS 金属层的扩展栅极上作为传感薄膜,测试中,ISFET 的源漏电流受溶液中肌酐浓度的控制调控,采用环形振荡器将电流信号转换为频率输出。

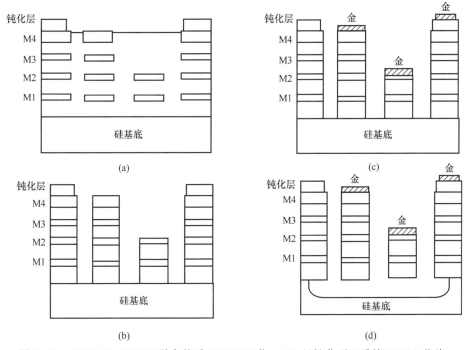

图 8.43 CMOS BioMEMS 平台的后 CMOS 工艺。(a)经钝化开口后的 CMOS 芯片;(b)光刻并刻蚀传感区域的氧化物;(c)沉积金材料,并进行图形化处理;(d)刻蚀硅牺牲层
来源:Tsai et al.[130]. © 2010, Elsevier

有学者[131]展示了一种用于多巴胺检测的开放式 ISFET。在后 CMOS 工艺中通过湿法化学刻蚀去除金属层、金属间氧化物和多晶硅栅电极,如图 8.44(a)所示。然后对暴露的栅极氧化物进行功能化处理,以进行检测。由于栅极氧化层的厚度极小,可以极大地提高灵敏度和检测限。实验结果表明检测限为 1~25fM❶。有学者[132]展示了一种电容式生物传

---

❶ 1M=1mol/L。

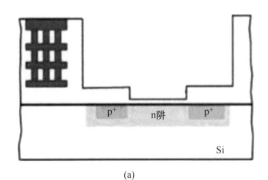
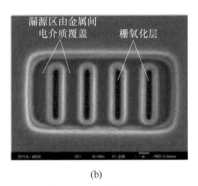

图 8.44 用于多巴胺检测的开放式 ISFET。(a) 后 CMOS 工艺的横截面;(b) 制造器件的扫描电子显微照片

来源:Li et al.[131]. © 2010, IEEE

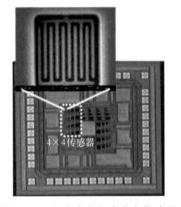

图 8.45 电容式禽流感病毒传感器

来源:Lai et al.[132]. © 2012, IEEE

感器,通过使用 2P4M CMOS 工艺检测禽流感病毒。将顶部的 M4 层去除,使得暴露的氧化物表面被功能化处理,以进行检测。叉指传感电极在 M3 层中形成图案(图 8.45)。根据溶液中总等效阻抗的频率响应所测量的电容变化,推断病毒浓度。证明了 fM 范围内的检测限。

微型悬臂梁是一种简单而坚固的装置,尺寸和质量都很小。因此,在基于悬臂的传感器中,可以非常有效地检测外力或质量的载荷。有学者[133,134] 报道称,作用在悬臂上的毛细力用于免疫分析。当目标分子与功能化悬臂表面相互作用时,表面能和张力发生变化,导致悬臂上的加载力及其弯曲角度发生变化,如图 8.46(a)、(b)[133] 所示。悬臂梁中的多晶硅压敏电阻可以检测弯曲变化,该电阻嵌入在固定边缘处。CMOS 传感器嵌入在微流体芯片中 [图 8.46(c)[134]],并证明了肌钙蛋白 I(cTnI)的实时及无标记免疫检测,且检测限为 1pg/mL。

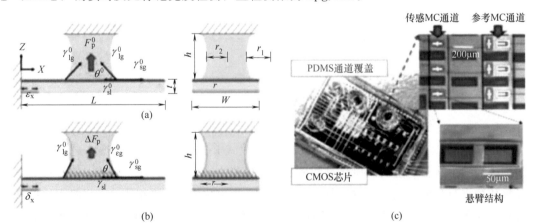

图 8.46 基于毛细力的生物传感器

来源:Yin et al.[133,134]. © 2011, AIP Publishing

有学者[135,136]报道展示了带有基于悬臂的 DNA 传感器的 CMOS SoC 芯片,并且可利用该器件完成对乙型肝炎病毒(HBV)的检测。如图 8.47(a)所示,当目标 DNA 与固定在悬臂表面的探针 DNA 匹配时,杂化过程会产生表面应力,从而改变悬臂的弯曲角度。在这项工作中,悬臂的弯曲是通过环形振荡器由嵌入式压敏电阻检测的。此外,还实现并演示了一个完全集成的 SoC,其中包括传感器、控制器和无线调制和传输模块。实验结果表明,该传感器可以检测到 1 个碱基对 DNA 错配,检测限小于 1pM。

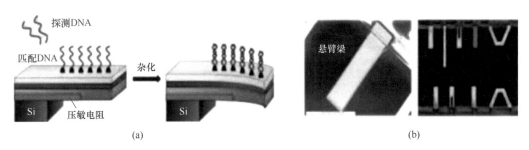

图 8.47 基于悬臂的 HBV 传感器。(a)传感原理;(b)制造的悬臂

来源:Huang et al.[135]。© 2013,IEEE

8.5.3 压力和声学传感器

在 CMOS 压力和声学传感器中,通常是采用 BEOL 金属/氧化物叠层设计并制备传感膜。如果仅采用正面刻蚀来释放传感膜,则在膜上开刻蚀孔以促进刻蚀过程。刻蚀孔在释放后必须密封,以形成封闭的传感膜和隔离的压力/声学室,以便传感器发挥作用。学者们常常通过无机或有机薄膜的保形沉积与覆盖孔,完成密封工艺。

Akustica 在 20 世纪 90 年代开创了单片 CMOS MEMS 麦克风[19,137]。首先从 CMOS 基底释放金属和氧化物网格,随后使用涂覆释放结构。传感膜的材料为 Teflon 类聚合物(0.5~1.0μm)(图 8.48)。膜面积为 0.61mm^2 时,A 计权噪声级达到 46dB SPL[137]。与其他需要单独的麦克风芯片和搭配 ASIC 信号调节芯片的双芯片解决方案相比,这种单芯片技术的占用空间更小。在文献 [138,139] 中,展示了电容式微机械超声换能器(CMUT)用于医学成像。传感电容采用 2P4M CMOS 工艺在 M4 和 M2 层之间形成。通过湿法化学刻蚀去除牺牲 M3 层获得传感间隙,释放直径为 100μm 的圆形膜。释放后,采用二氧化硅或聚对二甲苯-D 薄膜密封刻蚀孔(图 8.49)。对于两种类型的密封传感器,测量的灵敏度分别为 151mV$_{pp}$•MPa^{-1}•V^{-1} 和 370mV$_{pp}$•MPa^{-1}•V^{-1}。在 1V 膜偏压下,等效压力噪声分别为 3.3Pa/$\sqrt{Hz}$ 和 1.35Pa/$\sqrt{Hz}$。在文献 [139] 中展示了三维成像。

聚对二甲苯还可用于密封压力传感器中的刻蚀孔[140-142]。有学者[140]在压力传感器的标准密封室中,实现了一种连接到传感膜中心的特殊力-位移换能机制。如图 8.50(a)所示,整个上传感电容板具有相同的位移,等于传感膜中心处的最大位移。传统设计中的传感膜就是上电容器板,只有板的中心部分具有较大的位移 [图 8.50(b)],从而导致整体电容信号较小。实验结果表明,与传统设计相比,所提出的设计在 20~300kPa 压力范围内将灵敏度提高了 126%。此外,有报道[141]展示了另一种提高灵敏度的设计。如图 8.51 所示,推荐设计中的上下电容器板,在受到外部压力时,都会产生变形。使得传统设计中,只有上

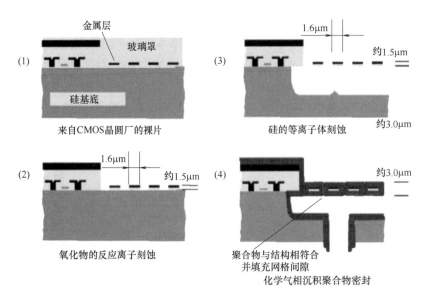

图 8.48 CMOS MEMS 声学传感膜的制作过程
来源：Neumann and Gabriel[19]．© 2002，Elsevier

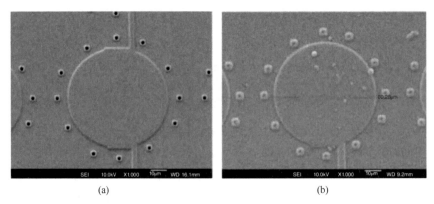

图 8.49 CMUT 传感膜。(a) 刻蚀孔密封前；(b) 刻蚀孔密封后
来源：Tang et al.[138]．© 2011，IOP Publishing

板可变形的电容变化加倍。实验结果表明，与传统设计相比，灵敏度提高到 2.9 倍。

微流体结构

CMOS 芯片与微流体结构的集成能够直接感应化学或生物物质，而无需复杂的光学设置。因此，可以显著减少系统的总体积，并且对于诸如护理和个性化医疗保健等应用而言，具有便携性和一次性的优点。然而，由于微流控网络与 CMOS 芯片之间的材料、尺寸和平面度具有一定的不匹配，CMOS 电路芯片通常集成在硅[143]、玻璃[144]、聚二甲基硅氧烷（PDMS）[145]、环氧树脂模具[146]、引线框架[147] 或印制电路板（PCB）[148] 中。具体取决于特定的器件设计，微通道中的流体样品可以水平流过 CMOS 芯片表面[143,144,146-148] 或垂直流过芯片[145]。

然而，在上述示例中，CMOS 传感芯片仅占整个系统的一小部分，流体样品仍然必须在外部进行管理。为了更紧凑和独立地展示 CMOS 和微流体的集成，Chiu 等人[149] 开发了

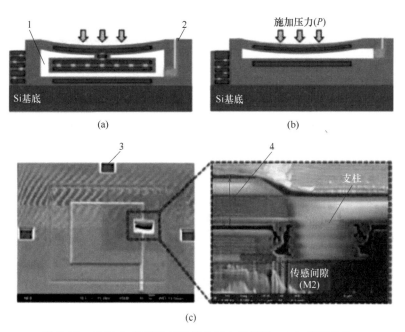

图 8.50 具有力-位移换能结构的压力传感器。(a) 推荐设计；
(b) 常规设计；(c) 制造器件的扫描电子和聚焦离子束显微照片
来源：Cheng et al.[140]. © 2015, IOP Publishing
1—参考腔；2—密封材料；3—释放孔；4—换能膜

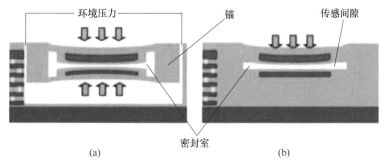

图 8.51 带有双传感膜的压力传感器。(a) 推荐设计；(b) 常规设计
来源：Lin et al.[141]. © 2017, IEEE

一种集成的 CMOS MEMS 微流体电容测斜仪。在标准的 $0.35\mu m$ 2P4M CMOS 工艺中，圆形传感电极在金属层中形成图案。叉指边缘电极被组合成两个差分电容器，用于感测 CMOS 芯片表面介质的介电常数。如图 8.52 所示，在 CMOS 传感芯片顶部制造了一个微型储液器，并用硅油部分填充。当垂直放置在重力场中时，油液占据了储液器的下半部分，并以不同比例覆盖了两个差分传感电极。该比值取决于集成传感器在重力中的倾角。储液器和集成传感器的制造和封装过程如图 8.53 所示。首先，通过 RIE［图 8.53（a）、(b)］去除原 CMOS 芯片中传感电极顶部的钝化层，将传感电极暴露于传感介质；通过多次层压和光刻，在玻璃基底上厚度为 $500\mu m$ 的干膜抗蚀剂（DFR）中，制造了微流体储存器［图 8.53（c）］；然后将储液器芯片切成小块，并填充储液器体积一半的硅油［图 8.53（d）］；通过倒装芯片键合工艺，将 CMOS 芯片和储液器芯片键合，如图 8.53（e）所示。图 8.54 展示了

在不同倾角下制作的储液器芯片和储液器中的气泡。芯片上读出电路由一个调制器和一个反相放大器组成，如图 8.55 所示。测量结果显示 0.48mV/(°) 的灵敏度和 ±60° 线性范围。

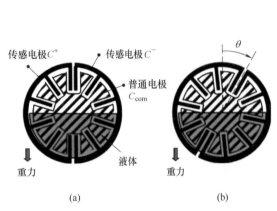

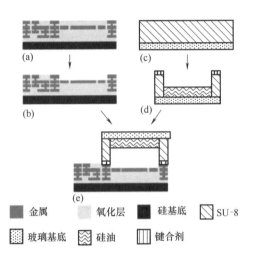

图 8.52　CMOS MEMS 微流控电容测斜仪的传感原理
来源：Chiu et al.[149]．© 2015，IEEE

图 8.53　集成微流控测斜仪的制造和组装过程
来源：Chiu et al.[149]．© 2015，IEEE

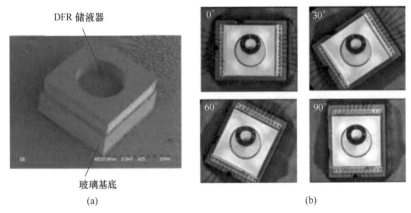

图 8.54　(a) 制造的 DFR 储液器；(b) 不同倾角下储液器内的气泡
来源：Chiu et al.[149]．© 2015，IEEE

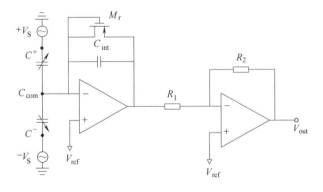

图 8.55　微流体测斜仪的片上读出电路
来源：Chiu et al.[149]．© 2015，IEEE

8.6 电路和传感器的单片集成

学者们对于 CMOS MEMS 的研究热度,来自采用成熟、大批量、高良率的 CMOS 代工服务,并且具有将机械结构与电子电路单片集成的可能性。此外,CMOS 中的多个金属层和各种后 CMOS 释放技术,可实现多功能和复杂的器件设计和集成。本节中,将介绍多传感器集成和传感器/读出电路集成。

8.6.1 多传感器集成

多个传感器在同一 CMOS 芯片上的单片集成增加了整个 CMOS MEMS 传感器系统的功能。例如,多个具有正交传感轴的单轴惯性传感器可以排列在同一个加速度计或陀螺仪中,用于多轴传感。在气体传感中,可以将涂有不同传感膜的气体传感器阵列集成在一起,以便通过特殊算法处理来自不同传感器的数据,以识别混合物中的气体种类。以下部分将讨论单片多传感器集成的示例。

8.6.1.1 气体传感器

如 8.5.1 节所述,CMOS 气体传感器具有不同的传感材料、后处理和读出电路。由于金属氧化物或聚合物薄膜对气体传感的选择性是不确定的,因此需要多个传感器阵列识别未知混合物中的不同气体种类。有两种方法可以实现传感器阵列:第一种是使用具有相同传感机制但涂有不同传感膜的传感器,因此,传感器检测不同传感薄膜的同一物理化学特性;第二种方法是使用具有不同传感机制但涂有相同传感薄膜的传感器,因此,当与被测气体接触时,传感器会检测相同传感膜的不同物理化学特性。

有报道[150,151]展示了 CMOS 技术中多个气体传感器和所需驱动/传感电路的单片集成。三种不同的气体传感器(质量检测谐振悬臂梁、叉指电容传感器和多晶硅/铝热电量热传感器)制造在同一 CMOS 芯片中。在后 CMOS 释放工艺结束时,通过气刷喷涂将厚度为 $4\mu m$ 的聚醚氨酯(PEUT)涂覆在传感区域上。在测试中,输出信号(谐振频移、电容值和热电电压)由片上信号调节电路获得,用于检测两种挥发性有机化合物(VOC)——乙醇和甲苯的各种浓度。所有三个传感器的检测限范围为 $1\sim 5 ppm$。

有报道[152]展示了用于 VOC 传感的两个谐振悬臂梁和两个电容式传感器,以及用于无机气体传感的两个微热板传感器,与传感和控制电子设备单片集成(图 8.56)。在后 CMOS 微加工结束时,通过阴影掩模喷涂,将 PEUT 和 PDMS 涂覆在悬臂和电容传感电极上。通过滴涂沉积 Pd 掺杂的纳米晶 SnO_2 于微热板传感器上。悬臂由洛伦兹力驱动,具有压阻反馈传感。叉指式电容传感器的电容通过 Σ-Δ 模数转换器转换为频率信号。在测试中,可以通过四个 VOC 传感器的阵列,识别并区分甲苯和乙醇。基于聚合物的湿敏电容传感器与基于 SnO_2 的微热板 CO 传感器的协同集成,能够补偿湿度对 CO 传感读数的影响。

8.6.1.2 物理传感器

不同的物理传感器,例如惯性传感器、压力传感器和磁传感器,也可以单片集成在 CMOS MEMS 平台中[27,28,30,81]。Fang 等人[27]提出了一种用于多传感器集成的后 CMOS MEMS 处理平台。如 8.1 节中的图 8.8 所示,该过程从代工厂收到的标准 CMOS 芯片开始

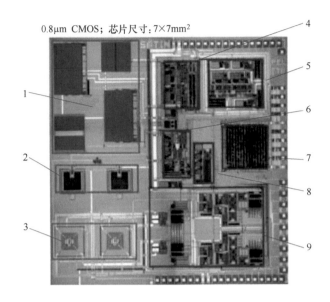

图 8.56 单片多传感器 CMOS MEMS 气体传感器

来源：Li et al.[152]. © 2007，Elsevier

1—电容式传感器；2—谐振悬臂；3—微热板；4—Σ-Δ 转换器；5—温度传感器及电路；
6—悬臂反馈电路；7—数字电路系统；8—偏置；9—温度控制器和读出电路

[图 8.8（a）]。首先使用各向异性 DRIE 刻蚀硅基底，从背面暴露 BEOL 金属/氧化物堆叠 [图 8.8（b）]。随后通过金属湿刻蚀 [图 8.8（c）]，从正面和背面部分释放在金属/氧化物堆叠中经过设计和图案化处理的移动结构和传感电极。如果有特殊需要，可以通过 XeF_2 各向同性刻蚀，从正面进行刻蚀器件下的牺牲硅基底，以完全释放结构 [图 8.8（d）、（e）]。第一个背面硅刻蚀工艺能够获得没有刻蚀孔的连续悬浮膜，从而促进压力和声学传感器等器件的设计。此外，可以在图 8.8（b）中的刻蚀步骤之前，或在结构释放后 [如图 8.8（f）所示]，沉积后 CMOS 工艺所需的附加材料，如金属或聚合物等。最后，将另一个玻璃基底键合到背面的 CMOS 芯片，以形成密封腔 [图 8.8（f）]。基于该通用平台，Sun 等人[28] 展示了加速度计和压力传感器的单片集成（图 8.9）。压力传感膜的刚度及其灵敏度，可以通过由多个金属、通孔和氧化物层组成的 BEOL CMOS 堆叠的不同膜、电极和间隙设计来定制。有学者[30] 通过后 CMOS 工艺，处理开始时沉积的厚度为 150nm 的铂层，从而将 Pt-100 温度传感器与加速度计和压力传感器进一步集成，用于 TPMS（图 8.9）。值得注意的是，该学者[30] 省略了图 8.8（e）中的正面各向同性硅刻蚀，所有传感器都由背面 Si DRIE 释放，以简化制造过程。

具有不同传感机制的传感器也可以集成在 CMOS MEMS 平台中。Tu 等人[81] 展示了电容式和压阻式传感在触觉传感器中的垂直集成，以扩展其传感范围。如图 8.57（a）所示，触觉传感器由两个传感部分组成。顶部传感器是一个平行板电容器，传感间隙为 0.82μm。尽管较小的传感间隙能够提高电容式传感器的灵敏度，但其传感范围受到 CMOS 金属/氧化物堆叠间隙的限制。将电容器的间隙闭合，并在能够使传感器饱和的力负载下，激活第二级压阻传感器。悬臂压阻式传感器具有更大的传感范围，通过湿法刻蚀体微加工去

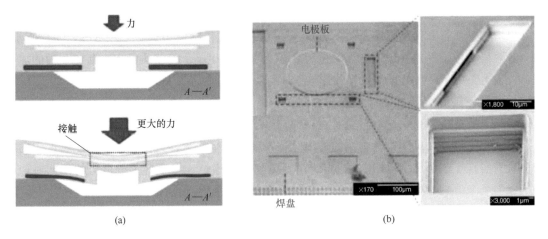

图 8.57 电容式和压阻式传感在 CMOS 触觉传感器中的垂直集成。
(a) 原理图；(b) 感应板和释放孔的 SEM 图像
来源：Tu et al.[81]. © 2017，IEEE

除下层硅。因此，该传感器可以检测大负载力范围，同时在小负载下保持高灵敏度。

8.6.2 读出电路集成

传感器与 CMOS 技术中的片上信号调节电路的集成，可以通过减少寄生效应和抑制噪声来提高传感器分辨率。特别是，差分传感经常用于消除由温度变化和交叉轴灵敏度引起的共模噪声和漂移。可以根据特定的传感机制选择不同类型的前端电路来优化系统性能。

8.6.2.1 电阻传感器

压阻式压力传感器，最初开发用于监测汽车发动机中的歧管绝对压力（MAP），是第一个商业化的半导体微传感器[153]。因此，传感器与片上信号调节电路的单片集成早已在 CMOS[154] 和双极[155,156] 技术中得到证明。半导体中的压阻是一个相对重要的参数。电阻的变化通常由全微分惠斯通电桥检测，以增强信号幅度并抑制共模噪声和漂移[154]。此外，有报道[155] 展示了用于单元件剪切应力应变计设计或惠斯通电桥配置的优点是，仅检测差分信号。传感器输出中没有设置直流偏置，降低了模数转换（ADC）的规格。由于半导体电阻率与温度有关，因此需要在前端信号调节电路中进行温度补偿[154,156]。

在电阻式气体传感器中，很难获得传感薄膜中的微分电阻变化。因此，很难实现全微分惠斯通电桥。综上，气体传感器中的读出电路通常是基于运算放大器的电路，例如反相和非反相放大器[112,114,119]。即使采用惠斯通电桥，也只有一个电阻器检测气体浓度[115,121]。此外，取决于气体浓度，传感膜的电阻可以具有几个数量级的范围。因此，可以使用对数转换器来处理较大的动态范围[157]。

除了电压输出电路之外，压阻传感器或一般的电阻传感器也可以通过使用基于振荡器的电路来检测，其振荡频率取决于被测敏感电阻。这种频率输出传感器的优点在于，输出振荡器的频率可以通过计数器轻松转换为数字代码，无需 ADC。片上放大器设计中的偏移问题也可以在很大程度上得到缓解。

有学者[158] 采用标准 $0.35\mu m$ 2P4M CMOS 工艺制作了单质量三轴加速计。采用正面和背面后 CMOS 刻蚀工艺来释放结构。如图 8.58（a）所示，硅基底用作质量块的一部分，以增加其质量和传感器灵敏度。悬臂梁由 M2 和氧化物层组成，如图 8.58（b）所示。四个悬臂梁的两端都放置了微分压敏电阻，因此可以使用单个检测质量来推断三个轴的加速度。读出电路为 RC 张弛振荡器，如图 8.59 所示。通过在差分感测电阻 $R_{p,n}=R_0\pm\Delta R$ 两端施加恒定电压 V_s，产生两个感测电流 $I_{p,n}=V_s/R_{p,n}$。差分电流 $I_c=I_p-I_n$ 用于对电容 C 进行充电或放电。充电/放电周期由施密特触发器的输出控制。当外部加速度导致 $R_{p,n}$ 和 $I_{p,n}$ 发生变化时，取决于充电电流的输出时钟频率将发生变化，该变化与加速度成正比。每个位置都实现了三个压敏电阻，如图 8.58（b）所示。通过连接这些差分电阻的不同对，可以构建三个 RC 振荡器来区分三个轴上的加速度并消除交叉轴灵敏度。测量的绝对灵敏度、相对灵敏度和沿 z 轴的分辨率分别为 $198\text{kHz}\cdot g^{-1}$、$2.8\times 10^{-3}\Delta f/f_0 g^{-1}$ 和 $10.9\text{mg}/\sqrt{\text{Hz}}$。

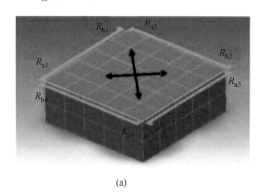
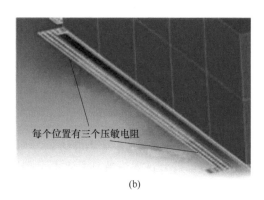

图 8.58 （a）加速度计的三维实体模型；（b）悬臂梁
来源：Chiu et al.[158]. © 2014，MYU K.K.

8.6.2.2 电容式传感器

电容式传感已广泛应用于加速度计等微运动传感器中[159-163]。1990 年，加州大学伯克利分校和亚德诺半导体公司，对具有单片集成传感器结构和采用 CMOS 或 BiCMOS 工艺的读出电路的表面微机械加工加速度计进行了深入研究。与微传感器中的电阻传感相比，电容传感的优势在于气隙电容对温度的敏感度远低于半导体电阻。因此，温度相关的漂移和补偿在电容式传感器中不太重要。然而，电容信号可能非常小，并且容易受到各种寄生效应的影响。例如，在机械谐振频率为 5kHz 的加速度

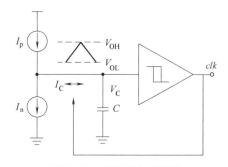

图 8.59 压阻式加速度计的 RC 张弛振荡器原理
来源：Chiu et al.[158]. © 2014，MYU K.K.

计中，1mg 的加速度会导致质量位移仅为 0.1Å❶[160]。如果传感电容的间隙为 1μm，则电容信号仅为 10 aF。因此，对于检测如此小的信号，需要仔细设计读出电路。

---

❶ $1\text{Å}=0.1\text{nm}=10^{-10}\text{m}$。

典型的表面微加工加速度计如图 8.60 所示[161]。外部加速度引起质量块产生位移，并引起固定电极的相对电容变化。对于面内（x 轴或 y 轴）检测，通常使用叉指梳状电极，如图 8.60 所示。在这种配置中，差分电容可以较为轻松地变化。因此，基于电容桥的电路可用于增强信号并抑制共模误差[161-165]。对于面外（z 轴）检测，其中传感电容器由作为上电极的悬浮质量块和作为底部电极的基底组成[159,160]，差分电容器难以实现，因此使用简单的单端电路，如电荷积分器等[159]。

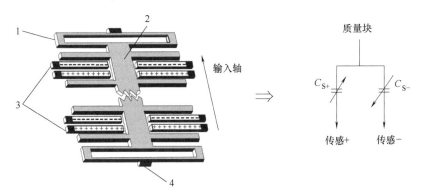

图 8.60 表面微加工加速度计示意图及其等效电路模型
来源：Lemkin and Boser[161]. © 1999, IEEE
1—弹簧；2—质量块；3—固定梳齿；4—锚

为了克服低频放大器误差和噪声，通常采用两种电路技术。斩波器稳定是一种利用高频载波调制低频加速度信号的调制/解调方法，如图 8.61（a）所示。经过缓冲、放大和解调，可以获得信噪比增强的信号。另一种方法是基于相关双采样，如图 8.61（b）所示。在检测周期的第一阶段对电路误差进行采样，并在第二阶段从包含误差的信号中减去。因此可以减少低频误差和噪声以提高 SNR。

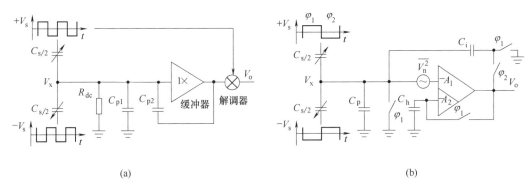

图 8.61 低频降噪技术。(a) 斩波器稳定；(b) 相关双采样
来源：Boser and Howe[160]. © 1996, IEEE

在开发的早期阶段，即使在存在加速度引起的惯性力的情况下，能够通过施加反作用反馈力用来保持质量块靠近静止位置。在闭环力平衡方案中，质量块的位移最小，因此传感器中电气和传感器的机械系统具有一定的非线性即不确定性。此外，反馈回路的系统带宽可以扩展到质量弹簧系统的固有频率之外。如图 8.62[161] 所示，这样的力平衡回路可以通过 1

位机电 Sigma-Delta（Σ-Δ）调制轻松实现。图 8.62 中 CMOS MEMS 传感器中静电力反馈的选择是很显而易见的，因为施加到传感电容器中电极上的反馈电压会产生反馈平衡力，因此不需要额外的力传感器。

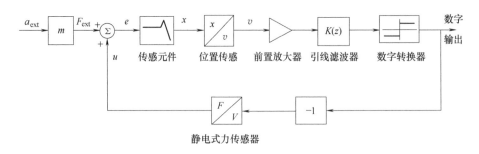

图 8.62 力反馈回路

来源：Lemkin and Boser[161]. © 1999，IEEE

在电容传感接口中采用了数字偏移调整，以进一步减少由于输入节点的电容失配而引起的偏移[161,164]。如图 8.63[164] 所示，一个二进制加权电容器阵列并联添加到传感电容器，以解决不匹配问题。阵列的总电容可以通过校准程序中确定的控制位进行调整。

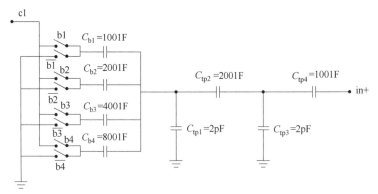

图 8.63 使用二进制加权电容器阵列进行数字微调

来源：Tan et al.[164]. © 2011，IEEE

用于垂直位移检测的单传感电容器，例如有学者[159,160] 报道的 z 轴传感电容器和参考文献［166］中的流动传感电容器，通常由单端放大器（例如电荷积分器）检测。与差分电容器相比，它们在灵敏度和 SNR 方面的效果较差。此问题已通过两种垂直传感电容器设计方案解决。第一种设计是由 Xie 等人[167] 提出的垂直传感梳。如图 8.64 所示，在 CMOS MEMS 叉指梳齿中嵌入了多层金属电极。连接完成之后，不同高度的隔离金属电极可用于电容器，这些电极对垂直位移很敏感，如图 8.64（b）所示的 z 轴加速度计[167]。这种电极设计可以通过基于干法刻蚀的后处理来实现，因此具有良率高的特点。第二种设计基于 VPP 电容器，如图 8.65 所示，在后 CMOS 牺牲释放工艺中，通过湿金属刻蚀去除 M2 和 M3 层[106]。因此，由 M1 和 M4 形成的差分 VPP 电容器可以检测质量块的两侧，实现垂直传感，如图 8.65（b）所示。基于 z 方向敏感的 VPP 电极和传统的 xy 方向敏感的梳状电极，在单质量块三轴加速度计中，差分电容的全桥配置在所有三轴上得以实现[106]。三个方

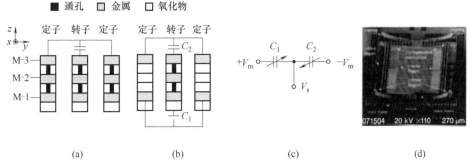

图 8.64 （a）用于面内传感的传统叉指梳齿；（b）垂直传感梳状电极；
（c）垂直传感梳的等效模型；（d）z 轴加速度计采用垂直传感梳

来源：Xie and Fedder.[167]. © 2002，Elsevier

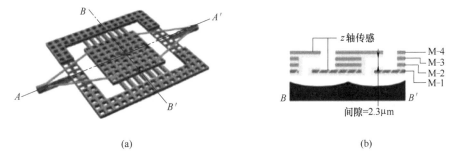

图 8.65 （a）z 轴传感单元示意图，显示了质量块和传感电极；（b）差分垂直传感电极的 $B-B'$ 横截面

来源：Sun et al.[106]. © 2010，IEEE

向的分辨率在 $120\sim357\mathrm{mg}/\sqrt{\mathrm{Hz}}$ 之间，而交叉灵敏度在 1‰~8.3‰ 之间。

基于振荡器的读出电路也可以应用于电容式传感器。例如，简单的 RC 环形振荡器用于电容式触觉传感器[168] 和各种气体/湿度传感器[113,116,118,122,125,126]。Chiu 等人[169] 在电容式加速度计中，提出了一种更精细的 LC 腔式振荡器。如图 8.66 所示，片上 CMOS 电感器与差分叉指式传感电容集成，以构建两个振荡频率为 $f_{1,2}=f_0\pm\Delta f$ 的差分振荡器（OSC1、2）。经过混频和低通滤波后，输出差分频率 $2\Delta f$ 与电容变化 ΔC 成正比，从而与外部加速

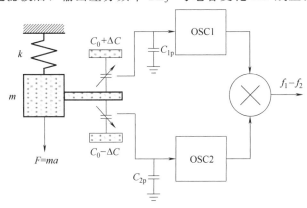

图 8.66 基于 LC 腔式振荡器的电容式加速度计的原理

来源：Chiu et al.[169]. © 2013，IEEE

度成正比。如图 8.67 所示，CMOS 电感器嵌入质量块中，以节省芯片面积，并通过去除下面的基底来提高电感器品质因数。绝对和相对灵敏度分别为 3.62MHz·g^{-1} 和 $1.9×10^{-3} \Delta f/f_0 g^{-1}$。该噪声源约为 $0.2\text{mg}/\sqrt{\text{Hz}}$。

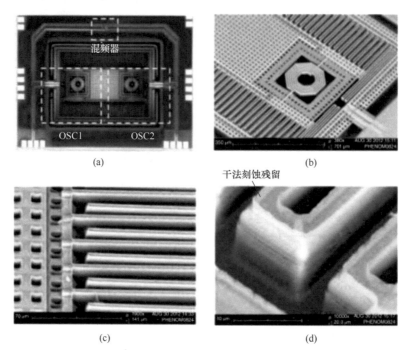

图 8.67　基于 LC 谐振腔的电容式加速度计。(a) 芯片照片；
(b) 释放得到的传感器；(c) 传感梳齿；(d) 弹簧放大 SEM 图像
来源：Chiu et al.[169]. © 2013，IEEE

8.6.2.3　电感式传感器

电感式传感器不如电阻式和电容式传感器常见，主要是因为微型 CMOS 或 MEMS 电感器由于串联电阻 R_s 和涡流引起的基底损耗，通常具有较差的品质因数 $Q=\omega L/R_s$。然而，在 CMOS MEMS 技术中，由 BOEL 金属和氧化层制成的释放结构，容易产生残余应力引起卷曲，如图 8.64（d）所示。在这种情况下，附着在可移动质量块上的电极和附着在固定基底上的电极，会产生相对位移和倾斜，导致电容值和传感器灵敏度的降低及不确定性。尽管有学者提出了卷曲匹配框架来缓解这个问题[162]，但仍然很难在每个制造批次中精确控制电容。如果采用悬浮压敏电阻进行传感，残余应力将导致电阻值的初始偏移，并影响传感器性能。相反，电感器的电感取决于电感器绕组的形状和面积。因此，释放的传感电感器的电感对残余应力引起的结构卷曲不太敏感。

Chiu 等人[170] 提出了一种具有片上传感电感器和读出电路的平面传感加速度计。如图 8.68 所示，机械弹簧-质量块的结构，类似于传统 MEMS 加速度计的结构。然而，嵌入弹簧中的金属线设计为封闭的线圈绕组。因此，弹簧（spring）和电感器（inductor）共享相同的物理结构，称为"弹簧电感器"（sprinductor）。在图 8.68（a）中，静止质量块两侧的弹簧电感器具有相同的形状、面积和电感。在图 8.68（b）中，由外部加速度导致质量块发生位移。因此，一侧的转子具有较大的面积和电感，而另一侧的转子具有较小的面积和电感。这种差分转子传感可以用于两个带有可变电感器和固定电容器的 LC 振荡器,频率输出检测方案类似于图 8.66 中的方案。在文献 [171] 中,类似的设计得到了扩展,并应用于只有单个质量块的三轴加速度计。如图 8.69 所示,八边形质量块被八个弹簧电感器包围,形成四个差分传感对。x 和 y 传感转子与图 8.68 中所示的类似。为了传感 z 轴位移,沿绕组采用不同的金属层堆叠,传感转子的有效线圈平面与芯片表面(xy 平面)相互倾斜,如图 8.69(b)所示。因此,当质量块沿 z 方向移动时,线圈平面的倾斜角会发生变化,从而导致线圈面积和电感发生变化。三组差分 LC 振荡器用于检测三个轴的位移和加速度,并排斥跨轴信号。

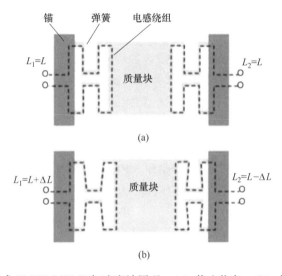

图 8.68 传感式 CMOS MEMS 加速度计原理。(a) 静止状态;(b) 在外部加速度下
来源:Y. Chiu et al.[170]. © 2016,IEEE

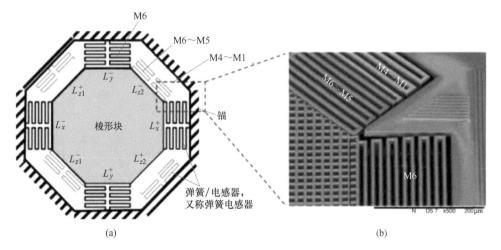

图 8.69 单质量块三轴传感加速度计。(a) 概念图;(b) z 向电容传感器
来源:Chiu et al.[171]. © 2017,IEEE

8.6.2.4 谐振传感器

环形振荡器和 LC 谐振腔振荡器是电振荡器,品质因数低,因此振荡频率的稳定性和传

感分辨率受到限制。这个问题可以通过用机械谐振器替换 LC 电谐振器来解决，机械谐振器在空气中的品质因数 Q 范围为 300～500，在低压环境中为 1500～2000。因此可以提高这种基于机械谐振器的振荡器的频率稳定性和传感分辨率，它们大约与 $1/Q$ 成正比。

为了实现 MEMS 振荡器，机械谐振结构（例如悬臂梁或质量块-弹簧系统）封闭在闭环系统中。由传感机构检测谐振器的位移，并用于通过力传感器驱动谐振器，直到自持振荡。考虑到材料和工艺的兼容性，CMOS MEMS 器件中最常见的传感机制是电容和压阻传感，而驱动力可以是静电、电热以及电磁力。有学者[150,151]报道的气体传感器中，吸附的气体由质量敏感的谐振梁振荡器检测，如图 8.70 所示；采用全微分电阻惠顿电桥测量位移，由电阻加热的电热驱动驱动梁；空气中 Q 因子为 950，标称振荡频率为 380kHz，短期频率稳定度为 0.03Hz，甲苯检出限小于 1ppm。在相关报道[152]中，电热驱动被电磁驱动取代，以降低功耗。有学者[128]展示了采用电容位移传感和静电驱动的 CMOS MEMS 振荡器，用于气体传感 [图 8.42（a）]；标称振荡频率为 5475kHz，信噪比为 40dB；计算出的灵敏度为 23.6pg/Hz。有学者[129]展示了一种类似的器件，用于具有电阻位移传感和静电驱动的化学武器检测 [图 8.42（b）]；振荡频率约为 90kHz，具有 20ppb 的神经刺激剂的检测限。有学者[172]报道了一种具有电容位移传感和静电驱动的振荡器，证明可以在液体中工作以检测液体的弹性阻尼效应；一个较宽范围锁相环（PLL）用于存在潜在大谐振频移的情况下，维持振荡；在测试过程中，振荡在空气和各种液体中持续，频率范围为 46～211kHz。

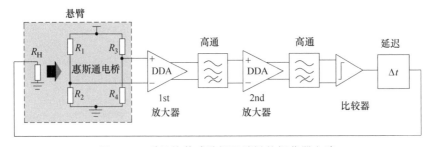

图 8.70　质量块传感谐振悬臂梁的振荡器电路

来源：Hagleitner et al.[151]　© 2002，IEEE

8.7　问题与思考

CMOS MEMS 工艺具有 IC 和微机械结构单片集成的优点。尽管具有各种器件易于集成、成熟的制造工艺以及在许多 IC 代工服务中的可用性等优点，但在使用 CMOS MEMS 工艺实现悬浮机械器件时，仍有许多问题不容忽视。在本节中，首先讨论了许多常见问题，例如残余应力、CTE 失配和薄膜蠕变等，这些问题可能出现在许多 MEMS 器件中。之后，还解释了谐振器和振荡器中可能出现的具体问题，以展示 CMOS MEMS 应用的详细设计问题。

8.7.1　残余应力、CTE 失配和薄膜蠕变

薄膜的残余应力、薄膜之间的 CTE 失配等都会给悬浮的 CMOS MEMS 结构带来问

题[140,173]。由薄膜残余应力引起的悬浮 MEMS 结构的初始变形,是器件设计和实施中的关键问题。此外,由于薄膜之间的 CTE 失配,由金属和介电复合薄膜形成的悬浮 CMOS MEMS 结构将因环境(或操作)温度的变化而变形。悬浮的 CMOS MEMS 结构的形状可能随时间变化,这是 MEMS 器件可靠性的另一个问题。因此,本小节将讨论 CMOS MEMS 结构的三个主要问题,包括:

① 初始变形:由于工艺后立即出现薄膜残余应力。
② 热变形:由于操作过程中薄膜的 CTE 失配。
③ 长期稳定性。

8.7.1.1 初始变形——残余应力

除了弹性模量、泊松比和 CTE 等薄膜的基本力学性能外,残余应力也是影响 MEMS 器件性能的重要参数。此外,可以利用残余应力的变化来监测薄膜的状态。目前已经有很多学者致力于研发不同的方法和测试结构,用于表征薄膜残余应力[174-177]。CMOS MEMS 平台制造的悬浮机械结构由多层金属和介电薄膜堆叠而成。根据薄膜工艺的特点,每一层都有不同的残余应力,导致弯矩施加在由多层薄膜组成的悬挂结构上。如图 8.71(a)的 SEM 显微照片所示,悬浮的 CMOS MEMS 悬臂因薄膜残余应力而变形。此外,由于薄膜残余应力,图 8.71(b)中的悬臂以小曲率半径卷曲。这些在制造过程之后发生的额外变形会影响 CMOS MEMS 器件的性能。造成沉积薄膜残余应力的原因有很多,例如,在低温沉积过程中经常会出现薄膜的变形[178],而薄膜和基层之间的 CTE 失配可能是导致高温沉积过程中产生残余应力的主要原因[179];此外,沉积工艺之后的各个步骤也可能会给薄膜带来残余应力,例如化学机械平坦化(CMP)。因此,CMOS 工艺的薄膜残余应力的形成和状态是复杂的。如图 8.72 所示,薄膜残余应力可用简化方程表示[174]:

$$\sigma_{\text{total}} = \sigma_0 + \sigma_1 \left(\frac{y}{h/2} \right) \tag{8.2}$$

其中,y 是跨过薄膜厚度 h 的坐标,坐标原点选择在薄膜厚度的中间平面;参数 σ_0 表示均匀残余应力;σ_1 表示梯度残余应力。结构从基底脱离后,均匀梯度的残余应力会被释放,进一步导致结构的初始变形。对于单层薄膜结构(即悬臂梁),它会由梯度应力引起的弯矩产生弯曲[174,180]。对于多层薄膜结构,例如由金属和介电复合层形成的 CMOS 悬臂梁,

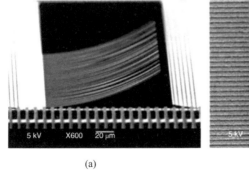 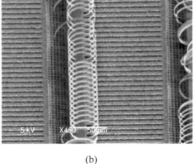

(a) (b)

图 8.71 用 CMOS MEMS 技术制造的测试悬臂。(a) 具有相同堆叠的悬臂在从基底上释放后向上弯曲;(b) 由于薄膜残余应力而导致的初始弯曲非常大

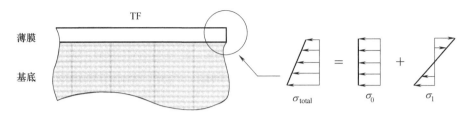

图 8.72 薄膜残余应力支配项包括均匀应力和梯度应力，这导致悬浮结构在薄膜从基底释放后发生平面外变形

来源：Fang and Wickert[174]. © 1996, IOP Publishing

它会受到弯矩影响而产生弯曲，不仅是梯度残余应力，而且每层不同的均匀残余应力都会产生弯曲力矩。

由于标准 CMOS 工艺由许多堆叠层组成，并且代工厂也要求严格的制造规则，因此表征每个 CMOS 层的残余应力并不简单。正如文献［181-183］中所讨论的，设计人员依靠一些测试结构来预测 MEMS 结构的变形。图 8.73 展示了基于 8.3 节中讨论的 TSMC $0.35\mu m$ 2P4M CMOS 工艺[181]，该设计为具有不同金属和介电层堆叠的测试悬臂。图 8.74（a）中的显微照片为图 8.73[181] 中描绘的测试悬臂的制造结果。图 8.74（b）进一步显示了四个阵列（用Ⅰ、Ⅱ、Ⅲ和Ⅳ标记），悬臂由不同的金属和介电层堆叠而成。悬浮的测试悬臂因金属和介电薄膜的残余应力而弯曲。由光学白光干涉仪测量悬臂所得的典型变形曲线，如图

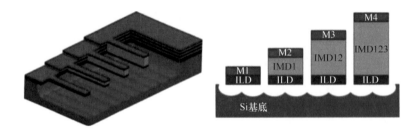

图 8.73 按金属和介电层成分制备的具有四种堆叠类型的测试悬臂结构，由 TSMC $0.35\mu m$ 2P4M CMOS 工艺制造

来源：Cheng et al.[181]. © 2015, IOP Publishing

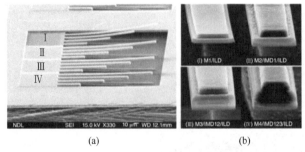

(a)　　　　(b)

图 8.74 制造结果。(a) 标有Ⅰ、Ⅱ、Ⅲ和Ⅳ的四个悬臂阵列与图 8.73 中所示的堆叠相关联，例如，阵列Ⅰ和Ⅱ中悬臂的堆叠层分别为 M1/ILD 和 M2/IMD1/ILD；(b) 分别为Ⅰ～Ⅳ中的测试悬臂的横截面图

来源：Cheng et al.[181]. © 2015, IOP Publishing

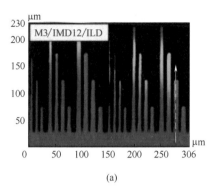
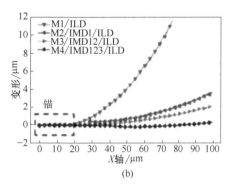

图 8.75 由商用光学干涉仪测量图 8.73 所示的典型四层堆叠变形分布。
(a) 标有扫描方向的俯视图；(b) 各种悬臂的变形曲线

8.75。图 8.75（a）中的虚线箭头表示扫描方向，结果绘制在图 8.75（b）中。结果表明悬臂的弯曲曲率会随着堆叠层数而变化。因此，基于测试梁（悬臂梁或桥）的结果，确定了能够较好用于结构设计的层堆叠。还提出了用于降低 CMOS MEMS 结构残余应力影响的设计概念。例如，有学者[17]报道的应力补偿环设计，已广泛用于增加 CMOS MEMS 传感器的电容传感电极的重叠面积[184,185]。作为第二个例子，有学者[173-181,183-186]提出了对称层堆叠设计，用于消除由于力矩平衡引起的弯曲变形。此外，Akustica（2008 年被 Bosch 收购）提出了 CMOS MEMS 麦克风的应力消除设计[19]。具有较短等效梁长度的蛇形弹簧阵列，目的在于减少由于 CMOS 层的残余应力引起的变形[187,188]。

8.7.1.2 热变形——热膨胀系数失配

由于金属和电介质薄膜（介电层）之间的 CTE 失配，由金属/电介质复合层组成的悬浮 CMOS MEMS 结构经常产生不必要的平面外弯曲变形，这是由于操作期间的温度变化引起的[140]。这种平面外变形将进一步影响 CMOS MEMS 器件的性能，例如，导致两个电极之间的传感间隙发生变化[140]或减少梳状电极的重叠面积[17]。图 8.76 为一个简单的双层悬臂模型，以显示由于金属/介电层的 CTE 失配导致的平面外变形。悬臂由长度为 L、弹性模量为 E_1 和 E_2、热膨胀系数为 α_1 和 α_2、厚度为 h_1 和 h_2 的两个薄膜（分别表示为层 1 和层 2）组成。根据两个薄膜之间 CTE 的失配，双层悬臂将在温度变化期间以恒定的曲率半径 R 弯曲出平面。双层悬臂的曲率半径 R 与温度变化 ΔT 之间的关系可以表示为[189]：

$$\frac{1}{R} = \frac{6(\alpha_2 - \alpha_1)\Delta T(1+m)^2}{h\left[3(1+m)^2 + (1+mn)\left(m^2 + \dfrac{1}{mn}\right)\right]} \tag{8.3}$$

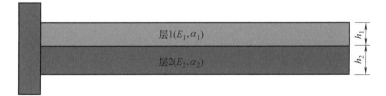

图 8.76 确定薄膜 CTE 的双层悬臂模型

来源：Timoshenko[189]. Courtesy of Prof. Weileun Fang

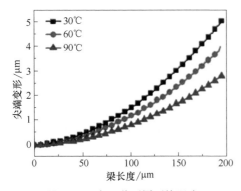

图 8.77 在三种不同环境温度
下双层（金属和介电层）
悬臂梁的典型测量变形曲线
来源：Courtesy of Prof. Weileun Fang

其中，h 是双层悬臂的总薄膜厚度（$h = h_1 + h_2$）；参数 m 和 n 分别表示 $m = h_1/h_2$ 和 $n = E_1/E_2$。在图 8.77 中，测量了随环境温度变化的双层（金属和介电层）悬臂梁的变形。由于顶部金属层具有比底部介电层更大的 CTE，双层悬臂会随着环境温度的升高而向下弯曲。表 8.2 进一步显示了在两种不同环境温度下四种不同类型堆叠层（如图 8.73 所示）悬臂的测量曲率半径。悬臂在 30℃（室温）下的初始弯曲变形是由薄膜残余应力引起的。当温度从 30℃升至 90℃时，使用中产生的热变形来自金属和介电层之间的 CTE 失配。

表 8.2 在两种不同环境温度（30℃、90℃）下各种堆叠类型的双层悬臂梁的测量曲率半径
来源：Cheng et al.[181]. © 2015, IOP Publishing

CMOS 薄膜	曲率半径(30℃)/mm	曲率半径(90℃)/mm
M4/IMD123/ILD	2.09±0.26	3.07±0.58
M3/IMD12/ILD	1.89±0.23	2.73±0.52
M2/IMD1/ILD	0.97±0.03	1.30±0.06
M1/ILD	0.22±0.02	0.26±0.03

为了预测热变形和应力，有学者报道了表征每个 CMOS 层的 CTE 的技术[181]，还建立了用于 TSMC 0.35μm 2P4M CMOS 工艺的薄膜的 CTE。此外，已经开发了几种方法来减少由于 CMOS MEMS 器件的 CTE 失配引起的变形。例如，有学者[184]介绍了使用纯氧化物的堆叠层制造 CMOS MEMS 结构的概念。采用 CMOS MEMS 平台制作了具有透明纯氧化物质量块的三轴加速度计。金属层仅用于传感电极以及电气布线。因此，可以减少由于 CTE 失配而导致的不需要的热变形。

8.7.1.3 长期稳定性——蠕变

由于 CMOS 工艺的金属层是铝合金，蠕变问题是悬挂结构的一个重要问题[190]。它可能会影响铝薄膜的力学性能，并进一步改变 CMOS MEMS 器件的性能。如图 8.73 所示，具有三个不同层堆叠（M2/IMD1/ILD、M3/IMD12/ILD 和 M4/IMD123/ILD）的测试悬臂是通过 CMOS MEMS 工艺制造的，以评估这些薄膜的长期稳定性。如图 8.74 所示，这三个不同堆叠层的测试悬臂分别表示为Ⅱ、Ⅲ和Ⅳ。为避免温度和湿度波动的影响，测试芯片存放在具有温度和湿度控制的环境室中。悬臂因薄膜的残余应力而变形，变形幅度的变化（尖端变形）可以代表薄膜残余应力的变化。图 8.78 中的测量描述了三个不同测试悬臂的最大尖端变形随时间的变化（记录了 18 个月）。对四个样品（标记为♯1～♯4）的测量过程，是针对相同堆叠层的悬臂进行的。结果表明，悬臂的尖端变形（即薄膜的残余应力）在前 6 个月内不稳定。随后，悬臂的尖端偏离变化较小。这种随时间变化的结构变形曲线是 CMOS MEMS 器件的关键设计问题。

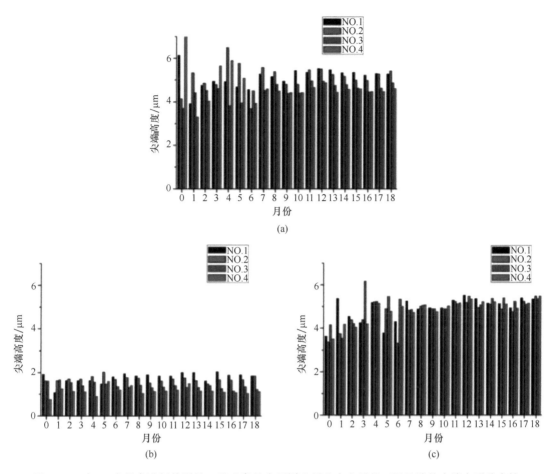

图 8.78 在 18 个月内进行的测量,以观察具有不同金属和介电层的双层悬臂的尖端变形稳定性。(a)~(c) 分别对应于图 8.73 中的 M2/IMD1/ILD、M3/IMD12/ILD 和 M4/IMD123/ILD

总之,薄膜的残余应力和 CTE 失配是 CMOS MEMS 器件的关键问题。由金属/介电层组成的 CMOS MEMS 结构通常具有由工艺后薄膜残余应力引入的初始变形,并且由于薄膜的 CTE 失配而在操作期间也存在变形。目前,可用的 CMOS MEMS 商用产品通常是非移动结构。例如,MEMSIC 采用悬浮式 CMOS MEMS 热隔离结构,来实现三轴热加速度计[35,191]。带有嵌入式加热器和温度传感器的悬挂式 CMOS MEMS 结构,用于检测加速度引起的温度变化。作为第二个例子,基于金属氧化物(MO_x)的气体传感器由 Sensirion[192] 提供。BCD 工艺(双极-CMOS-DMOS)与 DRIE 背面硅基底刻蚀工艺,一起用于制造该器件。MO_x 与目标气体的反应会导致检测电阻发生变化,因此通过 DRIE 刻蚀的 Si 腔可以增强热隔离。对于这两个成功的商业产品,悬浮的 MEMS 结构不需要静态变形或动态响应。

从未来的角度来看,如果 CMOS 代工厂能够致力于薄膜力学性能的研究和改进 CMOS MEMS 工艺,能实现的商业应用将显著增加。此外,代工厂已经研发了后 CMOS 晶圆键合和减薄工艺,以在 CMOS 芯片顶部垂直集成 Si 机械结构[27,193],如图 8.79 所示。与金属-电介质复合薄膜相比,SCS 具有更好和稳定的力学性能[194]。这是集成 MEMS 结构和 CMOS 电路的另一种选择。事实上,通过 CMOS 和后 CMOS 工艺,MEMS 反射镜和

CMOS 存储单元的垂直集成已经被 TI 公司著名的 DLP 产品证明[195]。TI 的结果证明,薄膜的可靠性和应力问题可以通过结构设计和制造工艺来解决。同样,MEMS 结构和 CMOS 电路的垂直集成也可以通过多晶 SiGe 薄膜的化学气相沉积(CVD)实现[196]。CVD 多晶 SiGe 可以满足 CMOS 芯片的热预算要求,因此可以沉积在 CMOS 芯片上以实现 MEMS 结构。垂直集成工艺方案可以在 12in 晶圆上实现 MEMS 器件[197]。

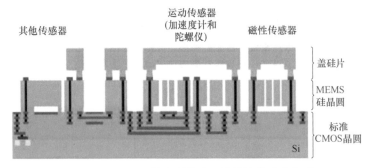

图 8.79 CMOS 芯片顶部硅机械结构的垂直集成

来源:Fang[27]. Courtesy of Prof. Weileun Fang

8.7.2 品质因数、材料损失和温度稳定性

有几个重要的指标来定义 MEMS 谐振换能器的性能,也是许多应用领域的基础概念,如频域信号处理(即振荡器[198,199]和滤波器[45])、低功耗和低噪声谐振传感器[200]及执行器[201]。其中,最重要的两个属性,即品质因数(Q)和 TC_f,在硅基 MEMS 谐振器中进行了全面研究[202,203]。然而,与具有超过 10^6 的超高 Q(f 与 Q 乘积 $>10^{13}$)[204]的单晶硅和多晶硅不同,温度补偿 CMOS MEMS 谐振器的一般品质因数 Q 仅在 $10^3 \sim 10^5$[205]。为了研究背后的原因,应仔细考虑温度补偿复合材料谐振器中不同机制的能量损失。

图 8.80 为温度补偿 CMOS MEMS 谐振器的示例,该谐振器由谐振梁、强制和拾取电极以及支撑系绳(即锚)组成。为提高温度稳定性,融合几种具有正负弹性模量温度系数(TC_E)的材料以形成复合材料谐振器。假设可以忽略热膨胀效应引起的频率变化,以下方程描述了具有复合

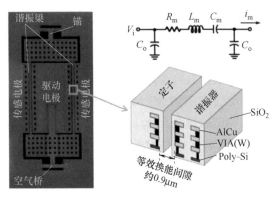

图 8.80 温度补偿 CMOS MEMS DETF 谐振器

来源:Prof. Ming-Huang Li

材料的横向振动梁谐振器的 TC_E 和 TC_f 之间的关系:

$$f(T) = (\beta l)^2 \sqrt{\frac{\sum E_i(T) I_i}{\sum \rho_i(T) A_i}} \times \frac{1}{l^2}, TC_f = \frac{1}{f(T_o)} \left(\frac{\partial f_o}{\partial T} \right)_{T_o} \quad (8.4)$$

其中,l 是谐振器的长度;βl 是模式常数;E_i、I_i、ρ_i 和 A_i 分别是第 i 种材料的弹性模量、面积惯性矩、密度和横截面积。在 CMOS MEMS 平台中,金属层(AlCu/TiN 复合

材料)、钨（通孔）和二氧化硅（IMD）的材料常数（弹性模量、密度和 TC_E）汇总在表 8.3 中。显然，该平台可以针对零 TC_f 设计，因为正负 TC_E 均由构成材料提供。例如，有文献报道[199]中的 DETF CMOS MEMS 谐振器显示了被动补偿的一阶 $TC_f < 1 ppm \cdot K^{-1}$。

表 8.3 CMOS MEMS FEOL/BEOL 材料的材料特性列表

来源：Li et al.[205]. © 2015, IEEE

	E/GPa	ρ/kg·m^{-3}	TC_E/ppm	$Q_{Material}$
金属（AlCu）	70	2700	−620	>100000
通孔（W）	411	19500	−6	约 2000
多晶硅	160	2300	−30	>100000
IMD（SiO$_2$）	70	2200	+180	约 3000

为了理解 Q 和 TC_f 之间的关系，我们首先考虑由不同能量损失机制贡献的单个 Q。谐振器的总 Q 因子通常可以近似为

$$\frac{1}{Q_{Total}} \approx \frac{1}{Q_{Anchor}} + \frac{1}{Q_{TED}} + \frac{1}{Q_{MAT}} \tag{8.5}$$

其中，Q_{Anchor}、Q_{TED} 和 Q_{MAT} 分别是锚损失、热弹性阻尼（TED）损失和材料损失的 Q 因子。对于在真空中工作的谐振器，空气阻尼被忽略。下面让我们一一回顾式（8.5）中的 Q。

8.7.2.1 锚损失

锚损失来自谐振器体通过其支撑系绳向环境传出的弹性能量[202,205]。通常，它被认为是 MEMS 谐振器最重要的 Q 限制因素之一。因此，有大量论文讨论了最大化 Q_{Anchor} 的优化设计。对于具有平面内运动的谐振器，带有公共锚点的平衡双谐振器设计是获得高 Q 锚点的有效解决方案。例如，参考文献 [204] 中的双环硅谐振器，通过最大化系统中的声能限制，来获得非常高的 Q。然而，锚损失不会成为 CMOS MEMS 的主要损失机制，因为模拟的 Q_{Anchor} 远高于常见设计的测量 Q。相反，TED 和材料损失会在一般情况下导致主要能量损失。

8.7.2.2 热弹性阻尼（TED）损失

TED 来自机械应变和温度之间的耦合。热膨胀代表尺寸随温度变化而发生的变化，因此这种效应也适用于另一个方向。对于大多数材料，压缩应变会增加固体的温度，反之亦然。因此，振动过程中可能会产生热流以松弛变形谐振器中的温度梯度（由应变梯度引起），导致能量永久损失。对于横向振动的弯曲梁，Q_{TED} 可以通过齐纳公式[206]很好地预测。对于 CMOS MEMS 谐振器等复合材料形成的谐振器，有限元分析被广泛用于 TED 估计。然而，对于温度补偿的 DETF CMOS MEMS 谐振器[205]，Q_{TED} 仍然比测量的 Q 高一个数量级。

8.7.2.3 材料和界面损失

对于复合 CMOS MEMS 谐振器，相互接触的材料可能会以多种方式耗散能量，从直接应变耦合到有损金属，再到金属-氧化物界面的滞后运动。设计开发一个分析模型来预测它是相当困难的。因此，为了推导出复杂谐振器的 Q_{MAT}，可以应用一个简单的模型从实验数据中提取单个材料 Q：

$$\frac{1}{Q_{\text{MAT}}} = \frac{\text{SE}_{\text{AlCu}}}{Q_{\text{AlCu}}} + \frac{\text{SE}_{\text{SiO}_2}}{Q_{\text{SiO}_2}} + \frac{\text{SE}_{\text{W}}}{Q_{\text{W}}} + \frac{\text{SE}_{\text{PolySi}}}{Q_{\text{PolySi}}} \tag{8.6}$$

等号右侧，分母是单个材料的 Q；分子是对应结构材料的分数应变能。对于许多开发的 CMOS MEMS 谐振器，使用参考文献[205]中的方法提取的 Q，如表 8.3 所示。总而言之，对于复合材料制成的谐振器，金属和氧化物之间的界面损失被认为是主要的损失机制。

因此，我们将该模型应用于采用 $0.35\mu m$ 2P4M CMOS 工艺制备，材料为 AlCu、W 和 SiO_2 组成的 CMOS MEMS 音叉谐振器；模型[205]可以很好地预测 Q 的上限，如图 8.81 所示。它还表明，物质损失需要在高 Q 和低 TC_f 之间进行权衡。根据文献[37]，用于电气布线的金属最少（以减少界面损失的影响）的纯氧化物谐振器，通常表现出非常高的 Q 和巨大的 TC_f。例如，48MHz CMOS MEMS 拉梅模式谐振器的 Q 值超过 10000，其 fQ 乘积为 5.4×10^{11}，同时 TC_f 约为 80ppm·K^{-1}[207]（图 8.82）。类似的概念也适用于带有嵌入式压阻检测器的"狗骨"Ⅱ-Bar 谐振器[40]，$Q > 12000$。最后，图 8.83 总结了 CMOS MEMS 谐振器的温度系数和 Q 的性能[205]。

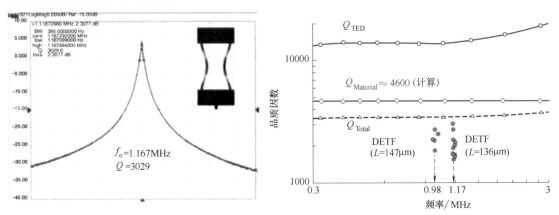

图 8.81 使用参考文献[205]中提出的方法估计的 Q。圆圈图例表示测量结果。测得的最高 Q 值是 3029

来源：Li et al. © 2015，IEEE

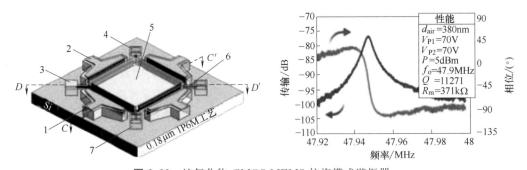

图 8.82 纯氧化物 CMOS MEMS 拉梅模式谐振器

来源：Chen et al.[37]. © 2012，IEEE

1～4—端口 1～端口 4 电极；5—SiO_2 谐振器；6—微支柱；7—锚

8.7.3 电介质充电

静电换能广泛用于 CMOS MEMS 器件中，以激发和检测机械结构的运动。然而，在

8.2.1 节介绍的金属牺牲工艺中，介电侧壁在静电执行器和电容传感器中会产生充电现象。在电介质中充电，会导致谐振器频率漂移，并缩短器件的使用寿命。电荷引起的频率漂移，由侧壁介电层中的电子陷阱引起，产生内置电压 $\Delta V(\tau)$。同时，$\Delta V(\tau)$ 包含一个时间相关变量 τ 来描述电荷弛豫时间。因此，电介质充电现象会导致谐振频率随时间漂移，从而限制了 CMOS MEMS 器件的应用。例如，CMOS MEMS DETF 谐振器的谐振频率在高温下工作 40min 内，漂移超过 2500ppm[52]。

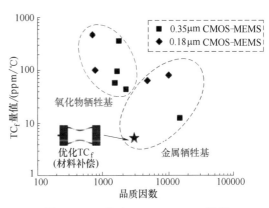

图 8.83 已发布 CMOS MEMS 谐振器的 TC_f 和 Q 汇总

来源：Li et al.[205]. © 2015，IEEE

幸运的是，这个问题可以通过去除静电换能器中的介电侧壁来缓解，即通过牺牲氧化物的工艺和 TiN-C 材料来完成（8.2.1 节）。此外，在介电侧壁上涂覆一些导电介质可以有效地消除与电荷相关的频率漂移。有学者报道[208] 剥离图案化原子层沉积（ALD）的导电层（TiO_2）选择性地涂覆在 CMOS MEMS 侧壁，薄的 TiO_2 层将充电时间常数大幅降低到 1s 以下，从而极大地提高了长期频率稳定性，如图 8.84 所示。

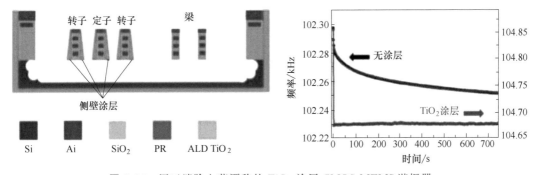

图 8.84 用于消除电荷漂移的 TiO_2 涂层 CMOS MEMS 谐振器

来源：Lin et al.[208]. © 2019，IEEE

8.7.4 振荡器中的非线性和相位噪声

机械谐振器中的非线性，源于振荡幅度和驱动力之间的自然耦合。在 CMOS MEMS 器件中，静电换能对电容谐振器产生了较大的偏置相关非线性。如图 8.80 中带有直流偏置电压 V_P 的 DETF 谐振器，非线性运动方程（EOM）可以表示为：

$$m_{re}\ddot{x} + c_{re}\dot{x} + (k_{m1} + k_{e1})x + (k_{m3} + k_{e3})x^3 = \frac{2\varepsilon_0 A}{d^2} V_P V_{drive} \quad (8.7)$$

其中，k_{e1} 和 k_{e3} 是偏置相关的负弹簧常数；k_{m1} 和 k_{m3} 分别是线性和三次机械非线性弹簧。在这个方程中，合成的三次非线性刚度参数可以进一步写为：

$$k_3 = k_{m3} + k_{e3} = 0.767 \frac{k_{m1}}{W_B^2} - \frac{2\varepsilon_0 A}{d^5} V_P^2 \tag{8.8}$$

其中，W_B 是振动梁的宽度；A 是静电换能器的总表面积。在 V_P 较高的情况下，对于具有亚微米换能间隙（d）的电容谐振器，机械弹簧常数远小于电气弹簧常数。图 8.85 说明了具有归一化幅度的稳态解，以显示非线性幅频（A-f）响应[209]。在图中，由于负三次弹簧，峰向左弯曲。

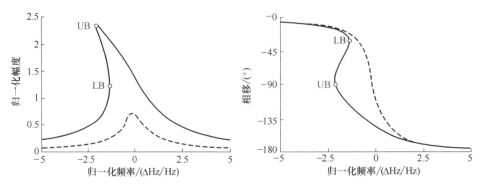

图 8.85 非线性谐振器的归一化振动幅度。假设三次非线性为负。UB 和 LB 表示上下分叉点

来源：Li et al.[209]. © 2018，IEEE

通常，当谐振器以大振幅驱动时，非线性 A-f 响应会引起额外的幅度相位调制（AM-PM）相位噪声转换[210]。这种效应通常会将幅度噪声分量（即电压和电流噪声）转换为具有斜率更大（通常为 $-30\text{dB} \cdot \text{dec}^{-1}$）的相位噪声。最近，研究人员已经证明，在较低的分叉点（图 8.85 中的 LB）运行振荡器时，振荡频率的相位变化最小化[211-213]。图 8.86 显示了在 CMOS MEMS 振荡器中展示的相位噪声消除效果，显示出极具竞争力的优值为 190dB[209]。

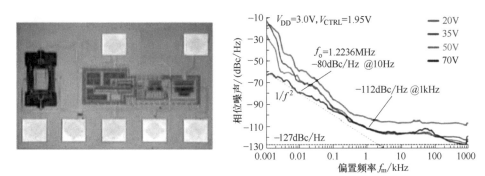

图 8.86 非线性 CMOS MEMS 振荡器中的相位噪声消除效果

来源：Li et al.[209]. © 2018，IEEE

8.8 总结

工艺开发是 MEMS 产品商业化的瓶颈之一。迄今为止，有许多 CMOS 代工厂提供成熟和标准的制造工艺。通过使用这些现有的 CMOS 制造资源来设计和实施 MEMS 器件，会是

一种具有成本效益的解决方案。因此，CMOS MEMS 方法在连接 CMOS 和 MEMS 技术方面发挥着重要作用。在本节中，首先介绍用于刻蚀薄膜和硅基底的各种后 CMOS 工艺模块。随后，展示了这些工艺模块的集成，以在两种标准 CMOS 工艺上实现不同的 MEMS 传感器和执行器。本章节还展示了集成许多工艺的可能性，例如沉积、成型、组装等，以使用不同于 CMOS 工艺的材料制造 MEMS 结构。最后，演示了不同 MEMS 传感器和执行器以及传感和控制电路的制造和集成。这些示例展示了 CMOS MEMS 技术的未来目标：分别为代工厂和设计公司的组合传感器平台启用 MPW 服务。然而，在 CMOS MEMS 器件商业化之前，仍有许多关于工艺和材料的问题需要解决，例如残余应力、CTE 失配、可靠性等。

根据 2005 年国际半导体技术路线图（ITRS）的报告，半导体相关技术的发展，如图 8.87 所示，有两个不同的趋势：①遵循摩尔定律的小型化（纵轴）不断减小组件的尺寸，称为"More Moore"（深度摩尔）；②多样化（在横轴上），将半导体工艺技术增加到许多不同的领域应用程序，命名为"More than Moore"（超摩尔）[214]。然而，器件尺寸小型化的"深度摩尔"趋势最终将达到物理极限。此外，先进的工艺技术需要非常昂贵的设备投资。在这方面，利用现有的 CMOS 工艺技术，通过"超摩尔"的趋势，开发传感器、执行器、生物芯片等 MEMS 器件，可能是扩展半导体行业应用的一种经济有效的方法。因此，CMOS MEMS 可能是消除成熟 CMOS 技术与新兴 MEMS 之间差距的一种具有前景的方法，并为半导体行业提供附加价值。目前，商用 CMOS MEMS 产品采用 CMOS 工艺中的悬浮金属和介电复合层，以及 CMOS 芯片顶部的悬浮多晶 SiGe 和 Si 机械结构。此外，由于多样化而非小型化是朝着"超摩尔"路线图开发的微系统的主要焦点，可用于 CMOS 工艺的金属和介电薄膜材料无法满足各种应用的要求。因此，除了标准 CMOS 工艺的图案化金属-介电层之外，已经建立了许多不同的方法来实现标准 CMOS 芯片上的悬浮机械结构，例如，厚硅层的键合和减薄以及额外的多晶硅或多晶 SiGe 层的沉积。尽管本章主要描述第一种方法，其他两种方法也可以提供 CMOS MEMS 结构的不同特性。如果有其他功能材料，如压电薄膜、多孔材料等，并且与 CMOS 和后 CMOS 工艺兼容，则可以进一步增强 CMOS

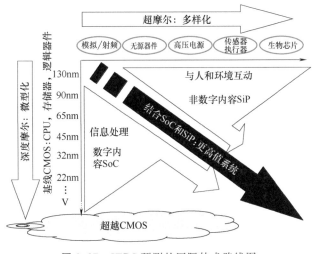

图 8.87　ITRS 预测的国际技术路线图

来源：International Technology Roadmap for Semiconductors. 2005 Edition[214]

MEMS 器件的应用。

参 考 文 献

1 Bustillo, J. M., Howe, R. T., and Muller, R. S. (1998). Surface micromachining for microelectromechanical systems. *Proc. IEEE* 86 (8): 1552-1574.

2 Zyung, T., Kim, S. H., Chu, H. Y. et al. (2005). Flexible organic LED and organic thin-film transistor. *Proc. IEEE* 93 (7): 1265-1272.

3 Lee, J. B., Chen, Z., Allen, M. G. et al. (1995). A miniaturized high-voltage solar cell array as an electrostatic MEMS power supply. *IEEE J. Microelectromech. Syst.* 4 (3): 102-108.

4 Huang, H., Winchester, K. J., Suvorova, A. et al. (2006). Effect of deposition conditions on mechanical properties of low-temperature PECVD silicon nitride films. *Mater. Sci. Eng.* A435 (5): 453-459.

5 Fan, L.-S., Tai, Y.-C., and Muller, R. S. (1988). Integrated movable microme chanical structures for sensors and actuators. *IEEE Trans. Electron Dev.* 35 (6): 724-730.

6 Fan, L.-S., Tai, Y.-C., and Muller, R. S. (1988). *IC-Processed Electrostatic Micro-Motors*, 666-669. San Francisco, CA: IEEE IEDM.

7 Tang, W. C., Nguyen, T.-C. H., Judy, M. W., and Howe, R. T. (1990). Electrostatic-comb drive of lateral polysilicon resonators. *Sens. Actuators A* 21: 328-331.

8 Pister, K. S. J., Judy, M. W., Burgett, S. R., and Fearing, R. S. (1992). Microfabricated hinges. *Sens. Actuators A: Phys.* 33: 249-256.

9 Wu, M. C. (1997). Micromachining for optical and optoelectronic systems. *Proc. IEEE* 85 (11): 1833-1856.

10 Comtois, J. H. and Bright, V. M. (1997). Applications for surface-micromachined polysilicon thermal actuators and arrays. *Sens. Actuators A: Phys.* 58: 19-25.

11 Muller, R. S. and Lau, K. Y. (1998). Surface-micromachined microoptical elements and systems. *Proc. IEEE* 86 (8): 1705-1720.

12 Langfelder, G., Dellea, S., Zaraga, F. et al. (2012). The dependence of fatigue in microelectromechanical systems on the environment and the industrial packaging. *IEEE Trans. Ind. Electron.* 59 (12): 4938-4948.

13 Renard, S. (2000). Industrial MEMS on SOI. *J. Micromech. Microeng.* 10: 245-249.

14 Perlmutter, M. and Robin, L. (2012). High-performance, low cost inertial MEMS: a market in motion. Proceedings of the 2012 IEEE/ION Position, Location and Navigation Symposium, Myrtle Beach, SC, 225-229.

15 Schaller, R. R. (1997). Moore's law: past, present and future. *IEEE Spectr.* 34 (6): 52-59.

16 Fedder, G. K. (2005). CMOS-based sensors. In: *IEEE Sensors* 2005, 125-128. Irvine, CA, USA.

17 Zhang, G., Xie, H., de Rosset, L. E., and Fedder, G. K. (1999). A lateral capacitive CMOS accelerometer with structural curl compensation. 12th IEEE Micro Electro Mechanical Systems (MEMS), Orlando, FL, USA, 606-611.

18 Xie, H., Erdmann, L., Zhu, X. et al. (2002). Post-CMOS processing for highaspect-ratio integrated silicon microstructures. *IEEE J. Microelectromech. Syst.* 11 (2): 93-101.

19　Neumann, J. J. and Gabriel, K. J. (2002). CMOS-MEMS membrane for audiofrequency acoustic actuation. *Sens. Actuators A: Phys.* 95: 175-182.

20　Baltes, H., Paul, O., and Brand, O. (1998). Micromachined thermally based CMOS microsensors. *Proc. IEEE* 86 (8): 1660-1678.

21　Chavan, A. V. and Wise, K. D. (2002). A monolithic fully-integrated vacuumsealed CMOS pressure sensor. *IEEE Trans. Electron Dev.* 49 (1): 164-169.

22　Hierlemann, A., Brand, O., Hagleitner, C., and Baltes, H. (2003). Microfabrication techniques for chemical/biosensors. *Proc. IEEE* 91 (6): 839-863.

23　Gu, L., Huang, Q. -A., and Qin, M. (2004). A novel capacitive-type humidity sensor using CMOS fabrication technology. *Sensors Actuators B Chem.* 99 (2-3): 491-498.

24　Reinke, J., Fedder, G. K., and Mukherjee, T. (2010). CMOS-MEMS variable capacitors using electrothermal actuation. *IEEE J. Microelectromech. Syst.* 19 (5): 1105-1115.

25　Chen, W. -C., Fang, W., and Li, S. -S. (2011). A generalized CMOS-MEMS platform for micromechanical resonators monolithically integrated with circuits. *J. Micromech. Microeng.* 21 (6): 065012.

26　Dai, C. -L., Xiao, F. -Y., Juang, Y. -Z., and Chiu, C. -F. (2005). An approach to fabricating microstructures that incorporate circuits using a post-CMOS process. *J. Micromech. Microeng.* 15 (1): 98-103.

27　Fang, W., Li, S. -S., Cheng, C. -L. et al. (2013). "CMOS MEMS: a key technology towards the 'more than Moore' era," in the 17th International Conference on Solid-State Sensors, Actuators and Microsystems (TRANSDUCERS'13), Barcelona, Spain, pp. 2513-2518.

28　Sun, C. -M., Wang, C., Tsai, M. -H. et al. (2009). Monolithic integration of capacitive sensors using a double-side CMOS MEMS post process. *J. Micromech. Microeng.* 19 (1): 015023.

29　Tsai, M. -H., Sun, C. -M., Liu, Y. -C. et al. (2009). Design and application of a metal wet-etching post-process for the improvement of CMOS-MEMS capacitive sensors. *J. Micromech. Microeng.* 19 (10): 105017.

30　Sun, C. -M., Tsai, M. -H., Wang, C. et al. (2009). "Implementation of a monolithic TPMS using CMOS-MEMS technique," in the 15th International Conference on Solid-State Sensors, Actuators and Microsystems (TRANSDUCERS'09), Denver, CO, pp. 1730-1733.

31　Qu, H. (2016). CMOS MEMS fabrication technologies and devices. *Micromachines (Basel).* 7 (1): 14.

32　Mansour, R. R. (2013). RF MEMS-CMOS device integration: An overview of the potential for RF researchers. *IEEE Microw. Mag.* 14 (1): 39-56.

33　Chen, C. -Y., Li, M. -H., and Li, S. -S. (2018). CMOS-MEMS resonators and oscillators: A review. *Sens. Mater.* 30: 733-756.

34　Chen, C. -Y., Li, M. -H., Zope, A. A., and Li, S. -S. (Oct. 2019). A CMOS-integrated MEMS platform for frequency stable resonators - Part I: Fabrication, implementation and characterization. *IEEE/ASME J. Microelectromech. Syst.* (JMEMS) 28 (5): 744-754.

35　Liu, Y., Tsai, M., Chen, W. et al. (2013). Temperature-compensated CMOS-MEMS oxide resonators. *J. Microelectromech. Syst.* 22 (5): 1054-1065.

36　Chen, W., Li, M., Liu, Y. et al. (2012). A fully differential CMOS-MEMS DETF oxide resonator with Q＞4800 and positive TCF. *IEEE Electron Dev. Lett.* 33 (5): 721-723.

37 Chen, W., Fang, W., and Li, S. (2012). "VHF CMOS-MEMS oxide resonators with Q＞10000," presented at the 2012 IEEE International Frequency Control Symposium Proceedings, pp. 1-4.

38 Li, M.-H., Chen, C.-Y., Li, C.-S. et al. (2015). Design and characterization of a dual-mode CMOS-MEMS resonator for TCF manipulation. *J. Microelectromech. Syst.* 24 (2): 446-457.

39 Chen, W., Fang, W., and Li, S. (2012). High-Q integrated CMOS-MEMS resonators with deep-submicrometer gaps and quasi-linear frequency tuning. *J. Microelectromech. Syst.* 21 (3): 688-701.

40 Li, C.-S., Li, M.-H., Chin, C.-H. et al. (2003). A piezoresistive CMOS-MEMS resonator with high Q and low TCF. Presented at the 2013 Joint European Frequency and Time Forum & International Frequency Control Symposium (EFTF/IFC), 425-428.

41 Chang, J., Li, C., Chen, C., and Li, S. (2015). Performance evaluation of CMOSMEMS thermal-piezoresistive resonators in ambient pressure for sensor applications. Presented at the 2015 Joint Conference of the IEEE International Frequency Control Symposium & the European Frequency and Time Forum, 202-204.

42 Liu, T.-Y., Chu, C.-C., Li, M.-H. et al. (2017). CMOS-MEMS thermalpiezoresistive oscillators with high transduction efficiency for mass sensing applications. 19th International Conference on Solid-State Sensors, Actuators and Microsystems (TRANSDUCERS'17), 452-455.

43 Lin, F., Tian, W., and Li, P. (2013). CMOS-based capacitive micromachined ultrasonic transducers operating without external DC bias. Presented at the 2013 IEEE International Ultrasonics Symposium (IUS), 1420-1423.

44 Chin, C.-H., Li, M.-H., Chen, C.-Y. et al. (2015). A CMOS-MEMS arrayed resonant-gate field effect transistor (RGFET) oscillator. *J. Micromech. Microeng.* 25 (11): 115025.

45 Chen, C.-Y., Li, M.-H., Chin, C.-H., and Li, S.-S. (2016). Implementation of a CMOS-MEMS filter through a mixed electrical and mechanical coupling scheme. *J. Microelectromech. Syst.* 25 (2): 262-274.

46 Chin, C.-H., Li, C.-S., Li, M.-H. et al. (2014). Fabrication and characterization of a charge-biased CMOS-MEMS resonant gate field effect transistor. *J. Micromech. Microeng.* 24 (9): 095005.

47 Su, H.-C., Li, M.-H., Chen, C.-Y., and Li, S.-S. (2015). A single-chip oscillator based on a deep-submicron gap CMOS-MEMS resonator array with a highstiffness driving scheme. The 18th International Conference on Solid-State Sensors, Actuators and Microsystems (TRANSDUCERS'15), 133-136.

48 Lopez, J. L., Verd, J., Uranga, A. et al. (2009). A CMOS-MEMS RF-tunable bandpass filter based on two high-Q 22-MHz polysilicon clamped-clamped beam resonators. *IEEE Electron Dev. Lett.* 30 (7): 718-720.

49 Sarkar, N., Lee, G., and Mansour, R. R. (2013). CMOS-MEMS dynamic FM atomic force microscope. The 17th International Conference on Solid-State Sensors, Actuators and Microsystems (Transducers'13 & Eurosensors XXVII), 916-919.

50 Xie, H. and Fedder, G. K. (2003). Fabrication, characterization, and analysis of a DRIE CMOS-MEMS gyroscope. *IEEE Sens. J.* 3 (5): 622-631.

51 Li, S.-S. (2014). CMOS-MEMS resonators. In: *Encyclopedia of Nanotechnology* (ed. B. Bhus-

han), 1-19. Dordrecht: Springer Netherlands.

52　Li, M. -H., Chen, C. -Y., and Li, S. -S. (2015). A reliable CMOS-MEMS platform for titanium nitride composite (TiN-C) resonant transducers with enhanced electrostatic transduction and frequency stability. Presented at the 2015 IEEE International Electron Devices Meeting (IEDM), 18.4.1-18.4.4.

53　Li, S. -S. (2013). CMOS-MEMS resonators and their applications. Presented at the 2013 Joint European Frequency and Time Forum & International Frequency Control Symposium (EFTF/IFC), 915-921.

54　Bahl, G., Melamud, R., Kim, B. et al. (2010). Model and observations of dielectric charge in thermally oxidized silicon resonators. *J. Microelectromech. Syst.* 19 (1): 162-174.

55　Dorsey, K. L. and Fedder, G. K. (2010). Dielectric charging effects in electrostatically actuated CMOS MEMS resonators. Presented at the SENSORS, 2010 IEEE, 197-200.

56　Li, M. -H., Chen, C. -Y., Li, C. -S. et al. (2015). A monolithic CMOS-MEMS oscillator based on an ultra-low-power ovenized micromechanical resonator. *J. Microelectromech. Syst.* 24 (2): 360-372.

57　Dai, C. -L., Kuo, C. -H., and Chiang, M. -C. (2007). Microelectromechanical resonator manufactured using CMOS-MEMS technique. *Microelectron. J.* 38 (6): 672-677.

58　Kovacs, G. T. A., Maluf, N. I., and Petersen, K. E. (1998). Bulk micromachining of silicon. *Proc. IEEE* 86 (8): 1536-1551.

59　Tsai, M., Liu, Y., and Fang, W. (2012). A three-axis CMOS-MEMS accelerometer structure with vertically integrated fully differential sensing electrodes. *J. Microelectromech. Syst.* 21 (6): 1329-1337.

60　Xie, H. and Fedder, G. K. (2001) A CMOS-MEMS lateral-axis gyroscope. 14th IEEE Micro Electro Mechanical Systems (MEMS) (Cat. No. 01CH37090), 162-165.

61　Münch, U. and Baltes, H. (2000). *Industrial CMOS Technology for Thermal Imagers*. Hartung-Gorre Verlag.

62　Tabata, O. (1996). pH-Controlled TMAH etchants for silicon micromachining. *Sens. Actuators A Phys.* 53 (1): 335-339.

63　Chen, C. -Y., Li, M. -H., Li, C. -S., and Li, S. -S. (2014). Design and characterization of mechanically coupled CMOS-MEMS filters for channel-select applications. *Sens. Actuators A Phys.* 216: 394-404.

64　Kloeck, B., Collins, S. D., de Rooij, N. F., and Smith, R. L. (1989). Study of electrochemical etch-stop for high-precision thickness control of silicon membranes. *IEEE Trans. Electron Dev.* 36 (4): 663-669.

65　Jain, A., Qu, H., Todd, S., and Xie, H. (2005). A thermal bimorph micromirror with large bi-directional and vertical actuation. *Sens. Actuators A Phys.* 122 (1): 9-15.

66　Qu, H. and Xie, H. (2007). Process development for CMOS-MEMS sensors with robust electrically isolated bulk silicon microstructures. *J. Microelectromech. Syst.* 16 (5): 1152-1161.

67　Chen, C. -Y., Li, M. -H., Li, C. -S., and Li, S. -S. (2019). A CMOS-integrated MEMS platform for frequency stable resonators - Part II: Design and analysis. *IEEE/ASME J. Microelectromech. Syst.* (JMEMS) 28 (5): 755-765.

68　Yeh, S. and Fang, W. (2019). Inductive micro tri-axial tactile sensor using a CMOS chip with a coil array. *IEEE Electron Dev. Lett.* 40 (4): 620-623.

69 Chang, K., Lee, Y., Sun, C., and Fang, W. (2017). Novel absorber membrane and thermocouple designs for CMOS-MEMS thermoelectric infrared sensor. 30th IEEE Micro Electro Mechanical Systems (MEMS), 1228-1231.

70 Liu, T. -Y., C. -A. Sung, C. -H. Weng, C. -C. Chu, A. A. Zope, G. Pillai, and S. -S. Li. (2018). Gated CMOS-MEMS thermal-piezoresistive oscillator-based PM2.5 sensor with enhanced particle collection efficiency. 31th IEEE Micro Electro Mechanical Systems (MEMS), 75-78.

71 Li, C. -S., Li, M. -H., Chen, C. -Y. et al. (2015). A low-voltage CMOS-microelectro-mechanical systems thermal-piezoresistive resonator With $Q > 10000$. *IEEE Electron Dev. Lett.* 36 (2): 192-194.

72 Chu, C. -C., Dey, S., Liu, T. -Y. et al. (2018). Thermal-piezoresistive SOI-MEMS oscillators based on a fully differential mechanically coupled resonator array for mass sensing applications. *J. Microelectromech. Syst.* 27 (1): 59-72.

73 Bhattacharya, S. and Li, S. (2019). A fully differential SOI-MEMS thermal piezoresistive ring oscillator in liquid environment intended for mass sensing. *IEEE Sensors J.* 19 (17): 7261-7268.

74 Dahiya, R. S., Metta, G., Valle, M., and Sandini, G. (2009). Tactile sensing-from humans to humanoids. *IEEE Trans. Robot.* 26 (1): 1-20.

75 Lin, Y. -C., Hsieh, C. -J., Sun, C. -T. et al. (2013). CMOS-based tactile sensors using oxide as sacrificial layer. The 17th International Conference on Solid-State Sensors, Actuators and Microsystems (TRANSDUCERS & EUROSENSORS XXVII), 1895-1898.

76 Liu, Y., Sun, C., Lin, L. et al. (2011). Development of a CMOS-based capacitive tactile sensor with adjustable sensing range and sensitivity using polymer fill-in. *J. Microelectromech. Syst.* 20 (1): 119-127.

77 Lai, W. and Fang, W. (2015). Novel two-stage CMOS-MEMS capacitive-type tactile-sensor with ER-fluid fill-in for sensitivity and sensing range enhancement. 18th International Conference on Solid-State Sensors, Actuators and Microsystems (TRANSDUCERS'15), 1175-1178.

78 Li, C., Wu, P., Lee, S. et al. (2008). Flexible dome and bump shape piezoelectric tactile sensors using PVDF-TrFE copolymer. *J. Microelectromech. Syst.* 17 (2): 334-341.

79 Sedaghati, R., Dargahi, J., and Singh, H. (2005). Design and modeling of an endoscopic piezoelectric tactile sensor. *Int. J. Solids Struct.* 42 (21): 5872-5886.

80 Wen, C. -C. and Fang, W. (2008). Tuning the sensing range and sensitivity of three axes tactile sensors using the polymer composite membrane. *Sens. Actuators A Phys.* 145-146: 14-22.

81 Tu, S., Lai, W., and Fang, W. (2017). Vertical integration of capacitive and piezo-resistive sensing units to enlarge the sensing range of CMOS-MEMS tactile sensor. 30th IEEE Micro Electro Mechanical Systems (MEMS), 1048-1051.

82 Wang, H., Kow, J., Raske, N. et al. (2018). Robust and high-performance soft inductive tactile sensors based on the Eddy-current effect. *Sens. Actuators A Phys.* 271: 44-52.

83 Yeh, S. -K., Chang, H. -C., and Fang, W. (2018). Development of CMOS MEMS inductive type tactile sensor with the integration of chrome steel ball force interface. *J. Micromech. Microeng.* 28 (4): 044005.

84 Yeh, S. -K., Chang, H., Lu, C., and Fang, W. (2018). A CMOS-MEMS electromagnetic-type

tactile sensor with polymer-filler and chrome-steel ball sensing interface. 2018 IEEE Sensors, 1-4.

85 Yeh, S. -K., Lee, J. -H., and Fang, W. (2019). On the detection interfaces for inductive type tactile sensors. *Sensors Actuators A Phys*. 297: 111545.

86 Hudson, R. D. and Hudson, J. W. (Jan. 1975). The military applications of remote sensing by infrared. *Proc. IEEE* 63 (1): 104-128.

87 Stephens, E. R. (1961). Long-path infrared spectroscopy for air pollution research. *Infrared Phys*. 1 (3): 187-196.

88 Gitelman, L., Stolyarova, S., Bar-Lev, S. et al. (2009). CMOS-SOI-MEMS transistor for uncooled IR imaging. *IEEE Trans. Electron Dev*. 56 (9): 1935-1942.

89 Eminoglu, S., Tanrikulu, M. Y., and Akin, T. (2003). A low-cost 128×128 uncooled infrared detector array in CMOS process. *J. Microelectromech. Syst*. 17 (1): 20-30.

90 Dillner, U., Kessler, E., and Meyer, H. -G. (2013). Figures of merit of thermoelectric and bolometric thermal radiation sensors. *J. Sens. Sens. Syst*. 2 (1): 85-94.

91 Hyseni, G., Caka, N., Hyseni, K., and Teknik, F. (2010). Infrared thermal detectors parameters: semiconductor bolometers versus pyroelectrics. *WSEAS Transducers Circuits Syst*. 9: 238-247.

92 Völklein, F., Wiegand, A., and Baier, V. (1991). High-sensitivity radiation thermopiles made of Bi-Sb-Te films. *Sens. Actuators A Phys*. 29 (2): 87-91.

93 Socher, E., Bochobza-Degani, O., and Nemirovsky, Y. (2002). Novel CMOS compatible frontside micromachining of integrated thermoelectric sensors. Proceedings of the 21st IEEE Convention of the Electrical and Electronic Engineers in Israel (Cat. No. 00EX377), 417-420.

94 Modarres-Zadeh, M. and Abdolvand, R. (2014). High-responsivity thermoelectric infrared detectors with stand-alone sub-micrometer polysilicon wires. *J. Micromech. Microeng*. 24 (12): 125013.

95 Chen, C. and Huang, W. (2011). A CMOS-MEMS thermopile with low thermal conductance and a near-perfect emissivity in the 8-14-μm wavelength range. *IEEE Electron Dev. Lett*. 32 (1): 96-98.

96 Völklein, F. and Wiegand, A. (1990). High sensitivity and detectivity radiation thermopiles made by multi-layer technology. *Sensors Actuators A Phys*. 24 (1): 1-4.

97 Shen, T. -W., Chang, K. -C., Sun, C. -M., and Fang, W. (2019). Performance enhance of CMOS-MEMS thermoelectric infrared sensor by using sensing material and structure design. *J. Micromech. Microeng*. 29: 024001.

98 Discera Inc. (2011). *Low-Power Precision CMOS Oscillator Discera DSC1001 Datasheet*. San Jose, CA: Discera Inc.

99 SiTime Corporation (2013). *SiT8208 Ultra Performance Oscillator Datasheet*. Sunnyvale, CA: SiTime Corporation.

100 Verd, J., Uranga, A., Teva, J. et al. (2006). Integrated CMOS-MEMS with on-chip readout electronics for high-frequency applications. *IEEE Electron Dev. Lett*. 27 (6): 495-497.

101 Lopez, J. L., Verd, J., Teva, J. et al. (2008). Integration of RF-MEMS resonators on submicrometric commercial CMOS technologies. *J. Micromech. Microeng*. 19: 015002.

102 Li, C. -S., Hou, L. -J., and Li, S. -S. (2012). Advanced CMOS-MEMS resonator platform. *IEEE Electron Dev. Lett*. 33: 272-274.

103 Liu, Y. -S. and Wen, K. -A. (2019). Implementation of a CMOS/MEMS accelerometer with ASIC processes. *Micromachines* 10 (30642025): 50.

104 Narducci, M., Yu-Chia, L., Fang, W., and Tsai, J. (2013). CMOS MEMS capacitive absolute pressure sensor. *J. Micromech. Microeng.* 23: 055007.

105 Li, M. -H., Chen, W. -C., and Li, S. -S. (2012). Mechanically coupled CMOS-MEMS free-free beam resonator arrays with enhanced power handling capability. *IEEE Trans. Ultrason. Ferroelectr. Freq. Control* 59 (3): 346-357.

106 Sun, C. -M., Tsai, M. -H., Liu, Y. -C., and Fang, W. (2010). Implementation of a monolithic single proof-mass tri-axis accelerometer using CMOS-MEMS technique. *IEEE Trans. Electron Dev.* 57 (7): 1670-1679.

107 Chen, J. -H. and Huang, C. -W. (2018). 0.35 μm CMOS-MEMS low-mechanical-noise micro accelerometer. *Microsyst. Technol.* 24 (1): 299-304.

108 Chiang, C. (2018). Design of a CMOS MEMS accelerometer used in IoT devices for seismic detection. *IEEE J. Emerg. Select. Top. Circuits Syst.* 8 (3): 566-577.

109 Eranna, G., Joshi, B. C., Runthala, D. P., and Gupta, R. P. (2004). Oxide materials for development of integrated gas sensors—a comprehensive review. *Crit. Rev. Solid State Mater. Sci.* 29 (3-4): 111-188.

110 Graf, M., Barrettino, D., Zimmermann, M. et al. (2004). CMOS monolithic metal-oxide sensor system comprising a microhotplate and associated circuitry. *IEEE Sensors J.* 4 (1): 9-16.

111 Kappler, J., Bârsan, N., Weimar, U. et al. (1998). Correlation between XPS, Raman and TEM measurements and the gas sensitivity of Pt and Pd doped SnO_2 based gas sensors. *Fresenius J. Anal. Chem.* 361 (2): 110-114.

112 Afridi, M., Suehle, J. S., Zaghloul, M. E. et al. (2002). A monolithic CMOS microhotplate-based gas sensor system. *IEEE Sensors J.* 2 (6): 644-655.

113 Yang, M. -Z., Dai, C. -L., Shih, P. -J., and Chen, Y. -C. (2011). Cobalt oxide nanosheet humidity sensor integrated with circuit on chip. *Microelectron. Eng.* 88 (8): 1742-1744.

114 Dai, C. -L., Chen, Y. -C., Wu, C. -C., and Kuo, C. -F. (2010). Cobalt oxide nanosheet and CNT micro carbon monoxide sensor integrated with readout circuit on chip. *Sensors* 10 (3): 1753-1764.

115 Yang, M. -Z., Dai, C. -L., and Wu, C. -C. (2011). A zinc oxide nanorod ammonia microsensor integrated with a readout circuit on-a-chip. *Sensors* 11 (12): 11112-11121.

116 Yang, M. -Z., Dai, C. -L., and Wu, C. -C. (2014). Sol-gel zinc oxide humidity sensors integrated with a ring oscillator circuit on-a-chip. *Sensors* 14 (11): 20360-20371.

117 Liao, W. -Z., Dai, C. -L., and Yang, M. -Z. (2013). Micro ethanol sensors with a heater fabricated using the commercial 0.18 μm CMOS process. *Sensors* 13 (10): 12760-12770.

118 Yang, M. -Z. and Dai, C. -L. (2015). Ethanol microsensors with a readout circuit manufactured using the CMOS-MEMS technique. *Sensors* 15 (1): 1623-1634.

119 Fong, C. -F., Dai, C. -L., and Wu, C. -C. (2015). Fabrication and characterization of a micro methanol sensor using the CMOS-MEMS technique. *Sensors* 15 (10): 27047-27059.

120 Dai, C. -L., Liu, M. -C., Chen, F. -S. et al. (2007). A nanowire WO_3 humidity sensor integrated with micro-heater and inverting amplifier circuit on chip manufactured using CMOS-MEMS technique. *Sensors Actuators B Chem.* 123 (2): 896-901.

121 Hu, Y. -C., Dai, C. -L., and Hsu, C. -C. (2014). Titanium dioxide nanoparticle humidity

microsensors integrated with circuitry on-a-chip. *Sensors* 14 (3): 4177-4188.

122 Yang, M. -Z., Dai, C. -L., and Shih, P. -J. (2014). An acetone microsensor with a ring oscillator circuit fabricated using the commercial 0.18 μm CMOS Process. *Sensors* 14 (7): 12735-12747.

123 Lazarus, N., Bedair, S. S., Lo, C. -C., and Fedder, G. K. (2010). CMOS-MEMS capacitive humidity sensor. *J. Microelectromech. Syst.* 19 (1): 183-191.

124 Lazarus, N. and Fedder, G. K. (2011). Integrated vertical parallel-plate capacitive humidity sensor. *J. Micromech. Microeng.* 21 (6): 065028.

125 Dai, C. -L. (2007). A capacitive humidity sensor integrated with micro heater and ring oscillator circuit fabricated by CMOS-MEMS technique. *Sens. Actuators B Chem.* 122 (2): 375-380.

126 Yang, M. -Z., Dai, C. -L., and Lu, D. -H. (2010). Polypyrrole porous micro humidity sensor integrated with a ring oscillator circuit on chip. *Sensors* 10 (11): 10095-10104.

127 Chung, V., Yip, M. -C., and Fang, W. (2015). Resorcinol-formaldehyde aerogels for CMOS-MEMS capacitive humidity sensor. *Sens. Actuators B Chem.* 214: 181-188.

128 Bedair, S. S. and Fedder, G. K. (2004). CMOS MEMS oscillator for gas chemical detection. IEEE SENSORS 2004, Vienna, 955-958.

129 Voiculescu, I., Zaghloul, M. E., McGill, R. A. et al. (2005). Electrostatically actuated resonant microcantilever beam in CMOS technology for the detection of chemical weapons. *IEEE Sensors J.* 5 (4): 641-647.

130 Tsai, H. -H., Lin, C. -F., Juang, Y. -Z. et al. (2010). Multiple type biosensors fabricated using the CMOS Bio MEMS platform. *Sens. Actuators B Chem.* 144 (2): 407-412.

131 Li, D. -C., Yang, P. -H., and Lu, M. S. -C. (2010). CMOS open-gate ion-sensitive field-effect transistors for ultrasensitive dopamine detection. *IEEE Trans. Electron Dev.* 57 (10): 2761-2767.

132 Lai, W. -A., C. -H. Lin, Y. -S. Yang, and M. S. -C. Lu (2012). Ultrasensitive detection of avian influenza virus by using CMOS impedimetric sensor arrays. 25th IEEE Micro Electro Mechanical Systems (MEMS) (February 2012), 894-897.

133 Yin, T. -I., Zhao, Y., Lin, C. -F. et al. (2011). The application of capillary force to a cantilever as a sensor for molecular recognition. *Appl. Phys. Lett.* 98 (10): 104102.

134 Yin, T. -I., Zhao, Y., Horak, J. et al. (2013). A micro-cantilever sensor chip based on contact angle analysis for a label-free troponin I immunoassay. *Lab Chip* 13 (5): 834-842.

135 Huang, Y. -J., Huang, C. -W., Lin, T. -H. et al. (2013). A CMOS cantilever-based label-free DNA SoC with improved sensitivity for hepatitis B virus detection. *IEEE Trans. Biomed. Circuits Syst.* 7 (6): 820-831.

136 Huang, C. -W., Hsueh, H. -T., Huang, Y. -J. et al. (2013). A fully integrated wireless CMOS microcantilever lab chip for detection of DNA from Hepatitis B virus (HBV). *Sensors Actuators B Chem.* 181: 867-873.

137 Neumann, J. J. and Gabriel, K. J. (2003). A fully-integrated CMOS-MEMS audio microphone. 12th International Conference on Solid-State Sensors, Actuators and Microsystems (TRANSDUCERS' 03), vol. 1, 230-233.

138 Tang, P. -K., Wang, P. -H., Li, M. -L., and Lu, M. S. -C. (2011). Design and characterization of the immersion-type capacitive ultrasonic sensors fabricated in a CMOS process. *J. Micromech. Microeng.* 21 (2): 025013.

139　Li, M. -L., Wang, P. -H., Liao, P. -L., and Lu, M. S. -C. (2011). Three-dimensional photoacoustic imaging by a CMOS micromachined capacitive ultrasonic sensor. *IEEE Electron Dev. Lett.* 32 (8): 1149-1151.

140　Cheng, C. -L., Chang, H. -C., Chang, C. -I., and Fang, W. (2015). Development of a CMOS MEMS pressure sensor with a mechanical force-displacement transduction structure. *J. Micromech. Microeng.* 25 (12): 125024.

141　Lin, W. -C., C. -L. Cheng, C. -L. Wu, and W. Fang (2017). Sensitivity improvement for CMOS-MEMS capacitive pressure sensor using double deformarle diaphragms with trenches. 19th International Conference on Solid-State Sensors, Actuators and Microsystems (TRANSDUCERS'17), 782-785.

142　Dai, C. -L., Lu, P. -W., Wu, C. -C., and Chang, C. (2009). Fabrication of wireless micro pressure sensor using the CMOS process. *Sensors* 9 (11): 8748-8760.

143　Uddin, A., Milaninia, K., Chen, C., and Theogarajan, L. (2011). Wafer scale integration of CMOS chips for biomedical applications via self-aligned masking. *IEEE Trans. Compon. Packag. Manuf. Technol.* 1 (12): 1996-2004.

144　Huang, Y. and Mason, A. J. (2013). Lab-on-CMOS integration of microfluidics and electrochemical sensors. *Lab Chip* 13 (19): 3929-3934.

145　Uddin, A., Yemenicioglu, S., Chen, C. -H. et al. (2013). Integration of solid-state nanopores in a 0.5μm CMOS foundry process. *Nanotechnology* 24 (15): 155501.

146　Lindsay, M., Bishop, K., Sengupta, S. et al. (2018). Heterogeneous integration of CMOS sensors and fluidic networks using wafer-level molding. *IEEE Trans. Biomed. Circuits Syst.* 12 (5): 1046-1055.

147　Ghafar-Zadeh, E., Sawan, M., and Therriault, D. (2007). Novel direct-write CMOS-based laboratory-on-chip: Design, assembly and experimental results. *Sens. Actuators A Phys.* 134 (1): 27-36.

148　Chien, J. -C., Ameri, A., Yeh, E. -C. et al. (2018). A high-throughput flow cytometry-on-a-CMOS platform for single-cell dielectric spectroscopy at microwave frequencies. *Lab Chip* 18 (14): 2065-2076.

149　Chiu, Y., Chen, B. -T., and Hong, H. -C. (2015). Integrated CMOS MEMS liquid capacitive inclinometer. 18th International Conference on Solid-State Sensors, Actuators and Microsystems (TRANSDUCERS'15), 1152-1155.

150　Hagleitner, C., Hierlemann, A., Lange, D. et al. (2001). Smart single-chip gas sensor microsystem. *Nature* 414: 293-296.

151　Hagleitner, C., Lange, D., Hierlemann, A. et al. (2002). CMOS single-chip gas detection system comprising capacitive, calorimetric and mass-sensitive microsensors. *IEEE J. Solid State Circuits* 37 (12): 1867-1878.

152　Li, Y., Vancura, C., Barrettino, D. et al. (2007). Monolithic CMOS multi-transducer gas sensor microsystem for organic and inorganic analytes. *Sens. Actuators B Chem.* 126 (2): 431-440.

153　Eddy, D. S. and Sparks, D. R. (1998). Application of MEMS technology in automotive sensors and actuators. *Proc. IEEE* 86 (8): 1747-1755.

154　Ishihara, T., Suzuki, K., Suwazono, S. et al. (1987). CMOS integrated silicon pressure sensor.

IEEE J. Solid State Circuits 22 (2): 151-156.

155 Baskett, I., Frank, R., and Ramsland, E. (1991). The design of a monolithic, signal conditioned pressure sensor. Proceedings of the IEEE 1991 Custom Integrated Circuits Conference IEEE, 27.3.31-27.3.4.

156 Sugiyama, S., Takigawa, M., and Igarashi, I. (1983). Integrated piezoresistive pressure sensor with both voltage and frequency output. Sens. Actuators 4: 113-120.

157 Barrettino, D., Graf, M., Taschini, S. et al. (2006). CMOS monolithic metal-oxide gas sensor microsystems. IEEE Sensors J. 6 (2): 276-286.

158 Chiu, Y., Huang, T. -C., and Hong, H. -C. (2014). A three-axis single-proof-mass CMOS-MEMS piezoresistive accelerometer with frequency output. Sens. Mater. 26 (2): 95-108.

159 Lu, C., Lemkin, M., and Boser, B. E. (1995). A monolithic surface micromachined accelerometer with digital output. IEEE J. Solid State Circuits 30 (12): 1367-1373.

160 Boser, B. E. and Howe, R. T. (1996). Surface micromachined accelerometers. IEEE J. Solid State Circuits 31 (3): 366-375.

161 Lemkin, M. and Boser, B. E. (1999). A three-axis micromachined accelerometer with a CMOS position-sense interface and digital offset-trim electronics. IEEE J. Solid State Circuits 34 (4): 456-468.

162 Luo, H., Zhang, G., Carley, L. R., and Fedder, G. K. (2002). A post-CMOS micromachined lateral accelerometer. J. Microelectromech. Syst. 11 (3): 188-195.

163 Wu, J., Fedder, G. K., and Carley, L. R. (2004). A low-noise low-offset capacitive sensing amplifier for a 50-μg/rtHz monolithic CMOS MEMS accelerometer. IEEE J. Solid State Circuits 39 (5): 722-730.

164 Tan, S. -S., Liu, C. -Y., Yeh, L. -K. et al. (2011). An integrated low-noise sensing circuit with efficient bias stabilization for CMOS MEMS capacitive accelerometers. IEEE Trans. Circuits Syst. I: Regular Papers 58 (11): 2661-2672.

165 Michalik, P., J. M. Sánchez-Chiva, D. Fernández, and J. Madrenas, (2015). CMOS BEOL-embedded lateral accelerometer. 2015 IEEE Sensors Conference, Busan, Korea (November 2015).

166 Liao, S. -H., Chen, W. -J., and Lu, M. S. -C. (2013). A CMOS MEMS capacitive flow sensor for respiratory monitoring. IEEE Sensors J. 13 (5): 1401-1402.

167 Xie, H. and Fedder, G. K. (2002). Vertical comb-finger capacitive actuation and sensing for CMOS-MEMS. Sens. Actuators A Phys. 95 (2-3): 212-221.

168 Ko, C. -T., Tseng, S. -H., and Lu, M. S. -C. (2006). A CMOS micromachined capacitive tactile sensor with high-frequency output. J. Microelectromech. Syst. 15 (6): 1708-1714.

169 Chiu, Y., Hong, H. -C., and Wu, P. -C. (2013). Development and characterization of a CMOS-MEMS accelerometer with differential LC-tank oscillators. J. Microelectromech. Syst. 22 (6): 1285-1295.

170 Chiu, Y., Hong, H. -C., and Lin, C. -W. (2016). Inductive CMOS MEMS accelerometer with integrated variable inductors. 29th IEEE Micro Electro Mechanical Systems (MEMS), 974-977.

171 Chiu, Y., Hong, H. -C., and Chang, C. -M. (2017). Three-axis CMOS MEMS inductive accelerometer with novel Z-axis sensing scheme. 19th International Conference on Solid-State Sensors, Actuators and Microsystems (TRANSDUCERS'17), 410-413.

172 Chiang, C. -H., Chou, M. -C., Hsieh, P. -H., and Lu, M. S. -C. (2016). Design and characterization of a CMOS MEMS capacitive oscillator for resonant sensing in liquids. *IEEE Sens. J.* 16 (5): 1136-1142.

173 Huang, Y. -J., Chang, T. -L., and Chou, H. -P. (2009). Study of symmetric microstructures for CMOS multilayer residual stress. *Sens. Actuators A Phys.* 150: 237-242.

174 Fang, W. and Wickert, J. A. (1996). Determining mean and gradient residual stresses in thin films using micromachined cantilevers. *J. Micromech. Microeng.* 6: 301-309.

175 Fang, W. and Wickert, J. A. (1994). Post buckling of micromachined beams. *J. Micromech. Microeng.* 4: 116-122.

176 Mehregany, M., Howe, R. T., and Senturia, S. D. (1987). Novel microstructures for the in situ measurement of the mechanical properties of thin films. *J. Appl. Phys.* 62: 3579-3584.

177 Guckel, H., Randazzo, T., and Burns, D. W. (1985). A simple technique for the determination of mechanical strain in thin films with applications to polysilicon. *J. Appl. Phys.* 57: 1671-1675.

178 Ceiler, M. F. Jr., Kohl, P. A., and Bidstrup, S. A. (1995). Plasma-enhanced chemical vapor deposition of silicon dioxide deposited at low temperatures. *J. Electrochem. Soc.* 142 (6): 2067-2071.

179 EerNisse, E. P. (1979). Stress in thermal SiO2 during growth. *Appl. Phys. Lett.* 35: 8-10.

180 Greek, S. and Chitica, N. (1999). Deflection of surface micromachined devices due to internal, homogeneous or gradient stresses. *Sensors Actuators A Phys.* 78: 1-7.

181 Cheng, C. -L., Tsai, M. -H., and Fang, W. (2015). Determining the thermal expansion coefficient of thin films for a CMOS MEMS process using test cantilevers. *J. Micromech. Microeng.* 25: 025014.

182 Valle, J., Fernández, D., Madrenas, J., and Barrachina, L. (2017). Curvature of BEOL cantilevers in CMOS-MEMS processes. *J. Microelectromech. Syst.* 26 (4): 895-909.

183 Lakdawala, H. and Fedder, G. K. (1999). Analysis of temperature-dependent residual stress gradients in CMOS micromachined structures. Proceedings of the 15th International Conference on Solid-State Sensors, Actuators and Microsystems (TRANSDUCERS'99), Sendai, Japan (June 1999), 526-529.

184 Tsai, M. -H., Liu, Y. -C., Liang, K. -C., and Fang, W. (2015). Monolithic CMOS-MEMS pure oxide tri-axis accelerometers for temperature stabilization and performance enhancement. *J. Microelectromech. Syst.* 24 (6): 1916-1927.

185 Chang, C. -I., Tsai, M. -H., Sun, C. -M., and Fang, W. (2014). Development of CMOS-MEMS in-plane magnetic coils for application as a three-axis resonant magnetic sensor. *J. Micromech. Microeng.* 24: 035016.

186 Yen, T. -H., Tsai, M. -H., Chang, C. -I. et al. (2011). Improvement of CMOSMEMS accelerometer using the symmetric layers stacking design. IEEE Sensors Conference, Limerick, Ireland (October 2011), 145-148.

187 Fedder, G. K., Howe, R. T., Liu, T. -J. K., and Quévy, E. P. (2008). Technologies for cofabricating MEMS and electronics. *Proc. IEEE* 96 (2): 306-322.

188 Neumann, J. J. and Gabriel, K. J. (2005). *CMOS-MEMS Acoustic Devices*, CMOS-MEMS, 1e, 193-224. Wiley-VCH.

189 Timoshenko, S. (1925). Analysis of bi-metal thermostats. *J. Opt. Soc. Am.* 11: 233-255.

190 Modlinski, R., Witvrouw, A., Ratchev, P. et al. (2004). Creep characterization of Al alloy thin films for use in MEMS applications. *Microelectron. Eng.* 76: 272-278.

191 Jiang, L., Cai, Y., Liu, H., and Zhao, Y. (2013). A micromachined monolithic 3 axis accelerometer based on convection heat transfer. IEEE NEMS Conference, Suzhou, China (April 2013), 248-251.

102 Rüffer, D., Hoehne, F., and Bühler, J. (2018). New digital metal-oxide (MO_x) sensor platform. *Sensors* 18: 1052.

193 Cheng, C.-W., Liang, K.-C., Chu, C.-H. et al. (2013). Single chip process for sensors implementation, integration, and condition monitoring. Proceedings of the Seventh International Conference on Solid-State Sensors, Actuators and Microsystems (TRANSDUCERS'13), Barcelona, Spain (June 2013), 730-733.

194 Petersen, K. E. (1982). Silicon as a mechanical material. *Proc. IEEE* 70 (5): 420-457.

195 Hornbeck, L. J. (1997). Digital light processing for high-brightness, highresolution applications. *Proc. SPIE* 3013: 27-40.

196 Ruiz, P. G., Meyer, K. D., and Witvrouw, A. (2013). *Poly-SiGe for MEMS-Above-CMOS Sensors*, 1e. Springer.

197 Cheng, C.-W., Chu, C.-H., Hung, L.-M., and Fang, W. (2017). 12 inch MEMS process for sensors implementation and integration. Proceedings of the 19th International Conference on Solid-State Sensors, Actuators and Microsystems (TRANSDUCERS'17) (June 2017), 402-405.

198 Li, M.-H., Chen, C.-Y., Liu, C.-Y., and Li, S.-S. (2016). A sub-150μW BEOL-embedded CMOS-MEMS oscillator with a 138dBΩ ultra-low-noise TIA. *IEEE Electron Dev. Lett.* 37 (5): 648-651.

199 Liu, C.-Y., Li, M.-H., Ranjith, H. G., and Li, S.-S. (2016). A 1MHz 4ppm CMOS-MEMS oscillator with built-in self-test and sub-mW ovenization power. Proceedings of the, IEEE International Electron Devices Meeting (IEDM'16), San Francisco, USA (3-7 December 2016), 26.7.1-26.7.4.

200 Chiu, W.-C., Li, M.-H., Chou, C., and Li, S.-S. (2016). A ring-down technique implemented in CMOS-MEMS resonator circuits for wide-range pressure sensing applications. 2016 IEEE International Frequency Control Symposium (IFCS'16), New Orleans, Louisiana, USA (9-12 May 2016), 1-3.

201 Sarkar, N., Mansour, R. R., Patange, O., and Trainor, K. (2011). CMOS-MEMS atomic force microscope 2011 16th International Solid-State Sensors, Actuators and Microsystems Conference, Beijing, 2610-2613.

202 Ghaffari, S., Ng, E., Ahn, C. H. et al. (2015). Accurate modeling of quality factor behavior of complex silicon MEMS resonators. *J. Microelectromech. Syst.* 24 (2): 276-288.

203 Melamud, R., Chandorkar, S. A., Kim, B. et al. (2009). Temperature-Insensitive Composite Micromechanical Resonators. *J. Microelectromech. Syst.* 18 (6): 1409-1419.

204 Ghaffari, S., Chandorkar, S. A., Wang, S. et al. (2013). Quantum limit of quality factor in silicon micro and nano mechanical resonators. *Scientific* Rep. 3: 3244.

205 Li, M.-H., Li, C.-S., and Li, S.-S. (2015). Exploring the Q-factor limit of temperature com-

pensated CMOS-MEMS resonators. Proceedings of the 28th IEEE International Conference on Micro Electro Mechanical Systems (MEMS'15), Estoril, Portugal (18-22 January 2015), 853-856.

206 Kim, B., Hopcroft, M. A., Candler, R. N. et al. (2008). Temperature dependence of quality factor in MEMS resonators. *J. Microelectromech. Syst.* 17 (3): 755-766.

207 Wang, S., Bahr, B., Chen, W. -C. et al. (2015). Temperature coefficient of frequency modeling for CMOS-MEMS bulk mode composite resonator. *IEEE Trans. Ultrason. Ferroelectr. Freq. Control* (*T-UFFC*) 62 (6): 1166-1178.

208 Lin, Y. -C., Guney, M. G., and Fedder, G. K. (2019). ALD titania sidewalls on a CMOS-MEMS resonator oscillator and effects on resonant frequency drift. 32nd IEEE Micro Electro Mechanical Systems (MEMS), Seoul, Korea (27-31 January2019), 640-643.

209 Li, M. -H., Chen, C. -Y., and Li, S. -S. (2018). A study on the design parameters for MEMS oscillators incorporating nonlinearities. *IEEE Trans. Circuits Syst. I Reg. Papers* 65 (10): 3424-3434.

210 H. K. Lee, P. A. Ward, A. E. Duwel, J. C. Salvia, Qu, Y. Q., Melamud, R., Chandorkar, S. A. et al. (2011). Verification of the phase-noise model for MEMS oscillators operating in the nonlinear regime. 2011 16th International Solid-State Sensors, Actuators and Microsystems Conference (June 2011), 510-513.

211 Villanueva, L. G., Kenig, E., Karabalin, R. B. et al. (2013). Surpassing fundamental limits of oscillators using nonlinear resonators. *Phys. Rev. Lett.* 110: 177208.

212 Kenig, E., Cross, M. C., Villanueva, L. G. et al. (2012). Optimal operating points of oscillators using nonlinear resonators. *Phys. Rev. E* 86: 056207.

213 Li, M. -H., Chen, C. -Y., Chin, C. -H. et al. (2014). Optimizing the close-to-carrier phase noise of monolithic CMOS-MEMS oscillators using bias-dependent nonlinearity, Technical Digest IEEE International Electron Devices Meeting (IEDM'14), San Francisco, CA (December 2014), 22.3.1-22.3.4.

214 International Technology Roadmap for Semiconductors (2005). Edition.

第 9 章

晶圆转移

Masayoshi Esashi

Tohoku University，Micro System Integration Center（μSIC），519-1176 Aramaki-Aza-Aoba，Aoba-ku，Sendai 980-0845，Japan

9.1 介绍

在许多情况下，微机电系统（MEMS）与集成电路（IC）或大规模集成（LSI）结合使用。这种异质结构集成（异构集成）需要具有灵活性的工艺，以便在 LSI 上制造高性能 MEMS 而不损坏 LSI[1-3]。LSI 上的 MEMS 可以实现多个元件和互连，并减少杂散电容和杂散电感。异构集成可以通过将载体晶圆上的多个 MEMS 晶圆转移到 LSI 晶圆来操作。异构集成与晶圆级封装（WLP）相结合的概念如图 9.1 所示：制备 LSI 晶圆（图中 1）；MEMS 或功能材料薄膜在 Si 载体晶圆上形成（图中 1'），并通过黏合剂聚合物键合（黏合剂键合）转移到 LSI 晶圆上（图中 2）或使用凸块键合；移除载体晶圆（图中的 3）；MEMS 可以通过一些额外的工艺步骤以及黏合剂聚合物的去除（图中的 4）在 LSI 晶圆上形

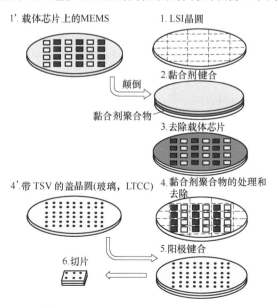

图 9.1 晶圆转移和晶圆级封装（WLP）实现异构集成的示意图

成;为保护异质集成器件免受环境影响,因此需要 WLP[4];制备了由玻璃或低温共烧陶瓷(LTCC)制成的盖晶圆,该盖晶圆带有贯穿基底通孔(TSV)(图中为4'),并将其阳极键合到 LSI 晶圆上的 MEMS(图中为5);最后,键合的晶圆被切割成芯片,获得了封装的异质集成芯片(图中6)。

LSI 上 MEMS 的晶圆转移方法可分为:(a)薄膜转移;(b)器件转移(后通孔);(c)器件转移(先通孔)。如图 9.2 所示。

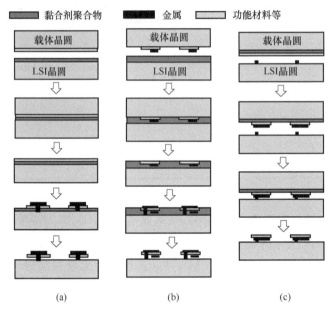

图 9.2 异构 MEMS 到 LSI 的晶圆级转移示意图。(a)薄膜转移;
(b)器件转移(后通孔);(c)器件转移(先通孔)

图 9.2(a)是薄膜转移方法的过程示意图。通过化学气相沉积(CVD)、溅射沉积或其他方法,在载体晶圆上形成一层功能材料,例如金刚石或 PZT(锆钛酸铅)。通过黏合剂将薄膜转移到 LSI 晶圆上,然后移除载体晶圆。移除工艺可以通过刻蚀载体晶圆或刻蚀薄膜和载体晶圆之间的牺牲层来完成。MEMS 是使用薄膜制造的,通过使用电镀或其他金属沉积方法结合图案化工艺,实现了将 MEMS 与 LSI 晶圆的电气和机械连接。在黏合剂聚合物被刻蚀后,可以在 LSI 上获得 MEMS。由于 MEMS 制造是在 LSI 晶圆上进行的,因此仅该工艺不对 LSI 造成破坏。

图 9.2(b)为器件转移(后通孔)方法的工艺顺序。MEMS 制造在载体晶圆上,晶圆使用黏合剂键合技术,键合到 LSI 晶圆。移除载体晶圆后,利用电镀或其他金属沉积方法和图案化,透过通孔实现与 LSI 晶圆的电气和机械连接。最后刻蚀黏合剂聚合物。因为通孔是在键合后制作的,所以该过程称为"后通孔"。

图 9.2(c)是器件转移(先通孔)的流程顺序。MEMS 制造在载体晶圆上,其表面具有黏合剂聚合物层。在 LSI 晶圆上形成用于电互连(通孔)的凸块。这些晶圆使用凸块键合,最后通过刻蚀或去除黏合剂聚合物,来去除载体晶圆。如果使用直接在载体晶圆上形成的 MEMS,则不需要黏合剂聚合物。此过程称为"先通孔",因为通孔是在键合之前制作的。

每种方法的示例将分别在 9.2、9.3 和 9.4 节中展示。

与前面提到的晶圆级转移相反，可以使用芯片级晶圆转移，见 9.5 节所述。

图 9.3 展示了无线通信多频段系统的示意图。使用晶圆级转移或芯片级晶圆转移的异构集成，可用于制造此类系统的关键组件，如后文所述。

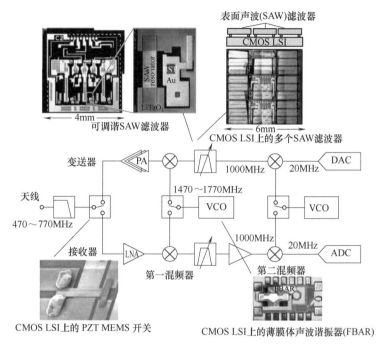

图 9.3　使用异构集成构建的无线通信多频段系统示意图

9.2　薄膜转移

已经有学者在 $0.18\mu m$ CMOS LSI 上，制备了用于压控振荡器（VCO）的宽调谐范围 CMOS 薄膜体声波谐振器（FBAR）[5]。图 9.4 显示了：(a) 其结构和照片；(b) VCO 电路；(c) 制造工艺。FBAR 使用氮化铝（AlN）作为其压电层，其下方有一个气隙以防止谐振器的能量损失，如图 9.4（a）所示。图 9.4（b）的电路是一个皮尔斯振荡器，其中可以通过数字连接电容器来进行电频率调谐。下面解释的图 9.4（c）制造过程对应于图 9.2（a）所示的薄膜转移。使用绝缘体上硅（SOI）晶圆和 CMOS LSI 晶圆（图中 1）。SOI 晶圆被翻转并用黏合剂聚合物 BCB（苯并环丁烯）黏合在 CMOS 晶圆上（图中 2）。通过去除 SOI 晶圆（图中 3）的处理硅层，在 CMOS 晶圆上形成薄硅层。Ru 和 AlN 溅射沉积并形成图案（图中为 4）。由于 AlN 可以在 300℃下形成，因此在此工艺步骤中不会损坏 CMOS LSI。顶部铝电极通过剥离制造，与 CMOS LSI 的电气互连由 Cr/Au 制成（图中 5）。刻蚀去除 FBAR 下方的 Si 以形成气隙（图中的 6）。

在具有 20×20 运算放大器阵列的 CMOS LSI 上形成 20×20 掺硼金刚石（BDD）电极阵列。这种基于 LSI 的 BDD 被应用于生化物质的同步多点电流检测[6]。CMOS LSI 上的 BDD 电极结构如图 9.5（a）所示。图 9.5（b）是 $I\text{-}V$ 转换器电路，其中通过在反馈电容器 C 中积分来检测电流。积分时间由电流电平决定。施加到 BDD 电极的电压和通过对电流积

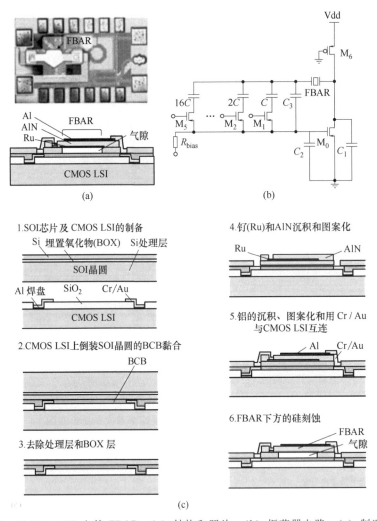

图 9.4 CMOS VCO 上的 FBAR。(a) 结构和照片；(b) 振荡器电路；(c) 制造工艺

分获得的输出电压，分别对应于图 9.5（b）中的 e_i 和 e_o。图 9.5（c）为其制造过程。在 LSI 晶圆上进行 Cr/Pt/Au/Pt/Cr 的金属化处理（图中 1）。LSI 上涂有 BCB（苯并环丁烯）。BDD 层是通过微波化学气相沉积（MW-CVD）在 800℃ 下在载体晶圆上制备的。通过使用铝作为掩模在氧等离子体中形成图案。掺杂硼用于金刚石的导电（图中的 2）。具有 BDD 层的载体晶圆被折叠并键合在涂有 BCB 的 LSI 晶圆上。BDD 薄膜通过图 9.2（a）（图中的 3）中的薄膜转移，转移到 LSI 上。BDD 通过在 SF_6 等离子体（图中 4）中，干法刻蚀 Si 载体晶圆而暴露出来。BCB 通过等离子体（SF_6+O_2）进行选择性刻蚀，使用图案化的 Al 作为掩模（图中的 5）。沉积 Cr 和 Au 并形成图案，用于 LSI 焊盘和 EBDD（图中 6）之间的电气互连。它被厚厚的光刻胶（SU-8）覆盖，并且通过缺口暴露 BDD（图中的 7）。

图 9.6（a）显示了 BDD 与 Au 的循环伏安图（CV）。氧气是由氢氧根离子在正电压下氧化产生的。氢气是通过负电压还原氢离子产生的。与金材料相比，材料为 BDD 时，需要更高的电压，因为金刚石没有催化性能。BDD 在组胺溶液中的 CV 也显示在图 9.6（a）中。组胺可以使用 BDD 通过电流分析法检测到，该 BDD 具有大约 1.5V 的高氧化电位。该电压

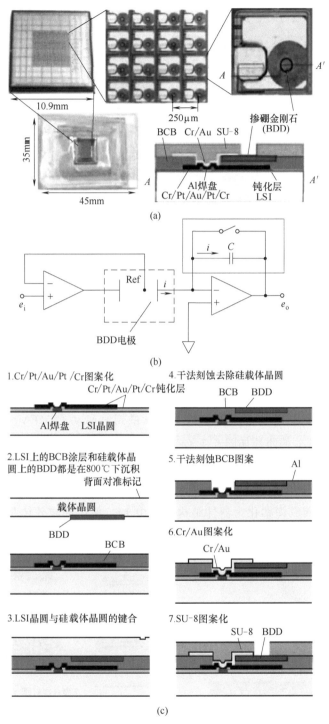

图 9.5 LSI 上用于电化学生物传感的 BDD 电极阵列（20×20 运算放大器阵列）。
(a) 结构；(b) 电流检测电路；(c) 制作过程

对于传统的 Au 电极来说太高了，无法检测到。组胺在溶液中的扩散行为通过平行测量 20×20 个点的氧化电流实时成像［图 9.6（b）］。这种基于 CMOS 的电流传感器阵列已成功应用于阵列上癌细胞的药物筛选［图 9.6（c）］，通过对活细胞周围消耗氧气的电化学测量来识别活的癌细胞。

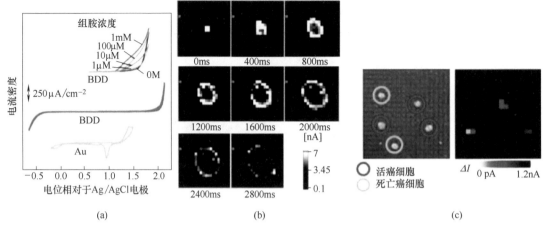

图 9.6 生化物质的电化学检测。(a) 0.5M H_2SO_4 中 Au 和 BDD 的循环伏安图 (CV) 和 Dulbecco 磷酸盐缓冲溶液中 0.1mM 组胺中 BDD 的 CV；(b) 滴下的组胺的扩散；(c) 活癌细胞和利用氧还原电流的差异确定的死亡癌细胞

9.3 器件转移（后通孔）

有学者报道了在 LSI 晶圆上制备 PZT（锆钛酸铅）驱动的 MEMS 开关，如图 9.7 所示[7]。PZT MEMS 开关的照片如图 9.7 (a) 所示。压电 MEMS 开关工作的驱动电压较低，并且比静电 MEMS 开关占用的面积更小。制造过程如图 9.7 (b) 所示。对于 MEMS 开关，PZT 通过溶胶-凝胶方法沉积在 Si 载体晶圆上。为了防止弯曲，形成由两个堆叠 PZT 层构成的对称结构，然后将其图案化为器件结构（图中1）。使用翻转载体晶圆上的黏合剂聚合

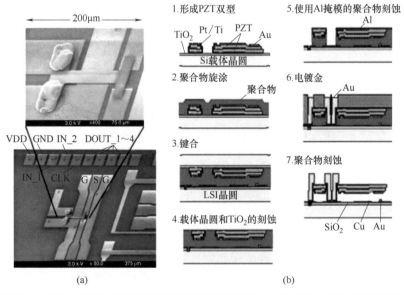

图 9.7 LSI 上 PZT MEMS 开关的照片和制作过程。(a) 照片；(b) 制造过程

物将它们转移到 LSI 晶圆上（图中的 2 和 3）。刻蚀出载体晶圆（图中的 4）。通过孔洞实现电气互连（图中 5）。使用电镀金（图中的 6）连接 MEMS 和 LSI 后，聚合物被 O_2 等离子体去除以释放 MEMS 开关（图中的 7）。通过向 PZT 层施加 10V，PZT 悬臂向下弯曲 $6\mu m$。与静电 MEMS 电容器相比，压电 MEMS 还可以实现宽范围的可变 MEMS 电容器，而静电 MEMS 电容器在窄间隙处有大的静电力引起的吸合（pull-in）现象。

护理机器人、康复机器人等的皮肤需要分布式触觉传感器（触觉传感器网络），以确保它们的碰撞安全并实现躯体通信。触觉传感器网络通过自主数据传输（事件驱动），从皮肤上的触觉传感器获取传感数据[8]。照片和原理分别如图 9.8（a）、（b）所示。如图 9.8（c）所示，触觉传感器芯片与一根柔性电缆相互连接。该电缆具有四条分线，其中一条用于供电、一条用于接地以及两条用于连接信号。通过使用 BCB（苯并环丁烯）与 MEMS 晶圆键合，在通信 LSI 上形成电容式触觉力传感器 [图 9.9（a）]。通过锥形通孔在传感器芯片背面与非挠性电缆互连。LSI 芯片的照片和框图如图 9.9（b）、（c）所示。

触觉传感器的制作过程如图 9.10 所示。使用划片机（图中的 1）在 LSI 晶圆上形成 V 形槽。通过沉积 SiO_2 使凹槽绝缘，然后通过 Ti 和 Au（图中的 2）在焊盘和凹槽之间形成金属互连。涂覆聚合物（BCB）（图中 3），在聚合物铝图案中制作通孔后，制作传感电容器

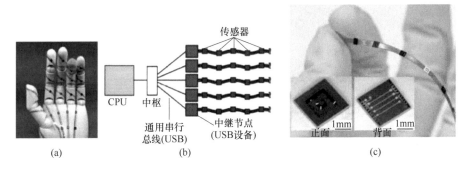

图 9.8 触觉传感器网络。(a) 在机器人皮肤上的应用；(b) 网络的原理；(c) 柔性电路和传感器芯片上的触觉传感器的照片

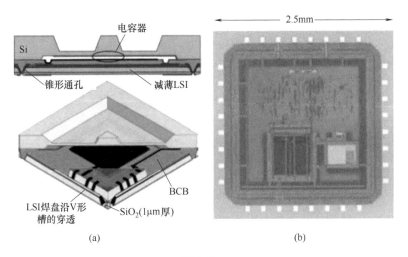

图 9.9

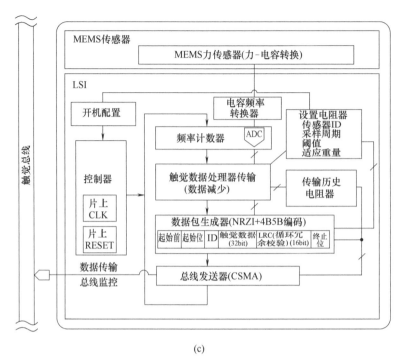

(c)

图 9.9 触觉传感器芯片及其 LSI。(a) 触觉传感器芯片的结构；(b) LSI 的照片；(c) LSI 的框图

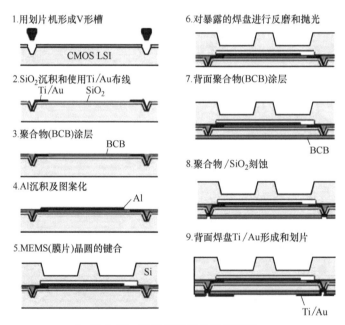

图 9.10 触觉传感器的制作过程

（图中 4）。具有用于传感电容器的隔膜的硅 MEMS 晶圆与聚合物结合（图中的 5）。通过研磨和抛光从背面减薄 LSI 晶圆，使得 V 形槽的底部暴露（图中 6）。在背面涂覆 BCB（图中 7），聚合物和 SiO_2 被刻蚀，以暴露出从正面连接的金属（图中 8）。最后，由 Ti 和 Au 形成背面的焊盘（图中的 9）。

通信 LSI 具有如下功能：用于以 45MHz 时钟频率，进行事件驱动的数据传输。触觉传感器网络的分组通信示例,如图 9.11(a)所示。主机根据传感器 ID 和数据信号中的力数据,识别传感器位置和施加的力。力检测表现为电容变化,将其转换为数字输出,观察力与数字输出之间的线性关系,如图 9.11(b)所示。

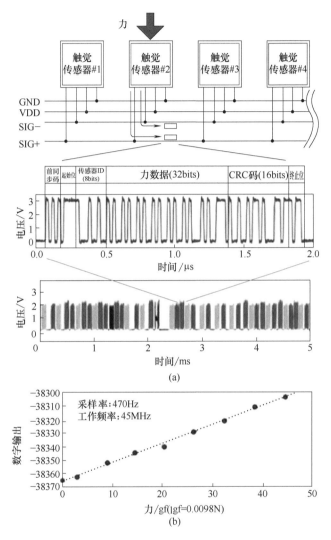

图 9.11 (a) 数据包通信信号;(b) 数字输出与力的关系

9.4 器件转移(先通孔)

基于无掩模光刻技术的数字制造 LSI 技术,有望实现低成本小批量生产和短期开发。由于最新的 LSI 晶圆上有多达 1 万亿(10^{12})纳米级晶体管,因此需要具有极高流量的直接电子束(EB)光刻。为了满足需求,使用图 9.2(c)所示的器件转移(先通孔)方法,开发了具有有源矩阵 nc-Si(纳米晶硅)发射极阵列的大规模平行 EB 曝光系统。nc-Si 发射器具有级联隧道结,并通过(10nm 厚)金层发射加速弹道电子。弹道电子的发射电流是在低电压(10V)下获得的。nc-Si 通过在 HF(氢氟酸)溶液中对 Si 进行阳极氧化形成,然后使用电化学氧化（ECO）进行氧化处理。制造高密度的有源矩阵发射器阵列需要低压电子发射，这是因为晶体管的尺寸以及集成密度取决于所需的电压。有源矩阵 LSI 是为边长 10mm 的正方形芯片上的 100×100 阵列开发的，这意味着一个发射极的单元尺寸为 $100\mu m\times100\mu m$。带有硅通孔（TSiV）的 nc-Si 发射器阵列连接到 LSI 以进行有源矩阵驱动，如图 9.12 所示。这是为大规模并行电子束直写而开发的[9,10]。

带有 TSiV 的 nc-Si 发射器阵列是使用器件转移（先通孔）方法制造的，如图 9.13 所示。准备一块 $200\mu m$ 厚的硅片（图中的 1）。在通过深反应离子刻蚀（DRIE）制作通孔后，晶圆被热氧化，多晶硅沉积，磷被扩散用于掺杂（图中的 2）。通孔用多晶硅沉积填充，抛光两个表面，磷被扩散用于 n^+ 溶解（图中的 3）。柱状多晶硅是为了得到 nc-Si 而沉积的，并且多晶硅被图案化（图中的 4）。Si_3N_4 被沉积和图案化处理（图中的 5）。下一个工艺步骤是形成 nc-Si：多晶硅在 HF（55%）和 C_2H_5OH（1:1）溶液中阳极氧化，然后在乙二醇和硝酸钾中进行 ECO、HWA（高压水蒸气退火）、超临界冲洗和干

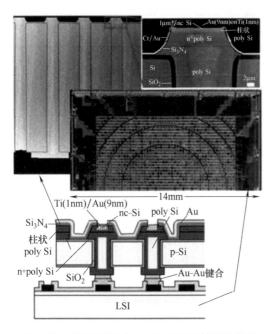

图 9.12 具有 TSiV 的 nc-Si 电子发射器的横截面照片和有源矩阵发射器阵列的结构

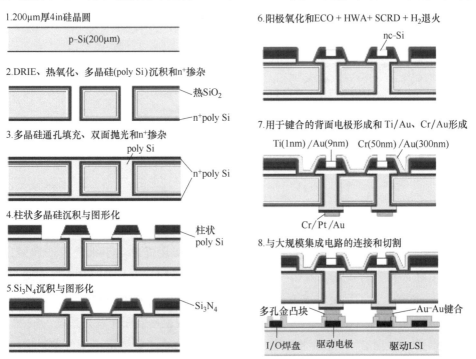

图 9.13 有源矩阵 nc-Si 发射极阵列的制造工艺

燥（SCRD）等工艺，并在 H_2 中退火（图中的6）。形成用于凸块键合的背面电极和薄表面电极 [Ti（1nm）+Au（9nm）]（图中的7）。晶圆通过凸块键合到 LSI 晶圆。最后，通过对发射极阵列芯片（图中的8）进行半切割，从而暴露 LSI 的焊盘。

该学者进行了初步实验。本实验使用了如图 9.14 所示的带有磁聚焦的 1∶1 曝光系统。nc-Si 发射器阵列的图片（顶视图）和曝光于来自 nc-Si 发射器阵列的电子的光刻胶图案，如图 9.14（b）所示。成功地在光刻胶上形成了对应于 nc-Si 发射极尺寸的 $12\mu m$ 方形曝光图案。

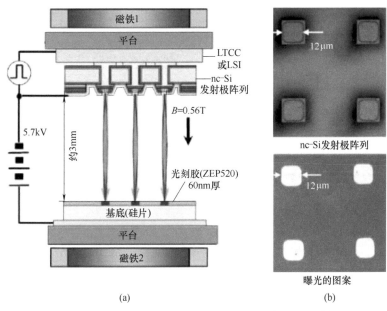

图 9.14 1∶1 曝光实验的设置以及 nc-Si 发射器阵列和光刻胶上曝光图案的图片。(a) 发射器阵列和曝光图案的设置；(b) 照片

有学者开发了用于有源矩阵发射器驱动器的 LSI，并定义了其基本操作。用于有源矩阵驱动 LSI 的 100×100 矩阵阵列中，一个单元的电路和功能操作示例如图 9.15 所示。LSI 接收外部写入位图数据，并打开和关闭 100×100 电子束。

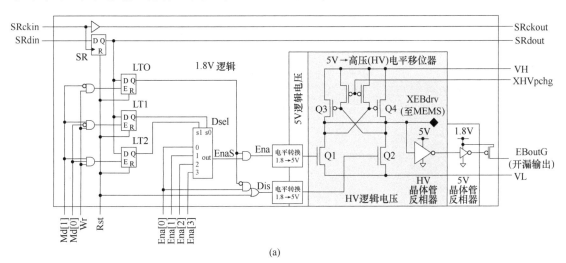

图 9.15

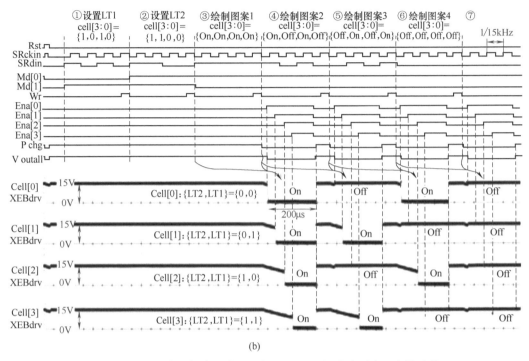

图 9.15 用于有源矩阵驱动 LSI 的 100×100 矩阵阵列中一个单元的电路和功能操作示例。(a) 一个单元的电路; (b) 功能操作示例

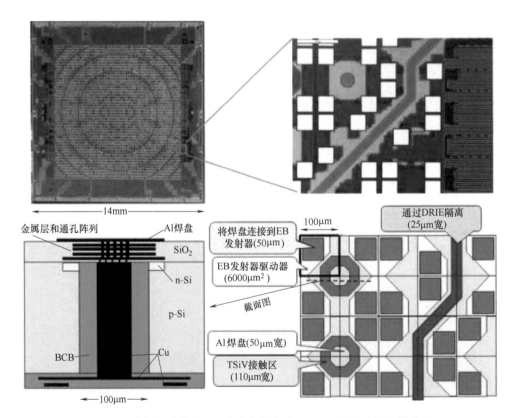

图 9.16 有源矩阵控制 LSI 中电气隔离和 TSiV 互连的布局和横截面

该电子束曝光系统具有电子像差补偿功能，可控制加速电压以补偿物镜的折射角。物镜（缩小镜）的焦距是通过调整电子发射器阵列前面的聚光透镜的电压来控制的。出于补偿的目的，有源矩阵控制 LSI 具有同心环，同心环是电隔离的，以便施加不同的设定电压环。该过程使用图 9.16 所示的电气隔离和 TSiV 进行。TSiV 的制造过程将在后面的图 17.26 中解释。隔离和 TSiV 必须通过后处理进行，如图 9.17 所示。首先进行 LSI 的功能测试（图中的 1）。单个环由 DRIE 刻蚀 Si 所隔离（图中的 2）。隔离沟槽用聚合物 BCB（苯并环丁烯）填充，TSiV 用于正面和背面之间的电气互连（图中 3）。最后在背面进行布线（图中 4）。

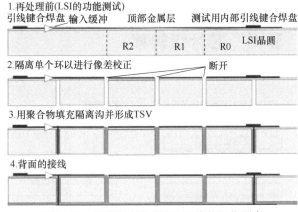

图 9.17 制造隔离和 TSiV 互连的工艺顺序

有学者设计了一种还原电子光学器件，通过物镜在 5keV 的加速电压下以 100 倍的系数减少电子束。使用 100×100 有源矩阵电子发射器阵列的原型 1/100 曝光系统的照片和构造如图 9.18 所示。

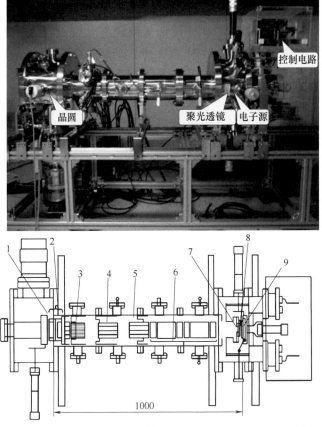

图 9.18 使用 100×100 有源矩阵电子发射器阵列的原型 1/100 曝光系统的照片和构造
1—晶圆；2—缩影透镜；3—消像散器；4——二级偏转板；5——一级偏转板；6—静电/电磁屏蔽；7—阳极孔径阵列；8—聚光透镜阵列；9—有源矩阵多电子源

9.5 芯片级转移

与图 9.1[11] 中解释的批量晶圆转移相反，我们可以使用芯片级转移，当 MEMS 芯片的尺寸与 LSI 芯片的尺寸不同时，需要使用芯片级转移[12,13]。如图 9.19 所示，使用激光剥离（解键合）的选择性转移工艺。在 MEMS 晶圆上形成金焊盘，用于金-金凸块键合。MEMS 晶圆使用键合夹层（丙烯酸树脂）键合到玻璃载体晶圆上，并通过切割 MEMS 晶圆，制作凹槽（图中的1）。在 LSI 晶圆上形成 Au 金属化硅酮凸块（图中2）。载体晶圆上的 MEMS 晶圆与 LSI 晶圆对准，这些晶圆通过在 Ar 等离子体激活后在 180℃下均匀加压而键合（图中3）。通过使用 Nd：YVO$_4$ 三次谐波激光（λ = 355nm）穿过玻璃载体晶圆（图中4），照射丙烯酸树脂界面，通过激光剥离（解键合）进行选择性转移。丙烯酸树脂碳化，失去附着力，MEMS 器件转移到 LSI 晶圆表面（图中5）。如有必要，使用底部填充聚合物加强凸块键合。保留在玻璃载体晶圆上的 MEMS 芯片可以转移到另一个 LSI 晶圆，如图 9.20 所示。相反，来自不同载体晶圆的 MEMS 芯片，可以在

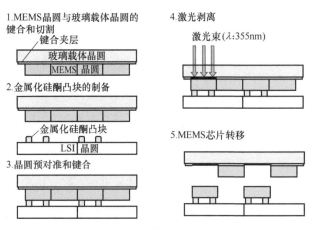

图 9.19 芯片级转移过程

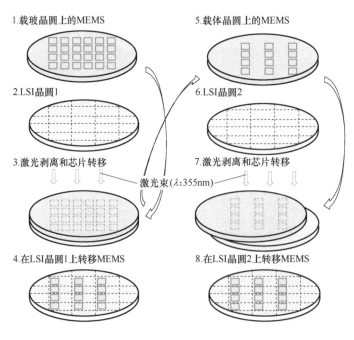

图 9.20 芯片级转移到多个 LSI 晶圆的原理图

LSI 晶圆中的同一芯片上进行转移。选择性转移技术可应用于 LSI 上的多表面声波（SAW）滤波器[12]。LSI 芯片上转移的多表面声波滤波器照片和 LSI 芯片上三种不同 SAW 滤波器的频率特性，如图 9.21 所示。

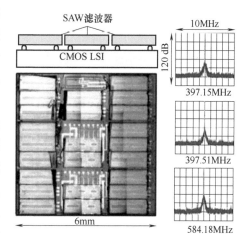

图 9.21　由芯片级转移的 LSI 芯片上的 Multi-SAW 滤波器

SAW 滤波器在通信系统中有着重要作用。通过将 $BaSrTiO_3$（BST）薄膜转移到 $LiTaO_3$ 晶圆的芯片级晶圆转移工艺，开发了一种单芯片带宽可调 SAW 滤波器[14]。可变电容器（变容二极管）需要 BST 膜。制作过程如图 9.22 所示。Pt、BST、Pt 和 Au 依次沉积在蓝宝石晶圆上（图中 1）。Au、Pt 和 BST 使用光刻胶掩模刻蚀（图中的 2）。通过蓝宝石晶圆，使用 $Nd:YVO_4$ 三次谐波激光（波长 355nm）照射 Pt 层，此工艺步骤的目的是削弱 Pt 和 BST 之间的附着力，称为激光预辐照（图中 3）。使用 Au-Au 键合将蓝宝石晶圆键合到 $LiTaO_3$ 晶圆上，$LiTaO_3$ 晶圆具有用于 SAW 滤波器的叉指换能器（IDT）电极（图中 4）。图案化的 BST、Pt 和 Au 层从蓝宝石晶圆转移到 $LiTaO_3$ 晶圆（图中 5）。用聚酰亚胺对 BST 的侧面进行绝缘处理，并用 Ti、Pt 和 Au 金属化，用于互连（图中 6）。

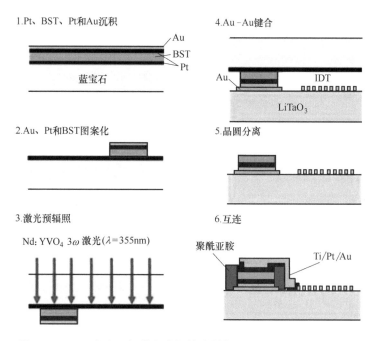

图 9.22　BST 变容二极管芯片级转移制备可调 SAW 滤波器的工艺

图 9.23 显示了带宽可调 SAW 滤波器的电路图（a）、照片（b）和特性（c）[15]。Y_p 和 Y_s 是 SAW 滤波器，带宽可通过连接由 BST 制成的可变电容器 C_p 和 C_s 进行调节，如电路图（a）中所示。由于铁电体 BST 的非线性介电常数，施加 5V 电压后，电容降低约 50%。

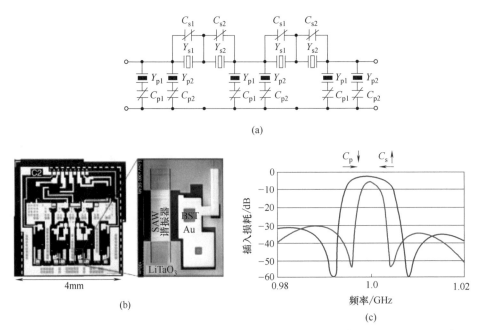

图9.23 使用BST变容二极管的可调SAW滤波器。(a) 电路图（未显示偏置电阻）；(b) 照片；(c) 特性

通过向BST变容二极管施加直流电压，滤波器的3dB带宽可以控制在3.25～6.25MHz之间变化，中心频率恒定在1.004GHz。

参 考 文 献

1 Esashi, M. and Tanaka, S. (2013). Heterogeneous integration by adhesive bonding. *Micro and Nano Systems Letters* 1: 3.

2 Esashi, M. and Tanaka, S. (2016). Stacked integration of MEMS on LSI. *Micromachines* 7: 137.

3 Lapisa, A., Stemme, G., and Niklaus, F. (2011). Wafer-level heterogeneous integration for MOEMS, MEMS and NEMS. *IEEE Journal of Selected Topics in Quantum Electronics* 17 (3): 629-644.

4 Esashi, M. (2008). Wafer level packaging of MEMS. *Journal of Micromechanics and Microengineering* 18 (7): 073001 (13pp).

5 Kochhar, A., Matsumura, T., Zhang, G. et al. (2012). Monolithic fabrication of film bulk acoustic resonators above integrated circuit by adhesive-bonding-based film transfer. 2012 IEEE International Ultrasonics Symposium, Dresden, Germany (7-10 October 2012), 295-298.

6 Hayasaka, T., Yoshida, S., Inoue, K. Y. et al. (2015). Integration of boron-doped diamond microelectrode on CMOS-based amperometric sensor array by film transfer technology. *Journal of Microelectromechanical Systems* 24 (4): 958-967.

7 Matsuo, K., Moriyama, M., Esashi, M., and Tanaka, S. (2012). Low-voltage PZT-actuated MEMS switch monolithically integrated with CMOS circuit. Technical Digest 25th IEEE International Conference on Micro Electro Mechanical Systems (MEMS 2012), Paris, France (29 January—2 February 2012), 1153-1156.

8 Makihata, M., Muroyama, M., Nakano, Y. et al. (2013). A 1.7mm^3 MEMS-on-CMOS tactile sen-

sor using human-inspired autonomous common bus communication. Technical Digest 17th International Conference on Solid-State Sensors, Actuators and Microsystems (Transducers 2013 & Eurosensors XXVII), Barcelona, Spain (16-20 June 2013), 2729-2732.

9 Esashi, M., Kojima, A., Ikegami, N. et al. (2015). Development of massively parallel electron beam direct write lithography using active-matrix nanocrystalline-silicon electron emitter arrays. *Microsystems & Nanoengineering* 1: 15029.

10 Esashi, M., Miyaguchi, H., Kojima, A. et al. (2018). *Development of Massive Parallel Electron Beam Write System: Aiming at Digital Fabrication of Integrated Circuits*. Sendai: Tohoku University Press (in Japanese).

11 Dospont, M., Drechsler, U., Yu, R. et al. (2004). Wafer-scale microdevice transfer/interconnect: its application in an AFM-based data-storage system. *IEEE Journal of Microelectromechanical Systems* 13: 895-901.

12 Guerre, R., Drechsler, U., Jubin, D., and Despont, M. (2008). Selective transfer technology for microdevice distribution. *Journal of Microelectromechanical Systems* 17 (1): 157-165.

13 Hikichi, K., Seiyama, K., Ueda, M. et al. (2014). Wafer-level selective transfer method for FBAR-LSI integration. Proceedings 2014 IEEE International Frequency Control Symposium (19-22 May 2014), 246-249.

14 Samoto, T., Hirano, H., Somekawa, T. et al. (2013). Wafer-to-wafer transfer process of barium strontium titanate metal-insulator-metal structures by laser pre-irradiation and gold-gold bonding for frequency tuning applications. Technical Digest 17th International Conference on Solid-State Sensors, Actuators and Microsystems (Transducers 2013 & Eurosensors XXVII), Barcelona, Spain (16-20 June 2013), 171-174.

15 Hirano, H., Samoto, T., Kimura, T. et al. (2014). Bandwidth-tunable SAW filter based on wafer-level transfer-integration of $BaSrTiO_3$ film for wireless LAN system using TV white space. Proceedings IEEE Ultrasonic Symposium, Chicago, USA (3-6 September 2014), 803-806.

第 10 章

压电微机电系统

T Takeshi Kobayashi (AIST)

National Institute of Advanced Industrial Science and Technology, Japan

10.1 导言

10.1.1 基本原则

压电材料可以通过施加力产生电荷或通过施加电压产生力。使用压电材料作为传感器和执行器的微机电系统（MEMS）器件称为压电 MEMS 器件。压电 MEMS 器件优于静电 MEMS 器件，因为它们具有更简单的结构（尺寸精度为 $10\mu m$ 或更高）、更高的发电量以及更低电压的驱动。在电介质中，没有中心对称性且具有自发极化的材料被称为压电体，氮化铝（AlN）就是其中的一类。通过施加电压可以反转自发极化的材料称为铁电体，锆钛酸铅（PZT）被归类为铁电体。

压电性能指标包括压电常数 d（m/V）、e（C/m^2）和 g（V·m/N）。压电常数 d 称为压电应变常数，它表示在没有应力的情况下施加电压时产生的应变。压电常数 e 称为压电应力常数，它表示施加电压时，应变被限制为零时产生的应力。压电常数 g 称为压电输出常数，表示在没有电位移的情况下施加压力时产生的电压。压电常数 d 和 e 常被用作执行器器件的指标，压电常数 g 常被用作传感器器件的指标。

这些压电常数之间存在以下关系：

$$d = se = \varepsilon g \tag{10.1}$$

其中，s 和 ε 分别为柔度和介电常数。

AlN 薄膜具有较高的机电耦合系数，用于薄膜体声谐振器（FBAR）。另一方面，PZT 薄膜具有较大的压电常数，适用于驱动器，例如喷墨头。本章重点介绍使用 PZT 薄膜的压电 MEMS 执行器器件。

10.1.2 作为执行器的 PZT 薄膜特性

图 10.1 是悬臂、梁和膜片的示意图，其中 PZT 薄膜集成在 MEMS 结构上。本节描述了 PZT 薄膜所需的特性，以其中最简单的为例，即将其作为悬臂。如图 10.1 所示，在

PZT-MEMS中，夹在上下电极之间的PZT薄膜在弹性层上形成。当施加电压时，PZT薄膜膨胀，悬臂在水平方向收缩。由于一侧受到弹性层的约束，悬臂上下弯曲。

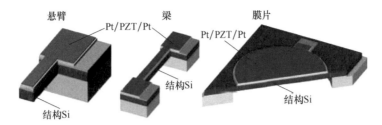

图10.1 将PZT薄膜集成在MEMS结构上的悬臂、梁和膜片示意图

Smits等人[1]证明了PZT悬臂尖端的位移由以下方程式表示：

$$\delta = -\frac{3s_s s_f h_s (h_s + h_f)}{s_s^2 h_f^4 + s_f^2 h_s^4 + 2 s_s s_f h_s h_f (2h_s^2 + 2h_f^2 + 3h_s h_f)} d_{31} L^2 V \tag{10.2}$$

式（10.2）右侧的第一项包括弹性层和PZT薄膜的柔度（分别为杨氏模量的倒数s_s和s_f）和薄膜厚度（h_s和h_f），代表PZT悬臂的力学性能；d_{31}、L和V分别是横向压电常数、悬臂长度和外加电压大小。式（10.2）仅考虑PZT薄膜和弹性层。如果弹性层的厚度小于PZT薄膜的1/10，则还应额外考虑电极和绝缘膜[2]。另一方面，如果弹性层比PZT薄膜厚，则由式（10.2）可得$h_s \gg h_f$，从而获得式（10.3）[3]。

$$\delta = -\frac{3s_s}{h_s^2} e_{31} L^2 V \tag{10.3}$$

式中，e_{31}也是一个横向压电常数，e_{31}与d_{31}两个常数之间的关系表示如下：

$$d_{31} = s_f e_{31} \tag{10.4}$$

式（10.3）可以估算压电常数，但不可以计算PZT薄膜的柔度，柔度值很难确定。当使用式（10.3）时，PZT薄膜形成在硅片上，通过切割到合适的尺寸来制备悬臂。横向压电常数e_{31}通过测量施加电压时的尖端位移来确定，如图10.2[4]所示。以PZT薄膜为例，如果d_{31}的值为-100pm/V，e_{31}的值应为-15C/m^{2}或更多。

压电常数d_{33}也用于评估压电薄膜[5]，因为测量d_{33}比测量d_{31}更容易。d_{33}通常是d_{31}的2~3倍。

薄膜厚度h_f也是一个重要参数。式（10.2）的计算表明，当外加电场恒定时，位移随着薄膜厚度的增加而增加，如图10.3所示。然而，在实际应用中，由于受到可形成的薄膜厚度、电场电阻和可施加在电路的电压的限制，薄膜厚度通常为1~5μm。

10.1.3 PZT薄膜成分和取向

PZT的压电常数取决于Zr/Ti的比值。原因是PZT的晶体结构取决于Zr/Ti比值。PZT

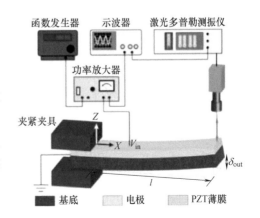

图10.2 压电悬臂尖端位移的测量装置
来源：Kanno[4]. Copyright（2018）The Japan Society of Applied Physics

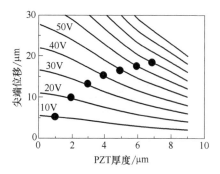

图 10.3 尖端位移与 PZT 厚度的函数关系，由式（10.2）估算。绘图表示施加 $10V \cdot \mu m^{-1}$ 电场时的位移

在 Zr 含量较多的成分中呈现菱面体结构，在 Ti 含量较多的成分中呈现四方结构，其边界称为准同型相界（MPB）。众所周知，PZT 在接近 MPB 的成分，即 Zr/Ti＝52/48 时，压电常数最大。实际使用的大部分 PZT 陶瓷都是 MPB 成分。可以解释为：压电常数的最大值是由于晶体结构在菱面体和四方结构之间变得不稳定，且容易发生极化转换。图 10.4（a）显示了 PZT 陶瓷的压电常数与 Zr/Ti 比值之间的关系[6]。可以看出，d_{31}、d_{33} 和 d_{15} 的最大压电常数均为 Zr/Ti＝52/48。

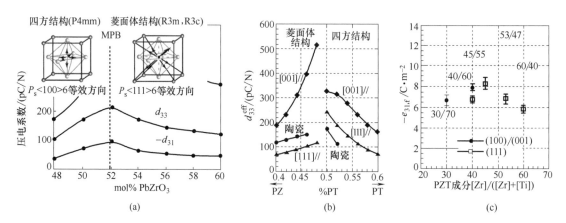

图 10.4 （a）PZT 陶瓷的压电常数与 Zr/Ti 比值之间的关系；（b）（100）取向和（111）取向的 PZT 薄膜（计算）；（c）（100）/（001）取向和（111）取向的 PZT 薄膜（实验）

来源：（a）（b）Reproduced from Damajanovic[6] with the permission of AIP Publishing；（c）Ledermann et al[8]．© 2003，Elsevier

PZT 薄膜的压电常数不仅受其成分的极大影响，还受其取向的影响。Uchino 使用基于热力学的唯象计算来比较（001）和（111）取向的 MPB 成分附近 PZT 的纵向压电常数 d_{33}[7]。已经表明，（001）取向的 PZT 薄膜的 d_{33} 是（111）取向的 PZT 薄膜的 4 倍，如图 10.4（b）所示。Muralt 等人制造了各种组成比例的（100）/（001）取向和（111）取向的 PZT 薄膜。如图 10.4（c）所示，对于大多数 Zr/Ti 成分，已经表明（100）/（001）取向的 PZT 薄膜具有更高的压电常数[8]。其他学者也报告了类似的结果[9-12]。

10.2 PZT 薄膜沉积

10.2.1 溅射

大多数用于商业化 PZT-MEMS 器件的 PZT 薄膜是通过溶胶-凝胶或溅射形成的。包括

EPSON、ROHM、RICOH、STMicroelectronics 和 TSMC 在内的几家公司采用溶胶-凝胶工艺，而 Panasonic、FUJIFILM、SAE Magnetics、Silicon Sensing Systems、Ulvac 和 Robert Bosch 则采用溅射工艺。标准溅射工艺使用 PZT 陶瓷作为靶材，在加热超过 500℃ 的基底上使用 Ar 和 O_2 气体进行溅射。由于 PbO 在溅射过程中容易蒸发，因此 PZT 陶瓷靶材含有过量的 Pb。通过溅射形成的 PZT 薄膜通常具有（100）/（001）取向。

FUJIFILM 通过溅射沉积 PZT 薄膜[13]，具体操作为：将 $Pb_{1.3}(Zr_{0.52}Ti_{0.48})O_3$ 陶瓷靶材与 0.5Pa 的 Ar+2.5% O_2 气体一起溅射，在加热至 525℃ 的 Ir/Ti/SiO_2/Si 基底上形成薄膜。此外，还使用掺铌（Nb）的 PZT 陶瓷靶材制备了掺铌的 PZT（PNZT）薄膜。沉积的 PZT 薄膜具有（100）/（001）取向，如图 10.5 所示。Nb 掺杂的 PZT 薄膜的压电常数 d_{31} 达到 -259pm/V，假设杨氏模量 49GPa 的情况下计算，所得 e_{31} 为 $-13C/m^2$，这是普通 PZT 薄膜的 2 倍[14]。

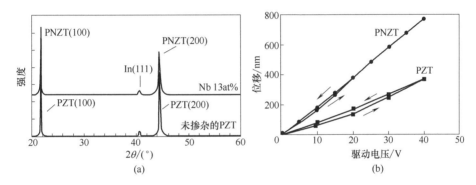

图 10.5 （a）溅射的 PZT 和 PNZT 薄膜的 XRD 图；（b）带有 PZT 薄膜的硅悬臂尖端的位移

来源：Fujii[13]. © 2009，Elsevier

如图 10.6 所示，Yoshida 等人在硅基底上形成 $SrRuO_3$/$LaSrCoO_3$/CeO_2/YSZ 缓冲层，以形成不仅具有（100）/（001）取向而且具有面内取向的外延生长 PZT 薄膜。PZT 薄膜的 e_{31} 为 $-11C/m^2$。由于介电常数小至 200，因此与机电耦合系数 K 成正比的优值 $e_{31}^2/\varepsilon_0\varepsilon_r$，

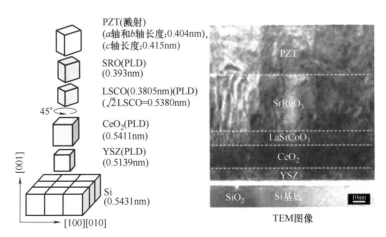

图 10.6 使用 $SrRuO_3$/$LaSrCoO_3$/CeO_2/YSZ 缓冲层外延生长 PZT 薄膜的示意图

来源 Yoshida et al.[15]. © 2014，IEEE

大约是定向 PZT 薄膜的五倍[15]。

10.2.2　溶胶-凝胶

PZT 薄膜也可以通过旋涂溶液来制备，溶液中溶解有 Pb、Zr 和 Ti 的金属有机化合物，并通过热处理使溶液结晶。尽管根据溶液类型分为 MOD、CSD 等，但它仍属于溶胶-凝胶。

10.2.2.1　方向控制

在溶胶-凝胶方法中，通过重复旋涂前体溶液、热分解和结晶热处理，制备厚度为 1 μm 或更适合 PZT-MEMS 的 (100)/(001) 取向的 PZT 薄膜。PZT 薄膜的晶体取向由第一次薄膜沉积决定。由于溶胶-凝胶法形成的 PZT 薄膜除了 (001) 取向外，还可以具有各种取向，如随机取向、(111) 和 (001) 取向，因此有必要优化薄膜沉积条件。

众所周知，热分解温度和底部电极材料会影响 PZT 薄膜的取向。如图 10.7 (a) 所示，Kobayashi 等人报道，当 Pt/Ti 用作底部电极时，PZT 薄膜在热分解时具有 (100)/(001) 和 (111) 取向温度分别为 400℃ 和 470℃[16]。此外，该学者还报道称，无论热分解温度如何 [图 10.7 (b)]，Pt 电极都会形成随机取向的 PZT 薄膜，以及退火的 Pt/Ti 电极会产生 (111) 取向的 PZT 薄膜，如图 10.7 (c)[17]。

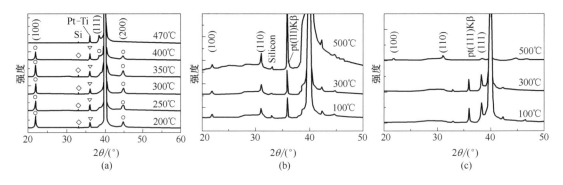

图 10.7　溶胶-凝胶衍生的 PZT 薄膜的 XRD 图，沉积在：(a) Pt/Ti；(b) Pt；
(c) 预热的 Pt/Ti。图中所示温度代表热分解温度

来源：(a) Kobayashi et al.[16]．© 2005, Elsevier；(b)、(c) Kobayashi et al.[17]．© 2007, Taylor & Francis Ltd.

在结晶初始阶段形成的 (001) 取向的 PbO 层，促进了 (100)/(001) 取向的 PZT 薄膜的形成。Kobayashi 等人报道，在 Pt/Ti 底部电极的情况下形成 (100)/(001) 取向的 PZT 薄膜，在 Pt 底部电极的情况下形成随机取向的 PZT 薄膜。从这些结果可以推测，在热分解或结晶退火过程中，黏附层 Ti 扩散到 Pt 中，与 PZT 前体反应，并使 (001) 取向的 PbO 层成核。另一方面，对于 (111) 取向，在结晶初始阶段形成的 TiO_2 层对 (111) 取向的成核是已知的机制之一。在 Kobayashi 等人的研究中，很可能是通过 Pt/Ti 退火在 Pt 表面形成 TiO_2，并促进 PZT-(111) 取向的形成。Gong 等人[11] 和 Muralt 等人[18] 报道了通过籽晶层控制 PZT 薄膜的取向。根据 Gong 等人的研究，当 PbO 层用作籽晶层时，会形成 (100)/(001) 取向的 PZT 薄膜，当 TiO_2 层用作籽晶层时，会形成 (111) 取向的 PZT 薄膜，这与 Kobayashi 等人的结果非常吻合。

10.2.2.2 厚膜沉积

为了通过溶胶-凝胶法形成厚度为 $1\mu m$ 以上的 PZT 薄膜，需要反复进行旋涂、热分解和结晶热处理。据报道，对于 $1\mu m$ 厚的 PZT 薄膜，在每次薄膜形成和热分解后结晶，会导致形成（100）/（001）或（111）取向，重复薄膜形成和热分解 10 次后结晶时导致随机取向（图 10.8）[16]。据报道，（100）/（001）和（111）取向的 PZT 薄膜具有柱状结构，随机取向的 PZT 薄膜具有粒状结构。Kobayashi 等人开发了自动薄膜形成系统，可以自动进行旋涂、热分解和结晶热处理（图 10.9）。

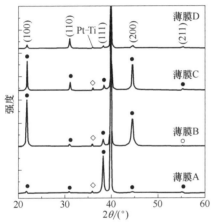

图 10.8　溶胶-凝胶衍生的 $1\mu m$ 厚 PZT 薄膜的 XRD 图和横截面 SEM 图像，其中薄膜厚度通过各种多涂层序列增加

来源：Kobayashi et al.[16]. © 2005，Elsevier

当制备厚度为 $1\mu m$ 或更大的 PZT 薄膜时，在 250℃ 的温度下热分解形成了（100）/（001）取向的 PZT 薄膜。然而，在 4in 的晶圆上产生了 300 多个直径约 $100\mu m$ 的 PZT 粒子。另一方面，当热分解温度设置为 300℃ 或更高时，粒子数减少到 10 个或更少，且 PZT 薄膜取向是随机的。通过将第一层的热分解温度设置为 250℃，将第二层和后续层的热分解温度设置为 300℃，如图 10.10 所示，4in 晶圆上的颗粒数量减少到 10 个或更少。

Muralt 等人重复了四次薄膜形成和热分解，然后通过快速热退火形成了一个周期的结晶过程。将该周期重复了几次，以产生厚度为 $4\mu m$ 的（100）/（001）取向 MPB-PZT 薄膜。制备的 PZT 薄膜表现出优异的压电性能：$-e_{31}=10C/m^2$[8]。一次沉积形成的 PZT 薄膜的 Zr/Ti 比值在横截面方向上倾斜，范围为 44/56～65/35 [图 10.11（a）]。他们提出通过减少这种成分偏差，可以进一步提高压电 PZT 常数。通过沉积四种不同成分的 PZT 溶液，使 Zr/Ti 比值偏差从 15% 降低到 3%，从而实现了更高的压电常数：$-e_{31}=18C/m^2$ [图 10.11（b）][19]。

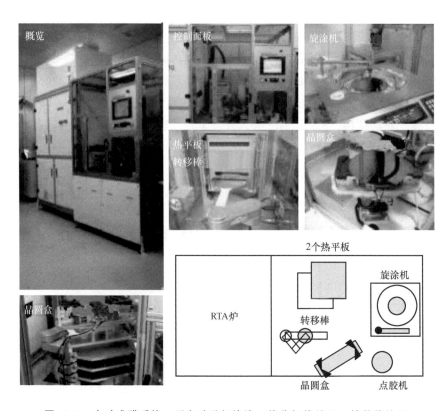

图 10.9 自动成膜系统，可自动进行旋涂、热分解热处理、结晶热处理

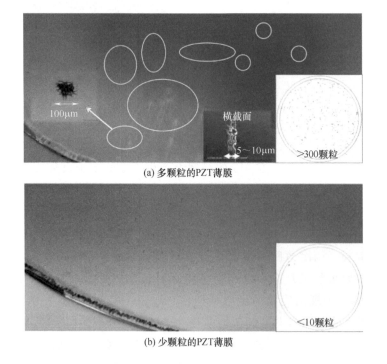

图 10.10 溶胶-凝胶衍生的 PZT 薄膜在 4in 晶圆上的表面图像。通过将第一层的热分解温度设置为 250℃，第二层和后续层的热分解温度设置为 300℃，4in 上的颗粒数量减少到 10 个或更少

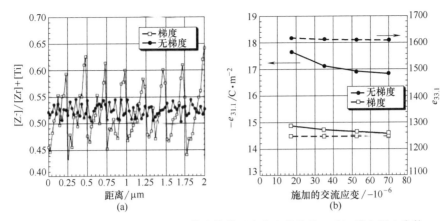

图 10.11 （a）PZT 薄膜中 Zr/Ti 比值在横截面方向上的偏差；（b）横向压电常数 e_{31}。
通过减小这种成分偏差，压电 PZT 常数得到了改善

来源：Reproduced from Calame and Muralt[19] with the permission of AIP Publishing

10.2.3 PZT 薄膜的电极材料和寿命

众所周知，铁电体存储器的 PZT 薄膜的寿命是受反复施加 AC 电压引起的极化反转疲劳影响的。已经有论文表明，当使用 Pt 电极时，极化疲劳是显著的[20]。现已有学者提出了极化疲劳的一个原因，是氧空位随着重复极化反转而增长[21]。大量的实验已经表明，通过使用 IrO_2[22]、RuO_2[23]、$LaNiO_3$[20] 等导电氧化物电极补偿氧空位，可以极大改善这种疲劳特性。另一方面，在大多数执行器的 PZT 薄膜中，通常施加除交流电压以外的单极电压。有报告已经指出，在这种条件下不会发生极化反转疲劳，而寿命是直流电压施加的介质击穿决定的，这是因为氧空位可以通过 PZT 薄膜的迁移来控制[24]。

10.3 PZT-MEMS 制造工艺

10.3.1 悬臂和微扫描仪

本节描述了使用绝缘体上硅（SOI）晶圆制造压电 MEMS 悬臂和光学扫描仪的过程，并在该晶圆上形成 PZT 薄膜[25]。首先，SOI 晶圆在 1100℃ 的 O_2 或 H_2O/O_2 气体下退火，在结构硅表面形成热氧化膜。热氧化物薄膜不仅作为硅结构和底部电极之间的绝缘体，而且还可以作为防止 Pb 扩散到 Si 中的屏障。该扩散现象发生在 PZT 薄膜的形成中，特别是在凝胶法的工艺情况下。也可以使用氧化铝和氧化锆代替热氧化物薄膜。随后，形成底部电极。最典型的底部电极是 Pt/Ti，但可以在底部电极的正上方形成 $SrRuO_3$ 或 $LaNiO_3$ 的氧化物电极。形成底部电极后，通过溅射或溶胶-凝胶形成 PZT 薄膜。最后，形成顶部电极。可以使用 Au、Ru 和 Ir 等作为顶部电极的材料。

在下文中，将介绍通过在 SOI 晶圆上刻蚀生成的 Pt/Ti/PZT/Pt/Ti/SiO_2，作为制造 PZT-MEMS 的工艺。图 10.12 为压电微悬臂和光学微扫描仪的制造过程示意图。刻蚀所用掩模一般选择为光刻胶掩模。首先，通过 Ar 离子铣削刻蚀将掩模 1 刻蚀成 Pt/Ti 顶部电

极。随后，使用掩模 2 刻蚀 PZT 薄膜。在湿法刻蚀 PZT 薄膜的情况下，使用混合有 HF、HNO_3 和 HCl 的强酸。湿法刻蚀的刻蚀速率快至约 $1\mu m/min$。然而，由于会出现约 $5\mu m$ 的钻蚀，因此湿法刻蚀适用于对 $100\mu m$ 或更大的大型结构进行图案化，干法刻蚀更适合对较小的结构进行图案化。在干法刻蚀下，使用 SF_6 或 CF_4 的反应离子刻蚀（RIE）。然而，需要注意的是，PZT 对底部电极 Pt/Ti 的选择性并不高，很大一部分是因为物理溅射导致的。

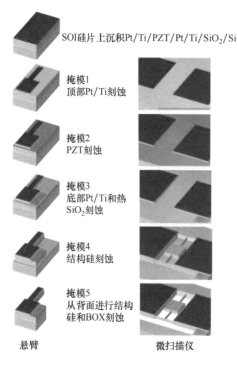

图 10.12　压电微悬臂和光学微扫描仪的制造过程示意图

顶部电极和 PZT 薄膜具有几乎相同的形状。由于湿法刻蚀时会发生钻蚀，干法刻蚀时会损伤侧壁，因此 PZT 刻蚀的图形要比顶电极刻蚀的图形大几微米。此后，使用掩模 3 刻蚀 Pt/Ti 底部电极和热氧化物薄膜。使用 CHF_3 和 CF_4 的 RIE 刻蚀热氧化物薄膜。接下来，使用掩模 3 刻蚀 Pt/Ti 底部电极和热氧化物薄膜，选择使用 CHF_3 和 CF_4 的 RIE 工艺，刻蚀热氧化物薄膜。图 10.13 显示了完成上述步骤后的晶圆表面图像。可以肯定的是，PZT 薄膜刻蚀的图案宽度，比顶部电极的图案宽度宽几微米，并且 PZT 薄膜被钻蚀了几微米。

随后，通过掩模 4，使用深反应离子刻蚀（DRIE）结构硅，其中通过重复的 SF_6 刻蚀和侧壁保护对硅进行深度刻蚀。最后，通过 DRIE 在掩模 5 的背面刻蚀基底以释放硅结构。从背面刻蚀基底时，掩模需要能够承受长时间刻蚀。对于光刻胶而言，通常使用厚度为 $10\mu m$ 的或更厚的抗蚀剂。除此之外，也可以使用难以被 SF_6 刻蚀的材料，诸如铝金属薄膜作为金属掩模。

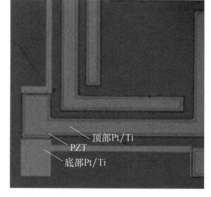

图 10.13　通过掩模 3 刻蚀底部 Pt/Ti 后晶圆的表面图像

由于硅基底刻蚀后的硅片非常脆弱，因此通常将硅片贴在虚设晶圆上放入刻蚀设备中。使用光刻胶、硅油、真空润滑脂等黏合晶圆，选择黏合材料很重要，要使得该材料可以通过灰化或化学清洗轻松去除。可以通过确认晶圆整个表面上的掩埋氧化物（BOX）层的出现，来确定穿透刻蚀的终点。在完成基底的穿透刻蚀之后，将黏合到虚设晶圆的晶圆浸入诸如丙酮之类的有机溶剂中，以分离虚设晶圆和经处理的 SOI 晶圆。清洗 SOI 晶圆后，通过使用 CHF_3 或 CF_4 的 RIE 或使用 BHF 的湿法刻蚀去除 BOX 层以完成该过程。

10.3.2 极化

大多数用于 MEMS 的 PZT 薄膜是多晶薄膜。溅射沉积的 PZT 薄膜通过沉积后，就具有相同的自发极化方向。另一方面，溶胶-凝胶法制备的 PZT 薄膜的自发极化方向因晶粒而异。如图 10.14 所示，在（100）/（001）取向的 PZT 薄膜中，（100）取向晶粒的自发极化方向是水平的，（001）取向晶粒的自发极化方向是垂直向上或向下的。随后通过施加电压使 PZT 薄膜的自发极化方向对齐，该工艺称为极化。

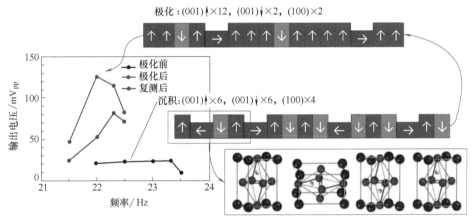

图 10.14 沉积和极化 PZT 薄膜的极化方向示意图

如果在室温下施加几分钟 $10V/\mu m$ 或更高的直流电压，可以完成对 PZT 薄膜的极化。但是，如果通过回流等热处理将极化的 PZT 薄膜加热到 200℃ 或更高，则极化效应就会消失。通过边加热边极化的方式，即使加热也能保持极化效果[26]。另外，通过施加直流电压 2 倍以上的脉冲电压，从而进行脉冲极化，能够将极化时间缩短至数秒以下。当需要对大量 MEMS 芯片进行极化时，脉冲极化可以有效地提高生产率[27]。

参 考 文 献

1　Smits, J. and Choi, W. (1991). *IEEE Trans. Ultrason. Ferroelectron. Freq. Control* 38: 256.

2　Dekkers, M., Boschker, H., van Zalk, M. et al. (2013). *J. Micromech. Microeng.* 23: 025008.

3　Kanno, I., Kotera, H., and Wasa, K. (2003). *Sens. Actuators A* 107: 68.

4　Kanno, I. (2018). *Jpn. J. Appl. Phys.* 57: 040101.

5　Taylor, D. V. and Damjanovic, D. (2000). *Appl. Phys. Lett.* 76: 1615.

6　Damajanovic, D. (1998). *Rep. Prog. Phys.* 61: 1267.

7　Du, X. H., Zheng, J., Belegundu, U., and Uchino, K. (1998). *Appl. Phys. Lett.* 72: 2421.

8　Ledermann, N., Muralt, P., Baborowski, J. et al. (2003). *Sens. Actuators A* 105: 162.

9　Park, C.-S., Kim, S.-W., Park, G.-T. et al. (2000). *J. Mater. Res.* 20: 243.

10　Chen, H. D., Udayakumar, K. R., Gaskey, C. J., and Cross, L. E. (1995). *Appl. Phys. Lett.* 67: 3411.

11　Wen, G., Li, J. F., Chu, X. et al. (2004). *J. Appl. Phys.* 96: 590.

12 Hofmann, M. et al. (2003). *IEEE Trans. Ultrason. Ferroelectron. Freq. Control* 50: 1240.
13 Fujii, T., Hishinuma, Y., Mita, T., and Arakawa, T. (2009). *Solid State Commun.* 149: 1799.
14 Fujii, T., Hishinuma, Y., Mitam, T., and Naono, T. (2010). *Sens. Actuators A* 163: 220.
15 Yoshida, S., Hanzawa, H., Wasa, K., and Tanaka, S. (2014). *IEEE Trans. Ultrason. Ferroelectr., Freq. Control* 61: 1552.
16 Kobayashi, T., Ichiki, M., Tsaur, J., and Maeda, R. (2005). *Thin Solid Films* 489: 74.
17 Kobayashi, T., Ichiki, M., and Maeda, R. (2007). *Ferroelectrics* 357: 233.
18 Muralt, P. et al. (1998). *J. Appl. Phys.* 83: 3835.
19 Calame, F. and Muralt, P. (2007). *Appl. Phys. Lett.* 90: 062907.
20 Chen, M. S., Wu, T. B., and Wu, J. M. (1996). *Appl. Phys. Lett.* 68: 1430.
21 Scott, J. F., Araujo, C. A., Melnick, B. M. et al. (1991). *J. Appl. Phys.* 70: 382.
22 Nakamura, T., Nakao, Y., Kamisawa, A., and Takasu, H. (1994). *Jpn. J. Appl. Phys.* 33: 5207.
23 Alshareef, H. N., Kingon, A. I., Chen, X. et al. (1994). *J. Mater. Res.* 9: 2968.
24 Akkopru-Akgunm, B., Zhu, W., Randall, C. A. et al. (2019). *APL Mater.* 7: 120901.
25 Kobayashi, T., Tsaur, J., and Maeda, R. (2005). *Jpn. J. Appl. Phys.* 44: 7078.
26 Nogami, H., Kobayashi, T., Okada, H. et al. (2012). *Jpn. J. Appl. Phys.* 51: 09LD11.
27 Kobayashi, T., Suzuki, Y., Makimoto, N. et al. (2014). *AIP Adv.* 4: 117116.

第3部分

键合、密封和互连

第11章 阳极键合

Masayoshi Esashi

Tohoku University，Micro System Integration Center（μSIC），519-1176 Aramaki-Aza-Aoba，Aoba-ku，Sendai 980-0845，Japan

11.1 原理

阳极键合可应用于玻璃与金属或半导体的键合。玻璃-硅之间的阳极键合原理如图 11.1 所示。玻璃和硅的平面相对，在 400℃左右的高温下向玻璃施加负电压（500～1000V）。硅化物玻璃由 Si—O 网络形成，如图 11.2 所示，移动的正极离子为 Na^+，固定的负离子为 SiO^-。在阳极键合过程中，由于 Na^+ 离子移动，在硅表面附近形成 SiO^- 空间电荷层。玻璃中的负空间电荷和硅中的感应正电荷因静电吸引进行键合。由 Na^+ 离子位移产生的电流如图 11.1[1] 所示。Na^+ 在表面上以 NaOH 的形式出现。

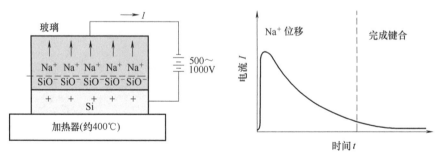

图 11.1 阳极键合原理

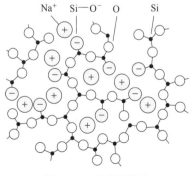

图 11.2 玻璃的结构

阳极键合是 1968 年由美国 Mallory & Co. Inc. 发明的，这种键合方法也称为 Mallory 键合、场辅助键合和静电键合[2,3]。

图 11.3（a）、（b）显示了通过切割键合晶圆获得的键合玻璃-硅晶圆和加速度计芯片的照片。由于硅表面的氧化，其颜色因键合而改变。玻璃-硅阳极键合已用于封装 MEMS 器件[4,5]。第 17 章和第 18 章将分别介绍阳极键合和真空或控制压力腔的 MEMS 封装。

(a)　　　　　　　　　　　(b)

图 11.3　键合晶圆和制造的加速度计芯片的照片。(a) 键合的玻璃-硅晶圆；
(b) 通过切割晶圆获得的加速度计芯片

静电力在玻璃-硅界面上形成的键合将在下文[6]中解释。图 11.4 显示了电荷和电压的分布。极化空间电荷层 V_p 上的电压由泊松方程给出：

$$V_p = \frac{\rho X_p^2}{2\varepsilon'\varepsilon_0} \tag{11.1}$$

其中，ρ 是玻璃中的电荷密度；X_p 是极化空间电荷层的厚度；ε_0 是真空的介电常数；ε' 是玻璃的相对介电常数。极化空间电荷层的单位面积电荷 σ_s 计算公式如下：

$$\sigma_s = \rho X_p = \varepsilon_0 E \tag{11.2}$$

其中，E 是间隙中的电场。

玻璃和硅之间每单位面积的静电力 P 的计算公式如下：

$$P = \frac{1}{2}\varepsilon_0 E^2 = \frac{1}{2} \times \frac{\sigma_s^2}{\varepsilon_0} \tag{11.3}$$

结合式 (11.1)、式 (11.2) 和式 (11.3)，单位面积静电力 P 计算公式如下：

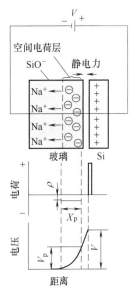

图 11.4　电荷和电压的分布

$$P = V_p \rho \varepsilon' \tag{11.4}$$

阳极键合设备的示例如图 11.5 所示。它是由硅晶圆的可移动台、玻璃晶圆的夹持器和显微镜组成。在显微镜下对准玻璃晶圆和硅晶圆后，玻璃晶圆与硅晶圆接触。在大气环境中键合的情况下，使用载物台上的加热器将这些晶圆加热，并向玻璃施加负电压（图 11.5 中

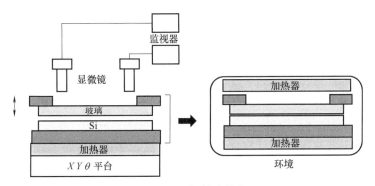

图 11.5　阳极键合设备

的左侧)。将接触的玻璃-硅转移到腔室并通过加热和施加电压（图11.5中的右侧）在真空环境中进行键合。

11.2 变形

玻璃的热膨胀应与硅的热膨胀相匹配，以防止键合后变形。如图 11.6 所示为用于阳极键合的玻璃的热膨胀 $L(T)-L(T_0)$，其中 $L(T)$ 是温度 T 下的长度，$L(T_0)$ 是室温 T_0 (工作温度) 下的长度。图 11.6 还显示了导致变形的玻璃和硅之间的热膨胀差异 $L(T)-L_{Si}(T)$。用于阳极键合的玻璃是 Pyrex 玻璃 (Corning 7740) (SiO_2 83%、B_2O_3 12%、Zn/MgO/CaO < 1%、Na_2O 1%、Al_2O_3 1%)、Schott Tempax Float 玻璃 (SiO_2 81%、B_2O_3 13%、Na_2O/K_2O 4%、Al_2O_3 2%)、Asahi 玻璃 SW-3 (SiO_2 60%~65%、B_2O_3 5%~10%、Zn/MgO/CaO 10%~16%、Na_2O 2%~4%、Al_2O_3 12%~20%) 和 HOYA SD2 玻璃 (SiO_2 58.5%、B_2O_3 1.8%、Al_2O_3 22.3%、Na_2O 2.5%)[7]。这些玻璃的热膨胀系数 (CTE) 约为 3.3ppm/℃，与硅接近。通过将 B_2O_3 替换为 Al_2O_3，如 SW-3 和 SD2 玻璃，玻璃的热膨胀曲线与硅的热膨胀曲线十分相近。Asahi 玻璃 SW-YY 的键合温度通过用 Li 代替

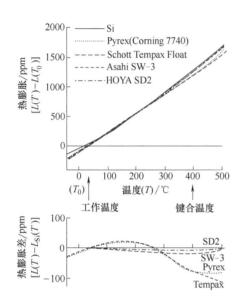

图 11.6 用于阳极键合的玻璃热膨胀
来源：Based on S. Takaki[7]

Na 而降低到 250℃，因为 Li 离子直径比 Na 小[7]。据报道，使用含 Li 的薄玻璃膜可以在室温下进行阳极键合[8]。

图 11.7 显示了在不同加热条件下阳极键合后 Pyrex 玻璃-硅结构的变形[9]。当加热硅侧面时，硅的温度高于 Pyrex 玻璃的温度。键合后，硅比 Pyrex 玻璃收缩得更多，使 Pyrex 玻璃-硅弯曲，如图 11.7 (a) 所示。另一方面，当玻璃面被加热时，Pyrex 玻璃-硅向相反方向弯曲，如图 11.7 (c) 所示。当均匀加热时，Pyrex 玻璃-硅会弯曲，如图 11.7 (b) 所示。同时研究了阳极键合玻璃-硅结构的曲率变化[10]。

图 11.8 显示了 MEMS 加速度计中玻璃和硅之间的间隙测量示例[9]，光学干涉法 [图中的 (a)] 用于该测量。有无条纹的照片如图 11.8 (b) 所示，其中条纹表示由变形引起的间隙变化，条纹的间距对应于光的半波长 (273nm)。

玻璃中的空间电荷层会引起小的变形。图 11.9 显示了对铝电极玻璃两侧弯曲的测量[11]。玻璃中的空间电荷层通过 Na^+ 离子位移在正极侧形成并引起弯曲。

根据玻璃刻蚀的深度可以估计空间电荷层的厚度，如图 11.10 (a) 所示。空间电荷层的刻蚀速率高于其本体[12]。电流产生的电荷密度越大，空间电荷层越厚，观察到的厚度约为 1~2μm。空间电荷层的厚度取决于玻璃上电极的尺寸和形状，如图 11.10 (b) 所示。它

在电极附近很厚。空间电荷层的厚度也可以通过静电反冲探测分析进行测量,观察到与图 11.10 中的厚度相当[13]。

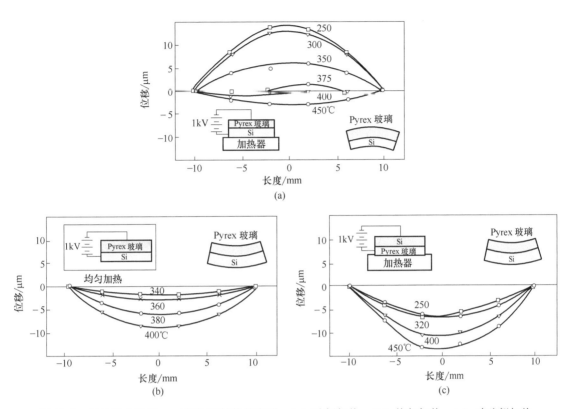

图 11.7 阳极键合后 Pyrex 玻璃-硅结构的变形。(a) 硅侧加热;(b) 均匀加热;(c) 玻璃侧加热

来源:Based on Shoji et al.[9]

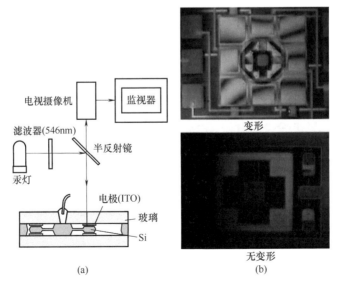

图 11.8 测量玻璃和硅之间的间隙。(a) 使用光学干涉的间隙测量;(b) 干涉图像的照片

来源:Modified from Shoji et al.[9]

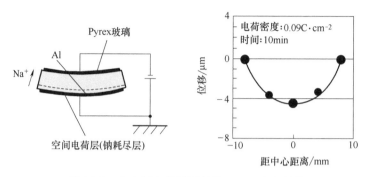

图 11.9 由空间电荷层引起的 Pyrex 玻璃弯曲

来源：Shoji et al.[11]

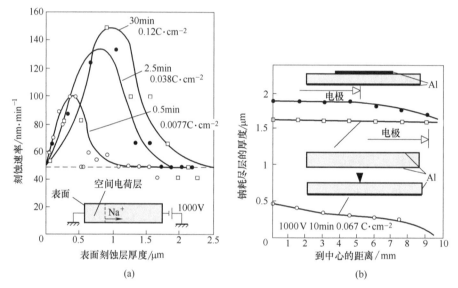

图 11.10 空间电荷层的厚度。(a) 玻璃刻蚀速率的深度依赖性；(b) 取决于电极速率的厚度变化

来源：Shoji et al.[11]

有学者研究了玻璃-硅结构的机械强度，并观察到阳极键合过程中引起的拉伸应力降低了强度[14]。

11.3 阳极键合对电路的影响

有学者研究了阳极键合对集成电路（IC）的影响[15]。图 11.11 显示了实验设置和测试评估组（TEG），用于研究键合温度（400℃）下的高压（1kV）对 CMOS 电路的影响。n 型硅基底表面掺杂磷，目的是作为沟道停止层，防止电场引起的表面反转。由于栅极多晶硅覆盖 MOS 晶体管，因此它们不受电场的影响。pn 结的表面暴露在电场中，因此 pn 结的漏电流增加，如图 11.12（a）所示。然而，这个问题可以通过用金属屏蔽 pn 结来解决，如图 11.12（b）所示。将 CMOS IC 采用阳极键合封装的方法应用于集成电容传感器。图 11.13 和图 11.14 分别是集成电容式压力传感器[16] 和集成电容式加速度计[17]。该电路用于检测传感器的小电容量。CMOS 电路位于玻璃上的 Ti/Pt 层下方，以防止光的影响。

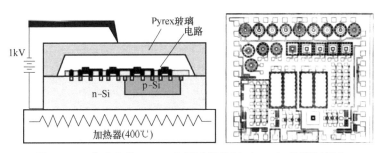

图 11.11 集成电路（IC）和测试评估组（TEG）的阳极键合

来源：Shirai and Esashi[15]

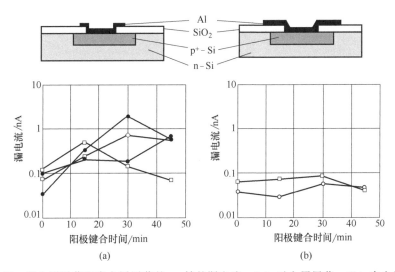

图 11.12 无金属屏蔽和有金属屏蔽的 pn 结的漏电流。(a) 无金属屏蔽；(b) 有金属屏蔽

来源：Shirai and Esashi[15]

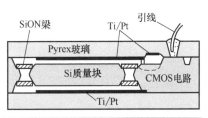

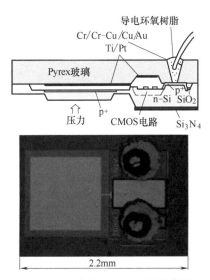

图 11.13 集成电容式压力传感器

来源：Matsumoto and Esashi[16]

图 11.14 集成电容式加速度计

来源：Matsumoto and Esashi[17]．©1993，Elsevier

11.4 各种材料、结构和条件的阳极键合

11.4.1 各种组合

阳极键合可用于玻璃键合到金属或半导体等材料上,该材料应与玻璃具有接近的热膨胀性能,以防止键合后变形。金和银不能用于阳极键合,因为金不能被氧化从而不会形成化学键,另一方面,银会扩散到玻璃中。图 11.15 显示了各种材料的阳极键合方法。CTE 约为 3.3ppm/℃的硅与图 11.6 所示的玻璃键合[图 11.15 (a)]。GaAs 的 CTE 在 300℃时为 6.6ppm/℃,它可以键合到 CTE 为 7.5ppm/℃的康宁(Corning)0211 玻璃上[图 11.15 (b)][22]。GaAs 和玻璃表面需要氢等离子体处理[18]。

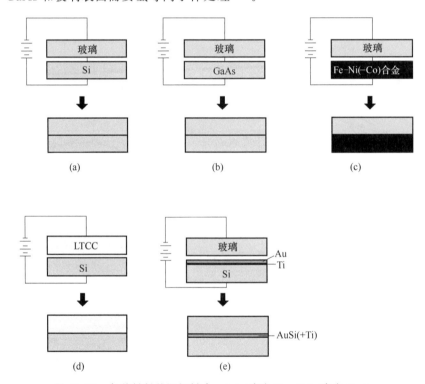

图 11.15 各种材料的阳极键合。(a) 玻璃-Si;(b) 玻璃-GaAs;(c) 玻璃-[Fe-Ni(-Co) 合金];(d) LTCC-Si;(e) 玻璃-AuSi-Si

来源:(a) Modified from Pomerrantz[2];(b) Modified from Huang[18];(c) Modified from Wallis[19];(d) Modified from Tanaka et al.[20];(e) Modified from Harpster and Najafi[21]

Fe-Ni-Co 合金可以键合到 Pyrex 玻璃上[图 11.15 (c)][19]。Kovar 10(Ni 30%、Co 13% 和 Fe 57%)和 Fe-Ni 合金(Fe 59% 和 Ni 41%)与 Pyrex 玻璃和硅的热膨胀非常接近,如图 11.16 所示。这些金属可以通过阳极键合形成金属-玻璃-硅(-玻璃)多层结构。图 11.17 显示了一个可烘烤的微型阀,作为这种多层结构的一个例子[23]。焊接不锈钢管的 Kovar 10 合金块可以阳极键合到玻璃-硅-玻璃结构上[图 11.17 (a)]。这是一个气动阀,其工作原理如图 11.17 (b) 所示。如图所示,通过控制空气向上推动玻璃 2 可以关闭阀门。

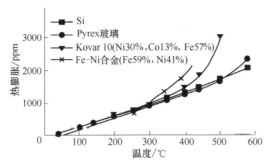

图 11.16 Kovar 10 和 Fe-Ni 合金与硅和 Pyrex 玻璃相比的热膨胀
来源：Sim et al.[23]. ©1996，IOP Publishing

另一方面，如图 11.17（b）中的下图所示，通过另一种控制空气向下推动玻璃 2 打开。图 11.17（c）是气动阀的照片。可以用在反应气体的可烘烤阀门，因为内壁上的水蒸气可以通过加热阀门来解吸，因此可以防止反应沉积造成的堵塞。阀门在 120℃时的开闭特性如图 11.17（d）所示[23]。

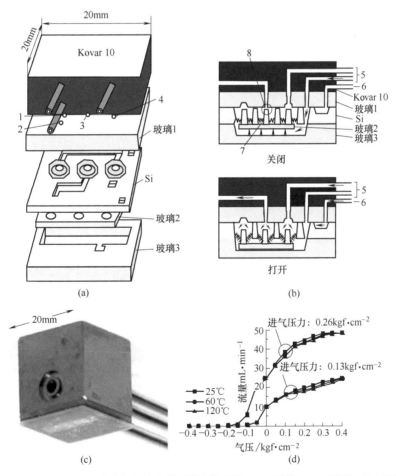

图 11.17 使用（Kovar 10）-Pyrex 玻璃阳极键合的可烘烤微型阀。(a) 结构；(b) 原理；(c) 照片；(d) 特性
来源：Sim et al.[23]. ©1996，IOP Publishing
1—打开；2—入口；3—出口；4—关闭；5—控制空气；6—气体；7—气门柱塞；8—阀座

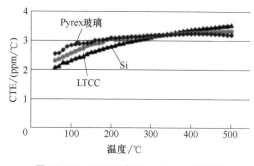

图 11.18 LTCC 与硅、Pyrex 玻璃的
热膨胀系数（CTE）的比较

来源：Tanaka et al.[20]．©2011，IEEE

如图 11.15（d）所示，低温共烧陶瓷（LTCC）可以阳极键合到硅上[20]。LTCC 的 CTE 如图 11.18 所示，与硅和 Pyrex 玻璃的 CTE 进行了比较。使用陶瓷［氧化铝（Al_2O_3）和堇青石（SiO_2、MgO 和 Al_2O_3）］粉末和玻璃（SiO_2、Al_2O_3、B_2O_3 和 Na_2O）粉末组成的 LTCC，将其 CTE 调整为硅的 CTE。使用 LTCC-硅阳极键合的晶圆级封装工艺如图 11.19 所示。在 LTCC 的基底上冲压孔（图中 2）。用金制成的膏状物塞住孔，金属化图案是由金浆丝网印刷制成（图中 3）。金制成的膏状物塞住的 LTCC 晶圆是层压的（图中 4），它们被烧结成陶瓷（图中 5）。在烧结过程中，LTCC 晶圆被固定在一块板上，限制厚度收缩范围来防止横向尺寸变化。烧结的 LTCC 通过阳极键合到硅上（图中 6）。当需要垂直馈通时，LTCC 比玻璃更有利。由于金属和玻璃（陶瓷）之间的热膨胀不同，金属馈通处会导致空气泄漏。这个问题将在第 18.6 节中讨论。使用叠层结构可以解决金属馈通漏气的问题。图 11.20 显示了一个 4in 的层压 LTCC 晶圆，它具有 Au 馈通件。

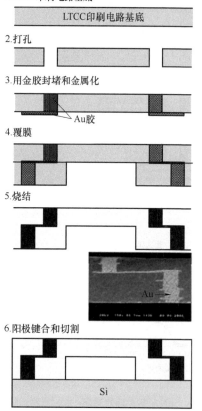

图 11.19 使用 LTCC-Si 阳极键合的晶圆级封装

来源：Modified from Tanaka et al.[20]

图 11.20 具有 Au 馈通和金属化层的 4in 层压 LTCC 晶圆

图 11.15（e）是玻璃与 Au-Si 共晶焊料的阳极键合[21]。Ti/Au（20nm/1μm）沉积在硅晶圆上，通过将晶圆加热到 410℃ 形成 Au-Si 共晶焊料。该晶圆通过力与玻璃接触，然后阳极键合。通过对玻璃施加 −500V 电压，在熔化的 Au-Si 和玻璃之间制成。由于 Au-Si 熔化，即使在非平面表面上也可以进行键合。

11.4.2 中间薄膜的阳极键合

使用中间薄膜的阳极键合方法如图 11.21 所示。两个表面有 1μm 厚氧化物的硅晶圆在 850～950℃ 下通过施加 1h 的 30～50V 电压，进行阳极键合 [图 11.21（a）][24]。通过在硅上溅射沉积，形成的薄玻璃膜用作阳极键合的中间层 [图 11.21（b）][25]。但会发生电击穿，因此在薄玻璃层和硅之间使用 SiO_2 以防止击穿 [图 11.21（c）][26]。非极化 PZT（锆钛酸铅）的 CTE 为 3.4ppm/℃，接近硅的 CTE。PZT 陶瓷的晶圆使用 2μm 厚的中间耐热玻璃层 [图 11.21（d）][27] 在 400℃ 下与硅阳极键合。使用薄层非晶硅（a-Si）[28]、Al[29] 或 Ti[30]，可以成功阳极键合两个玻璃晶圆 [图 11.21（e）]。在 400℃ [图 11.21（f）][31] 下，将表面具有薄玻璃膜的石英晶圆阳极键合到另一个表面具有 a-Si 层的石英晶圆上。

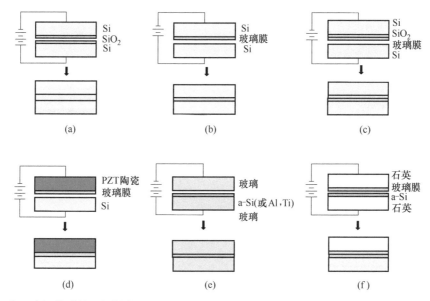

图 11.21 使用中间薄膜的阳极键合方法。(a) Si-SiO_2 膜-SiO_2 膜-Si；(b) Si-玻璃膜-Si；(c) Si-SiO_2 膜-玻璃膜-Si；(d) PZT 陶瓷-玻璃膜-Si；(e) 玻璃膜-(a-Si)-玻璃；(f) 石英-玻璃膜-(a-Si)-石英

来源：(a) Modified from Anthony[24]；(b) Modified from Brooks and Donovan[25]；
(c) Modified from Hanneborg et al.[26]；(d) Modified from Tanaka et al.[27]；
(e) Sharon et al., Hu et al., Mrozek[28-30]；(f) Modified from Danel and Delapierre[31]

11.4.3 阳极键合的变化

如图 11.22 所示，玻璃晶圆可以成功地阳极键合在双面抛光的硅晶圆两侧。另一方面，在玻璃晶圆的两侧键合硅晶圆是不成功的。Na^+ 离子被电场移动，NaOH 从玻璃负极的 Na 中析出。如图 11.23（a）所示，NaOH 使这一侧难以与另一个硅键合[32,33]。这个问题可以通过使用其他玻璃作为键合玻璃上的电极来解决,如图 11.23(b)所示。Na^+ 离子移动到另一块玻璃,玻璃表面可以远离 NaOH。硅可以通过去除其他玻璃与该玻璃键合,通过这种阳极键合可以形成硅-玻璃-硅结构。

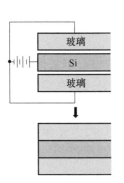

图 11.22 玻璃-硅-玻璃阳极键合

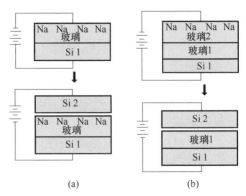

图 11.23 Si-玻璃-Si 阳极键合。(a) Si-玻璃-Si 阳极键合;(b) 使用玻璃电极的 Si-玻璃-Si 阳极键合[32]

与硅键合的玻璃表面不能再与另一个硅键合。图 11.24 显示了电容式压力传感器的制造过程和横截面照片[34]。通孔由薄的 p^+ Si 板密封,玻璃上电极的电气互连是通过这些板制

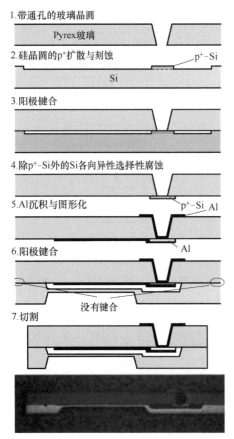

图 11.24 电容式压力传感器的制造工艺

来源:Modified from Esashi[34]

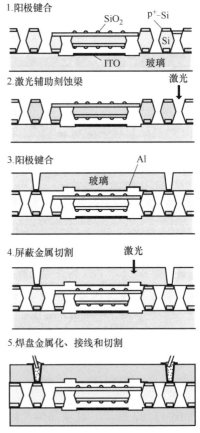

图 11.25 防止静电黏附的装配过程

来源:Modified from Ko et al.[35]

成的。制作过程如下。制备带有通孔的玻璃晶圆（图中 1）。具有高度掺杂的 p^+ Si（图中的 2）的硅晶圆阳极键合到玻璃上（图中的 3）。除了 p^+ Si 之外，硅在碱性溶液中被选择性地刻蚀掉（图中的 4）。铝沉积在玻璃晶圆的两侧，并形成图案（图中的 5）。玻璃晶圆阳极键合到硅晶圆上，硅晶圆具有用于压力传感器的隔膜（图中的 6）。在工艺步骤 3 中阳极键合的玻璃表面在该工艺步骤中不键合。通过切割晶圆（图中的 7）将键合区域用于器件。

Cr 可用于玻璃湿法刻蚀的刻蚀掩模。在阳极键合之前，沉积 Cr 的玻璃表面应在 HF 溶液中稍微刻蚀。这是因为即使 Cr 被刻蚀掉，玻璃表面上仍有 Cr 氧化物。

部分电屏蔽可以防止阳极键合引起的黏附。这是将玻璃上的金属电连接到硅来实现的。图 11.25 显示了制造 MEMS 地震计的组装过程[35]。这是一个高度灵敏的加速度计，它有一个用细梁悬挂的地震质量块。玻璃在细梁上方有一个铝制的图形，用于电屏蔽（图中 3）。铝与硅的互连是在阳极键合后通过激光穿过玻璃切割的（图中 4）。

11.4.4 玻璃回流工艺

硅晶圆的刻蚀部分可以在高温下通过玻璃回流工艺用玻璃进行填充。图 11.26 显示了用

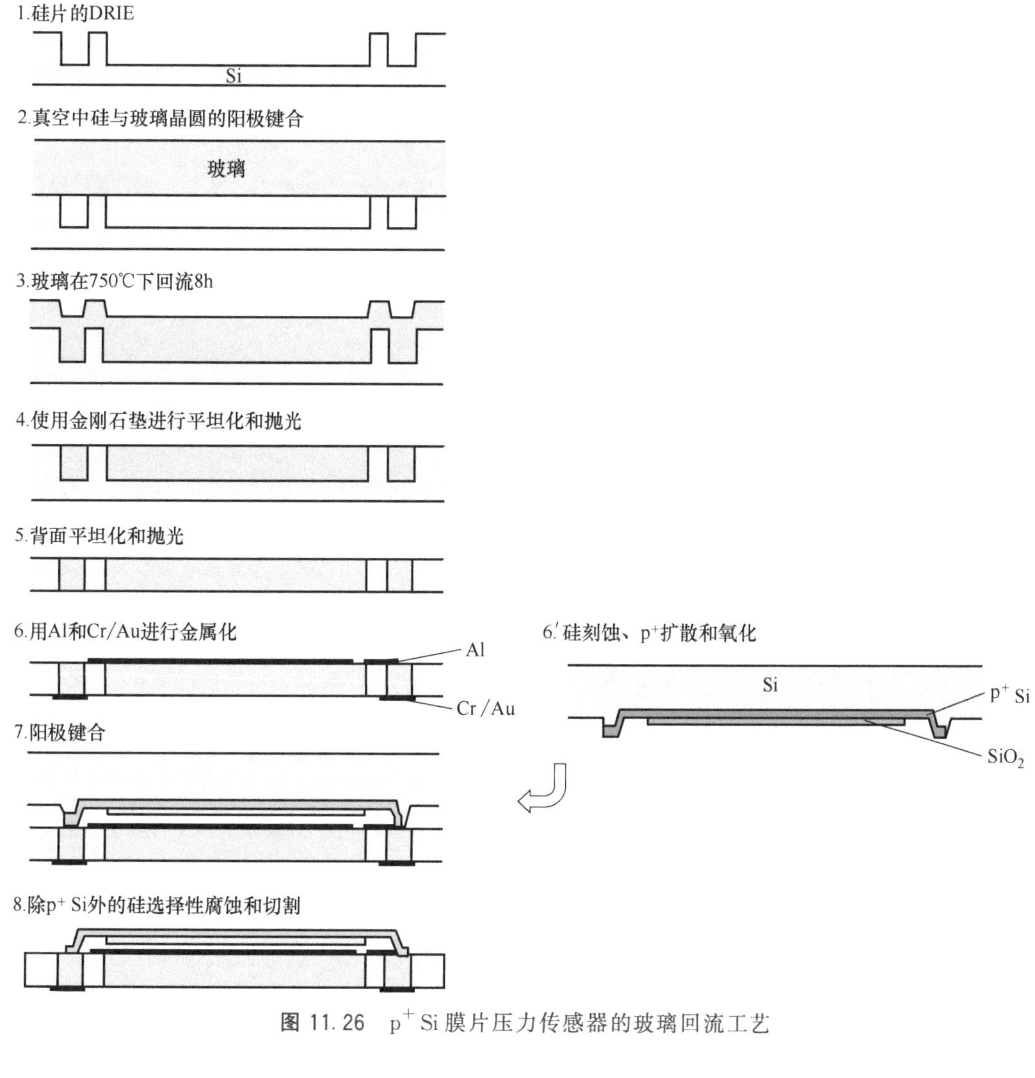
1.硅片的DRIE
Si
2.真空中硅与玻璃晶圆的阳极键合
玻璃
3.玻璃在750℃下回流8h
4.使用金刚石垫进行平坦化和抛光
5.背面平坦化和抛光
6.用Al和Cr/Au进行金属化
Al
Cr/Au
6.′硅刻蚀、p+扩散和氧化
Si
p+ Si
SiO2
7.阳极键合
8.除p+ Si外的硅选择性腐蚀和切割

图 11.26 p^+ Si 膜片压力传感器的玻璃回流工艺

于制造眼内压传感器的玻璃通孔（TGV）的玻璃回流工艺。该加工过程顺序如下[36]。硅模具由硅晶圆进行深反应离子刻蚀（DRIE）制成（图中1）。硅晶圆在真空中阳极键合到玻璃晶圆，从而在玻璃晶圆和硅晶圆之间形成真空腔（图中2）。键合晶圆在750℃退火，在大气压下持续8h，这会导致玻璃回流Si模具（图中3）。使用金刚石垫对顶面进行平整和抛光（图中4）。通过化学机械抛光（CMP）对底面进行平整和抛光，这样得到TGV（图中5）。TGV晶圆用铝（顶面）和铬/金（底面）进行金属化（图中6）。通过刻蚀、p^+扩散和氧化，为膜片准备好硅晶圆（图中6'）。TGV晶圆和硅晶圆通过阳极键合到一起（图中7）。硅在碱性溶液中选择性刻蚀，留下薄p^+ Si膜片（图中8）。用于眼压监测的电容式硅膜片压力传感器便通过玻璃回流工艺制造完成[36]。

参考文献

1 Ko, W. H., Suminto, J. T., and Yeh, G. J. (1985). Bonding techniques for microsensors. In: *Micromachining and Micropackaging of Transducers* (eds. C. D. Fung, P. W. Cheung, W. H. Ko and D. G. Fleming), 41-61. Elsevier Science Publishers.

2 Pomerrantz, D. I. (1968). U S Patent 3,397,278.

3 Wallis, G. and Pomerantz, D. I. (1969). Field assisted glass-metal sealing. *J. Appl. Phys.* 40 (10): 3946-3949.

4 Esashi, M. (1994). Encapsulated micro mechanical sensors. *Microsyst. Technol.* 1 (1): 2-9.

5 Esashi, M. (2008). Wafer level packaging of MEMS. *J. Micromech. Microeng.* 18 (7): 073001 (13).

6 Esashi, M., Nakano, A., Shoji, S., and Hebiguchi, H. (1990). Low-temperature silicon-to-silicon anodic bonding with intermediate low melting point glass. *Sens. Actuators* A21-A23: 931-934.

7 Takaki, S. (2009). Glass wafer and bonding materials for MEMS encapsulating. *Mater. Integrat.* 22 (4): 8-13. (in Japanese).

8 Woetzel, S., Kessler, E., Diegel, M. et al. (2014). Low-temperature anodic bonding using thin film of lithium-niobate-phosphate glass. *J. Micromech. Microeng.* 24 (9): 095001 (6).

9 Shoji, Y., Yoshida, M., Minami, K., and Esashi, M. (1995). Diode integrated capacitive accelerometer with reduced structural distortion. The Eighth International Conference on Solid State Sensors and Actuators, and Eurosensors IX (Transducers'95 • Eurosensors IX), Stockholm, Sweden (25-29 June 1995), 581-584.

10 Harz, M. and Engelke, H. (1996). Curvature changing or fattening of anodically bonded silicon and borosilicate glass. *Sens. Actuators A* 55: 201-209.

11 Shoji, Y., Minami, K., and Esashi, M. (1995). Glass-silicon anodic bonding for the reduction of structural distortion. *Trans. IEEJ* 115-A (12): 1208-1213. (in Japanese).

12 Wallis, G. (1969). Direct-current polarization during field-assisted glass-metal sealing. *J. Am. Ceram. Soc.* 53 (10): 563-567.

13 Nitzsche, P., Lange, K., Schmidt, B. et al. (1998). Ion drift processes in Pyrex-type alkali-borosilicate glass during anodic bonding. *J. Electrochem. Soc.* 145 (5): 1755-1762.

14 Johansson, S., Gustafsson, K., and Schweitz, J.-Å. (1988). Influence of bonded area ratio on the strength of FAB seals between silicon microstructures and glass. *Sens. Mater.* 1 (4): 209-221.

15 T. Shirai and M. Esashi, Damage to circuit during anodic bonding, Japan Institute of Electrical Engineering (JIEE) Technical Report, ST-92-7 (1992) 9-17 (in Japanese).

16　Matsumoto, Y. and Esashi, M. (1992). An integrated capacitive absolute pressure sensor. *Electron. Commun. Jpn.*, Part 2 76 (1): 93-106.

17　Matsumoto, Y. and Esashi, M. (1993). Integrated silicon capacitive accelerometer with PLL servo technique. *Sens. Actuators A* 39: 209-217.

18　Huang, Q. -A., Lu, S. -J., and Tong, Q. -Y. (1990). A novel bonding Technology for GaAs sensors. *Sens. Actuators* A21-A23: 40-42.

19　Wallis, G., Dorsey, J., and Beckett, J. (1971). Field assisted seals of glass to Fe-Ni-Co alloy. *Ceram. Bull.* 50 (12): 958-961.

20　Tanaka, S., Matsuzaki, S., Mohri, M. et al. Wafer-level hermetic packaging technology for MEMS using anodically-bondable LTCC wafer. The 24th IEEE International Conference on Micro Electromechanical Systems (MEMS 2011), Cancun, Mexico (23-27 January 2011), 376-379.

21　Harpster, T. J. and Najafi, K. (2003). Field-assisted bonding of glass to Si-Au eutectic solder for packaging applications. IEEE The 16th Annual International Conference on Micro Electro Mechanical Systems (MEMS 2003), Kyoto, Japan (19-23 January 2003), 630-633.

22　Hök, B., Dubon, C., and Ovrén, C. (1983). Anodic bonding of gallium arsenide to glass. *Appl. Phys. Lett.* 43 (3): 267-269.

23　Sim, D. Y., Kurabayashi, T., and Esashi, M. (1996). A bakable microvalve with a Kovar-glass-silicon-glass structure. *J. Micromech. Microeng.* 6 (2): 266-271.

24　Anthony, T. R. (1985). Dielectric isolation of silicon by anodic bonding. *J. Appl. Phys.* 53 (3): 1240-1247.

25　Brooks, A. D. and Donovan, R. P. (1971). Low-temperature electrostatic silicon-to-silicon seals using sputtered borosilicate glass. *J. Electrochem. Soc.* 119 (4): 545-546.

26　Hanneborg, A., Nese, M., and Øhlckers, P. (1991). Silicon-to-silicon anodic bonding with a borosilicate glass layer. *J. Micromech. Microeng.* 1 (3): 139-144.

27　Tanaka, K., Takata, E., and Ohwada, K. (1998). Anodic bonding of lead zirconate ceramics to silicon with intermediate glass layer. *Sens. Actuators A* 69: 199-203.

28　Sharon, J. W., Nai, M. L., Wong, C. K. S. et al. (2003). Low temperature glass-to-glass wafer bonding. *IEEE Trans. Adv. Packaging* 26 (3): 289-294.

29　Hu, L., Xue, Y., and Shi, F. (2017). Interfacial investigation and mechanical properties of glass-Al-glass anodic bonding process. *J. Micromech., Microeng.* 27 (10): 105004 (8).

30　Mrozek, P. (2009). Anodic bonding of glasses with interlayers for fully transparent device applications. *Sens. Actuators A* 151: 77-80.

31　Danel, J. S. and Delapierre, G. (1991). Quartz: a material for microdevices. *J. Micromech., Microeng.* 1 (4): 187-198.

32　Hu, L., Wang, H., Xue, Y. et al. (2018). Study on the mechanism of Si-glass-Si step anodic bonding process. *J. Micromech. Microeng.* 28 (4): 045003 (9).

33　Despont, M., Gross, H., Arrouy, F. et al. (1996). Fabrication of a silicon-Pyrex-silicon stack by a. c. anodic bonding. *Sens. Actuators A* 55: 219-224.

34　Esashi, M., Shoji, S., Wada, T., and Nagata, T. (1991). Capacitive absolute pressure sensors with hybrid structure. *Electron. Commun. Jpn. Part 2* 74 (4): 67-75.

35　Ko, S., Sim, D. Y., and Esashi, M. (1999). An electrostatic servo-accelerometer with mG resolution. *Trans. IEEJ* 119-E (7): 368-373.

36　R. M. Haque and Wise, K. D. (2010). An intraocular pressure sensor based on a glass reflow process. Solid-State Sens., Actuators and Microsyst. Workshop, Hilton Head, USA, 49-52.

第12章 直接键合

Hideki Takagi

Device Technology Research Institute，*National Institute of Advanced Industrial Science and Technology*（AIST），*Namiki 1-2-1*，*Tsukuba*，*Ibaraki 305-8564*，*Japan*

12.1 晶圆直接键合

晶圆直接键合最初是为了制造绝缘体上硅（silicon-on-insulator，SOI）晶圆而开发的[1,2]。图12.1显示了SOI制造的两个典型工艺流程。SOI的键合减薄（bond and etch back SOI，BESOI）工艺适用于制造相对较厚的SOI晶圆，广泛应用于各种MEMS工艺。由于制造BESOI晶圆需要两片晶圆，并且制造过程需要许多步骤，因此SOI晶圆的成本不可避免地增加。

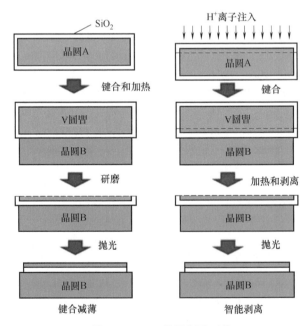

图12.1 SOI晶圆制造工艺

另一方面，智能剥离工艺[3]适用于更薄的SOI晶圆。在此过程中，高浓度H$^+$离子在键合之前被注入硅晶圆（晶圆A）中。在键合后的热处理期间，从高浓度氢原子的区域剥离薄硅层，并保留在支撑晶圆（晶圆B）上。最后对剥离层的表面进行抛光。剥离硅层的厚度可以通过控制离子能量而精确控制。该方法可以获得非常薄的SOI晶圆（<100nm）。这种薄的SOI晶圆主要用于微电子器件，也用于制造具有极高灵敏度的纳米级结构和传感元件。

12.2　亲水晶圆键合

亲水晶圆键合是用晶圆的亲水表面上—OH基团之间的氢键来键合晶圆的方法[1,2,4,5]。这种方法通常被称为"晶圆直接键合"或"晶圆熔融键合"。在该方法中，待键合晶圆通过化学溶液如 NH_3/H_2O_2 和 H_2SO_4/H_2O_2 混合物进行清洗。通过这种处理方法后，在硅晶圆上形成薄氧化层，表面变得亲水。然后将两个晶圆在空气中配对。在配对的两个晶圆的一部分上施加轻微负载使之键合后，键合区域会自发地扩展，如图12.2所示。假设这种自发结合是两个表面之间的吸引力实现的。需要注意的是，图12.2的最后一张图中条纹是由划痕和颗粒引起的键合缺陷。晶圆的表面粗糙度对于实现键合很重要。尽管大多数市售晶圆都经过充分抛光以进行自发键合，但即使施加较大的键合负载，也很难键合表面粗糙的晶圆[4]。因此，在键合前考虑键合区域的表面粗糙度来设计MEMS器件的晶圆工艺是很重要的。

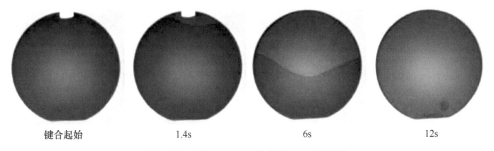

键合起始　　　　1.4s　　　　　　6s　　　　　　12s

图12.2　键合区域自发传播的红外图像

图12.3说明了亲水键合的机理。在大气条件下，水分子被吸附在二氧化硅的亲水表面上。当两个晶圆贴合时，水分子通过氢键桥接两个二氧化硅层的表面。由于键合界面处存在一层水分子，因此在此状态下键合强度较弱，如图12.4（化学处理）所示。退火工艺对于加强键合是必要的。推测在退火过程中水分子扩散到二氧化硅层中。其中一些与硅反应并形成氧化物。最后，在键合界面形成Si—O—Si键。图12.5显示了亲水晶圆键合和1100℃退火制备的键合界面的高分辨率透射电子显微镜（HRTEM）图像。虽然硅晶圆仅与天然氧化物键合，但在键合界面处观察到约3nm厚的氧化层。通过透射电子显微镜（TEM）中的能量色散X射线光谱（EDS）分析该层的组成。原本的键合界面应该存在于氧化层的中心，但很难识别键合界面，而且氧化层看起来很均匀。

图12.4所示的键合强度是通过图12.6所示的方法测量的。该方法首先由Maszara等人提出[2]，它通常被称为"Maszara方法"或"刀片测试"。键合强度计算为：

$$\gamma = \frac{3}{8} \times \frac{Et^3 y^2}{L^4}$$

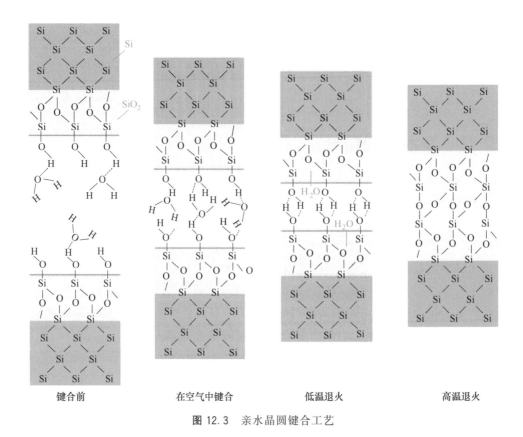

| 键合前 | 在空气中键合 | 低温退火 | 高温退火 |

图 12.3　亲水晶圆键合工艺

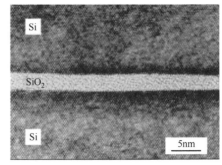

图 12.4　亲水晶圆键合退火后
键合强度的变化

图 12.5　亲水晶圆键合制备的硅/
硅键合界面的 HRTEM 图像

其中，γ 是特定的表面能，单位为 $J \cdot m^{-2}$，即单位面积键能的一半，对于硅（100）理论最大值约为 $2.5 J \cdot m^{-2}$；E 是弹性模量，硅为 $1.66 \times 10^{11} Pa$；y 为刀片厚度的一半；L 为裂纹长度。该方法目前广泛应用于晶圆间键合的键合强度评估。它不需要样品特殊制备程序，因此易于执行。该方法的一个缺点就是不宜对强键合进行评估。如果要进行评估的键合太强，插入刀片时，

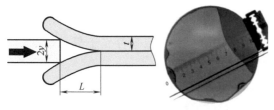

图 12.6　通过"刀片测试"对晶圆直接键合
的键合强度评估

晶圆边缘会开裂，而不是打开键合界面。

在 SOI 晶圆制造中，通过化学处理加强晶圆直接键合的退火温度可以大于 1000℃。然而，对于诸如集成电路（IC）和 MEMS 等加工晶圆的集成来说，温度过高。等离子体处理通常在较低温度下实现亲水晶圆键合[6,7]。如图 12.4（等离子体处理）所示，高达 200℃ 的低温退火足以实现强大的 Si-Si 键合，可用于 IC 和 MEMS 晶圆的各种集成工艺。这里，使用了反应离子刻蚀（RIE）模式中的低压电容耦合 O_2 等离子体。

亲水晶圆直接键合广泛用于键合具有/不具有表面二氧化硅层的硅晶圆。它已应用于压力传感器[8-10]、光学器件[11]、微流体器件[12] 和力传感器[13] 等 MEMS 制造工艺中。蓝宝石晶圆也可以通过亲水晶圆键合方法进行键合，应用于恶劣环境下的压力传感器中[14,15]。

12.3　室温下的表面活化键合

表面活化键合（surface activated bonding，SAB）最初是基于一个简单的想法，即两个清洁表面上的原子即使在室温下配对时也可以形成牢固的原子间键。SAB 最初使用惰性气体（通常为 Ar）的高能离子/原子束通过溅射刻蚀在真空中清洁材料表面，如图 12.7 所示。清洁过程去除表面氧化物、化合物层、吸附分子等，从而稳定材料表面。因此，在清洁过程之后，表面变得不稳定，即活跃状态。在真空中匹配两个这样的活化表面可以在室温下形成强键。

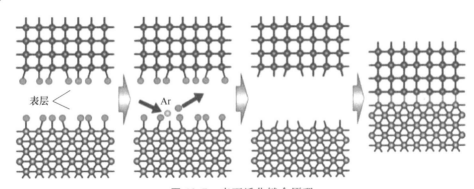

图 12.7　表面活化键合原理

SAB 首先应用于软金属之间的键合[16]。在没有化学机械抛光（CMP）的情况下，相对粗糙的表面之间的键合需要通过施加大的压力使软金属变形，在室温下实现原子级的紧密接触。另一方面，在晶圆内直接键合工艺中，两个晶圆表面之间的紧密接触是自发实现的，如图 12.2 所示，这种特性非常有利于在室温下形成紧密接触。因此，SAB 非常适合晶圆直接键合。硅晶圆通过 SAB 成功键合，无需进行任何热处理和机械负载[17,18]。如图 12.8 所示，室温过程可实现与体积强度相当的强键合。

图 12.8　SAB 在室温下制备的 Si/Si 键合断裂面

在 SAB 中，表面溅射刻蚀的影响是一个重要问题。用于溅射刻蚀的高能离子/原子束会在表面附近引起晶体缺陷。软金属即使在室温下也可以恢复损坏，并在两个晶体之间形成直接键合的界面，如图 12.9（a）所示[16]。另一方面，Ar 束照射会在硅表面上产生一个损坏层，并且在键合界面上保留一个非晶层，如图 12.9（b）[19] 所示。EDS 分析显示该层包含硅和注入的 Ar。表面溅射刻蚀也会影响晶圆的表面粗糙度。据报道，Ar 束照射会使硅表面变得粗糙[20]，而 Ne 束照射会使表面变得光滑[21]。

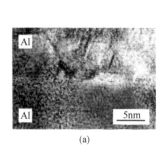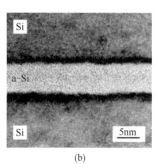

图 12.9　通过 SAB 在室温下制备的键合界面的 HRTEM 图像。(a) 铝/铝；(b) 硅/硅

SAB 已成功应用于各种半导体晶圆，如 GaAs、InP、SiC 等[22,23]。SAB 也会自发地键合金属原子光滑的表面[24,25]。在 SAB 中，假设键合是通过原子间键实现的，这与块体材料中的键相同。例如，硅原子通过共价键相互结合，金属原子通过共享自由电子的金属键结合。因此，在 SAB 中，键合性能很大程度上受键合材料中原子间键的影响。离子化合物也成功地与金属和半导体结合。例如，氮化硅陶瓷与铝牢固键合[16]，以及 $LiNbO_3$、$LiTaO_3$、Al_2O_3 和 $Gd_3Ga_5O_{12}$ 单晶晶圆成功地键合到硅晶圆上[26,27]。另一方面，氧化物材料之间的键合相对较弱，在某些情况下，退火工艺可以有效提高键合强度[27]。

可扩展 SAB 的概念，以便键合范围广泛的材料。SAB 不能直接键合二氧化硅和聚合物等材料。为了键合这些材料，有人建议沉积非常薄的金属或硅作为中间层[28-30]。沉积的原子牢固地黏附在聚合物、二氧化硅和聚合物的表面上，同时形成活性表面。薄膜沉积可以看作是一种新的表面活化工艺。图 12.10 显示了使用硅中间层的 PEN（聚 2,6-萘二甲酸乙二酯）片材之间键合界面的 TEM 图像。

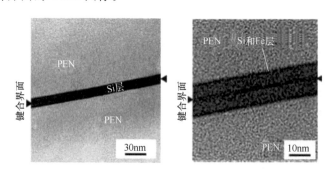

图 12.10　SAB 制备的 PEN 板与硅中间层键合界面的 TEM 图像

在使用金属薄膜沉积的键合工艺中，金薄膜具有特殊的优势。在室温下，带有金薄膜的晶圆可以在大气中成功键合[25]。由于金未被氧化，因此认为金表面即使在环境空气中也保

持活性状态。在空气中进行室温键合，在各种工业应用中非常有利。此外，认为金薄膜可以在各种气氛中键合，例如低真空、纯气体等。

SAB 的各种应用已在晶圆级封装和工程基底领域得到开发。在晶圆级封装领域，各种 MEMS 器件已经使用 SAB 实现商业化，也应用于 3D 集成[31]。在工程基底应用中，使用键合基底的无线通信用 SAW 滤波器已经商业化[32]，但仍存在提升的空间[33]。SAB 相对于亲水性键合的优点是键合界面可以导电。该方法用于电力电子[23]、多结太阳能电池[34] 等工程基底。现在可以从几个供应商处获得用于 SAB 的特殊真空键合设备[34-36]。

参 考 文 献

1 Lasky, J. B. (1986). Wafer bonding for silicon-on-insulator technologies. *Appl. Phys. Lett.* 48 (1): 78-80.

2 Maszara, W. P., Goetz, G., Caviglia, A., and McKitterick, J. B. (1988). Bonding of silicon wafers for silicon-on-insulator. *J. Appl. Phys.* 64 (10): 4943-4950.

3 Bruel, M., Asper, B., and Auverton-Herve, A. -J. (1997). Smart-cut: a new silicon on insulator material technology based on hydrogen implantation and wafer bonding. *Jpn. J. Appl. Phys.* 36 (3B): 1636-1641.

4 Tong, Q. Y. and Goesele, U. M. (1999). Wafer bonding and layer splitting for microsystems. *Adv. Mater.* 11 (17): 1409-1425.

5 Haisma, J., Spierings, B. A. C. M., Biermann, U. K. P., and Gorkum, A. A. v. (1994). Diversity and feasibility of direct bonding—a survey of a dedicated optical technology. *Appl. Opt.* 33 (7): 1154-1169.

6 Suni, T., Henttinen, K., Suni, I., and Mäkinen, J. (2002). Effects of plasma activation on hydrophilic bonding of Si and SiO_2. *J. Electrochem. Soc.* 149 (6): G348-G351.

7 Pasquariello, D. and Hjort, K. (2002). Plasma-assisted InP-to-Si low temperature wafer bonding. *IEEE J. Sel. Top. Quant. Electron.* 8 (1): 118-131.

8 Christel, L., Petersen, K., Barth, P. et al. (1990). Single-crystal silicon pressure sensors with 500 × overpressure protection. *Sens. Actuators A* 21-23: 84-88.

9 Welham, C. W., Greenwood, J., and Bertioli, M. M. (1999). A high accuracy resonant pressure sensor by fusion bonding and trench etching. *Sens. Actuators A* 76: 298-304.

10 Pedersen, T., Fragiacomo, G., Hansen, O., and Thomsen, E. V. (2009). Highly sensitive micromachined capacitive pressure sensor with reduced hysteresis and low parasitic capacitance. *Sens. Actuators A* 157: 35-41.

11 Kwa, T. A. and Wolfenbuttel, R. F. (1992). Integrated grating/detector array fabricated in silicon using micromachining techniques. *Sens. Actuators A* 31: 259-266.

12 Enoksson, P., Stemme, G., and Stemme, E. (1996). Silicon tube structures for a fluid-density sensor. *Sens. Actuators A* 54: 558-562.

13 Brookhuis, R. A., Lammerink, T. S. J., Wiegerink, R. J. et al. (2012). 3D force sensors for biomedical applications. *Sens. Actuators A* 182: 28-33.

14 Ishihara, T., Sekine, M., Ishikura, Y. et al. (2005). Sapphire-based capacitance diaphragm gauge for

high temperature applications. Digest of Technical Papers, The 13th International Conference on Solid State Sensors, Actuators and Microsystems (Transducers'05), Seoul, Korea (5-9 June 2005), 503-506.

15 Li, W., Liang, T., Chen, Y. et al. (2017). Interface characteristics of sapphire direct bonding for high-temperature applications. *Sensors* 17: 2080.

16 Suga, T., Takahashi, Y., Takagi, H. et al. (1992). Structure of Al-Al and Al-Si$_3$N$_4$ interfaces bonded at room temperature by means of the surface activation method. *Acta Metall. Mater.* 40: S1133-S1137.

17 Takagi, H., Kikuchi, K., Maeda, R. et al. (1996). Surface activated bonding of silicon wafers at room temperature. *Appl. Phys. Lett.* 68 (16): 2222-2224.

18 Takagi, H., Maeda, R., and Suga, T. (2003). Wafer-scale spontaneous bonding of silicon wafers by argon-beam surface activation at room-temperature. *Sens. Actuators A* 105: 98-102.

19 Takagi, H., Maeda, R., Hosoda, N., and Suga, T. (1999). Transmission electron microscope observations of Si/Si interface bonded at room temperature by Ar beam surface activation. *Jpn. J. Appl. Phys.* 38 (3A): 1589-1594.

20 Takagi, H., Maeda, R., Chung, T. R. et al. (1998). Effect of surface roughness on room-temperature wafer bonding by Ar beam surface activation. *Jpn. J. Appl. Phys.* 37 (7): 4197-4203.

21 Kurashima, Y., Maeda, A., and Takagi, H. (2013). Room temperature wafer direct bonding of smooth Si surfaces recovered by Ne beam surface treatments. *Appl. Phys. Lett.* 102: 251605.

22 Chung, T. R., Hosoda, N., Suga, T., and Takagi, H. (1998). 1.3μm InGaAsP/InP lasers on GaAs substrate fabricated by the surface activated wafer bonding method at room temperature. *Appl. Phys. Lett.* 72 (13): 1565-1566.

23 Suda, J., Okuda, T., Uchida, H. et al. (2013). Characterization of 4H-SiC homoepitaxial layers grown on 100-mm-diameter 4H-SiC/poly-SiC bonded substrates. Technical Digest International Conference on Silicon Carbide Related Materials 2013, Miyazaki, Japan (29 September-4 October 2013), 358.

24 Yakushiji, K., Takagi, H., Watanabe, N. et al. (2017). Three-dimensional integration of magnetic tunnel junctions for magnetoresistive random access memory application. *Appl. Phys. Express* 10: 063002.

25 Higurashi, E., Okumura, K., Kunimune, Y. et al. (2017). Room-temperature bonding of wafers with smooth Au thin films in ambient air using a surface-activated bonding method. *IEICE Trans. Electron.* E100 (2): 156-160.

26 Takagi, H., Maeda, R., Hosoda, N., and Suga, T. (1999). Room-temperature bonding of lithium niobite and silicon wafers by argon-beam surface activation. *Appl. Phys. Lett.* 74 (16): 2387-2389.

27 Takagi, H. and Maeda, R. (2006). Direct bonding of two crystal substrates at room temperature by Ar-beam surface activation. *J. Cryst. Growth* 292: 429-432.

28 Shimatsu, T. and Uomoto, M. (2010). Atomic diffusion bonding of wafers with thin nanocrystalline metal films. *J. Vac. Sci. Technol.* B28 (4): 706-714.

29 Kondou, R. and Suga, T. (2011). Si nonoadhesion layer for enhanced SiO$_2$-SiN wafer bonding. *Scr. Mater.* 65: 320-322.

30 Matsumae, T., Fujino, M., and Suga, T. (2015). Room-temperature bonding method for polymer substrate of fexible electronics by surface activation using nano-adhesion layers. *Jpn. J. Appl. Phys.* 54: 101602.

31 Shigetou, A., Ito, T., Sawada, K., and Suga, T. (2008). Bumpless interconnect of 6-μm pitch Cu electrodes at room temperature. Proceedings 58th Electronic Components Technology Conference 2008, Orlando, Florida USA (27-30 May 2008), 1405-1409.

32 Miura, M., Matsuda, T., Ueda, M. et al. (2005). Temperature compensated LiTaO$_3$/sapphire SAW substrate for high power applications. Proceedings IEEE International Ultrasonic Symposium 2005, Rotterdam, Netherlands (18-21 September 2005), 573-576.

33 Takai, T., Iwamoto, H., Takamine, Y. et al. (2019). High-performance SAW resonator with simplified LiTaO$_3$/SiO$_2$ double layer structure on Si substrate. Proceedings IEEE International Ultrasonic Symposium 2019, Glasgow, Scotland UK (6-9 October 2019), 1006-1013.

34 Dimroth, F., Tibbits, T. N. D., Niemeyer, M. et al. (2016). Four-junction wafer-bonded concentrator solar cells. *IEEE J. Photovoltaics* 6 (1): 343-349.

35 Utsumi, J., Ide, K., and Ichiyanagi, Y. (2016). Room temperature bonding of SiO$_2$ and SiO$_2$ by surface activated bonding method using Si ultrathin films. *Jpn. J. Appl. Phys.* 55: 026503.

36 Jung, A., Zhang, Y., Arroyo Rojas Dasilva, Y. et al. (2018). Electrical properties of Si-Si interfaces obtained by room temperature covalent wafer bonding. *J. Appl. Phys.* 123: 085701.

第13章 金属键合

Joerg Froemel

Tohoku University，Advanced Institute for Materials Research，Aoba-ku，Katahira 2-1-1，Sendai 980-8577，Japan

铝、铜和金是微电子和 MEMS 应用中常用的金属化材料。将这些材料用于晶圆键合技术，除了能够实现对敏感传感器进行机械上的稳定封装外，还能实现传感器与系统和设备内的集成电子器件之间的电气互连。在本章中，将给出表 13.1 中的基于金属的晶圆键合概述。

表 13.1 主要金属晶圆键合技术列表及参考文献

晶圆键合技术	代表文献
固液互扩散(SLID)键合	[1](L. Bernstein)
共晶键合	[2]Au/Si(R. Wolfenbuttel) [3]Al/Ge(P. Zavracky) [4]Au/Sn(G. Matijasevic)
金属热压键合	[5]Au/Au(C. Tsau) [6]Cu/Cu(A. Fan) [6]Al/Al(J. Martin)
反应键合	[7](J. Braeuer)

典型的金属晶圆键合技术是基于扩散的方法。它们可以分为液态法和固态法。固态键合的典型例子是热压键合，而液态则是共晶键合。固液互扩散键合（SLID）是部分基于液体、部分基于固态的扩散（图 13.1）。

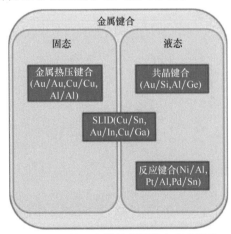

图 13.1 基于金属的晶圆键合方法概述

一般而言，金属晶圆键合使用相对较低的温度（<500℃）。低温工艺对于 MEMS 中异质材料的使用、集成微电子在 3D 集成中的热预算限制以及高精度传感器来说都是值得关注的。在使用金属键合框架的器件中，应力仍然是存在的一个问题。与半导体材料相比，金属具有相对较大的热膨胀系数。由于键合温度和应用温度之间的差异，会产生热机械应力。因此，温度较低的金属键合工艺是优选的。

金属晶圆键合也是一种适用于同时需要良好导电性和/或导热性应用的方法，例如 3D 集成和

TSV 堆叠。由于金属密封非常稳定，不会有大量气体渗透，因此金属键可以保护微型器件和结构免受环境颗粒和湿气的影响。因此，它们是高可靠性系统以及需要在高真空条件下运行器件的理想选择。与其他晶圆键合技术相比，例如与硅直接键合和阳极键合相比，基于金属的晶圆键合技术表现出更大的颗粒耐受性。它们可以被压入金属层，或嵌入到液相中。要获得高的键合质量，需要考虑的主要键合参数是键合时间、温度、力以及加热和冷却速率。

13.1 固液互扩散键合（SLID）

SLID 是一种在低温下键合的可能方法，所得到的界面在高于键合温度时是稳定的。由此产生的键合可以承受比工艺温度更高的温度，这是一个重要的优势。至少有两种不同的金属被合金化，通常这两种金属的熔点相差很大，其中一种金属的熔点非常低，限定了键合温度。在这个温度下，一种金属是液态的，液相润湿了保持固态的金属表面。通过界面，固相向液相扩散增加，液相内高熔点金属迅速增加。溶解度达到饱和后，形成熔点较高的金属间相。当该熔点高于结合温度时，该相发生凝固。这一直持续到所有液相都已转化为固体金属间相。

之后，扩散以固态继续，直到达到相图规定的平衡。第二种金属在整个过程中保持固态（该过程因此得名）。有时键合过程在达到平衡之前就停止了，并且在界面中保留了几个相。表 13.2 显示了 SLID 键合过程的顺序。

表 13.2　SLID 键合的顺序和步骤（图示为横截面）

阶段 1：初始设置	阶段 2：润湿	阶段 3：液体扩散和合金化
通过沉积在基底上制备两个金属层：高熔点材料 M1，低熔点材料 M2	由于物理接触和加热（$T>$ M2 熔点），M2 润湿 M1 的表面	M1 扩散到液体 M2 中直至饱和
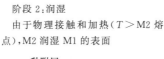	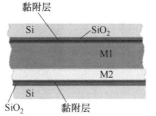	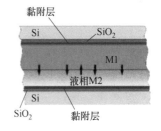
阶段 4：逐渐凝固	阶段 5：固体扩散	阶段 6：平衡
在 M1 和 M2 金属间相之间的界面处正在凝固	M2 全部消耗完后，平衡金属间相膨胀并消耗 M1 和其他相	通过完全形成稳定相达到平衡
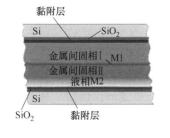	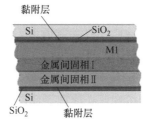	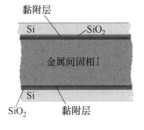

形成两种金属 M1、M2 的金属间相 $M1_xM2_y$ 所需的厚度 t_{M1} 和 t_{M2} 可通过以下公式计算：

$$\frac{t_{M1}}{t_{M2}} = \frac{\rho_{M1} M_{M1x}}{\rho_{M2} M_{M2y}} \tag{13.1}$$

式中，M_{M1x} 和 M_{M2y} 是各自的摩尔质量；ρ_{M1} 和 ρ_{M2} 是密度。低熔点金属的常用材料是 Sn、In 或 Ga，因为它们的熔点非常低。表 13.3 显示了二元 SLID 材料组合的选择。Bernstein 于 1966 年发表了第一篇论文并创造了 SLID 这个名字[1]。由于微加工中使用的材料变得越来越不均匀，能够使用热膨胀系数有一定差异的材料的低温工艺。另一个优点是能容忍一定的表面粗糙度和轮廓。

除了半导体晶圆基底，其他材料也可用于 SLID 键合，例如陶瓷或玻璃。前提是基底材料必须能够承受工艺温度，并且它们必须是晶圆或类似形状，以实现沉积和结构化工艺。

表 13.3 常用 SLID 键合材料组合的选择

材料	低熔点/℃	高熔点/℃	目标金属间相	代表文献
Ag/In	157	962	Ag_2In, Ag_3In	[1](L. Bernstein)
Au/In	157	1064	Au_7In	[1](L. Bernstein)
Cu/In	157	1085	$Cu_7In_3(\delta)$	[1](L. Bernstein)
Ag/Sn	232	962	$Ag_3Sn(\zeta)$	[8](Y.-C. Chen)
Au/Sn	232	1064	Au_5Sn	[9](C. C. Lee)
Cu/Sn	232	1085	Cu_3Sn	[10](F. Bartels)
Au/Ga	30	1064	Au_7Ga_2	[11](J. Froemel)
Cu/Ga	30	1085	Cu_9Ga_4	[12](J. Froemel)

13.1.1 Au/In 和 Cu/In

熔点为 157℃ 的铟（In）是 SLID 键合的良好候选材料。工艺温度较低，材料在自然环境温度下为固体。铜[13,14] 和金[15] 可与铟一起用于键合。用于铟电化学沉积的电解质的可用性非常好。因此，用于 Au/In 和 Cu/In SLID 键合的层通常使用电化学沉积（ECD）制成。铟很容易生成天然氧化物，这会阻止键合。解决这个问题的方法包括在铟的顶部沉积一层额外的金薄层，并在键合之前通过化学刻蚀去除

图 13.2 金籽晶层上的电镀铟[12]

氧化铟。铟和金或铜在大多数情况下是通过图案电镀工艺沉积的。图 13.2 显示了在金上电镀铟的非典型示例。

在许多情况下，使用对称层设计，其中两个晶圆分别具有 Au/In 或 Cu/In 堆叠。有时一侧仅由金或铜组成。键合是在带有惰性或还原性气体的键合室中完成的，以防止铟进一步氧化。键合温度通常在 180~200℃，持续数十分钟。

13.1.2 Au/Ga 和 Cu/Ga

镓的熔点非常低。它在通常的环境温度下可以是液体。出于实际目的,考虑到界面中的液态镓会导致非常低的键合强度,因此在键合过程中所有镓完全使用是很重要的。MacKay[16] 研究了 Ga/Ni、Ga/Ni/Cu、Ga/Cu、Ga/Ag/Cu 汞合金。他指出了裸片连接、倒装芯片键合、散热器连接和通孔填充等潜在应用。Intel 已申请使用此类汞合金作为键合材料以密封 MEMS 器件的专利[17]。他们还通过一种非常类似的丝网印刷方式进行键合,就像玻璃熔块材料用于 MEMS 封装领域的键合一样。一个大问题是这种膏状材料的保质期非常短。Froemel 等人[11,12] 通过使用全电镀层成功地实现了镓的 SLID 键合。对于金和镓的厚度分别为 $1.5\mu m$ 和 $0.5\mu m$ 的金/镓样品,一个晶圆仅含金,另一个晶圆在金籽晶层上含镓。使用基于氯化镓的自主开发的金籽晶层电镀工艺,包括通过图案电镀进行结构化。厚度为 20nm 的铬已被用作黏附层。对于 Cu/Ga,使用 $1.35\mu m$ 铜和 $1\mu m$ 镓。尽管可以在 30℃下进行键合,但随后在更高温度下进行退火,会增加键合强度并降低接触电阻(图 13.3 和图 13.4)。

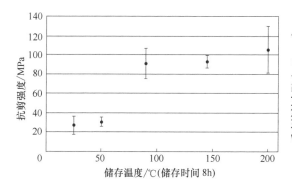

图 13.3　在不同温度下退火的键合 Ga/Cu 样品的剪切强度

来源:Froemel et al.[12]. ©2015,IEEE

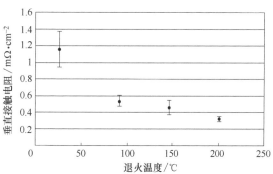

图 13.4　在不同温度下退火的键合 Ga/Cu 样品垂直触点的电阻

来源:Froemel et al.[12]. ©2015,IEEE

该特性与界面中金属间相的形成有关(图 13.5~图 13.7)。

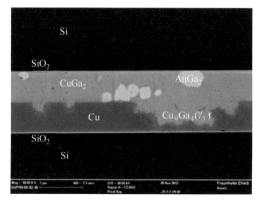

图 13.5　在 50℃下退火后的 Ga/Cu 键合样品的 SEM 横截面[12]

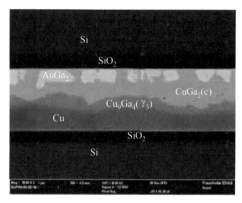

图 13.6　在 90℃下退火后的 Ga/Cu 键合样品的 SEM 横截面[12]

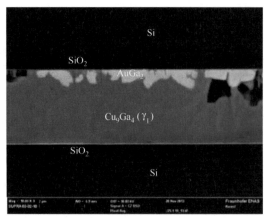

图 13.7 在 200℃下退火后的 Ga/Cu 键合样品的 SEM 横截面[12]

从 50℃ 到 90℃，剪切强度显著增加，垂直接触电阻显著变小。在 50℃ 和 90℃ 退火的界面之间的结构差异在于，在 90℃ 退火后，Cu 金属间相和 $CuGa_2$ 相之间存在 Cu_9Ga_4 相不间断层。Cu_9Ga_4 层的存在对于获得良好的键合参数非常重要。可见的 $AuGa_2$ 团簇是镓与金籽晶层之间反应的残余物。

镓形成天然氧化物，但这种氧化物不会阻碍键合，因为镓在此过程中具有低黏度，任何氧化物都会被机械力破坏。另一方面，有必要注意铜的天然氧化物。可以使用在键合之前用柠檬酸去除氧化铜并用薄的 $CuGa_2$ 保护层覆盖铜表面。用 $CuGa_2$ 保护层覆盖铜，可在屈服强度和机械强度方面产生更好的结果。

13.1.3　Au/Sn 和 Cu/Sn

最初，使用锡球将 Cu/Sn SLID 键合作用于三维集成领域。它的优点是在合理的低温（<300℃）下形成稳定的金属间相[18]。除了在堆叠中的应用，最近它还可以用作 MEMS 晶圆级封装的键合材料[19]。为了获得所需的 Cu_3Sn，铜膜厚度应为锡层厚度的 1.3 倍。键合过程通常在 250～300℃ 的温度下持续数十分钟。在大多数情况下，锡沉积在两个基底上的铜层上，初始界面由液态锡形成。这样可以避免去除氧化铜的问题。天然氧化锡通常比天然氧化铜更薄，并且由于液体界面，可以在键合过程中渗透。在凸块应用的情况下，助焊剂用于处理氧化物，在 MEMS 应用中，这在大多数情况下是不可接受的。

Au/Sn 二元相图比 Cu/Sn 更复杂。它还包含共晶点和更多的金属间相。除了应用于凸块上，它还用于 MEMS 应用[20,21]。虽然键合温度与 Cu/Sn SLID 键合相似，但键合时间可以小于 10min。这是因为相互扩散系数要高得多。通常使用基于镍的层作为扩散阻挡层/键合层。两种锡基方法的剪切强度都可以达到 80MPa 以上[22]。

13.1.4　孔洞的形成

通常会在 SLID 键合处观察到孔洞。孔洞对键合质量有很大的影响，因为它们会降低强度（因为裂纹很容易沿着它们传播），会降低电导率（因为有效导电面积减少），并且会恶化气密性（因为孔洞界面中气体传输的开放路径）。孔洞形成的主要原因与扩散过程有关。相互扩散用相互扩散系数表示，这是参与扩散的材料具有的共同属性，它并不能描述单个合金化材料的个体行为。20 世纪，Kirkendall（柯肯德尔）进行了实验，以了解单个元素对整体扩散的贡献[23]。与当时的技术水平相反（人们认为扩散仅通过原子交换发生），他发现固态扩散主要受空位运动控制，因此发生了真正的物质通过固体传输。在两种材料之间的界面处，两种材料都会相互扩散。在几乎所有情况下，这些扩散系数都是不同的。如果其中一个系数比另一个大得多，则具有较高迁移率的元件体积中可能会保留孔洞。这种效应产生的孔洞称为柯肯德尔孔洞（图13.8）。抑制柯肯德尔孔洞的策略包括控制退火温度和与其他元素合金化[24,25]。

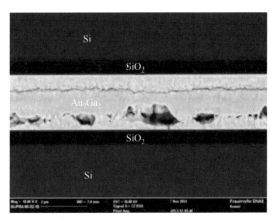

图 13.8　Au/Ga 键横截面的 SEM 照片，带有清晰可见的柯肯德尔孔洞

13.2　金属热压键合

金属热压键合是一种固态键合，更具体地说是扩散键合。可用的材料组合包括 Cu/Cu[5]、Au/Au[26]、Al/Al[27]、Ag/Ag[28] 和 Ti/Ti[29]。金属热压键合很重要，因为通常使用的金属化材料可以在没有液相的情况下使用。键合发生在三个阶段：（ⅰ）界面形成；（ⅱ）晶粒重新取向；（ⅲ）晶粒生长。

(1) 界面形成

多晶金属的典型表面具有一定的表面粗糙度。该粗糙度取决于层厚、沉积参数和晶粒尺寸等。为了能成功键合，两个表面必须塑性变形，直到它们尽可能地物理接触。

(2) 晶粒重新取向

在大多数情况下，溅射或电镀金属具有多晶基质。这意味着每个晶粒的晶体取向是随机的。当两个金属层的晶粒表面接触时，晶体方向的重新定向恰好适应晶粒的界面。对于具有立方面心晶体的金属，例如 Au、Cu、Al 和 Ag，结构（111）层与键界面平行排列。这意味着接触界面处的最近区域堆积似乎是键合的有利条件。图13.9以 Au/Au 界面为例显示了这种对齐方式。

这种晶粒晶体结构的重新定向需要能量，例如以热的形式。众所周知，金属的再结晶只能发生在一定温度以上。这得出的结论是，不仅依赖于软材料的塑性变形，而且原子键合的强键合只能在足够高的温度下实现，所需的能量取决于晶粒尺寸。较大的晶粒需要更多的能量来改变其方向。减小晶粒尺寸是显著降低键合所需温度的一种方法。这可以通过机械力（表面切割）[31]、溅射[32]、使用金属纳米粒子[33] 或等离子体预处理[34] 将金属层的厚度减小到纳米级来实现。

(3) 晶粒生长

热压键合的最后一步是界面中晶粒的生长。通过进一步应用温度扩散导致晶粒生长到相

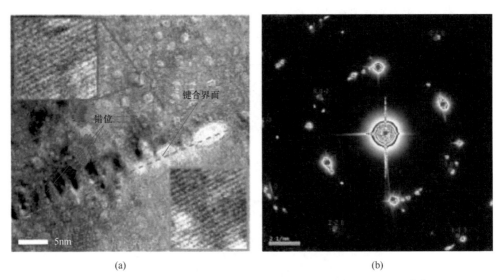

图 13.9 （a）Au/Au 热压键合与平行排列晶面的键界面的 TEM 图[30]；
（b）界面的 X 射线衍射测量显示平面为（111）

对的金属层中（图 13.10）。界面中的小孔洞也可以在此过程中弥补。如果成功，键合界面将完全消失，产生的键合强度受界面材料固有强度的控制。

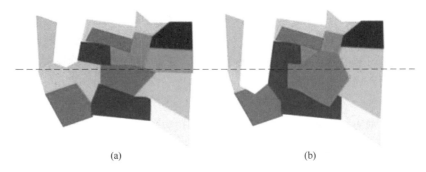

图 13.10 键合界面示意图。(a) 退火前；(b) 退火后。晶粒通过界面生长

各种材料的典型键合参数如表 13.4 所示。

表 13.4 界面材料的典型键合参数

材料	Au/Au	Cu/Cu	Al/Al	Ag/Ag	Ti/Ti
晶圆上的键合压力/MPa	约 10	约 10	约 30	约 60	3
键合温度/℃	<300	400	400	300	400

除了平面度、均匀性和清洁度之外，天然氧化层的存在，在热压键合中也起着重要作用。但不包括 Au/Au 键合的情况，因为金不会形成稳定的天然氧化物。但对于其他材料，则必须加以解决。对于 Cu/Cu 键合，存在多种预处理方法。一种方法是在键合工艺之前用 HCl[35] 或乙酸[36] 对氧化物进行湿法化学刻蚀。由于在化学预处理和键合过程之间可能会再次形成天然氧化物，因此还研究出在键合室中，直接在甲酸蒸气、合成气体或 Ar 束中进行额外处理的组合工艺[37-39]。此外，还可以用原子氢还原氧化铜的方法[40]，以及暂时采用

硫醇的自组装单层（self-assembled monolayer，SAM）以防止再氧化的方法[41]。在 Al/Al 键合的情况下，由于天然氧化铝的化学性质很强，通常使用高键合力通过变形破坏表面氧化物并使其扩散。另一种方法是在铝的顶部使用非常薄的锡层以防止氧化[42]。锡在键合过程中变成液体，最后扩散到铝中。

13.3 共晶键合

共晶是两种材料的混合物，它们在低于每种材料的熔化温度的温度下凝固或熔化。共晶点是两种材料整个范围内的最低熔化温度。在共晶点，液体和两种固溶体共存。图 13.11 是具有共晶点的两个元素的二元相图的典型示例。

经过共晶反应和凝固后，两种材料以宏观或微观混合结构存在。该效应可用于牢固键合这两种材料。由于混合，黏合强度非常高。表 13.5 显示了一些用于晶圆级键合的常用材料组合。在大多数情况下，键合温度比实际共晶温度高 20~40℃。其他共晶材料组合是已知的（例如 Pd/Au、Au/Al），但由于工艺温度太高而未使用。共晶晶圆键合是气密密封应用的理想选择。在此过程中形成的液体也可以密封稍微粗糙的表面。

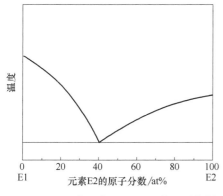

图 13.11 两个元素 E1 和 E2 的二元相图示例，显示了 E2 在 40 at%处的共晶点

表 13.5 微加工中使用的共晶材料组合示例

共晶合金	共晶温度/℃	共晶点成分/%（质量分数）
Cu/Sn	231	5/95
An/Sn	280	80/20
Al/Ge	419	49/51
Au/Ge	361	28/72
Au/S	363	97/3

13.3.1 Au/Si

对于 Au/Si，共晶点为 363℃，具有 19 at% Si 和 81 at% Au[43]。Au/Si 键合特别适用于裸片连接和晶圆键合，因为基底材料是硅[2,44]。如果基底提供硅，金层通常通过溅射沉积在硅表面上，并带有额外的黏附层，而另一侧则是硅。但也可以双面镀金，以及在二氧化硅上镀金，见图 13.12。

如果在金和硅之间使用黏附层，则实际键合温度高于共晶温度。原因是黏附层下方的硅的天然氧化物。这种氧化物必须在工艺过程中首先通过黏附层（通常是 Ti、Cr 或 Ta）的硅化去除，以实现硅和金之间的扩散[45]。如果需要键合的一侧只有硅，则必须在键合前去除其表面氧化物。即使只有几纳米的厚度，二氧化硅也是一种非常有效的扩散屏障。这种去除通常通过 HF 刻蚀完成。由于刻蚀后的氢被去除，可以延迟新氧化物的形成，从而允许晶圆在大气压下短时间转移。

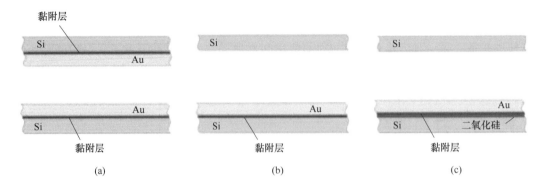

图 13.12 金/硅共晶键合的典型设置。(a) 两侧硅上溅射金（带有黏附层）；
(b) 一侧的金；(c) 二氧化硅上的金

图 13.13 显示了共晶反应后 Au/Si 键的界面。键合强度非常高。如果键被破坏，通常硅材料就会断裂[46]。

一个潜在的问题是在键合过程中共晶液体的流动不受控制。图 13.14 显示了此问题的典型结果。

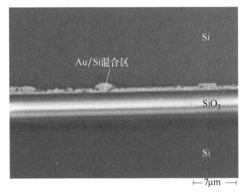

图 13.13 共晶反应后典型 Au/Si 键界面的
SEM 图像，显示了 Au/Si 混合区域

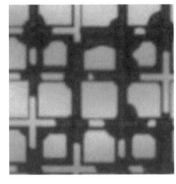

图 13.14 Au/Si 键合晶圆的一部分图像，
由红外相机拍摄：键合框架之间的
共晶液体不受控制地流出

为了控制这个问题，在键合过程中需要严格的温度和机械压力控制。其他的方法是使用机械挡块或沟槽[47]。

13.3.2 Al/Ge

Al-Ge 共晶系统在 419℃ 处是共晶点，这可以从二元相图中看出[47]。Al/Ge 键合主要用于 MEMS 封装和 3D 集成[48]。尽管需要更高的键合温度，但 Al/Ge 系统在使用 CMOS 兼容材料时具有巨大优势。它可用于将带有锗层的 MEMS 与带有铝金属化的 CMOS 器件（例如陀螺仪）键合[49]。由于键是导电的，它也可用于电触点。Al/Ge 键合应用对于使用 CMOS 技术的（AlGaIn)N 基 LED 混合集成也有很大潜力[50]。铝和锗通过溅射沉积为相对较薄的层，与需要更厚电镀层的键合技术相比，这是一个成本优势。较薄的层在热机械应力方面也更好。另一方面，Al/Ge 键合对颗粒的抵抗力较差。

需要注意确保两种界面材料的表面都没有被天然氧化物覆盖。一种方法是通过稀释的氢氟酸（例如 1∶100）去除氧化物。避免氧化铝问题的更好方法是在两侧使用 Al/Ge 双层，这样铝就不会暴露[51]。在任何情况下，键合过程都应在惰性或更好的还原气氛中进行，例如 95% N_2 和 5% H_2。

Al/Ge 晶圆键合不需要施加高机械力。由于在此过程中会形成液相，因此很大的力会导致金属被挤出。力的作用只是为了保证两个晶圆的良好接触。典型的键合温度是 430℃，持续 5～10min。

13.3.3 Au/Sn

除了金属间相形成之外，Au/Sn 二元相图还显示了一个共晶点。要将其用于键合，需要精确的化学计量组成。因此，良好地控制沉积过程是必不可少的。Au/Sn 键合有一个缺点，即两个晶圆都必须用 CMOS 不兼容的材料进行沉积。两片晶圆在键合室中接触后，必须避免将叠层加热到高于 120℃ 的温度，防止过早形成金属间相。然后晶圆应尽快加热到 300℃，该温度应保持少于 5min。

参 考 文 献

1 Bernstein, L. (1966). Semiconductor joining by the solid-liquid-interdiffusion (SLID) process. *J. Electrochem. Soc.* 113 (12): 1282-1288.

2 Wolfenbuttel, R. F. and Wise, K. D. (1994). Low-temperature silicon wafer-to-wafer bonding using gold at eutectic temperature. *Sens. Actuators A. Phys.* 43 (1-3): 223-229.

3 Zavracky, P. M. and Vu, B. (1995). Patterned eutectic bonding with Al/Ge thins for MEMS. *Micromach. Microfabricat. Process Technol.* 2639: 46-52.

4 Matijasevic, G. S., Lee, C. C., and Wang, C. Y. (1993). AuSn alloy phase diagram and properties related to its use as a bonding medium. *Thin Solid Films* 223 (2): 276-287.

5 Tsau, C. H., Schmidt, M. A., and Spearing, S. M. (2000). Characterization of low temperature, wafer-level gold-gold thermocompression bonds. *Mater. Res. Soc. Sympos. Proc.* 605: 171-176.

6 Fan, A., Rahman, A., and Reif, R. (Oct. 1999). Copper wafer bonding. *Electrochem. Solid-State Lett.* 2 (10): 534-536.

7 Braeuer, J., Besser, J., Wiemer, M., and Gessner, T. (2012). A novel technique for MEMS packaging: reactive bonding with integrated material systems. *Sensors Actuat. A: Phys.* 188: 212-219.

8 Chen, Y.-C., So, W. W., and Lee, C. C. (1997). A fuxless bonding technology using indium-silver multilayer composites. *IEEE Trans. Components, Packag. Manuf. Technol. Part A* 20 (1): 46-51.

9 Lee, C. C. and Wang, C. Y. (Feb. 1992). A low temperature bonding process using deposited gold-tin composites. *Thin Solid Films* 208 (2): 202-209.

10 Bartels, F., Morris, J. W., Dalke, G., and Gust, W. (1994). Intermetallic phase formation in thin solid-liquid diffusion couples. *J. Electron. Mater.* 23 (8): 787-790.

11 Froemel, J., Lin, Y.-C., Wiemer, M. et al. (2012). Low temperature metal interdiffusion bond-

ing for micro devices. 2012 3rd IEEE International Workshop on Low Temperature Bonding for 3D Integration, 163-163.

12 Froemel, J., Baum, M., Wiemer, M., and Gessner, T. (2015). Low-temperature wafer bonding using solid-liquid inter-diffusion mechanism. *J. Microelectromech. Syst.* 24 (6): 1973-1980.

13 Tian, Y., Wang, N., Li, Y., and Wang, C. (2012). Mechanism of low temperature Cu-In Solid-Liquid Interdiffusion bonding in 3D package. ICEPT-HDP 2012 Proceedings-2012 13th International Conference on Electronic Packaging Technology and High Density Packaging, 216-218.

14 Panchenko, I., Bickel, S., Meyer, J. et al. (2017). Low temperature Cu/In bonding for 3D integration. Proceedings of 2017 5th International Workshop on Low Temperature Bonding for 3D Integration, LTB-3D 2017, 17.

15 Sohn, Y. C., Wang, Q., Ham, S. J. et al. (2007). Wafer-level low temperature bonding with Au-In system. Proceedings-Electronic Components and Technology Conference, 633-637.

16 MacKay, C. A. (1993). Amalgams for improved electronics interconnection. *IEEE Micro* 13 (2): 46-58.

17 Lu, D. and Heck, J. (2004). Microelectronic package having chamber sealed by material including one or more intermetallic compounds. US7061099B2.

18 Munding, A., Hübner, H., Kaiser, A. et al. (2008). Cu/Sn solid-liquid interdiffusion bonding. In: *Wafer Level 3-D ICs Process Technology. Integrated Circuits and Systems* (eds. C. S. Tan, R. J. Gutmann and L. R. Reif), 1-39. Boston, MA: Springer US.

19 Haubold, M., Baum, M., Schubert, I. et al. (2011). Low temperature wafer bonding technologies. 18th European Microelectronics & Packaging Conference, 1-8.

20 Heck, J. M., Arana, L. R., Read, B., and Dory, T. S. (2005). Ceramic via wafer-level packaging for MEMS. Proceedings of the ASME/Pacifc Rim Technical Conference and Exhibition on Integration and Packaging of MEMS, NEMS, and Electronic Systems: Advances in Electronic Packaging 2005, vol. PART B, 1069-1074.

21 Belov, N., Chou, T.-K., Heck, J. et al. (2009). Thin-layer Au-Sn solder bonding process for waferlevel packaging, electrical interconnections and MEMS applications. Proceedings of the 2009 IEEE International Interconnect Technology Conference, IITC 2009, 128-130.

22 Aasmundtveit, K. E., Tollefsen, T. A., Luu, T.-T. et al. (2013). Solid-Liquid Interdiffusion (SLID) bonding—Intermetallic bonding for high temperature applications. EMPC 2013: European Microelectronics and Packaging Conference, 1-6.

23 Kirkendall, E. O. (1942). Diffusion of zinc in alpha brass. *Trans. AIME* 147: 104-110.

24 Cogan, S., Kwon, S., Klein, J., and Rose, R. (1983). Fabrication of large diameter external-diffusion processed Nb_3Sn composites. *IEEE Trans. Magn.* 19 (3): 1139-1142.

25 Yu, C., Yang, Y., Li, P. et al. (2012). Suppression of Cu_3Sn and Kirkendall voids at Cu/Sn-3.5Ag solder joints by adding a small amount of Ge. *J. Mater. Sci. Mater. Electron.* 23 (1): 56-60.

26 Chen, K. N., Fan, A., and Reif, R. (2002). Interfacial morphologies and possible mechanisms of copper wafer bonding. *J. Mater. Sci.* 37 (16): 3441-3446.

27 Yun, C. H., Martin, J. R., Tarvin, E. B., and Winbigler, J. T. (2008). Al to Al wafer bonding for MEMS encapsulation and 3-D interconnect. Proceedings of the IEEE International Conference on

Micro Electro Mechanical Systems (MEMS), 810-813.

28 Liu, C., Hirano, H., Froemel, J., and Tanaka, S. (2017). Wafer-level vacuum sealing using Ag-Ag thermocompression bonding after fly-cut planarization. *Sensors Actuat. A Phys.* 261: 210-218.

29 Takahata, T., Hirano, H., Froemel, J. et al. (2018). Wafer-level high vacuum packaging using titanium thin film as bonding and gettering material. *IEEJ Trans. Sensors Micromach.* (*in Japanese*) 138 (8): 387-391.

30 Froemel, J., Baum, M., Wiemer, M. et al. (2011). Investigations of thermocompression bonding with thin metal layers. 2011 16th International Solid-State Sensors, Actuators and Microsystems Conference, TRANSDUCERS' 11, 990-993.

31 Al Farisi, M. S., Hirano, H., Frömel, J., and Tanaka, S. (2017). Wafer-level hermetic thermocompression bonding using electroplated gold sealing frame planarized by fly-cutting. *J. Micromech. Microeng.* 27 (1): 015029.

32 Kon, H., Uomoto, M., and Shimatsu, T. (2014). Room temperature bonding of wafers in air using Au-Ag alloy films. Proceedings of 2014 4th IEEE International Workshop on Low Temperature Bonding for 3D Integration, LTB-3D 2014, 28.

33 Ishida, H., Ogashiwa, T., Kanehira, Y. et al. (2012). Low-temperature, surface-compliant wafer bonding using sub-micron gold particles for wafer-level MEMS packaging. Proceedings-Electronic Components and Technology Conference, 1140-1145.

34 Okada, H., Itoh, T., Froemel, J. et al. (2005). Room temperature vacuum sealing using surfaced activated bonding with Au thin films. Digest of Technical Papers—International Conference on Solid State Sensors and Actuators and Microsystems, TRANSDUCERS'05, vol. 1, 932-935.

35 Chen, K. N., Tan, C. S., Fan, A., and Reif, R. (2004). Morphology and bond strength of copper wafer bonding. *Electrochem. Solid-State Lett.* 7 (1): G14-G16.

36 Chen, K. N., Chang, S. M., Shen, L. C., and Reif, R. (2006). Investigations of strength of copper-bonded wafers with several quantitative and qualitative tests. *J. Electron. Mater.* 35 (5): 1082-1086.

37 Baum, M., Hofmann, L., Wiemer, M. et al. (2013). Development and characterisation of 3D integration technologies for MEMS based on copper filled TSV's and copper-to-copper metal thermo compression bonding. 2013 IEEE International Semiconductor Conference Dresden—Grenoble: Technology, Design, Packaging, Simulation and Test, ISCDG 2013.

38 Rebhan, B., Hesser, G., Duchoslav, J. et al. (2012). Low-temperature Cu-Cu wafer bonding. *ECS Trans.* 50 (7): 139-149.

39 Shigetou, A., Itoh, T., and Suga, T. (2005). Direct bonding of CMP-Cu films by surface activated bonding (SAB) method. *J. Mater. Sci.* 40 (12): 3149-3154.

40 Tanaka, K., Hirano, H., Kumano, M. et al. (2018). Bonding-based wafer-level vacuum packaging using atomic hydrogen pre-treated Cu bonding frames. *Micromachines* 9 (4): 181.

41 Tan, C. S., Lim, D. F., Singh, S. G. et al. (2009). Cu-Cu diffusion bonding enhancement at low temperature by surface passivation using self-assembled monolayer of alkane-thiol. *Appl. Phys. Lett.* 95 (19): 192108.

42 Chang, J. and Lin, L. (2010). MEMS packaging technologies & applications. Proceedings of 2010 International Symposium on VLSI Design, Automation and Test, VLSI-DAT 2010, 126-129.

43 Okamoto, H. and Massalski, T. B. (1983). The Au-Si (gold-silicon) system. *Bull. Alloy Phase Diagrams* 4 (2): 190-198.

44 Lani, S., Bosseboeuf, A., Belier, B. et al. (2006). Gold metallizations for eutectic bonding of silicon wafers. *Microsyst. Technol.* 12 (10-11): 1021-1025.

45 Wolfenbuttel, R. F. (1997). Low-temperature intermediate Au-Si wafer bonding: eutectic or silicide bond. *Sensors Actuat. A Phys.* 62 (1-3): 680-686.

46 Lin, Y. C., Baum, M., Haubold, M. et al. (2009). Development and evaluation of AuSi eutectic wafer bonding. TRANSDUCERS 2009-15th International Conference on Solid-State Sensors, Actuators and Microsystems, 244-247.

47 Gottfried, K., Wiemer, M., Franke, A. et al. (2012). Contact arrangement for establishing a spaced, electrically conducting connection between microstruc-tured components, EP000002331455B1.

48 Perez-Quintana, I., Ottaviani, G., Tonini, R. et al. (2005). An aluminum-germanium eutectic structure for silicon wafer bonding technology. *Phys. Status Solidi* 2 (10): 3706-3709.

49 Nasiri, S. and Flannery, A. (2008). Method of fabrication of a Al/Ge bonding in a wafer packaging environment and a product produced therefrom. US7442570B2.

50 Goßler, C., Kunzer, M., Baum, M. et al. (2013). Aluminum-germanium wafer bonding of (AlGaIn)N thin-film light-emitting diodes. *Microsyst. Technol.* 19 (5): 655-659.

51 Chidambaram, V., Yeung, H. B., and Shan, G. (2012). Development of CMOS compatible bonding material and process for wafer level MEMS packaging application under harsh environment. *J. Electron. Mater.* 41: 136-141.

第14章 反应键合

Klaus Vogel[1], Silvia Braun[1], Christian Hofmann[1], Mathias Weiser[3], Maik Wiemer[1], Thomas Otto[2], and Harald Kuhn[2]

[1] Department System Packaging, Fraunhofer Institute for Electronic Nano Systems, Technologie-Campus 3, 09126 Chemnitz, Germany

[2] Fraunhofer Institute for Electronic Nano Systems, Technologie-Campus 3, 09126 Chemnitz, Germany

[3] Electrochemistry, Fraunhofer Institute for Ceramic Technologies and Systems, Winterbergstraβe 28, 01277 Dresden, Germany

14.1 动力

玻璃熔块键合、热压键合、瞬时液相键合等晶圆键合技术要求键合温度为200℃,且更多地需要在两个基片之间形成稳定键合。降低温度对于异质材料的三维集成至关重要。因此,利用界面局部加热的新型键合技术变得更加重要。一种新的工艺是集成反应材料体系 (integrated reactive material systems,iRMS) 的键合。多层膜所需的能量是通过放热反应获得而不是外部热源产生键合。因此,不需要耗时的退火和冷却过程,从而将部件的热负荷降至最低。

14.2 反应键合的基本原理

反应材料体系(RMS)是一类用于晶圆键合的新型含能材料,它们有一个明确定义的异质结构。多层体系由至少两种材料的多层组成。这些交替的薄层总厚度可达$300\mu m$。由于反应产物的低自由能和储存在多层堆叠内的化学能,反应时能量从系统中释放出来。系统提供的理论最大能量取决于材料组合。它还受到化学反应、反应动力学、热输运以及热能耗散的影响,降低系统的整体能量。

在文献中,已经记载了两种主要的反应类型。第一种是热爆炸,在点火过程中,所有产物同时发生反应,需要在特征点火温度T_{IG}以上快速退火。第二种,也是最常用的反应类型,是自蔓延放热反应(SER),外部能量脉冲被施加到着火点;从系统中释放的能量同样会引起相邻多层的反应,在多层堆叠内部激发一个SER;反应波前沿以$0.01 \sim 80m/s$的典型速度在整个多层膜系统中传播。

根据材料体系的不同，能量可由两个机制产生。第一个机制是基于形成一个由两种引出物组成的产物。可以在两种或两种以上金属、反应物 A 和反应物 B 的合金化过程中观察到。

$$x \cdot A + y \cdot B \longrightarrow A_x B_y$$

第二种机制是基于金属热反应，如铝热反应。其能量是由金属氧化物 BO_n 和作为第二反应物的金属组分 A 氧化一起提供的。

$$x \cdot A + y \cdot BO_n \longrightarrow yn \cdot B + A_x O_{ny}$$

如图 14.1 所示，浸提物沉积在交替层中，形成不同的反应多层类型。水平多层膜是最常见的系统，可堆叠不同层次的反应物 A 和 B。近年来，还报道了更复杂的结构，如垂直多层膜、垂直柱系统和颗粒。

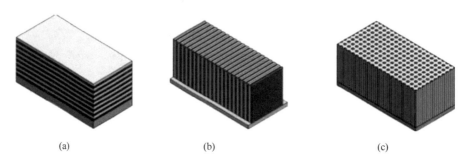

图 14.1　反应多层类型示意图：(a) 平面多层堆叠；(b) 具有一维周期性的垂直多层堆叠；(c) 具有二维周期性的垂直支柱系统

利用 SER 的平面多层系统最常用于微系统。在点火点开始反应后，释放热能，引起相邻多层叠层也发生反应，因此反应通过多层堆叠传播。如图 14.2 所示，在反应前沿附近可以识别出三个区域：未反应的多层堆叠、反应区本身以及反应产物。

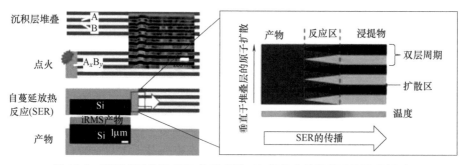

图 14.2　平面多层堆叠 SER 的示意图（包括反应前沿附近的温度剖面）

除了材料外，多层堆叠的反应性能还强烈依赖于堆叠的几何结构。多层堆叠的整体厚度直接影响整体释放能量。能量随着厚度的增加而增加，因为有更多的反应材料。虽然每个单层的厚度取决于化学计量比，但一个双层的厚度可以变化。随着双层厚度的增加，反应速度减小。每个反应物的平均扩散长度增加导致了这种现象。双层厚度对 Pd/Al 集成多层体系反应速度的影响如图 14.3 所示。

由于反应物的扩散，反应速度随着双层厚度的减小而增大，直至达到最大值。双分子层周期的减小进一步导致反应速度的快速降低，最终收敛到零。沉积过程中，两反应物界面处发生了互混，在两反应物之间形成了扩散区。已经预混的反应物在反应过程中不产生能量。随着双层厚度 δ 的减小，扩散区 w 占据主导地位，相对于理论生成热 ΔH_0，反应热 ΔH_{Rx} 明显降低。

$$\Delta H_{Rx} = \Delta H_0 \left(1 - \frac{w}{0.5\delta}\right)$$

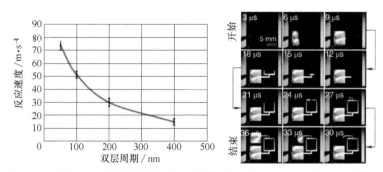

图 14.3 利用高速摄像机测量了双层周期对 Pd/Al iRMS 反应速率的影响

14.3 材料体系

近年来发表了许多 RMS 的论文，重点关注颗粒、箔片和薄膜。虽然颗粒和箔基 RMS 与微电子的关联性有限，但薄膜层作为芯片和晶圆键合的能源显示出巨大的潜力。表 14.1 给出了微系统兼容的 RMS 概述。

表 14.1 二元反应多层体系概述

材料体系	类型	厚度/μm	ΔH_{Rx} 或 ΔH_0 /kJ·mol^{-1}·atom(原子)	Q/kJ·cm^{-3}	速度/m·s^{-1}	参考文献
2Ni/Si	箔	0.7~1.6	−17~−60	4.67[a]	22~27	[1-3]
3Ni/2Al	箔	11	−51.5	—	1.1~10.1	[4]
Zr/2Al	箔	16~50	−51	4.63[a]	1.5~11.5	[2,5]
Ti/Al	箔	28	−35[a]	3.58[a]	0.08	[2,6]
5Ti/3Si	箔,膜	1~3	−72	6.52[a]		[2,7]
3Cu$_2$O/2Al	箔	14	−55.5	—	1	[8]
5Zr/3Si	箔	—	−72	5.37[a]	—	[2,9,10]
CuO/Al	箔/膜	1~3	−42.6			[11]
3CuO/2Al	膜	1~2	−151.7	20.4[a]		[2,12]
Pt/Al	膜	1~3	−88~−90	10.29[a]	25~90	[2,13]
Pt/2Al	膜	1~6	−56~−71		16~56	[13]
Pd/Al	膜	1.8~2	−90	12.21[a]	12~75	[2,12,14]
2Pd/Sn	—	—	−51.2~−64.0			[15,16]
Pd/2Sn	—	—	−37.9~−44.1			[15,17]
Pd/Sn	膜	—	−55.1~−61.1	4.1[a]		[2,15,16]
2Pd/Si	—	—	−64.2			[17]

[a] 已转换维度。

RMS可以根据其能量水平进行分类。低、中、高能量体系的形成热必须小于-30kJ/mol。Al/Co和Al/Ti等低能体系在-30kJ/mol到-50kJ/mol的范围内具有形成热。如Ni/Si、Ti/Si和Zr/Si等中等含能体系最多生成-80kJ/mol。高能体系如Pt/Al、Pd/Al和CuO/Al释放出超过-90kJ/mol。由于高能级，高能系统能够与薄层发生反应键合，是微系统技术的首选材料。

14.4 技术前沿

基于自蔓延高温反应，反应材料薄膜产生能量。十九世纪末，Goldschmidt报道了第一种铝热反应[18,19]。20世纪60年代，Merzhanov等人报道了粉末材料的高温燃烧合成，重点研究了各种材料体系、反应动力学和模型化。自对蔓延高温合成（SHS）的进一步研究，发现了稳态[20]、旋转[21]、混沌[22]和重复燃烧[23]等不同反应模式。

随着微系统技术的发展，RMS也可以通过物理气相沉积（PVD）方法所沉积。Anselmi-Tamburini于1989年报道了溅射Ni/Al体系的首次SER。自20世纪90年代以来，电子束蒸发和磁控溅射同时沉积了许多材料体系[1,4,5,7,8,11,13,14,25,26]。RMS已经得到更多的关注，主要关注在反应动力学和反应本身的相变[4-6,8,11,13,25,27]。2001年，Indium Corp.（原RNT）公司向市场推出了第一批用于键合应用的商用RMS箔，商标为NanoFoil®。这些箔可作为芯片和组件级各种键合应用的内热源[9,28-31]。

进一步的发展重点是将反应键合过程从组件级转移到晶圆级。对于晶圆级应用，箔型RMS在最小框宽和稳定性方面存在局限性。因此，近年来，iRMS和氧化物基集成反应材料体系（oiRMS）得到了关注[12,14,26,32]。

14.5 反应材料体系的沉积概念

虽然宏观的制备方法（如铣削）可以用来制备独立反应箔，但是微系统需要至少在一个基底上直接沉积反应材料。因此，RMS的均匀沉积对于芯片和晶圆级键合工艺的发展至关重要。虽然磁控溅射或电子束蒸发等PVD最常用，但像电镀或沉积垂直系统等新概念也显示出巨大的潜力。基于颗粒子的体系可以通过印刷实现沉积。图14.4给出了集成RMS的沉积技术概述。

14.5.1 物理气相沉积

PVD可以用于各种RMS的沉积[4,7,9,11-13,33,34]。虽然磁控溅射是最常用的方法，但反应多层膜也可以通过电子束蒸发沉积[27]。

磁控溅射采用上溅射、下溅射和侧溅射排列。金属反应物采用直流磁控溅射，而非金属材料（如硅）采用射频磁控溅射，对于金属氧化物采用射频和直流溅射。这些过程可以通过使用金属氧化物靶或从金属靶上反应溅射来进行[11,12]。磁控溅射沉积反应物质系统需要一个最小热影响的均匀过程。沉积过程中基底的退火使反应物发生溶解。由此产生的扩散区降低了层堆叠整体能量。为了尽量减少这种影响，沉积过程中应该使用基底的主动冷却。

图 14.5 显示了在单室直流磁控溅射工艺中沉积后直接沉积 Pd/Al iRMS 堆叠的横截面。

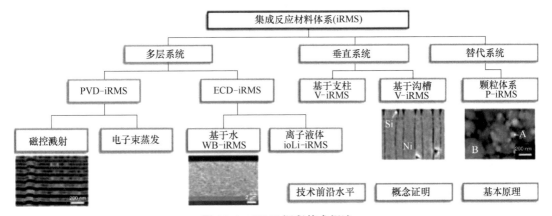

图 14.4　iRMS 沉积技术概述

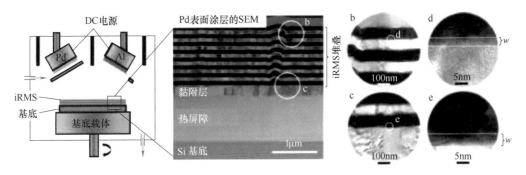

图 14.5　单室溅射下的 iRMS 沉积和作为沉积的 Pd/Al iRMS 工艺室示意图,包括第一个和最后一个双层的互扩散区

由于基底保持架的主动冷却,扩散区的总厚度不超过 5nm。由于溅射过程中长时间的热冲击作用,第一层溅射扩散区比最后一层扩散区更厚。当载体间接冷却基底时,溅射过程中产生的热能从表面通过 iRMS 和基底向载体散失。

芯片和晶圆级的 iRMS 可以通过刻蚀和工艺提升两种方式进行图形化。因为双层膜的数量,导致刻蚀是一个相对复杂的过程。两种材料的顺序刻蚀导致顶层对刻蚀剂的曝光时间延长。因此,每一层被刻蚀方式都不同。此外,两种成分在不同刻蚀剂中的刻蚀速率也不同,在 A 材料的刻蚀过程中也会引起 B 材料的刻蚀。如图 14.6 所示,顺序刻蚀导致掩模刻蚀明显,分辨率较低。

湿法刻蚀后得到的框架宽度分别为 $6.9\mu m$ 和 $37.9\mu m$,与 $20\mu m$ 和 $50\mu m$ 的掩模设计相比明显更小。与湿法刻蚀相比,通过剥离 iRMS 的图案产生了更清晰的结构和更好的分辨率。测试结构的宽度增加是由剥离抗蚀剂的钻蚀引起的。它在 $6.3\sim7.1\mu m$ 变化,不受框架宽度的影响。结合从晶圆上回收的多余 iRMS 能力,与湿法刻蚀工艺相比,剥离工艺更精确,成本更低。

小结:

通过 PVD 沉积反应性多层膜,可实现具有多种材料体系的芯片和晶圆的均匀涂层。虽然主要关注点集中在磁控溅射工艺,但电子束蒸发系统也受到了关注。基底可以涂覆和不涂

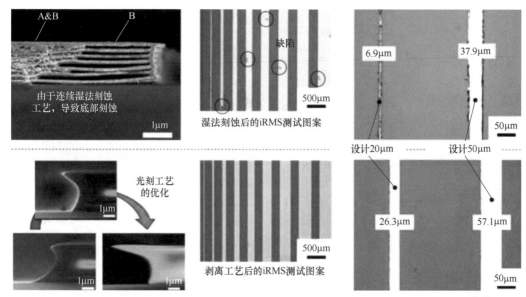

图 14.6　图形化对 Pd/Al iRMS 湿法刻蚀和剥离工艺的 iRMS 测试结构分辨率的影响[14]

覆图案。对于 iRMS 的图案化，推荐使用剥离工艺，因为与顺序湿法刻蚀相比，剥离工艺具有较高的分辨率，并且在图案化后具有材料回收的能力。

在相关资料中，iRMS 沉积往往是在单室磁控溅射工艺中进行的。虽然在一个工艺室中进行溅射可以轻松获得 iRMS 沉积，但双室工艺更适合于工业应用。根据机器配置的不同，iRMS 也被沉积在腔室内部和溅射载体的顶部。基于 RMS 的基本能级和双层膜的厚度，对于单室工艺，溅射室必须进行清洗。采用双室工艺可以显著降低沉积系统的停机时间。

14.5.2　反应材料体系的电化学沉积

另一种制备 iRMS 的方法是电化学沉积（ECD）。利用 ECD 制备 iRMS 是一种很有潜力的方法，可将这种键合技术的应用领域扩展到其他行业，如印制电路板。在微系统技术和微电子中，ECD 常被用于硅通孔（TSV）、重布线层、微凸块或键合框架等。因此，它并不是一种罕见的工艺技术。与 PVD 剥离工艺相比，ECD 在设备投资和维护方面是一种成本低廉的工艺。此外，在沉积过程中采用图案电镀技术直接对 iRMS 进行图形化。与 PVD 中的剥离工艺相比，这导致资源高效的材料消耗。制备 ECD-iRMS 的材料组合非常有限。从理论上讲，考虑到生成焓，只有 Pd-Sn、Pd-Zn 和 Pd-In 能够从水基电解质中沉积。如果使用其他电解质溶剂，如有机溶剂或离子液体，则材料组合会增加，如来自离子液体的 Pd-Al[9,35]。

利用 ECD 沉积横向的 iRMS 主要有两种方法：双浴技术（DBT）和单浴技术（SBT）。在 DBT 中，基底在两个金属电解质之间交替转移，中间有漂洗步骤。在 SBT 中，两种金属离子都溶于一种溶液中。通过改变沉积电流或电位，沉积贵金属或非贵金属。SBT 不需要额外的漂洗步骤或浴槽转移，可以降低总的工艺时间和电解液中污染的可能性。尽管如此，为了合成电解质，镀液化学非常复杂，电解液能够通过改变沉积电位，沉积几乎纯金属层。

Braeuer 等人的研究表明，Pd 在 Zn 上的沉积导致 Pd 的树枝状生长，这不适用于多层沉积[36]。同样的研究表明，Pd-Sn 的堆叠是成功的，但在使用的电解质中不可重复[36]。在下述中,介绍了 Pd-Sn 多层的 DBT 和 SBT 新结果。

14.5.2.1 双浴技术

基于 Braeuer 等人的结果,对电解质的选择进行了回顾,以实现可重复的多层膜。因此,镀液应满足以下要求。

① 长期稳定性好。

② 低的层应力。

③ 表面粗糙度低:

a. 明显小于层厚;

b. 在低电流密度下可行。

④ 适用于单层工艺持续时间在 30~60s 之间的沉积速率。

⑤ RMS 的两个金属层之间的化学相容性(以及与基底的相容性)。

DBT 的目的是使用市售的电解质,这些电解质可以修改或作为交付使用。从前面的工作可知,Pd 层在 RMS 中引入了应力。因此,对 Pd 电解质进行了广泛的市场研究。在表 14.2 中概述了 Sn 和 Pd 电解质,这些电解质通常被选作实验测试。Sn 作为电解质方面,因为 Braeuer 等人用甲烷磺酸的研究结果比较著名,因此重点研究了硫酸基电解质[36]。

采用霍尔槽试验对电解质进行了表征。对单层沉积的质量和沉积速率进行了评价。之后进行不同电解质的堆叠。沉积参数列于表 14.3。

表 14.2 沉积用 Pd 电解质概述

名称	$c/g \cdot L^{-1}$	pH	$T/℃$	特点
Pd1	8	7~9.5	30~65	能够沉积 0.3~5μm 的层厚
Pd2	3	6~7.5	30~50	无氨
Pd3	10	7.5~8.5	38	能够沉积 5μm 或以上
Pd4	12	6~7	55~65	无氨、无氯、高电流密度
Sn1	16 和 26	<2	15~30	硫酸基、低电流密度下的光亮沉积、各种光亮剂选项

表 14.3 Pd 和 Sn 的双层组合应用概述

组合	$j/mA \cdot cm^{-2}$		t/s		$T/℃$		$d/\mu m$	
	Sn	Pd	Sn	Pd	Sn	Pd	Sn	Pd
Pd1/Sn1	7.5	10	30	25	室温	40	105	75
Pd2/Sn1	7.5	5	30	15	室温	40	105	75
Pd3/Sn1	15	5	15	48	室温	38	184	100
Pd4/Sn1	15	5	15	52	室温	52	184	100

Pd2/Sn1 和 Pd4/Sn1 的堆叠不适用于 RMS。在 Pd2 的情况下,电解液不能使先沉积的 Sn 层平坦,导致了高的不均匀性。在 Pd4 和 Sn1 多层沉积过程中,观察到 Sn 层溶于 Pd4 电解质中。不知道电解液的添加剂,就不能解释 Sn 在 Pd4 电解液中的溶解。这些堆叠试验的微观组织如图 14.7(a)、(b)所示。

另外两个组合 Pd1/Sn1 和 Pd3/Sn1 能成功堆叠。对于 Pd1/Sn1,采用了 180nm、40 个双层的周期。样品被切成碎片。其中一块样品被点燃并完全反应;另一块通过 FIB 分析,

图 14.7　FIB 分析 SEM 图像：(a) Pd2/Sn1 堆叠；(b) Pd4/Sn1 堆叠；
(c) Pd1/Sn1 40 个双层叠层；(d) Pd3/Sn1 25 个双层叠层

如图 14.7（c）所示。各层显示出很高的均匀性，厚度为 105nm 的 Sn（深色）和 75nm 的 Pd（浅色）。

Pd3/Sn1 的双层周期设置为 284nm，共堆叠了 25 个双层。将样品切成片，用 FIB 进行分析。RMS 的点火并不成功，可能是由于双层数目不足和双层比例区域受到干扰。图 14.7（d）显示了 25 个双层 Pd3/Sn1 样品的 FIB 分析。多层膜的质量可以与图 14.7 中的 Pd1/Sn1 进行比较。Sn 层的孔隙率也可能是点火问题的原因。

14.5.2.2　单浴技术

如前所述，在 SBT 中，电解液中同时含有两种待沉积的金属离子。目前，还没有商品化的 Pd/Zn、Pd/Sn 或 Pd/In 多层膜的电解。因此，合成稳定的 Pd/Sn 电解液对于 RMS 的沉积具有重要意义。它应该能够在不同的电位上沉积纯 Pd 和 Sn 层。因此，人们对有可能金属配合物的化学稳定性进行了深入研究。对于混合电解质，未建立的胺钯络合物与碱性锡络合物结合使用。表 14.4 显示了用于沉积试验的电解质。

表 14.4　375mM NaOH 和 200mM Na_2SnO_3 组成的 Sn 电解质基 SBT 混合电解质概述

类型	胺 1	胺 2	胺 3	pH
Sn	—	—	—	13.5
Sn，Pd	500mM	—	—	14
Sn，Pd	—	500mM	—	14
Sn，Pd	—	—	50mM	14

沉积采用计时电流法进行 600s。由此得到的电流密度-电位曲线和照片如图 14.8 所示。从电流密度-电位曲线看，纯 Sn 电解液中 Sn 的沉积开始于 $-1.2V$，混合电解液中 Sn 的沉积开始于 $-0.8V$，可使 Pd 作为沉积物。此外，在 Pd/Sn 电解液中，氢的形成始于较低的电位。层的形貌是 RMS 制备的重要标准。通过比较照片，胺 1 和胺 2 在 $-1.1V$ 及以上呈现黑色和粗糙的表面。含胺 3 的电解液在不使用任何矫直剂或光亮剂添加剂的情况下，表面

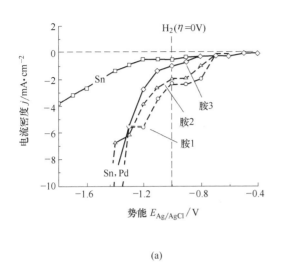 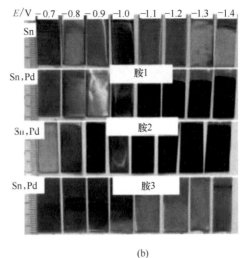

图 14.8 （a）纯 Sn 电解质和三种不同络合剂的 Pd/Sn 混合电解质
的电流密度-电位曲线；（b）计时电流法试验沉积层照片

光滑、光泽，可达 Sn 范围。层成分分析表明，纯 Pd 沉积发生在 $-0.8 \sim -1V$ 的电位范围内，在 $-1.2 \sim -1.4V$ 的 Sn 范围内沉积了 Pd-Sn 合金。这意味着用目前的电解液不可能沉积出高度富锡层。这为进一步优化电解液 pH 值以及锡和钯浓度打下了良好的基础。

14.5.2.3 DBT 和 SBT 结论

ECD 仍然是制造 RMS 的一种有潜力的技术。对优化电解质和工艺步骤的研究仍在继续。在 DBT 中，RMS 的实现已经带来了商业上可用的电解质。工艺稳定性仍在研究中，因此至今不适用于工业规模。

混合电解质的合成正在优化中。电解质的基部为碱性锡酸盐电解质，与胺钯络合。研究表明，胺 3 可以适应这种挑战。尽管如此，还需要研究其他胺衍生物来实现富锡层和富钯层。

14.5.3 具有一维周期性的垂直反应材料体系

制造 iRMS 的另一种方法是垂直法。对于这些系统，SER 所需要的反应物相互垂直堆叠（v-iRMS）。与耗时堆叠反应物的水平方法相比，这种方法减少了必要的工艺步骤。此外，由于更高的沉积温度，特别是对于 PVD-iRMS，可以最大限度地减少互熔区的形成。PVD-iRMS 的湿化学结构化过程由于不同的贵金属而复杂，或者由于剥离过程而非常耗费时间和资源。

14.5.3.1 确定尺寸

相比之下，制备 v-iRMS 的材料组合非常有限。由于采用深反应离子刻蚀（DRIE）在纳米尺度上硅具有良好的结构能力，因此需要一种硅基层系（反应物 A = Si）。考虑到较好的热力学性质（如生成焓）和水基电解质 ECD 的可能性，只有金属钯或镍适合作为第二反应物（反应物 B = Pd 或 Ni）。这种考虑导致了两种可能的系统：低能系统 2Pd/1Si 和中能系统 2Ni/1Si。图 14.9 所示为垂直 iRMS 的简化配置。SiO_2 起到热解耦作用，在反应过程中尽量减少对底层硅基底的热输入。

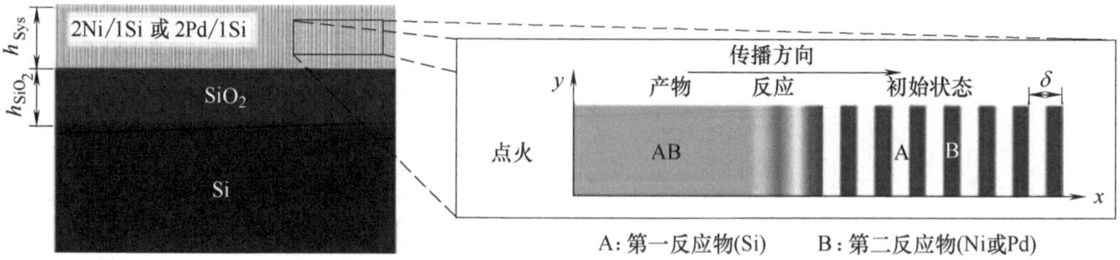

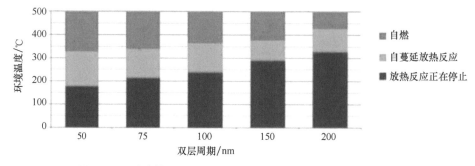

图 14.9 沿着垂直排列的 RMS 进行自传播反应示意图

为了确定 v-iRMS 的热力学性质与垂直层高度 h_{Sys}、热解耦层高度 h_{SiO_2}、双层周期 δ 的函数关系，可以采用 FEM 模拟。表 14.5 给出了 2Pd/1Si 和 2Ni/1Si 在 $h_{Sys}=10\mu m$ 和 $h_{SiO_2}=5\mu m$ 条件下的扩散系数 D_0、活化能 E_A、反应焓 ΔH_F 和反应温度。

表 14.5　$h_{Sys}=10\mu m$ 和 $h_{SiO_2}=5\mu m$ 的 2Pd/1Si 和 2Ni/1Si 体系的比较

热力学性质	单位	2Pd/1Si	2Ni/1Si
扩散系数(D_0)	$cm^2 \cdot s^{-1}$	0.07	2
活化能(E_A)	eV	1.4	1.5
反应焓(ΔH_F)	$kJ \cdot mol^{-1}$	$-43^{[3]}$	$-60^{[1-3]}$
环境温度($T_{环境}$)	℃	300	150
最高反应温度	℃	1000	1200

系统 2Ni/1Si 显示出较高的最高反应温度和反应焓（释放热量）以及较低的必要环境温度。特别是，环境温度对双层周期的尺寸有广泛的影响。图 14.10 显示了 $h_{Sys}=10\mu m$ 时，作为双层周期 δ 函数的必要环境温度。

图 14.10　垂直体系 2Ni/1Si 中不同双层周期 δ 的环境温度 $T_{环境}$

由于双层周期会影响扩散路径，因此较小的周期会增强反应。结果，$T_{环境}$ 可以降低。合适的双层周期的选择很大程度上取决于制造纳米级垂直硅光栅的技术可行性。从理论上讲，$\delta=200nm$ 的双层周期需要 100nm 左右的硅沟槽宽度，刻蚀深度 $10\mu m$，对应的深宽比 AR=100。

14.5.3.2　制造

对于 v-iRMS 的制造，有三个基本工艺步骤：基于紫外线（UV）的纳米压印光刻（NIL）、硅干法刻蚀和 ECD。工艺流程如图 14.11 所示，使用的是绝缘体上硅（SOI）基底（步骤1）。为了将硅表面直接用作电镀的导电籽晶层，需要电阻率在 $0.005\sim0.01\Omega \cdot cm$ 的

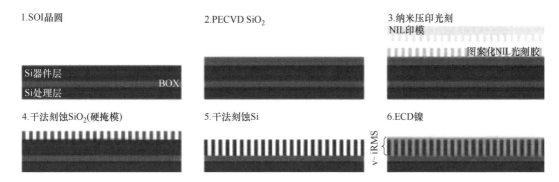

图 14.11 基于 SOI 基底制备 v-iRMS 的工艺流程

硅基底。掩埋氧化物（BOX）的主要用途是在 Si 器件级的 DRIE 工艺期间进行热解耦以及作为阻挡层。二氧化硅层用作额外的掩模，以提高干法刻蚀期间的选择性（步骤2）。通过 NIL，纳米结构可以转移到 NIL 光刻胶中（步骤3）。步骤5显示了使用图案化二氧化硅掩模（步骤4）的干法刻蚀硅器件（反应物 A）。图案化硅沟槽中的镍（反应物 B）的 ECD 生成最终的垂直 iRMS（步骤6）。

UV NIL 需要将相应的纳米光栅从主基底复制到 UV 透光印模（"子模"）上。为了准备主基底，一个单独的制造过程是必要的，例如电子束光刻。图 14.12（a）展示了在 UV NIL 之后，带有纳米光栅的图案化 NIL 光刻胶。结构化光刻胶用作随后的 SiO_2 干法刻蚀步骤的掩模。需要关注的是结构转移、每个沟槽底部的残留光刻胶层、缺陷密度以及印模与光刻胶的分离（脱离）。为此，使用了 EV Group（EVG）公司开发的 SmartNIL^{TM} 工艺。主晶圆的纳米光栅通过使用聚合物层模制在弹性箔上，聚合物层用作 NIL 工艺的压印。通过一个可移动的桶将聚合物结构转移到 NIL 光刻胶中。这允许印模与光刻胶线性接触，从而显著减少缺陷。图 14.12（b）显示了通过使用感应耦合等离子体（ICP）的反应离子刻蚀（RIE）对 SiO_2 掩模进行的干法刻蚀。特别是，偏压 $P_{偏压}$ 和 ICP 功率 P_{ICP} 的组合对刻蚀结果具有决定性影响。

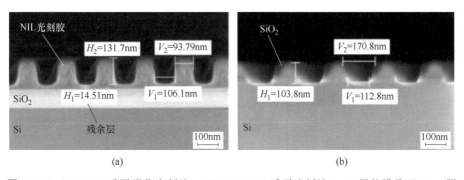

图 14.12 （a）NIL 后图形化光刻胶；（b）ICP-RIE 后干法刻蚀 SiO_2 层的横截面 SEM 图

随后，通过 DRIE 对硅（反应物 A）进行高深宽比（HAR）图案化。刻蚀工艺的目标是生成非常深的硅沟槽，对氧化物掩模具有高选择性和良好的横向结构转移（低侧壁锥度）。特别是偏置电极的频率 f_{Bias}、偏置功率 P_{Bias}、SF_6 刻蚀和 C_4F_8 钝化的周期在这一过程中起着重要的作用。图 14.13（a）显示了 $5\mu m$ 厚器件层的结构硅。沟槽的深宽比为 47∶1。由

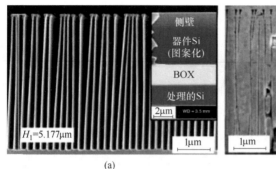 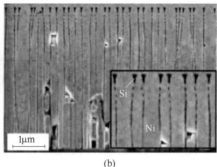

图 14.13 （a）DRIE 后图形化硅器件层；（b）ECD 后充镍硅沟槽的横截面 SEM 图像

于 BOX 的存在，该过程直接在氧化物上停止。

由于纳米结构表面的疏水特性以及非常小的横向沟槽尺寸，来自刻蚀硅沟槽中水基电解质的反应物 B 的 ECD 成了重大挑战[37,38]，表 14.6 列出了它们方法中的各种问题。图 14.13（b）显示了中能系统 2Ni/1Si 的镍填充硅沟槽的 SEM 横截面。采用脉冲电镀模式下氨基磺酸镍电解液进行沉积，平均电流密度 $J_{eff}=0.4\text{mA/dm}$，镀液温度 $T=60℃$。

表 14.6 高深宽比（HAR）纳米结构硅沟槽 ECD 面临的挑战

工艺规格	挑战	方法
电接触	去除 C_4F_8 聚合物（DRIE）	O_2 等离子体处理
	天然 SiO_2 的去除	缓冲氧化层刻蚀（BOE）
预处理	电解液润湿、滞留空气	真空存储
黏附反应物 B	硅上的金属附着力	在侧壁上 DRIE 扇形结构
ECD 反应物 B	颗粒的形成、颗粒大小、同质性	脉冲电镀（PP）

14.5.3.3 结论

由 NIL、DRIE 和 ECD 组成的垂直 iRMS 法已在中等能系统 2Ni/1Si 中得到验证。可以证明，与反应物的水平堆叠相比，这种方法是具有前途的替代制造技术。然而，在化学计量、双层周期和无缺陷金属沉积方面进一步优化仍是必要的，因为最小的技术偏差可以防止放热反应。因此，该方法目前仍然不适合工业应用。

14.6 与 RMS 键合

基于 RMS 的键合利用自蔓延反应，在两个基底之间形成稳定的键。放热反应的能量熔化了键合层的表面，并在两种基材之间形成了稳定、机械强度强的键合界面。通过放热反应对界面进行局部加热，可以在不需要外部加热的情况下连接基底。电点火可以通过电火花引发[27]、静电放电和直流加热来实现。激光点火为 RMS 提供受控的能量传输，从而实现了反应性多层的可重复点火[39]。

基于可燃 RMS，可以连接两个或多个基底。虽然反应性箔主要与焊料材料结合使用，但 iRMS 键合不需要额外的焊料。相反，金属键合层能够在两种基底之间形成稳定的连接[12,14]。根据应用的要求，已经报道了不同的键合配置。对于基于箔的芯片和组件级键合，可以使用特定的键合工具和调整后的商业键合工具。如图 14.14 所示，Schumacher 设计了

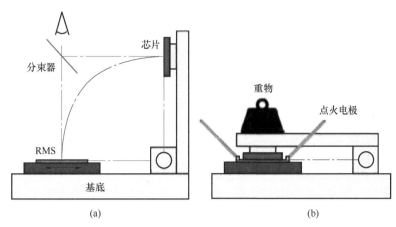

图 14.14 芯片级反应键合工具的结构：(a) 对准；(b) 点火和键合

来源：Schumacher et al.[9]

一种特定的键合工具，用于将芯片和组件与箔以及 iRMS 连接起来[9]。

所有键合工具都需要点火系统来启动放热反应，因此 Schumacher 在组件级设置中包括了两个电极，还必须为晶圆级键合集成点火系统。正如 Vogel 所报道的，将两个点火电极集成到键合卡盘上，可以在晶圆级上实现高达 8in 的反应键合。由于晶圆很厚，最大直径为 6in 的晶圆基底可以在设置中轻松对齐。通过将其中一个晶圆旋转 180°，点火电极始终可以连接反应性多层堆叠。对于 8in 晶圆而言，这个平面是用人工切割而成的。图 14.15 概述了 8in 晶圆的制备以及 SÜSS MicroTec AG 调整后的 SB8 键合工具内的电极设置[12]。

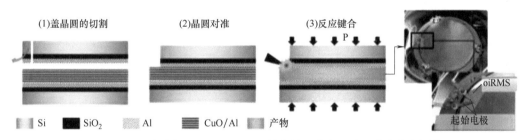

图 14.15 8in 硅片与 CuO/Al oiRMS 键合的工艺流程及工艺腔内电极设置

来源：Vogel et al.[12]

与其他基于金属的键合技术相比，反应键合不需要外部加热。结合高反应速度，可以在几秒内实现键合。根据应用的不同，反应键合过程中最耗时的部分是基底对齐和额外的可选工艺步骤，如键合室的排空。表 14.7 比较了最先进键合技术与反应键合的工艺参数。

表 14.7 基于 Pd/Al 基反应晶圆级键合工艺与其他晶圆级键合工艺的比较[26,40,41]

来源：Braeuer and Gessner[26]

参数	玻璃熔块键合	铜热压键合	Pd/Al 键合反应
温度	450℃	400℃	室温
处理时间	0.5~2h	1~4h	<1min
工具压力	20~50MPa	<40MPa	0.5~5MPa
抗剪强度	32N·mm^{-2}	180N·mm^{-2}	235N·mm^{-2} a)

a) 已转换维度。

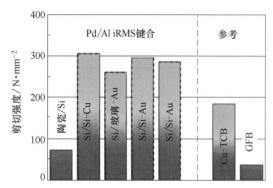

图 14.16 陶瓷/Si、Si/Si 和 Si/玻璃材料组合的 Pd/Al iRMS 键合晶圆的剪切强度与标准键合技术、铜热压键合（Cu-TCB）和玻璃熔块键合（GFB）两个硅片的比较

键合界面的力学性能强烈依赖于界面材料本身。虽然箔基系统的强度主要受焊料的影响，但 iRMS 键合系统的键合强度取决于 RMS 和键合层。据 Braeuer 报道，与玻璃熔块或铜热压键合晶圆相比，Pd/Al iRMS 键合晶圆的剪切强度更高[26,41]。根据铜、铝和金的键合层以及基底材料，剪切强度超过 235MPa[26]。键合层和基材的影响如图 14.16 所示。

此外，与 Pd/Al 的反应键合实现了晶圆级的密封封装。键合硅-硅基底的泄漏率在 9.3×10^{-3} mbar/s 范围内。据 Spies 报道，与镍/铝箔的箔基反应键的剪切强度强烈依赖于基材。铜基底的平均剪切强度达到 20MPa，而氧化铝基底的平均剪切强度超过 50MPa[31]。

14.7 结论

在过去的 30 年里，人们对 RMS 进行了深入研究。虽然 Ni/Al NanoFoils® 等基于蒸发箔的系统已经上市，但 RMS 的集成仍在进行中。将这种创新技术转移到芯片和晶圆级的应用可以实现新的敏感材料以及完全加工的组件的异构集成。Pd/Al 键合基底的键合强度超过 $235N \cdot mm^{-2}$，因此与许多最先进的技术相比，其键合强度更高。此外，Pd/Al 系统能够在不到 1min 的时间内实现异质基底的气密键合。市售的反应箔以及新的箔材料已经能够通过不同的焊接材料集成组件。它目前用于键合溅射靶材和不同的连接。

新的沉积技术，如电镀方法，对于集成反应性多层膜能更经济高效地沉积，显示出巨大潜力。虽然 DBT 方面已经报道了第一个自蔓延反应，但需要进一步研究以确定可重复沉积的稳定工艺条件。SBT 领域的基础研究集中在开发合适的电解质。与 DBT 相比，它显示出进一步降低成本的巨大潜力。

垂直 iRMS 不需要连续层沉积。由于其复杂性，需要进一步研究第二反应物的沉积和后续处理，如平坦化和键合。

参 考 文 献

1 Acker, J. and Bohmhammel, K. Optimization of thermodynamic data of the Ni-Si system. *Thermochimica Acta*. 337 (1999): 187-193.

2 Fischer, S. H. and Grubelich, N. C. (1998). Theoretical energy release of thermites, intermetallics, and combustible metals. *Int. Pyrotech. Semin*. 24: 1-56.

3 Masser, R., Braeuer, J., and Gessner, T. (2014). Modelling the reaction behavior in reactive multi-layer systems on substrates used for wafer bonding. *J. Appl. Phys*. 115 (24): 1-7.

4 Gavens, A. J., Van Heerden, D., Mann, A. B. et al. (2000). Effect of intermixing on self-propa-

gating exothermic reactions in Al/Ni nanolaminate foils. *J. Appl. Phys.* 87 (3): 1255-1263.

5 Barron, S. C., Kelly, S. T., and Kirchhof, J. (2013). Self-propagating reactions in Al/Zr multilayers: anomalous dependence of reaction velocity on bilayer thickness. *J. Appl. Phys.* 114 (22): 1-10.

6 Gachon, J. C., Rogachev, A. S., Grigoryan, H. E. et al. (2005). On the mechanism of heterogeneous reaction and phase formation in Ti/Al multilayer nanofilms. *Acta Mater.* 53 (4): 1225-1231.

7 Boettge, B., Braeuer, J., Wiemer, M. et al. (2010). Fabrication and characterization of reactive nanoscale multilayer systems for low-temperature bonding in microsystem technology. *J. Micromech. Microeng.* 20 (6): 1-8.

8 Blobaum, K. J., Reiss, M. E., Plitzko Lawrence, J. M., and Weihs, T. P. (2003). Deposition and characterization of a self-propagating CuO_x/Al thermite reaction in a multilayer foil geometry. *J. Appl. Phys.* 94 (5): 2915-2922.

9 Schumacher, A, U. Gaiß, S. Knappmann (2015). Assembly and packaging of micro systems by using reactive bonding processes. European Microelectronics and Packaging Conference, 1-6.

10 Meschel, S. V. and Kleppa, O. J. (2001). Thermochemistry of alloys of transition metals and lanthanide metals with some ⅢB and ⅣB elements in the periodic table. *J. Alloys Compd.* 321 (2): 183-200.

11 Petrantoni, M., Rossi, C., and Salvagnac, L. (2010). Multilayered Al/CuO thermite formation by reactive magnetron sputtering: nano versus micro. *J. Appl. Phys.* 108 (8): 1-5.

12 Vogel, K., Roscher, F., Wiemer, M. et al. (2018). Reactive bonding with oxide based reactive multilayers. Smart Systems Integration 2018: International Conference and Exhibition on Integration Issues of Miniaturized Systems, Vol. 12, 71-78.

13 Adams, D. P. (2015). Reactive multilayers fabricated by vapor deposition: a critical review. *Thin Solid Films* 576: 98-128.

14 Braeuer, J., Besser, J., Wiemer, M., and Gessner, T. (2012). A novel technique for MEMS packaging: reactive bonding with integrated material systems. *Sensors Actuat. A Phys.* 188: 212-219.

15 Mathon, M., Gambino, M., Hayer, E. et al. (1999). [Pd−Sn] system: enthalpies of formation of the liquid [Pd+Sn] and heat capacities of PdSn, $PdSn_2$, $PdSn_3$ and $PdSn_4$ compounds. *J. Alloys Compd.* 285: 123-132.

16 Amore, S., Delsante, S., Parodi, N., and Borzone, G. (2009). Thermochemistry of Pd-In, Pd-Sn and Pd-Zn alloy systems. *Thermochim. Acta* 481 (1-2): 1-6.

17 Meschel, S. V. and Kleppa, O. J. (1998). Standard enthalpies of formation of some 3d transition metal silicides by high temperature direct synthesis calorimetry. *J. Alloys Compd.* 267 (1-2): 128-135.

18 Goldschmidt, H. and Vautin, C. (1898). Aluminium as a heating and reducing agent. *J. Soc. Chem. Ind.* 6 (17): 543-545.

19 Goldschmidt, H. (1898). Ueber ein neues Verfahren zur Darstellung von Metallen und Legierungen mittelst Aluminium. *Justus Liebigs Ann. Chem.* 301 (1): 19-28.

20 Merzhanov, A. G. and Rumanov, E. N. (1999). Physics of reaction waves. *Rev. Mod. Phys.* 71 (4): 1173-1211.

21 Filonenko, A. K. and Barzykin, V. V. (1996). The effect of density on the limits and regularities of spin combustion of titanium in nitrogen. *Combust. Explos. Shock Waves* 32 (1): 45-49.

22 Mukasyan, A. S., Vadchenko, S. G., and Khomenko, I. O. (1997). Combustion modes in the titanium-nitrogen system at low nitrogen pressures. *Combust. Flame* 111 (1-2): 65-72.

23 Strunina, A. G., Dvoryankin, A. V., and Merzhanov, A. G. (1983). Unstable regimes of ther-

mite system combustion. *Combust. Explos. Shock Waves* 19 (2): 158-163.

24 Anselmi-Tamburini, U. and Munir, Z. A. (1989). The propagation of a solid-state combustion wave in Ni-Al foils. *J. Appl. Phys.* 66 (10): 5039-5045.

25 Rogachev, A. S., Grigoryan, A. É., and Illarionova, E. V. (2004). Gasless combustion of Ti-Al bimetallic multilayer nanofoils. *Combust. Explos. Shock Waves* 40 (2): 166-171.

26 Braeuer, J. and Gessner, T. (2014). A hermetic and room-temperature wafer bonding technique based on integrated reactive multilayer systems. *J. Micromech. Microeng.* 24 (11): 1-9.

27 Ma, E., Thompson, C. V., Clevenger, L. A., and Tu, K. N. (1990). Self-propagating explosive reactions in Al/Ni multilayer thin films. *Appl. Phys. Lett.* 57 (12): 1262-1264.

28 Wang, J., Besnoin, E., Knio, O. M., and Weihs, T. P. (2004). Investigating the effect of applied pressure on reactive multilayer foil joining. *Acta Mater.* 52 (18): 5265-5274.

29 Wang, J., Besnoin, E., and Duckham, A. (2004). Joining of stainless-steel specimens with nanostructured Al/Ni foils. *J. Appl. Phys.* 95 (1): 248-256.

30 Long, Z., Dai, B., Tan, S. et al. (2017). Transient liquid phase bonding of copper and ceramic Al_2O_3 by Al/Ni nano multilayers. *Ceram. Int.* 43 (18): 17000-17004.

31 Spies, I., Schumacher, A., Knappmann, S. et al. (2018). Reactive joining of sensitive materials for MEMS devices: characterization of joint quality. Smart Systems Integration 2018: International Conference and Exhibition on Integration Issues of Miniaturized Systems, Vol. 12, 79-84.

32 Braeuer, J., Besser, J., and Tomoscheit, E. (2013). Investigation of different nano scale energetic material systems for reactive wafer bonding. *ECS Trans.* 50 (7): 241-251.

33 Braeuer, J., Besser, J., Wiemer, M., and Gessner, T. (2011). Room-temperature reactive bonding by using nano scale multilayer systems. *Transducers* 11: 1332-1335.

34 Reiss, M. E., Esber, C. M., Van Heerden, D. et al. (2002). Self-propagating formation reactions in Nb/Si multilayers. *Mater. Sci. Eng.* A 261 (1-2): 217-222.

35 Hertel, S., Schröder, T. J., Wünsch, D. et al. (2016). Elektrochemische Abscheidung von Aluminium und Palladium aus ionischen Flüssigkeiten für das reaktive Waferbonden. *Eugen G. Leuze Verlag, Jahrb. Oberflächentechnik* 72: 119-131.

36 Braeuer, J., Besser, J., and Hertel, S. (2014). Reactive bonding with integrated reactive and nano scale energetic material systems (iRMS): state-of-the-art and future development trends. *ECS Trans.* 64 (5): 329-337.

37 Yan, Y. Y., Gao, N., and Barthlott, W. (2011). Mimicking natural superhydrophobic surfaces and grasping the wetting process: a review on recent progress in preparing superhydrophobic surfaces. *Adv. Colloid Interface Sci.* 169 (2): 80-105.

38 Barthlott, W., Schimmel, T., and Wiersch, S. (2010). The salvinia paradox: superhydrophobic surfaces with hydrophilic pins for air retention under water. *Adv. Mater.* 22 (21): 2325-2328.

39 Picard, Y. N., Adams, D. P., Palmer, J. A., and Yalisove, S. M. (2006). Pulsed laser ignition of reactive multilayer films. *Appl. Phys. Lett.* 88 (14): 2004-2007.

40 Knechtel, R. (2005). Glass frit bonding: an universal technology for wafer level encapsulation and packaging. *Microsyst. Technol.* 12 (1-2): 63-68.

41 Vogel, K., Baum, M., Roscher, F. et al. (2014). Improvement of copper bonding by analyzing the mechanical properties of the bond interface. *Smart Syst. Integr. Micro-Nanotech.* XVIII: 529-536.

第15章 聚合物键合

Xiaojing Wang[1,2], and Frank Niklaus[2]

[1]Advanced Interdisciplinary Technology Research Center, National Innovation Institute of Defense Technology, 53 Dongda Street, 100071, Beijing, China

[2]Division of Micro and Nanosystems (MST), Department of Intelligent Systems (IS), School of Electrical Engineering and Computer Science (EECS), KTH Royal Institute of Technology, Malvinas väg 10, SE-100 44, Stockholm, Sweden

15.1 引言

聚合物键合，也称为黏合剂键合，采用中间聚合物层作为键合材料来连接两个基底（例如晶圆）的表面。聚合物键合在半导体工业中被广泛采用，例如晶圆堆叠以形成三维（3D）集成电路（IC）[1-3]和 CMOS 成像系统[4,5]以及 MEMS 与 IC[3,6-13]的异质集成；在光子学的异质集成中，例如具有硅基波导和 IC 的晶圆上的Ⅲ-Ⅴ族化合物材料[14,15]；以及制造太阳能电池[16]和激光系统[17]。聚合物键合还广泛用于薄晶圆处理，通过临时键合薄晶圆来处理晶圆，从而辅助研磨和刻蚀工艺[18]，以及制造基底通孔（TSV）[19]。此外，黏合剂键合可用于 CMOS 成像传感器的封装[20,21]，制造射频（RF）MEMS 器件[22,23]，硅上液晶（LCoS）组件的制造[24]，MEMS、表面声波（SAW）滤波器和 CMOS 成像器件的封装[25-29]，以及制造生物 MEMS 和微全分析系统（μTAS）[30]。聚合物黏合剂键合还使二维（2D）材料［包括石墨烯、六方氮化硼（hBN）和二硫化钼（MoS_2）］从其特定的生长基底集成到标准半导体基底上取得了最新进展[31-33]。

典型的聚合物晶圆键合过程始于在一个或两个待键合的晶圆表面上涂覆一层良好的聚合物层。在连接两个晶圆表面后，通常向晶圆叠层上施加压力和热量，以诱导晶圆表面之间紧密接触。最后，聚合物键合是通过扩散，或通过在晶圆界面上全部或部分回流聚合物，并将聚合物层从液态或黏弹性状态转变为固态而形成的。引发聚合物相变的机制取决于聚合物类型（例如热塑性或热固性聚合物），例如，可以通过加热和冷却（热塑性聚合物）使聚合物熔融和固化，或通过加热（热固性聚合物）使聚合物热定型（交联）而引发[6,34-36]。

聚合物晶圆键合具有许多优点，如对被键合的晶圆表面的平整度和粗糙度要求不高，相对较低的键合温度（20~450℃，取决于所使用的聚合物黏合剂），与标准 CMOS 晶圆的兼容性，以及可连接的晶圆材料的无限选择。由于聚合物层可以在一定程度上容忍和适应晶圆表面的形貌变化和颗粒，因此不需要特殊的晶圆表面处理，例如平坦化或过度清洁。尽管聚合物晶圆键合相对简单、坚固且成本低，但因为要求形成聚合物键合的温度可靠性、长期稳定性或气密性，使它的应用受到了限制[6,34-37]。

15.2 聚合物晶圆键合材料

15.2.1 聚合物的黏附机理

与大多数键合技术类似，聚合物-晶圆键合利用了分子之间充分紧密接触时的吸引力。不同的分子可以通过不同的分子间相互作用而相互结合：（i）共价键；（ii）离子键；（iii）偶极-偶极相互作用，包括氢键；（iv）范德瓦耳斯互作用。所有这些相互作用都基于电磁力，但具有不同的能量含量，如表15.1中所示[35,36]。不同键型（共价键和典型偶极-偶极相互作用）的近似能量随原子间距变化的函数如图15.1所示。共价键和范德瓦耳斯键只有在原子间距离约低于0.3～0.5nm时才能形成。键能取决于所涉及的表面材料（分子类型）和原子间距离，但没有一个分子间键延伸超过约0.5nm的距离。因此，为了实现两个表面（例如晶圆表面和聚合物表面）之间的键合，必须使表面充分紧密地接触。宏观宽大晶圆表面的典型表面粗糙度，例如抛光硅（Si）晶圆的表面粗糙度，在0.3～1nm［均方根粗糙度（RMS）］范围内，这些表面的峰谷深度约为几纳米。如图15.2（a）所示，当接触时，这种尺寸会在晶圆表面之间产生较大的间隙，从而阻碍在较大表面区域上形成原子间键。

表 15.1 不同键的近似能量比较[35,36]

来源：Nobel and Niklaus[35,36]

键型	能量含量/kJ·mol^{-1}
共价键	563～710
离子键	590～1050
偶极-偶极相互作用： 　含氟氢键 　不含氟氢键 　其他偶极-偶极键	 <42 10～26 4～21
范德瓦尔斯互作用	2～4

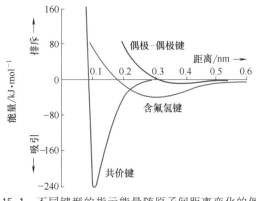

图 15.1 不同键型的指示能量随原子间距离变化的例子

来源：Nobel and Niklaus[35,36]

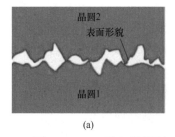

(a)

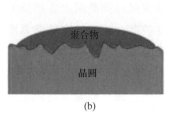

(b)

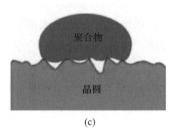

(c)

图 15.2 （a）两个宏观平坦的固体表面接触界面的特写示意图；（b）固体表面与润湿表面的液体（如聚合物）的边界层；（c）固体表面与未润湿表面的液体（如聚合物）的边界层

来源：Niklaus et al.[6]，Ramm et al.[34]，Niklaus[36]

为了实现两个表面之间能紧密地接触，两个表面中的至少一个必须塑性或弹性变形以适应第二表面的表面形貌。这可以通过施加压力导致的塑性或弹性表面变形、通过升高温度引起的聚合物分子的固态扩散或通过用液体材料（例如聚合物）润湿表面来实现。在聚合物晶圆键合中，中间聚合物黏合剂通常变形并适应待键合晶圆的表面形貌。这可能涉及用液体/黏弹性聚合物润湿晶圆表面［图 15.2（b）］和由于施加到晶圆堆叠的键合压力而使固体/黏弹性聚合物层变形。

具体而言，在大多数聚合物晶圆键合方法中，将聚合物黏合剂涂覆在待键合的一个或两个晶圆表面上，从而在晶圆表面的分子和聚合物之间形成键（假设聚合物可以润湿晶圆表面）。对于晶圆键合，具有中间聚合物层（涂覆在一个或两个晶圆表面上）的两个晶圆表面紧密接触。在聚合物晶圆键合过程中，通常将聚合物设置为液相或半液相（例如，通过加热晶圆叠层），并因此通过流入（或压入）匹配表面的槽中来湿润要键合的两个表面。然后，聚合物黏合剂硬化（通过从晶圆堆叠中除去热量）成固体聚合物，在分子之间形成永久键，从而将表面固定在一起。聚合物对表面的润湿对于在聚合物和表面之间形成强键是至关重要的。液体或半液体聚合物对表面的润湿性取决于表面材料和所涉及的聚合物，即确保用液体或半液体材料润湿表面，如图 15.2（b）所示，并且固体表面必须具有更高的润湿性，表面能大于液体。图 15.2（c）显示了一个反例，其中没有液体润湿固体表面。表面能和润湿性的详细讨论可以在参考文献［38］中找到。液体聚合物对表面的润湿性会受到表面污染物（例如弱吸附有机物）、颗粒、水分和微观表面形貌的强烈影响。清洁和无污染的表面可以提高表面的润湿性，并且可以通过使用溶剂、氧化剂、强酸或碱的专用清洁工艺来实现。此外，用黏合促进剂进行表面预处理可以显著提高表面的润湿性。黏合促进剂通常涂在表面上，以形成一些单层厚表面官能化，它们能结合到晶圆表面并增强表面与聚合物的润湿性，最终可以提高晶圆表面和聚合物之间的结合强度。根据使用的晶圆表面材料和聚合物的组合，可以使用特定的黏合促进剂。当聚合物完全地填充晶圆表面形貌的凹槽时，通常会产生高黏合强度和长期黏合稳定性。因此，适用于晶圆键合的聚合物通常具有晶圆表面材料的良好润湿性和聚合物硬化（或回流）期间的低收缩率，以最小化键合界面处的未填充空间。键合界面处的未填充空间可能由固化过程中的聚合物收缩引起，会降低晶圆键合质量或影响键合的长期稳定性，因为水和气体分子会在这些纳米级通道中扩散[38]。

15.2.2 用于晶圆键合的聚合物性能

聚合物由大分子组成，大分子又由许多重复的亚基（单体）组成，它们通过共价键结合形成聚合物链或网络。存在大量不同类型的聚合物，它们具有不同的特性[39]。聚合物一般可分为四大类：（i）热塑性聚合物，（ii）热固性聚合物，（iii）弹性聚合物，（iv）杂化聚合物。热塑性塑料可以在加热到特定温度时熔化并通过冷却再次固化来重塑。热固性聚合物包含聚合物链的 3D 交联网络，不能重熔或重塑。然而，在完全聚合（交联成聚合物网络）之前，当第一次加热到高温以引发交联时，它们通常会经历半液相或液相。交联反应也可以通过加热以外的其他机制启动，例如两种聚合物组分的混合或暴露在紫外线（UV）下。弹性体具有在相对较低的诱导应力下承受较大变形的能力。在外部应力释放后，它们可以恢复到原来的几何形状，而不会破裂。杂化聚合物属于上述三类聚合物的混合物，与单个组分相比，它们具有不同的性质。原则上，这四种聚合物都可以用作连接晶圆的黏合剂[6,38]。

如前所述，在晶圆键合期间，中间聚合物通常存在半液相或液相，其中聚合物重新折叠/变形/溶解，从而在聚合物和晶圆表面分子之间充分紧密接触以形成键合。然后，聚合物变硬并转化为固体材料，以产生永久可靠的结合。发生这种聚合物相变的三种常见方式如下[6,35]：

① 溶解在溶剂中的聚合物在溶剂蒸发后变硬。这种聚合物黏合剂也叫物理干燥黏合剂。

② 热塑性聚合物可以通过加热熔化。当冷却到聚合物的熔化温度时，它们就会凝固，并且可以在不改变聚合物性能的情况下重复熔化过程。这种聚合物黏合剂也叫热熔剂。

③ 热固性聚合物在聚合物前体交联（聚合）形成聚合物网络之前或期间从液体或黏弹性状态转变。聚合物前体可以在室温下处于液相中（如树脂），也可以在交联过程中从固相转变为液相/黏弹相。对于不同的热固性聚合物，交联过程可以通过不同的机制（即引入活化能的方式）来启动：

热固化（例如许多热固性环氧树脂/聚合物）；

两种或两种以上成分的混合（例如双组分环氧树脂/聚合物）；

光照明（如 UV 固化黏合剂/聚合物）；

水分的存在（例如一些聚氨酯和氰基丙烯酸酯）；

无氧（如厌氧黏合剂/聚合物）。

还有一些聚合物可以通过两种或几种上述机制的组合来硬化和固化。例如，基于溶剂的热固性聚合物（例如 B 阶段环氧树脂）涉及聚合物前体的溶剂的蒸发和聚合物前体的随后交联（例如通过加热）。因此，溶剂的使用满足聚合物前体的黏度对特定的回流和涂层要求。另一个例子是在紫外线照射下，通过光照引发双组分聚合物的交联过程，即使在去除紫外线照射后仍会继续交联。

原则上，大多数类型的聚合物都可用于晶圆键合，有各种各样的商用聚合物黏合剂，它们经过特殊调整的材料特性[6,39]。在晶圆键合应用过程中选择聚合物时，必须根据应用要求考虑聚合物的机械和环境稳定性。当暴露于外部负载时，聚合物通常会在一定程度上遭受机械蠕变影响。蠕变的程度受环境温度、负载下的时间段和使用的聚合物材料的影响[35,39]。聚合物也可能受到环境压力的影响，例如化学物质、辐射（紫外线和伽马辐射）、温度和生物变质，这些都会导致聚合物的变化。还应注意，聚合物对水和气体具有渗透性。聚合物对气体的渗透性通常比玻璃和金属高几个数量级，如图 15.3 所示[37]。由于具有小尺寸（约 0.1～0.2nm）的气体分子可以通过聚合物分子之间的自由空间扩散，因此聚合物对气体和水分的渗透性要高得多。由于这个原因，通过使用聚合物晶圆键合来形成密封腔或封装是不容易的。

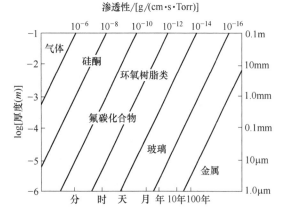

图 15.3　水分在各种材料内部渗透的大致时间尺度（材料对 H_2O 分子的渗透性）

来源：Traeger[37]．©1976 IEEE

为特定晶圆键合应用选择聚合物时，聚合物的温度稳定性尤为重要。通常，聚合物在其聚合物特定的玻璃化转变温度下从硬状态（玻璃态）转变为黏性或橡胶状状态，并且它们通常在低于其玻璃化转变温度下操作。典型的热塑性聚合物的工作温度高达 200～300℃，其低温状态下易碎。它们在加热时会在很大程度上伸长和变形，直到在较高温度下达到黏性状态。它们通常具有良好的剥离强度、较差的抗蠕变性，以及根据特定聚合物的不同而变化的耐化学性[35,39]。热固性聚合物通常具有高达 300～450℃ 的工作温度。它们通常比热塑性聚合物更坚硬，并具有良好的耐化学性、抗蠕变性和良好的剥离强度。当完全交联时，热固性聚合物不能再回流，而是继续软化。在更高的温度下，它们开始降解和分解[35,39]。弹性聚合物的有效温度范围在 260℃ 左右。它们具有高剥离强度（但整体强度低）、高柔韧性和不同的耐化学性[35,39]。混合聚合物是其他类型聚合物性能的平衡组合。一些高性能杂化聚合物可以在高达 760℃ 的温度下短时间工作［例如聚苯并咪唑（PBI）][40]，而一些可能具有相对较低的水分渗透性［例如液晶聚合物（LCP）］，使得它们适用于苛刻的应用中[35,39]。

15.2.3　用于晶圆键合的聚合物

在为晶圆键合应用选择合适的聚合物黏合剂时，需要考虑几个方面。例如，聚合物必须与所涉及的晶圆材料（包括沉积在晶圆上的材料和器件）以及与键合后的键合晶圆叠层将经受的加工步骤相容。这就要求聚合物必须具有足够的机械强度、耐化学性和热稳定性，才能经受住不同化学品、气体气氛和温度的半导体与 MEMS 加工步骤。尤其是对于形成永久键并且聚合物在器件使用寿命期间仍作为功能材料的应用，聚合物的化学稳定性和老化性能至关重要。相反，对于聚合物用于临时晶圆键合的应用，作为晶圆制造的中间步骤（例如用于薄晶圆处理），聚合物的长期稳定性并不一定重要，但重要的是可以去除聚合物，而不会在晶圆表面留下任何聚合物残留物。举一个例子，如果聚合物晶圆键合用于芯片实验室和生物医学应用，则用于制造器件的聚合物通常应具有化学惰性和生物相容性。

如表 15.2 所示，已经研究了大量用于聚合物晶圆键合应用的聚合物。这些聚合物具有不同的回流和硬化原理，如交联和 UV 固化（热固性）及加热软化（热塑性），如本章前面所述。许多聚合物可从供应商处购得，例如美国的 Brewer Science（例如 WaferBOND）、瑞士的 Gersteltec Engineering Solutions（例如 SU8）、美国的陶氏化学公司［例如 BCB（Cyclotene）］、美国的 3M 公司（例如 LC 系列 UV 固化黏合剂）以及更多供应商。

表 15.2　已提出用于胶片键合的聚合物

来源：Adapted from Ramm et al.[34]，Niklaus[36]

聚合物黏合剂	特征	参考文献
环氧树脂类	• 热固性聚合物 • 热固化或双组分固化 • 坚固且化学性质稳定	[6,34,36,41,42]
紫外环氧树脂(如 SU8)	• 热固性聚合物 • 紫外固化(其中一种基材必须对紫外线透明)或紫外线引发的固化 • 坚固且化学性质稳定 • 适用于带图案聚合物层的局部键合	[6,21,34,36]

续表

聚合物黏合剂	特征	参考文献
纳米压印光刻胶	• 热固性聚合物（可选 UV 固化）和热塑性聚合物 • 优化了微纳米表面结构周围的良好再抛光，因此通常适用于晶圆键合	[6,9,10,34,36,43]
正性光刻胶	• 典型的热塑性聚合物 • 典型的弱晶圆键 • 对于某些光刻胶，键合界面可能会形成空洞 • 适用于带图案聚合物层的局部键合	[6,34,36,43]
负性光刻胶	• 典型的热固性聚合物 • 热固化和/或 UV 固化 • 典型的弱晶圆键 • 适用于带图案聚合物层的局部键合	[6,34,36,43]
苯并环丁烯（BCB）	• 热固性聚合物 • 热固化或 UV 固化（光敏 BCB） • 无缺陷、非常牢固、化学和热稳定的晶圆键 • 适用于带图案聚合物层的局部键合	[2,3,6,8,12,14,15,27-29, 31-34,36,44]
聚甲基丙烯酸甲酯（PMMA）	• 热塑性聚合物	[6,45-47]
聚二甲基硅氧烷（PDMS）	• 弹性体聚合物 • 热固化 • 典型的等离子体激活键合 • 生物相容性	[6,48]
氟聚合物（例如 Teflon、Flare）	• 可提供热固性聚合物和热塑性聚合物 • 化学性质非常稳定的键 • 适用于带图案聚合物层的局部键合	[6,49]
聚酰亚胺	• 可提供热固性聚合物和热塑性聚合物 • 重要的是，对于许多聚酰亚胺来说，在酰亚胺化过程中会产生水作为副产品，这可能会导致键合界面处出现空隙 • 优异的温度稳定性 • 适用于带图案聚合物层的局部键合	[6,11,44]
聚醚醚酮（PEEK）	• 热塑性聚合物 • 良好的温度稳定性	[6,50]
热固性共聚酯（例如 ATSP）	• 热固性聚合物	[6,51]
热塑性共聚物（例如 PVDC）	• 热塑性聚合物 • 良好的气体屏障	[6,52]
聚对二甲苯基	• 热塑性聚合物 • 适用于带图案聚合物层的局部键合	[6,53,54]
液晶聚合物（LCP）	• 热塑性聚合物 • 良好的防潮性能	[6,55]
石蜡	• 热塑性材料 • 低热稳定性 • 通常用于临时晶圆键合	[6,56,57]

重要的是，在键合过程中放气、产生副产物或涉及溶剂蒸发的聚合物通常不适合标准晶圆键合应用[6,44]。例如，在许多聚酰亚胺涂层的固化（酰亚胺化）过程中，会产生水蒸气作为酰亚胺化的副产品[6,44]。出现问题的原因是典型的半导体或玻璃晶圆不能渗透（或多

孔）气体和液体，因此产生的挥发性物质会被困在晶圆之间，从而导致空洞和严重的键合可靠性问题。此类聚合物仅在特殊情况下才可用于晶圆键合，其中要键合的两个晶圆中至少一个是可渗透气体[46,47]，因此在连接待键合的晶圆之前，挥发性物质（例如溶剂）完成蒸发，或者黏合区域包含通风通道，允许产生的挥发性物质逸出[58]。

在高温下固化或回流的热固性和热塑性聚合物（例如高达 250℃，取决于聚合物类型）通常适用于黏合由相同材料或具有相似热膨胀系数（CTE）的材料组成的晶圆。由 CTE 差异很大材料组成并且在高温下键合的晶圆，所产生的键合晶圆堆叠可能包含热机械应变，并且在冷却至室温后会强烈弯曲。这是因为在高温下，具有较高 CTE 材料的晶圆比具有较低 CTE 材料的晶圆膨胀更多，并且在冷却后收缩更多。这会在键合的晶圆堆叠中产生应力，甚至会在晶圆键合过程中导致晶圆开裂。室温或接近室温的晶圆键合可以避免此类热应力问题，这需要使用室温固化聚合物，如双组分或 UV 固化环氧树脂[6]。

特别是在与热固性聚合物的晶圆键合中，键合前聚合物的交联水平对于聚合物的回流能力和实现良好的晶圆键合结果至关重要。要了解和优化用于晶圆键合工艺的聚合物制备，观察热固性聚合物的温度和时间依赖性黏度（回流能力）和交联性能会很有意义。例如图 15.4 显示了 B 阶段热固性聚合物苯并环丁烯（BCB）的特性，它是一种交联聚合物，在交联（固化）过程中黏度随温度变化。这允许在固化过程中聚合物在短时间内进行一定程度的回流，直到聚合物链的交联完成，之后聚合物就不能回流。在 BCB 的例子中，在 170～190℃ 左右达到 1000P❶ 的最低黏度。然而，一旦聚合物的交联度发生变化，黏度对温度的依赖性也将永久改变，相反热塑性聚合物，即使在重复热循环后，其黏度仍随温度变化。热固性聚合物（如 BCB）通常作为液体聚合物前体提供，其具有预设的初始交联水平，例如 20%～50%（干法刻蚀 BCB 约为 35%）。进一步增加 BCB 前体的交联百分比作为固化温度

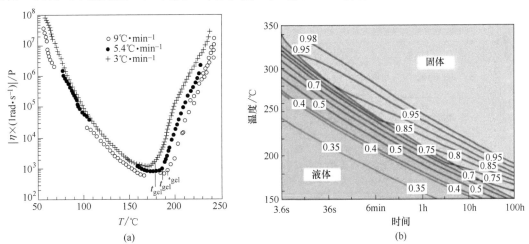

图 15.4 （a）热固性聚合物（BCB）的黏度与固化过程中 3 种不同升温速度的温度；
（b）热固性聚合物（BCB）的交联百分比（作为固化温度和时间的函数）

来源：Niklaus et al.[3]。ⓒ2006 IOP Publishing

---

❶ $1P = 10^{-1} Pa \cdot s$。

和时间的函数，如图 15.4（b）所示。例如，交联度从最初的 35% 提高到约 43%，这是通过在 190℃ 的固化温度下预固化 30min 实现的。

15.3 聚合物晶圆键合技术

为了达到高质量晶圆键合结果和卓越的可重复性，对于所使用的聚合物键合材料，必须精确控制晶圆键合工艺参数，包括键合压力、键合时间、环境气体压力和温度梯度。不同键合参数对最终键合质量产生影响，例如在本节中定性地介绍了在键合界面处形成的缺陷。我们还介绍了典型聚合物晶圆键合的工艺方法。

15.3.1 聚合物晶圆键合中的工艺参数

可以使用标准的商业晶圆键合设备或热压机来执行晶圆与中间聚合物层的键合。标准晶圆键合机的主要组件是一个气氛可控的键合室，两个键合卡盘——用于对放置在键合卡盘之间的晶圆堆施加力和热量，以及用于处理和转移晶圆进出键合室的晶圆夹具。键合夹头通常是由硬质材料制成的厚板，例如金属或碳化硅。为了实现晶圆堆叠上的键合压力分布更均匀并避免压力集中点，例如，这些可能由键合卡盘上的颗粒引起，软片（例如石墨或硅树脂）可以放置在键合卡盘和晶圆堆之间。表 15.3 列出了使用中间热塑性或热固性聚合物进行晶圆键合工艺的基本步骤的详细信息。

表 15.3 聚合物晶圆键合的基本工艺步骤

来源：Niklaus et al.[6]，Ramm et al.[34]

序号	工艺步骤	工艺步骤的目的
1	晶圆的清洁和干燥	通过超声波或旋转清洗等方法去除晶圆表面的颗粒、污染物和水分
2	可选：在晶圆上涂覆黏合促进剂	增强晶圆表面和聚合物之间的黏合力
3	在一个或两个晶圆的表面涂覆聚合物。可选：聚合物的图案化	将聚合物涂敷在晶圆表面。这可以通过旋涂、丝网印刷、喷涂等方式完成 关于可选的聚合物图案化，请参见 15.3.2 节
4	聚合物的软烘焙或部分交联	去除涂层聚合物中的溶剂和挥发性物质。热固性黏合剂不应完全交联以保持可变形和可黏合（见图 15.4）
5	将晶圆放置在键合室中。可选：建立低压气氛并在键合室内连接晶圆	低压环境是为了防止空隙和气体被困在键合界面。或者，只要在键合开始之前将截留的气体从键合界面抽离，就可以在加入晶圆后建立低压大气
6	使用键合卡盘向晶圆堆施加键合压力	迫使晶圆和聚合物表面在整个晶圆上紧密接触。对于热固性聚合物，应在聚合物交联之前施加键合压力 对于热塑性聚合物，可在达到聚合物再结晶温度之前或之后施加键合压力
7	通过顶部和底部键合卡盘加热晶圆堆	引发聚合物的软化、再结晶或交联。如果选择室温固化聚合物，交联可能在室温或接近室温时发生
8	将键合卡盘冷却至室温附近，释放键合压力，并清洗密封室	最后确定键合过程。冷却、键合力释放和腔室清洗的顺序通常是可互换的。然而，对于热塑性聚合物，在冷却之前不应完全释放键合压力，以确保聚合物在键合力释放之前固化

有不同的方法将聚合物涂覆在晶圆表面上。$0.1\sim100\mu m$ 的典型聚合物涂层厚度可用于微电子和 MEMS 中的晶圆键合[6,58]。液体聚合物前体的旋涂是实现高度均匀和受控的厚度以及涂覆聚合物的光滑表面的普遍方法。在涂层和键合过程中,聚合物可以在一定程度上补偿晶圆表面的形貌变化[6]。更均匀的晶圆表面降低了聚合物的回流能力,以实现待键合表面之间的良好接触,因此这可能有利于改善键合质量控制。用于沉积聚合物涂层的替代方法包括电沉积、冲压、丝网印刷、刷涂和分配液态聚合物前体[6]。然而,使用这些方法,对于宽大的晶圆表面上聚合物涂层的均匀性通常不如旋涂方法。此外,化学气相沉积(CVD)和原子层沉积(ALD)工艺也可用于在晶圆表面上涂覆聚合物[6],但它们需要专用的加工设备。另一种涂覆聚合物的间接方法是在晶圆表面上层压聚合物薄膜或薄片[6]。

最终聚合物晶圆键合的质量受不同因素的影响。这些因素包括聚合物特性(例如,在键合过程中的回流能力和黏弹性行为)、晶圆表面形貌、晶圆表面颗粒的尺寸和数量、聚合物黏合剂层厚度、晶圆键合工艺参数(键合压力、时间、温度和温度斜坡曲线)和晶圆刚度。这些参数的重要性和影响总结在表 15.4 中。

表 15.4 各种聚合物晶圆键合参数对最终键合的影响

来源:Niklaus et al.[6],Ramm et al.[34]

参数	对最终键合的相关性和影响	重要性
聚合物性能	聚合物、相关溶剂的相容性,以及与晶圆材料的键合温度 聚合物充分润湿晶圆表面材料 晶圆表面材料和聚合物之间的充分黏合 在键合过程中,聚合物交联过程不会产生气体或挥发性副产物,以避免在键合界面截留空隙 如果至少有一个晶圆可渗透气体,或者如果在键合界面处加入了通风通道,则聚合物脱气是可以的 中间聚合物层必须回流或塑性变形,以适应键合期间的晶圆表面形貌。这可以通过加热热塑性聚合物或通过交联热固性聚合物前体来实现 聚合物如果处于非常低的黏性阶段,往往会从高键压力区域流向低键压力区域。这可能导致键合界面处聚合物层的厚度发生重大变化。这种影响可以通过在加热和键合过程中控制/优化聚合物的黏度来抵消	非常强
键合界面上颗粒的数量和大小	晶圆表面和键合界面上的颗粒会导致颗粒周围出现圆形未键合区域。在某种程度上,大小与聚合物层厚度相当的小颗粒可能嵌入聚合物中,而不一定会形成未键合区域	强
晶圆表面形貌	如果晶圆表面形貌比聚合物层厚度高,则可能会产生未键合区域 平面化聚合物沉积工艺(如旋涂)可以对晶圆表面形貌产生平面化效应,因此可以减少未键合区域的倾向 在键合过程中具有强回流能力(即获得极低黏性相)的聚合物可以在一定程度上补偿晶圆表面形貌	强
聚合物层厚度	与晶圆表面形貌相比,厚的聚合物层可以减少空洞形成或未键合区域的趋势,这是由于更强的平坦化和回流效应。非常薄的聚合物层在较小程度上补偿了键合界面的表面形貌、不均匀性和颗粒 由于较厚聚合物层的黏弹性变形能力增强,较厚的聚合物在一定程度上可以减轻键合晶圆之间热膨胀失配引起的应力	强
键合压力(用键合卡盘施加的力除以键合面积)	键合压力导致聚合物层和晶圆变形,从而通过补偿晶圆表面形貌和晶圆厚度的不均匀性使表面紧密接触。键合压力通常对减少孔隙形成有显著影响,并且可以相对灵活的方式进行调整,即增加键合压力通常会减少键合界面处的孔隙和缺陷数量 由于晶圆上产生的高应力,过高的键合压力可能会导致晶圆开裂。软板(例如石墨或硅泡沫板)可放置在晶圆叠层和键合卡盘之间,以更均匀地分布晶圆上的键合压力,从而降低应力集中点和导致晶圆开裂的风险	非常强

续表

参数	对最终键合的相关性和影响	重要性
温度梯度曲线和键合温度	键合温度和温度变化曲线必须根据所选聚合物进行调整 对于热固性聚合物，结合固化时间的键合和固化温度必须足够高，以使聚合物实现足够的交联[与图 15.4(b)相比]。聚合物的低黏度状态通常发生在低于交联温度的温度下。因此，可在聚合物回流温度下引入晶圆保持温度和力，以允许聚合物在完全交联之前充分回流[与图 15.4(a)相比] 对于热塑性聚合物，键合温度必须使聚合物的黏度足够低，以确保在键合界面处回流。热塑性聚合物的回流能力（黏度）可以在一定程度上通过键合温度进行调节 对于使用热膨胀系数非常不同的材料键合两个不同的晶圆，较低的键合温度和/或非常缓慢的加热和冷却循环可以降低热应力和晶圆开裂的风险	强/中等
键合时间	键合时间和键合温度对聚合物在键合界面的回流和再分布行为有影响。键合时间太短可能会导致晶圆叠层受热不均匀和/或导致键合界面处形成空洞 对于热固性聚合物，可通过选择合适的键合时间和键合温度组合来控制聚合物的交联程度[见图 15.4(b)]	强/中等
晶圆键合开始前键合室中的气压	在连接晶圆表面之前，键合室中低于 100mbar 的气体压力通常足以避免键合界面处的气穴 在连接晶圆表面之后，但在晶圆接合之前，泵出捕获的气体也是可能的。在这种情况下，可以在键合室中建立低压气氛之前连接晶圆	中等
晶圆硬度	由于给定的键合压力，较薄的晶圆和由杨氏模量较低的材料制成的晶圆更容易弹性变形，因此可以更好地变形并适应晶圆厚度和表面形貌的不均匀性。这可以减少键合界面处的空洞形成	中等

由于此类聚合物在键合界面更容易回流和重新分布，因此在键合过程中获得低黏度的聚合物更容易实现高质量和无空隙键合。另一方面，聚合物的高回流能力会导致键合界面处聚合物层的厚度分布不均匀，因为此类聚合物倾向于从键合压力高的区域流向键合压力低的区域[3,6]。如果应在界面处获得高度均匀的聚合物层，且晶圆表面的形貌变化较小，则可使用具有低回流能力的聚合物。对于热塑性聚合物，这种均匀的中间键合层可以使用低于聚合物熔点的键合温度来实现。对于热定型聚合物，这可以通过使用部分交联聚合物来实现，而部分交联聚合物已经具有有限的回流能力[3,6]。图 15.5 显示了在两个晶圆键合中使用相同的热固性聚合物（BCB）的示例；然而，在键合之前聚合物的不同交联度导致不同的键合结果。这些图像显示了通过刻蚀牺牲去除顶部晶圆后的键合界面的俯视图。可以看出，尽管两种键合都是无空隙的，但键合前交联程度较低的聚合物（键合期间具有较低黏度）会导致键

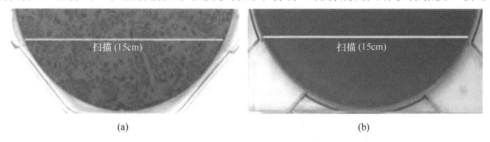

图 15.5 键合晶圆对，其中顶部晶圆已牺牲掉以暴露键合界面处的中间聚合物。(a) 键合前使用较少的交联热固性聚合物生成键合界面；(b) 键合前使用较多的交联热固性聚合物生成键合界面。(a) 中的条纹是由于键合界面处聚合物层的厚度变化引起的，这是由键合过程中聚合物重新分布造成的

来源：Niklaus et al.[3]. © 2006 IOP Publishing

合界面在键合后聚合物层的厚度会发生显著变化，如条纹所示［图 15.5（a）］。相反，键合前交联程度较高的聚合物在键合界面形成了更均匀的聚合物层［图 15.5（b）］。

聚合物在键合界面回流并适应两个晶圆表面形貌的能力可以通过为纳米压印工艺开发的模拟模型来描述，该模型描述了与晶圆键合非常相似的情况[6,43,59,60]。图 15.6 显示了结构周围纳米压印光刻胶随时间变化的回流行为，以及复制它们的两个接触基底（模板）上的空腔，这相当于两个聚合物键合晶圆界面的情况。因此，这些类型的模型也可用于定性预测聚合物晶圆键合中的表面形貌而形成的空洞。相关的模拟和实验表明，压印光刻胶对结构化表面的填充受表面空腔和结构的尺寸和纵横比的影响。在聚合物键合和纳米压印光刻中，受待复制表面特征影响的聚合物必须被输送到附近的沟槽和空腔。当聚合物没有充分回流并且沟槽和空腔没有完全填充时，就会形成空隙。如图 15.7[43,59,60] 所示，在聚合物键合实验中，依赖于沟槽和空腔的尺寸和深宽比的模拟聚合物键合行为存在一致性。微空洞倾向于在宽沟槽、高深宽比沟槽中形成，而不是在窄沟槽中形成。尽管这种类型的空隙通常不会损害整个聚合物晶圆键合的强度，但它们是不可取的。这些模拟模型还证实了表 15.4 中列出的一些参数对键合质量的影响，例如增加键合压力、延长聚合物回流的键合时间（或缓慢升温）、更厚的涂层聚合物层以及聚合物更高的回流能力，这增强了聚合物在表面形貌周围的流动和成型，从而降低了键合界面处形成空洞的风险。

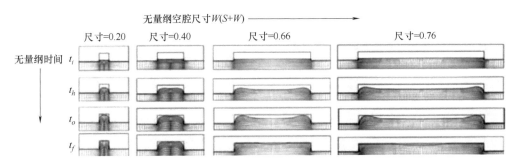

图 15.6　纳米压印过程中聚合物逐步流入不同深宽比表面空腔的模拟示例，也适用于聚合物晶圆键合。S 和 W 分别代表空腔间距和空腔半宽

来源：Rowland et al.[60]. © 2005 IOP Publishing

除了上述使用热固性或热塑性聚合物结合加热的晶圆键合方案外，使用可紫外固化的热固性聚合物进行聚合物键合也是一种常用的方法。紫外固化聚合物的主要优点是聚合物交联可以在室温内通过紫外线照射完成。因此，这种键合方案有利于接合由具有不同 CTE 的材料组成的晶圆。然而，在这些方案中，至少一个晶圆必须使紫外线能透过而引发交联。在这种情况下，应注意传统的晶圆键合设备通常不具备紫外曝光能力。

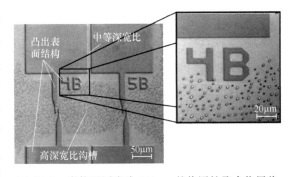

图 15.7　当使用厚度为 300nm 的热固性聚合物层将晶圆表面具有 50nm 凸出硅结构的晶圆与未图案化的硅片接合时，局部微孔形成。移除了顶部晶圆，以显示键合界面处的聚合物层

来源：Niklaus et al.[43]. © 2009 Elsevier

15.3.2 局部聚合物晶圆键合

在局部或选择性聚合物晶圆键合中,仅键合晶圆表面的预定部分,而不是将晶圆与连续(未图案化)聚合物层键合。这可以通过只在晶圆表面上涂覆聚合物来实现[6,27,36],通过使用只允许凸出的晶圆区域进行键合的结构化晶圆表面[29,34,36],通过对不需要的表面区域进行特殊处理来局部禁用晶圆表面的黏合度[61],或者通过在键合界面处结合局部加热以产生局部键合[6,62]。图 15.8 显示了实现与图案化聚合物层或结构化晶圆表面的局部键合的常见方案的四个概念示例。

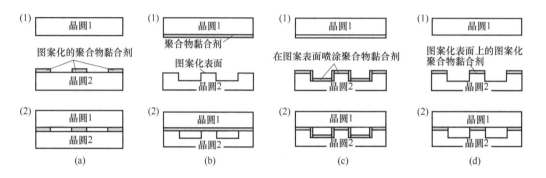

图 15.8 局部聚合物晶圆键合的例子。(a) 图案化聚合物层;(b) 图案化晶圆表面;
(c) 图案化晶圆表面喷涂聚合物;(d) 图案化晶圆表面上的图案化聚合物层
来源:Ramm et al.[34]. © 2011, John Wiley & Sons

例如,具有精确结构聚合物的图案化可以使用光刻技术来执行[6,27]。这些方案通常可以分为两种主要方法:即使用光刻定义的掩模刻蚀聚合物,以及使用光敏聚合物来形成聚合物的图案 [图 15.8 (a)][27]。还有一种方法是基于待键合晶圆表面的图案化,例如使用晶圆刻蚀或晶圆表面上的材料沉积,然后可以将聚合物涂覆在图案化表面和/或相对的键合表面上,例如,通过喷涂或转移压印以实现局部键合 [图 15.8 (c)、(d)][29]。

一般来说,局部聚合物晶圆键合的键合质量可能会受到键合参数的影响,键合参数类似于在 15.3.1 节中讨论的用独立的(未图案化)聚合物层的晶圆键合。然而,应该注意的是,在局部晶圆键合中,等效键合压力是由键合挡块引入晶圆叠层的键合力除以图案化键合面积(不是总晶圆面积)得出的。在局部晶圆键合中,聚合物必须具有适当的回流能力,既能保持聚合物层的预图案化形状,又能在纳米级上适应晶圆表面,以形成无空洞且稳定的键合。如果聚合物的回流能力太小,则可能导致聚合物变形不足而产生不完整的键合。另一方面,如果聚合物在键合过程中保持太低的黏度(太高的回流能力),则图案化聚合物层可能会失去其定义的图案,从而导致失去图案化结构和键合界面处聚合物层厚度的不可控[27]。对于使用光刻工艺图案化的聚合物 [见图 15.8 (a)],与具有未图案化聚合物层的晶圆键合工艺相比,晶圆键合的有用工艺窗口通常更窄,需要更多的工艺优化[27]。图 15.9 (a) 显示了一个带有预图案化聚合物层的局部聚合物晶圆键合的示例。在这里,用光刻模式的干法刻蚀BCB,将一块玻璃晶圆局部键合到一块硅晶圆上。通过玻璃晶圆可以观察到键合界面,图 15.9 (a) 中深色的区域表示键合区域,而浅色的区域表示未键合区域。相比之下,通过将保形聚合物涂层沉积在已经结构化晶圆表面上的方法可以获得具有更宽工艺窗口的局部聚合物晶圆键合，如横截面所示［图 15.9（b）］[29]。

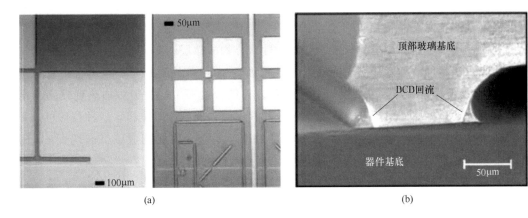

图 15.9 （a）如图 15.8（a）所示，使用光刻图案和刻蚀热固性聚合物黏合剂选择性地键合到硅片上的玻璃晶圆的俯视图，深色区域为键合区域，浅色区域为未键合区域；（b）在凸出表面结构上使用喷涂 BCB 层的局部键合横截面［根据图 15.8（c）］

来源：(a) Oberhammer et al.[27]，© 2003 Elsevier；(b) Bleiker et al.[29]. CC BY 4.0

除了光刻技术和喷涂之外，在晶圆表面上对聚合物层进行图案化的方法包括液体聚合物的丝网印刷、聚合物的压印和液体聚合物的局部分配。此外，预先图案化的聚合物片材可以层压在晶圆上[63]。聚合物片材的预图案化可以通过用激光或水射流冲孔或切割来完成。局部聚合物键合也可以与其他键合原理相结合，例如直接的金属对金属键合或焊料键合，以形成混合晶圆键合[2,34,64]。在这些方法中，一种键合类型（例如直接金属键合）所需的最低键合温度不应超过在键合界面处的聚合物键合最高温度。

15.4 聚合物晶圆键合中晶圆对晶圆的精确对准

对于许多晶圆键合应用，键合晶圆之间的对准精度至关重要。典型的晶圆对晶圆对准要求范围可以从亚微米精度到几十微米。为了实现两个晶圆的精确对准，已经在商用晶圆键合设备中实施了多种解决方案[6]，包括用于透明晶圆的光学显微镜、使用数码相机的背面对准、红外（IR）透射显微镜、带有光学显微镜的晶圆通孔、基底间显微镜和 Smartview© 方法。应该注意的是，在聚合物晶圆键合中，由于聚合物在键合过程中通常处于低黏性状态，因此在键合过程中保持晶圆与晶圆之间的精确对准是一个挑战。当键合卡盘向晶圆堆叠施加键合压力时，由于不可避免的剪切力，这可能导致键合晶圆间的相对位移。这种情况经常导致聚合物晶圆键合中晶圆之间键合后错位的增加。解决这问题的一种方法是在键合过程中使用相对较高黏度的聚合物，从而限制聚合物的回流和再分布[3]。例如，这可以通过使用在键合之前部分交联的热固性聚合物[3] 或通过使用热塑性聚合物与低于聚合物熔点的键合温度来实现。这些方法的局限性在于避免了在晶圆键合期间聚合物的完全回流，这也降低了键合工艺在键合界面处补偿晶圆表面形貌的能力。另一种方法是在晶圆表面加入不回流且未被晶圆表面聚合物覆盖的结构，如图 15.10（a）所示。在两个晶圆表面之间，这些结构起到摩擦作用，可以避免晶圆在键合过程中的相对移动[6,34,36,65]。金属、电介质或完全交联的热固性聚合物等材料可用于这些摩擦结构。第三种方法是在要键合的两个晶圆表面采用相应的互锁结构，防止两个晶圆相对移动，如图 15.10（b）所示。互锁结构可以通过将其刻蚀到晶圆表面或通过金属、介电材料或交联热固性聚合物的涂层和图案形成。这种互锁结构的自对准效应可以帮助亚微米晶圆对晶圆的对准精度[66]。应该注意的是，当键合由具有不同 CTE 的材料组成的晶圆时，也会引起对准误差。在键合过程中，晶圆对加热到较高的温度后，两片晶圆的差异膨胀引起的热失配将导致两片晶圆之间的相对位移，这种位移可以很容易达到几十微米的量级。因此，如果需要精确对准，要键合的晶圆应该具有匹配的 CTE，或者键合必须在室温或接近室温的温度下进行。

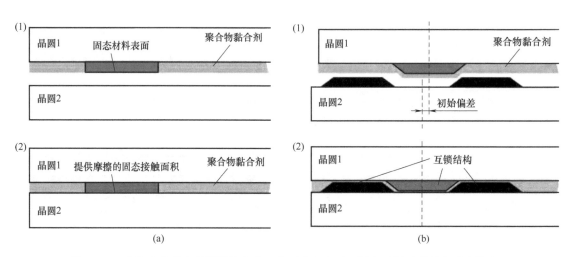

图 15.10 在聚合物黏合剂晶圆键合中，有两种方法可以提高晶圆对晶圆的对准精度：
（a）采用摩擦非回流结构；（b）采用晶圆表面的互锁对准结构
来源：Ramm et al.[34]. © 2011，John Wiley & Sons

15.5 聚合物晶圆键合工艺实例

在本节中，我们将介绍两种不同类型的聚合物的晶圆键合工艺实例，这两种聚合物通常用于晶圆键合（BCB 和纳米压印光刻胶）。这些键合工艺可以为开发更先进的聚合物晶圆键合工艺提供可能。对于特定应用，可以调整或更改键合参数。为了抵消键合界面处空洞的形成，只要不引起晶圆破裂，通常可以增加键合压力。在开发新的聚合物晶圆键合工艺时，在键合实验中使用玻璃晶圆是非常必要的，因为这种方法可以轻松地通过玻璃晶圆对键合缺陷（例如键合界面处的空隙）进行光学检查。

一种广泛用于聚合物晶圆键合的聚合物是干法刻蚀 BCB（美国陶氏化学公司），它是一种与半导体制造环境兼容的 B 阶段热固性聚合物。与 BCB 键合通常会产生无缺陷、牢固和永久的晶圆键合，这是由于 BCB 对各种溶剂和酸具有出色的耐化学性，并且在高达 300℃ 的温度下具有热稳定性。已经证明了对于聚合物晶圆与中间 BCB 层的键合，中间 BCB 层的厚度从 1μm 以下到 10μm 以上[6,7,44]。由于 BCB 具有出色的回流能力，使用 BCB 作为中间聚合物进行晶圆键合对晶圆表面的形貌和颗粒具有良好的耐受性，参见图 15.4（a）。干法刻蚀 BCB 通常以液体前体的形式提供，可以旋涂在晶圆表面上（可与黏合促进剂组合）。然后可以对旋涂的 BCB 层进行软烘焙（蒸发聚合物中的溶剂）并任选部分交联（固化）以调整涂层的回流能力，见图 15.4（b）。在晶圆键合前，软烘焙 BCB 涂层的晶圆可以在无颗粒环境中储存数周，而不影响键合质量。表 15.5 和图 15.11 分别显示了使用干法刻蚀 BCB 的晶圆制备流程和晶圆键合工艺的示例。

纳米压印光刻胶 mr-I 9000 系列（Micro Resist Technology GmbH，德国）是另一种 B 阶段热固性聚合物，适用于黏合剂晶圆键合，并与半导体制造环境兼容。这种聚合物适用于临时晶圆键合应用，其中键可以很容易地脱键，或者聚合物可以在键合后的步骤中进行牺牲性刻蚀，例如，使用氧等离子体刻蚀。已证明使用 mr-I 9000 系列聚合物的晶圆键合可用于 MEMS 和纳米机电系统（NEMS）与 IC 的异质集成[6,7,9,10]。晶圆键合中的中间聚合物的层厚为 0.3~5μm[7,22,58]。在某些条件下，生成的键可以承受大约 100~250℃ 的温度。使用 mr-I 9000 系列聚合物进行晶圆键合通常会产生无空隙且均匀的键合。与 BCB 类似，具有软烘焙 mr-I 9000 聚合物涂层的晶圆可以在晶圆键合工艺之前在无颗粒环境中储存数周，而不会降低最终的键合质量。mr-I 9000 作为液体前体，可使用表 15.5 所示的工艺顺序制备涂层。使用 mr-I 9000 系列聚合物的键合过程可遵循图 15.11 中概述的相同步骤，但将温度梯度和保持时间调整为以下参数：第 5 步，在 5min 内温度上升至 110℃；第 6 步，在 110℃ 温度下保持 10min；第 7 步，温度在 20min 内上升至 200℃；第 8 步，在 200℃ 温度下保持 30min；第 9 步，在 10min 内冷却到 30℃。

表 15.5 以热固性聚合物（例如干法刻蚀 BCB 或 mr-I 9000）为中间层的晶圆键合制备顺序示例

序号	工艺步骤	注释
1	用去离子水在超声波浴中清洗晶圆	可以使用替代的清洁步骤去除晶圆表面的颗粒
2	在冲洗和干燥设备中干燥晶圆	可以使用替代步骤，例如在烘箱中高温干燥
3	在一个或两个待键合的晶圆上旋涂或喷涂聚合物	由此产生的聚合物层厚度取决于聚合物前体的黏度和涂层参数
4	将晶圆置于 110℃ 的加热板上，对聚合物涂层进行软烘焙，持续 2min	蒸发溶剂(不交联热固性聚合物，例如 110℃ 持续 2min，适用于 BCB 和 mr-I 9000)。其他温度和时间也可能适用
5	选项 1 将两个晶圆放在键合面上(有或没有分隔键合面的垫片)，然后将夹具转移到键合室 选项 2 通过将晶圆置于加热板上，在非氧化性气氛(例如氮气)中，在 190℃ 下预固化 30min，预固化 BCB 涂层，部分交联 BCB，然后将两个晶圆放在键合面上(有或没有分隔键合表面的垫片)，并将夹具转移到键合室	选项 1 在键合过程中，BCB 优异的回流能力可以很容易地补偿晶圆表面的拓扑结构或颗粒。然而，在键合过程中，BCB 很容易从压力较高的区域重新分布到压力较低的区域，这可能导致键合后的层厚度不均匀。mr-I 9000 通常具有更平衡的回流能力 选项 2 部分交联的 BCB 层在键合过程中仅轻微回流。因此，可以在键合界面处实现非常明确的键合后 BCB 层厚度。然而，BCB 层无法补偿晶圆表面大的形貌或颗粒。可以选择不同的预固化温度和时间组合，以在键合期间提供不同的 BCB 回流黏度。 mr-I 9000 不需要部分交联，因为它已经具备了平衡的回流能力

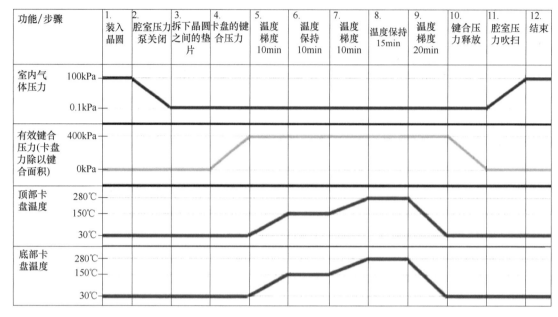

图 15.11 聚合物晶圆与热固性聚合物键合的工艺细节示例

来源：Ramm et al.[34]。© 2011，John Wiley & Sons

15.6 总结与结论

聚合物晶圆键合是一种通用并且与 CMOS 兼容的晶圆键合技术，它可以为微纳米系统的制造、集成和功能增强方面的挑战提供可能的解决方案。除了 CMOS 兼容性之外，聚合物晶圆键合还具有许多其他优点，包括对表面形貌和小颗粒不敏感、键合温度低以及能够键合几乎由任何材料制成的晶圆。聚合物晶圆键合通常不需要特殊的表面处理，例如许多其他晶圆键合方法所要求的强化清洁或表面平坦化。所有这些优异性能使聚合物晶圆键合成为一种非常简单、强大且低成本的制造工艺。

适用于晶圆键合应用且已广泛使用的聚合物包括 B 阶段热固性聚合物，例如 BCB、SU8、纳米压印光刻胶和一些负性光刻胶，以及大多数热塑性聚合物，例如聚甲基丙烯酸甲酯（PMMA）。它们可以作为独立的聚合物层或图案层用于聚合物晶圆键合。许多相应的聚合物晶圆键合工艺方案和键合参数可以很容易地在文献中找到。

聚合物晶圆键合已在许多应用中显示出实用性，例如用于薄晶圆处理的临时键合、2D 材料的转移、3D-IC、光伏电池的制造、IC 与 MEMS 组件（如 IR 检测器阵列、数字阵列微镜）的异质集成，以及数据存储器件的微尖端。此外，聚合物晶圆键合已用于先进微系统器件的制造和功能封装，例如 RF-MEMS、生物 MEMS、μTAS、微光机电系统（MOEMS）和光子激光系统。

参考文献

1 Lu, J.-Q. (2009). 3-D hyperintegration and packaging technologies for micro-nano systems. *Proc.*

IEEE 97 (1): 18-30.

2. McMahon, J. J., Niklaus, F., Kumar, R. J. et al. (2005). CMP compatibility of partially cured benzocyclobutene (BCB) for a via-first 3D IC process. Proceedings MRS 2005, Vol. 863, W4.4, San Francisco, USA.

3. Niklaus, F., Kumar, R. J., McMahon, J. J. et al. (2006). Adhesive wafer bonding using partially cured benzocyclobutene (BCB) for three-dimensional integration. *J. Electrochem. Soc.* 153 (4): G291-G295.

4. Dragoi, V., Filbert, A., Zhu, S., and Mittendorfer, G. (2010). CMOS wafer bonding for backside illuminated image sensors fabrication. Proceedings IEEE 2010 11th International Conference on Electronic Packaging Technology & High Density Packaging, Xi'an, China, 27-30.

5. Pain, B., Sun, C., Vo, P. et al. 2007. Wafer-level thinned monolithic CMOS imagers in a bulk-CMOS technology. Proc. International Image Sensor Workshop Proceedings, 158-161.

6. Niklaus, F., Stemme, G., Lu, J.-Q., and Gutmann, R. J. (2006). Adhesive wafer bonding. *J. Appl. Phys., Appl. Phys. Rev.-Focused Rev.* 99 (1): 031101. 1-031101. 28.

7. Lapisa, M., Stemme, G., and Niklaus, F. (2011). Wafer-level heterogeneous integration for MOEMS, MEMS and NEMS. *IEEE J. Sel. Top. Quantum Electron.* 17 (3): 629-644.

8. Forsberg, F., Lapadatu, A., Kittilsland, G. et al. (2014). CMOS-integrated Si/SiGe quantum-well infrared microbolometer focal plane arrays manufactured with very large-scale heterogeneous 3-D integration. *IEEE J. Sel. Top. Quantum Electron.* 21 (4): 30-40.

9. Niklaus, F., Kälvesten, E., and Stemme, G. (2001, 2001). Wafer-level membrane transfer bonding of polycrystalline silicon bolometers for use in infrared focal plane arrays. *J. Micromech. Microeng.* 11: 509-513.

10. Niklaus, F., Haasl, S., and Stemme, G. (2003). Arrays of monocrystalline silicon micromirrors fabricated using CMOS compatible transfer bonding. *IEEE J. Microelectromech. Syst.* 12 (4): 465-469.

11. Despont, M., Drechsler, U., Yu, R. et al. (2004). Wafer-scale microdevice transfer/interconnect: its application in an AFM-based data-storage system. *J. Microelectromech. Syst.* 13 (6): 895-901.

12. Makihata, M., Tanaka, S., Muroyama, M. et al. (2012). Integration and packaging technology of MEMS-on-CMOS capacitive tactile sensor for robot application using thick BCB isolation layer and backside-grooved electrical connection. *Sens. Actuators, A* 188: 103-110.

13. Fischer, A. C., Forsberg, F., Lapisa, M. et al. (2015). Integrating MEMS and ICs. *Microsyst. Nanoeng.* 1: 15005.

14. Christiaens, I., Van Thourhout, D., and Baets, R. (2004). Low-power thermo-optic tuning of vertically coupled microring resonators. *Electron. Lett.* 40 (9): 560-561.

15. Roelkens, G., Brouckaert, J., Van Thourhout, D., and Baets, R. (2006). Adhesive bonding of InP/InGaAsP dies to processed silicon-on-insulator wafers using DVS-bis-benzocyclobutene. *J. Electrochem. Soc.* 153 (12): G1015-G1019.

16. Takato, H. and Shimokawa, R. (2001). Thin-film silicon solar cells using and adhesive bonding technique. *IEEE Trans. Electron Devices* 48 (9): 2090-2094.

17. Matsuo, S., Tateno, K., Nakahara, T., and Kurokawa, T. (1997). Use of polyimide bonding for hybrid integration of a vertical cavity surface emitting laser on a silicon substrate. *Electron. Lett.* 33

(13): 1148-1149.

18 Lamb, J., Kim, B., and Pargfrieder, S. (2008). Temporary bonding/debonding for ultrathin substrates. *Solid State Technol*. 51: 60-65.

19 Shuangwu, M. H., Pang, D. L. W., Nathapong, S., and Marimuthu, P. (2008). Temporary bonding of wafer carrier for 3D-wafer level packaging. Proc. Electronic Packaging Technology Conference 2008, Singapore, 405-411.

20 Badihi, A. (1999). Shellcase ultrathin chip size package. Proc. Advanced Packaging Materials: Processes, Properties and Interfaces 1999, Braselton, USA, 236-240.

21 Zoberbier, M., Hansen, S., Hennemeyer, M. et al. (2009). Wafer level cameras—novel fabrication and packaging technologies. Proc. International Image Sensor Workshop 2009, Bergen, Norway.

22 Sterner, M., Chicherin, D., Raisenen, A. V. et al. (2009). RF MEMS high-impedance tuneable metamaterials for millimeter-wave beam steering. Proc. of IEEE 22nd International Conference on Micro Electro Mechanical Systems 2009, Sorrento, Italy, 896-899.

23 Saharil, F., Wright, R. V., Rantakari, P. et al. (2010). Low-temperature CMOS-compatible 3D-integration of monocrystalline-silicon based PZT RF MEMS switch actuators on RF substrates. Proc. MEMS 2010, Hongkong, China, 47-50.

24 Somjit, N., Stemme, G., and Oberhammer, J. (2009). Deep-reactive ion-etched wafer-scale-transferred monocrystalline silicon dielectric block for ultra-broadband millimeter-wave phase shifters. *J. Microelectromech. Syst*. 19 (1): 120-128.

25 Kazlas, P. T., Johnson, K. M., and McKnight, D. J. (1998). Miniature liquid-crystal-on-silicon display assembly. *Opt. Lett*. 23 (12): 972-974.

26 Goetz, M. and Jones, C. (2002). Chip scale packaging techniques for RF SAW devices. IEEE Proc. Electronics Manufacturing Technology Symposium 2002, San Jose, USA, 63-66.

27 Oberhammer, J., Niklaus, F., and Stemme, G. (2003). Selective wafer level adhesive bonding with benzocyclobutene for fabrication of cavities. *Sens. Actuators*, A 105 (3): 297-304.

28 Oberhammer, J., Niklaus, F., and Stemme, G. (2004). Sealing of adhesive bonded devices on wafer-level. *Sens. Actuators*, A 110 (1-3): 407-412.

29 Bleiker, S. J., Visser Taklo, M. M., Lietaer, N. et al. (2016). Cost-efficient wafer-level capping for MEMS and imaging sensors by adhesive wafer bonding. *Micromachines* 7 (10): 192.

30 Tsao, C. W. and DeVoe, D. L. (2009). Bonding of thermoplastic polymer microfluidics. *Microfluid. Nanofluid*. 6 (1): 1-16.

31 Quellmalz, A., Wang, X., Wagner, S. et al. (2019). Wafer-scale transfer of graphene by adhesive wafer bonding. Proc. of 32th IEEE International Conference on Micro Electro Mechanical Systems (MEMS) 2019, Seoul, Korea, 257-259.

32 Quellmalz, A., Wang, X., Wagner, S. et al. (2020). Large-scale integration of 2D material heterostructures by adhesive bonding. Proc. of 33rd IEEE International Conference on Micro Electro Mechanical Systems (MEMS) 2020, Vancouver, Canada.

33 A. Quellmalz, X. Wang, S. Wagner, S. Sawallich, B. Uzlu, Z. Wang, M. Prechtl, O. Hartwig, S. Luo, G. S. Duesberg, M. Lemme, K. B. Gylfason, N. Roxhed, G. Stemme, F. Niklaus,"Large-area integration of two-dimensional materials and their heterostructures by wafer bonding", in review, 2020.

34 Ramm, P., Lu, J. J. -Q., and Taklo, M. M. V. (eds.) (2011). *Handbook of wafer bonding*. John Wiley & Sons.

35 Casco Nobel (1992). *Industrial Adhesives Handbook*. Fredensborg, Denmark: Casco Nobel.

36 Niklaus, F. (2002). Adhesive wafer bonding for microelectronic and microelectromechanical systems. Ph. D. Thesis. KTH-Royal Institute of Technology, Stockholm.

37 Traeger, R. K. (1977). Nonhermeticity of polymeric lid sealants. *IEEE Trans. Parts Hybrids Packag.* (2): 49.

38 Yacobi, B. G., Martin, S., Davis, K. et al. (2002). Adhesive bonding in microelectronics and photonics. *J. Appl. Phys.* 91: 6227-6262.

39 Alvino, W. M. (1995). *Plastics for Electronics: Materials, Properties, and Design*. New York, USA: McGraw-Hill Inc.

40 Vogel, H. and Marvel, C. S. (1961). Polybenzimidazoles, new thermally stable polymers. *J. Polym. Sci.* 50 (154): 511-539.

41 Ruano, J. M., Aguirregabiria, M., Tijero, M. et al. (2004). Monolithic integration of microfluidic channels and optical wave guides using a photodefinable epoxy. Proc. MEMS 2004, Maastricht, Netherlands, pp. 121-124.

42 den Besten, C., van Hal, R. E. G., Munoz, J., and Bergveld, P. (1992). Polymer bonding of micro-machined silicon structures. Proc. MEMS 1992, Travemünde, Germany, 104-109.

43 Niklaus, F., Decharat, A., Forsberg, F. et al. (2009). Wafer bonding with nano-imprint resists as sacrificial adhesive for fabrication of silicon-on-integrated-circuit (SOIC) wafers in 3D integration of MEMS and ICs. *Sens. Actuators, A* 154: 180-186.

44 Niklaus, F., Enoksson, P., Kälvesten, E., and Stemme, G. (2001). Low temperature full wafer adhesive bonding. *J. Micromech. Microeng.* 11 (2): 100-107.

45 Bilenberg, B., Nielsen, T., Clausen, B., and Kristensen, A. (2004). PMMA to SU-8 bonding for polymer based lab-on-a-chip systems with integrated optics. *J. Micromech. Microeng.* 14 (6): 814-818.

46 Lin, C. H., Fu, L. M., Tsai, C. H. et al. (2005). Low azeotropic solvent sealing of PMMA microfluidic devices. In: Proc. IEEE The 13th International Conference on Solid-State Sensors, *Actuators and Microsystems*, 2005. *Digest of Technical Papers. TRANSDUCERS'* 05, vol. 1, 944-947. IEEE.

47 Bhattacharya, S., Datta, A., Berg, J. M., and Gangopadhyay, S. (2005). Studies on surface wettability of poly(dimethyl)siloxane (PDMS) and glass under oxygen-plasma treatment and correlation with bond strength. *J. Microelectromech. Syst.* 14 (3): 590-597.

48 Oh, K. W., Han, A., Bhansali, S., and Ahn, C. H. (2002). A low-temperature bonding technique using spin-on fluorocarbon polymers to assemble microsystems. *J. Micromech. Microeng.* 12: 187-191.

49 Shores, A. A. (1989). Thermoplastic films for adhesive bonding: hybrid microcircuit substrates. Proc. Electronic Components Conference 1989, Houston, USA, 891-895.

50 Selby, J. C., Shannon, M. A., Xu, K., and Economy, J. (2001). Sub-micrometer solid-state adhesive bonding with aromatic thermosetting copolyesters for the assembly of polyimide membranes in silicon-based devices. *J. Micromech. Microeng.* 11: 672-685.

51 Su, Y. C. and Lin, L. (2001). Localized plastic bonding for micro assembly, packaging and liquid encapsulation. Proc. of MEMS 2001, 14th IEEE International Conference on Micro Electro Mechanical Systems 2001, Interlaken, Switzerland, 50-53.

52 Noh, H., Kyoung-sik, M., Cannon, A. et al. (2004). Wafer bonding using microwave heating of parylene intermediate layers. *J. Micromech. Microeng.* 14 (4): 652-631.

53 Kim, H. and Najafi, K. (2005). Characterization of low-temperature wafer bonding using thin-film parylene. *J. Microelectromech. Syst.* 14 (6): 1347-1355.

54 Wang, X., Lu L. -H., and Liu, C. (2001). Micromachining techniques for liquid crystal polymer. IEEE Proc. MEMS 2001, Interlaken, Switzerland, 126-130.

55 Nguyen, H., Patterson, P., Toshiyoshi, H., and Wu, M. C. (2000). A substrate-independent wafer transfer technique for surface-micromachined devices. Proc. MEMS 2000, Miyazaki, Japan, 628-632.

56 Dragoi, V., Glinsner, T., Mittendorfer, G. et al. (2002). Reversible wafer bonding for reliable compound semiconductor processing. Proc. IEEE Int. Semicond. Conf. 2: 331-334.

57 Glasgow, I. K., Beebe, D. J., and White, V. E. (1999). Design rules for polyimide solvent bonding. *J. Sens. Mater.* 11: 269-278.

58 Bleiker, S. J., Dubois, V., Schröder, S. et al. (2017). Adhesive wafer bonding with ultra-thin intermediate polymer layers. *Sens. Actuators*, A 260: 16-23.

59 Schift, H. (2008). Nanoimprint lithography: an old story in modern times? A review. *J. Vac. Sci. Technol.*, B 26 (2): 458-480.

60 Rowland, H. D., Sun, A. C., Schunk, P. R., and King, W. P. (2005). Impact of polymer film thickness and cavity size on polymer flow during embossing: toward process design rules for nanoimprint lithography. *J. Micromech. Microeng.* 15: 2414-2425.

61 Carlborg, C. F., Haraldsson, K. T., Cornaglia, M. et al. (2010). Large scale integrated 3D microfluidic networks through high yield fabrication of vertical vias in PDMS. Proc. MEMS 2010, Hong Kong, China, 240-243.

62 Qiu, X., Zhu, J., Oiler, J. et al. (2009). Localized Parylene-C bonding with reactive multilayer foils. *J. Phys. D: Appl. Phys.* 42 (18): 185411.

63 Abgrall, P., Lattes, C., Conédéra, V. et al. (2005). A novel fabrication method of flexible and monolithic 3D microfluidic structures using lamination of SU-8 films. *J. Micromech. Microeng.* 16 (1): 113.

64 McMahon, J. J., Lu, J. Q., and Gutmann, R. J. (2005). Wafer bonding of damascene-patterned metal/adhesive redistribution layers for via-first three-dimensional (3D) interconnect. Proc. IEEE Electronic Components and Technology, 2005. ECTC'05, 331-336.

65 Niklaus, F., Enoksson, P., Kälvesten, E., and Stemme, G. (2003). A method to maintain wafer alignment precision during adhesive wafer bonding. *Sens. Actuators*, A 107 (3): 273-278.

66 Lee, S. H., Niklaus, F., Kumar, R. J. et al. (2006). Fine keyed alignment and bonding for wafer-level 3D ICs. Proc. MRS 2006, San Francisco, USA.

第16章 局部加热钎焊

Yu-Ting Cheng[1] and Liwei Li[2]

[1] Yang Ming Chiao Tung University, Institute of Electronics, 1001 Ta-Hsueh Rd., Hsinchu 300, Taiwan, China

[2] University of California Berkeley, Department of Mechanical Engineering, 5135 Etcheverry Hall, Berkeley, CA 94720-1740, USA

16.1 MEMS 封装钎焊

钎焊是一种通过金属填料（即焊料）在两个基底之间形成连接的工艺，该工艺已成为一种为电子器件提供电气互连和机械保护的封装过程。通常需要低热预算工艺来防止电子器件（例如晶体管）的掺杂剂重新分布和界面退化现象，使后续加工温度低于钎焊温度，避免削弱焊点[1]。MEMS 器件具有独立的多层结构，伴随着热压力问题以影响设备的性能。因此，温度对包含 MEMS 产品的钎焊工艺至关重要。

Au-Sn、Sn-Pb、Ag-Sn 合金等多种焊料已应用于相应的封装过程。除材料选择外，钎焊工艺的实施方法对于解决潜在的热问题也很重要。一般来说，组装封装技术需要低温和短处理时间，以最大限度地减少热预算并实现高产量。因此，在钎焊过程中进行局部加热而不是加热整个基底是一种有效的方法[2-6]。具体而言，局部焊点工艺可用于电气 I/O 连接和封装微盖与 MEMS 器件的组装以实现物理保护。该工艺通常需要较大的键合区域，且具有良好的机械支撑和密封性。此外，在各种基材上进行局部加热工艺是减轻热失配引起的应力效应的有效方法。在本章中，我们关注几个局部钎焊技术。

16.2 激光钎焊

MEMS 封装的局部焊点通过限制键合界面内施加的能量，使用辐射、电阻、感应和摩擦加热方法获得 MEMS 封装的局部钎焊接头。对于激光钎焊技术，可以通过透光基底和能量吸收（例如 Pyrex 玻璃和焊料金属）材料实现局部加热方法。钎焊区域中吸收激光照射功率，以形成用于键合过程的局部热点。其瞬态响应可以通过式 (16.1) 进行求解：

$$\rho C \frac{\partial T}{\partial t} = k \left[\frac{\partial^2 T}{\partial r^2} + \frac{1}{r} \times \frac{\partial T}{\partial r} + \frac{\partial^2 T}{\partial z^2} \right] + I(r,t,z) \tag{16.1}$$

其中，ρ、C、t 和 k 分别是键合基底（如硅或二氧化硅）的质量密度、比热容、时间和热导率；r 和 z 是沿半径和垂直方向的坐标；$I(r,t,z)$ 表示激光功率强度分布。

使用激光钎焊键合两个基底，需对工艺参数进行优化，例如激光脉冲持续时间、周期和功率。如图 16.1 所示为带有绝热边界和固定温度约束的纳秒激光加热/键合工艺的模拟瞬态响应等温曲线，例如在相同脉冲持续时间下两个基底的边界处的室温[2]。在 355nm 激光照射下，脉冲持续时间为 4～6ns，功率为 22mJ，光束尺寸为 1mm，含铟薄膜作为玻璃与硅键合的中间焊料层，由于沿硅基底向周围快速散热，局部温度可以分别在 $1\mu s$ 和 $1ms$ 内加热到 2500℃，并分别降低到 760℃ 及 43℃。

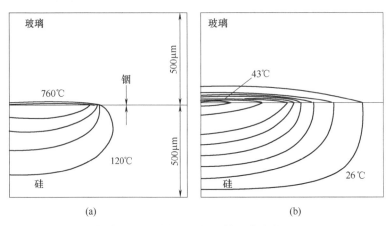

图 16.1　纳秒激光加热和键合过程的瞬态响应模拟等温曲线结果：(a) $1\mu s$ 后；(b) $1ms$ 后

来源：Luo and Liwei[2]. © 2002 Elsevier

根据两种基底材料的吸热和导热性能选择性地确定激光钎焊温度和区域。例如，以硅-硅作为主要的组装系统能够广泛地应用于三维堆叠多功能微系统中。采用波长为 1060nm、焦斑直径约为 0.5 mm 的连续波（CW）模式 CO_2 激光器用于局部共晶铅锡钎焊工艺，以实现晶圆级密封。如图 16.2 所示为密封空腔截面图和相应的钎焊界面，氦气的漏率低于 $2 \times 10^{-9} atm \cdot cc/s$[7]❶。$CO_2$ 激光器还可用于局部钎焊，采用 $Au_{80}Sn_{20}$ 合金将陶瓷四面扁平封装（CQFP）与硅盖密封，如图 16.3 所示[7]。在 CQFP 内部的 MEMS 芯片处于空气、氮气、

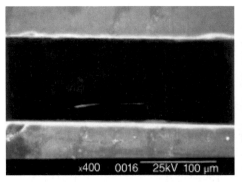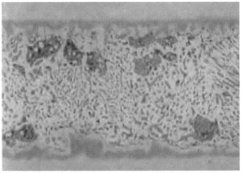

图 16.2　密封空腔显微截面图

来源：Tao et al.[7]. © 2004 Elsevier

---

❶ $1 atm \cdot cc/s = 0.101 Pa \cdot m^3/s$。

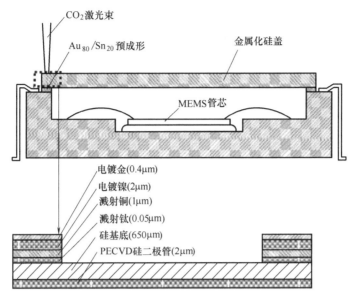

图 16.3　CO_2 激光辅助金属化硅盖 CQFP 中的 MEMS 器件封装示意图

来源：Tao et al.[8]. © 2003, IEEE

氮气及真空等各种环境中。

倒装芯片钎焊以高密度和低寄生电抗互连等优点，促进了高速数据通信应用的发展。倒装芯片工艺能够提高各种光学 MEMS 元件的系统性能，如反射镜板、薄膜滤波器、透镜等。

同时，有学者基于能量最小化原理，将回流钎焊工艺作为构建 3D 微结构的主要加工工艺。回流工艺后，焊料的表面张力可以起到支撑的作用，支撑抬起平面结构，形成 3D 系统，如图 16.4 所示[9]。提升角度与焊料、焊料合金体积、位置以及焊板尺寸呈函数关系。图 16.5 所示为一种高速无助焊剂喷射工艺，该工艺结合了钎焊材料的精确定位和激光加热功能，已成功用于光学 MEMS 和光电元件的局部激光辅助焊料回流工艺[10]。图 16.6 为使用该方案实现 3D 互连的新的开发流程。

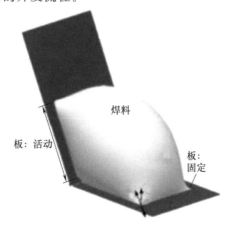

图 16.4　局部焊料组装工艺示意图：可以根据不同初始角度的焊料形状，按照能量最小化要求，设计焊料的最终平衡旋转角度，以实现最低的全局能量状态

来源：Yang et al.[9]

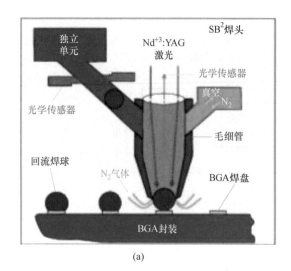 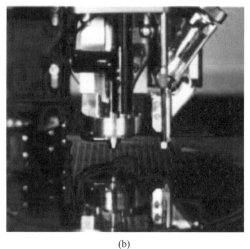

图 16.5 （a）焊料喷射凸块工艺示意图；（b）对应的实际机器，在晶圆上喷射焊球

来源：Oppert et al.[10]

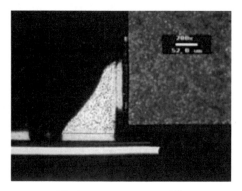

图 16.6 3D MEMS 互连

来源：Oppert et al.[10]

16.3 电阻加热和钎焊

通过局部加热进行钎焊的工艺技术能够实现电阻式微加热器。电阻式微加热器的时间常数通常在几百微秒到毫秒的范围内，取决于材料的热导率、微加热器的总热容、相应面积以及周围介质（如玻璃、硅基底）的有效热导率等参数。在稳定的环境下，这种钎焊工艺类似于常规的回流钎焊工艺。如图 16.7 为微线形电阻器周围的等温线截面图，证明了高温区域被限制在微加热器周围的小区域内。同时，只要在工艺过程中将其底部限制在室温下，硅基底就会保持在室温范围[11]。微加热器的平均温度可以通过下式进行估算：

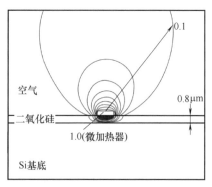

图 16.7 微线形电阻器周围的等温线截面图

来源：Lin[11]. © 2000 IEEE

$$T(x) = T_{\mathrm{r}} - (T_{\mathrm{r}} - T_\infty)\frac{\cosh\left[\sqrt{\varepsilon}\left(x - \frac{L}{2}\right)\right]}{\cosh\left(\sqrt{\varepsilon}\frac{L}{2}\right)} \tag{16.2}$$

其中，$T(x)$ 是沿总长度为 L 和 ε 的微加热器的温度；T_{r} 是结构尺寸、热特性、输入电流和热传导形状因子的函数。

图 16.8 所示为强行断开键合后，采用局部铟/金钎焊工艺键合玻璃-硅基底[12]。最初位于多晶硅微型加热器顶部的一部分铟焊料已被剥离，并附着在玻璃基底上。这表明钎焊玻璃和硅基底之间已经形成了牢固的钎焊接头。能够在 20mA 的输入电流下对 5μm 宽的微加热器进行 300℃ 的加热以使铟焊料回流。如图 16.9 所示，回流钎焊克服了底部厚度为 1μm 的多晶硅互连线对键合平面的要求。经局部加热过程后，获得高平整台阶覆盖率。类似的工艺已被用于与自对准功能相结合，得到用于组装板载传感器的电路和用于微系统集成的多通道聚酰亚胺电缆[13]。如图 16.10 所示，通过传感器 I/O 焊板和互连引线之间的电容检测，使用传感器焊板下方的多晶硅微加热器，互连连接器可以与传感器对齐并钎焊，形成机械/电气连接。当加热器再次加热以熔化焊料时，电缆引线可自由收回。该工艺可以促进低成本、高密度的柔性电缆和精密 MEMS 之间的连接，用于封装组装和测试应用。

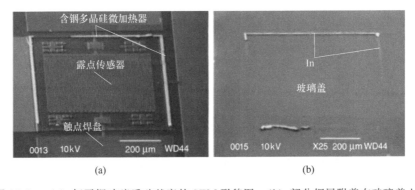

图 16.8　(a) 打开铟玻璃后硅基底的 SEM 形貌图；(b) 部分铟层附着在玻璃盖上。设计并制造了一个露点传感器，以表征封装的气密性，如 (a) 所示

来源：Cheng et al.[12]. ©1999 IEEE

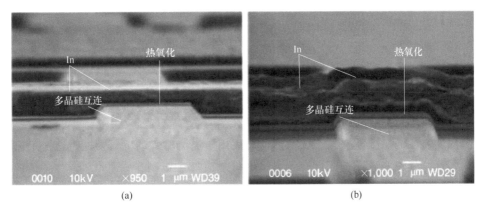

图 16.9　(a) 局部化前硅基底键合实验的 SEM 形貌图，铟焊料的升压面是由下面的多晶硅互连线导致的；(b) 在局部钎焊实验之后，实现了非常好的台阶覆盖

来源：Cheng et al.[12]. ©1999 IEEE

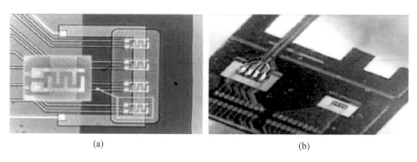

图 16.10 （a）微连接焊盘的照片，插图显示了交叉电极对的放大视图；
（b）焊料键合工艺后，电缆引线与从绝缘窗口悬垂的焊盘岛测试结构的照片
来源：Lemmerhirt and Wise [13]

硅光学平台（SiOB）组件也可以通过局部电阻加热和钎焊方法制备。如图 16.11 所示为具有高精度对准的电气互连，该电气互连是为具有早期垂直侧壁的双轴无万向节微镜嵌入硅载体而构建的[14]。最高输出温度为 250℃的集成铂金加热器，可以对载体上通过梳状绝缘体封装的微型 Sn/Ag 焊球加热实现封装。由于 SiOB 组件布局紧凑，微加工镜能够应用于内镜光学相干层析术（EOCT）。

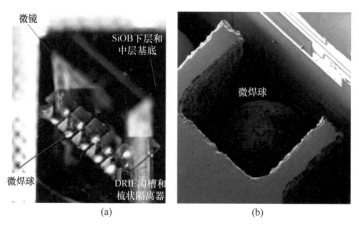

图 16.11 （a）光学图像；（b）设计的 SiOB 的放大 SEM 图像，使用
微钎焊技术将虚设微镜钎焊在 SiOB 的下层基底上
来源：Xu et al. [14]

16.4 感应加热和钎焊

电阻加热方法的主要缺点在于微加热器需要用于电流输入的电气馈通。这一工艺增加了互连布线，且制作成本较高。因此有学者提出将感应加热机制作为替代方案实现局部钎焊。如图 16.12 所示为感应加热的局部钎焊工艺示意图。由交流电源驱动的感应线圈会产生时变磁场，穿过待钎焊的器件和封装基底。根据楞次定律，导电材料可以通过闭合回路中的涡流产生焦耳热，从而实现键合。涡流会在导电材料中产生，并且其大小取决于材料的导电性。对于微电子封装应用，在封装工艺设计中还应考虑半导体硅基底和 MEMS 器

件产生的热量。

如图 16.13 所示为通过感应加热和钎焊方案键合的两个硅基底[15]。由图 16.13（a）中的虚线框可知，键合界面上的 SEM 图显示了硅基底之间的三个不同层状结构，包括两个 Ni/Co 间隔层和一个 Sn/Pb 焊料层。接头的结合强度大于 18MPa。在实验中，铁磁金属 Ni/Co 合金和 Pb/Sn 合金分别用作加热元件和焊料材料。由于引入磁滞损耗，可以通过最大化加热效率来实现焊点[16,17]。此外，如图 16.14 所示为感应加热的测量结果，其中过程中的温度分布表征为三个部分：中心区、键合区和外部区。由图 16.14 可知，钎焊区具有最高温度，即大于 200℃，适合焊料回流和连接；中心区可保持

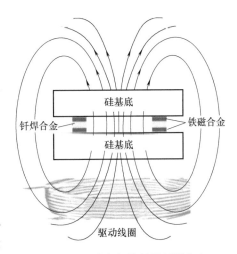

图 16.12 感应加热局部钎焊方案

低至 110℃；外部区最高温度小于 90℃，高于环境温度。与之前的电阻加热不同，较高的基底温度归因于加热时基底有限的导电性和缺少冷却限制边界温度。

图 16.13 SEM 照片：（a）键合后的硅基底；（b）键合试样的虚线框区域放大图像
来源：Yang et al.[15]

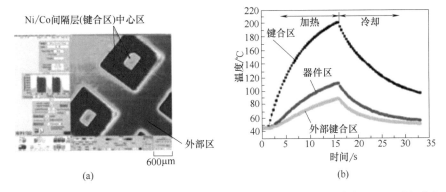

图 16.14 感应加热期间测试样品温度分布的 IR 测量：（a）空间分布；（b）时间分布
来源：Yang et al.[15]

16.5 其他局部钎焊工艺

16.5.1 自蔓延反应加热

可以通过触发放热反应来提供热能,代替电加热用于局部焊料回流结合,例如采用多层 Ni/Al 箔或溅射纳米级交替多层 Ni/Al 或 Al/Pd 薄膜等[5,18-20]。可以通过火花或激光脉冲激活层状材料以产生热量,从而促进原子扩散和化合物的形成。放热反应可分为小、中、大三类,范围分别为小于 $40kJ \cdot mol^{-1} \cdot atom$、$40 \sim 80kJ \cdot mol^{-1} \cdot atom$ 和 $80kJ \cdot mol^{-1} \cdot atom$ 以上的热能[5,20]。在这些反应中,原子间扩散产生的热量必须高于热扩散过程中去除的热量,以允许反应自蔓延,并作为封装应用的局部热源,如图 16.15[21] 所示。

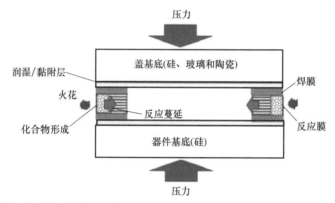

图 16.15 通过反应加热和钎焊形成的微封装化学,其中反应膜被火花触发以开始自蔓延放热反应,并且施加的钎焊材料吸收释放的热量以完成密封微腔的键合过程

来源:Lee et al.[21]

如图 16.16 所示为沿相应键合界面厚度方向(Z 轴)的瞬态温度分布分析图,即采用尺寸为 5mm×5mm×0.04mm 的 AlNi 箔作为热源夹在两个 SnAgCu 钎焊层(25μm)之间,

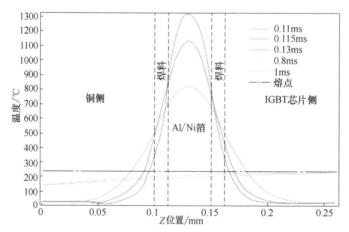

图 16.16 不同时间沿厚度方向(Z 方向)的模拟温度分布

来源:Xiang et al.[22]

其中,将一个尺寸为 5mm×5mm×0.115mm 的薄的绝缘栅双极晶体管(IGBT)芯片,与直接键合铜(DBC)基底键合,即将尺寸为 6mm×6mm×0.38mm 的 Al_2O_3 层夹在尺寸为 6mm×6mm×0.3mm 的 Cu 层之间[22]。由图 16.16 可知,纳米箔可以在 0.11ms 时达到最高温度,并在 0.8ms 后熔化焊料层。与键合层相比,IGBT 和 Cu 基底的热容量和热导率都很大,焊料的加热速度较低,能够较为容易限制的加热区域。如图 16.17 所示为采用 Ni/Al 作为材料,使用 Ni/Al 基反应箔和两片独立式 AuSn 焊料薄膜所制备的 Si-Si 接头的截面图[18]。由反应加热引起的焊料回流也可以填充反应箔中的裂缝

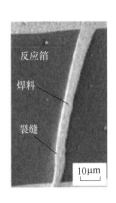

图 16.17　使用两片独立式 AuSn 焊料和一张 Ni/Al 反应箔键合的两片硅片的 SEM 形貌图。反应后的箔片裂纹处有焊料填充物

来源:Qiu et al.[18]

以实现良好的键合。采用该方法也可以封装易受时变磁场影响的 MEMS 器件。

16.5.2　超声波摩擦加热

通过两个物体之间的原子级摩擦,机械能会在接触区域转化为热量,导致摩擦体的温度升高。接触界面中摩擦速度越高,在钎焊过程中接触层所产生的表面和亚表面的温度越高[23-25]。因此,超声波键合技术具有优秀的特性,包括快速局部键合、低温度处理等。如图 16.18 所示为超声波键合设备的示意图[6]。超声波力可以应用于通过黏弹性加热横向或纵向钎焊热塑性塑料。纵向超声波钎焊工艺与横向钎焊工艺相比,其优势在于用于倒装芯片和基底之间具有更好的对齐和共面性。在非常短的焊料键合过程中,可以忽略通过热传导过程散发的热量。超声波钎焊温度可估算为[23]:

$$\Delta\theta = \frac{QT_b}{C_p \rho V_s} \quad (16.3)$$

其中,T_b 代表键合时间;C_p 代表比热容;V_s 代表焊料体积;ρ 代表焊料的质量密度;

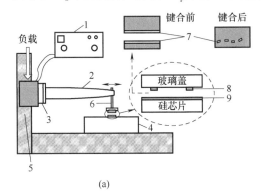
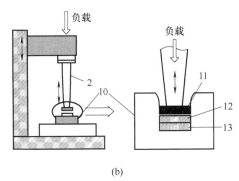

图 16.18　超声波键合设备示意图:(a)横向载荷;(b)纵向载荷

来源:Kim et al.[6].© 2018 Elsevier

1—控制器;2—臂;3—压电驱动器;4—夹具;5—导轨滑块;6—芯片夹持器;7—天然氧化物;8—焊料凸块;9—金属焊盘;10—橡胶焊盘;11—玻璃芯片;12—硅芯片;13—虚设硅片(假片)

Q 是黏弹性热，它与焊料损耗模量、机械应变和超声波频率等参数相关[23-25]。超声处理的黏弹性加热可能不足以在室温下熔化焊料，可以预热至低于熔点的温度以熔化焊料。焊料的量也会影响键合温度。随着相同负载下焊料量的减少，增加的应变可能会产生更高的温度用于高密度的电子封装。

如图 16.19 所示负载压力为 17MPa、加工时间为 3s 的条件下，超声波钎焊形成均匀的 Cu/Ni/Sn-3Ag-0.5Cu/Ni/Cu 接头；在 $310\mu m \times 930\mu m$ 面积上表现出高达 350gf❶/凸块的

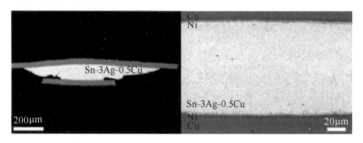

图 16.19 以 17MPa 压力键合的超声波焊点显微照片

来源：Lee and Yoo[24]

键合强度[24]。如图 16.20 所示为通过硅和玻璃基底之间的横向超声波 Al-Al 键合实现的气密密封[6]。方形键合环内未发现液体泄漏。对于聚合物 MEMS 应用，横向超声键合可以有效避免聚合物基底内部由垂直键合能量吸收所产生的环形变形问题。如图 16.21 所示为塑料键合示例。采用横向超声波键合，将 $125\mu m$ 厚的醋酸纤维素基材与另一个厚度为 $500\mu m$ 的基材相互键合，并钻出直径为 1mm 的孔[6]。通过以水为材料的泄漏试验，证明该器件的密封性良好。键合技术的局部加热特性还有助于制造聚合物的微流体装置，且不会造成通道狭窄或堵塞。

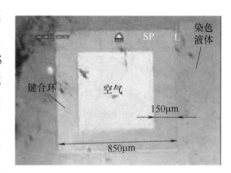

图 16.20 使用超声波 Al-Al 键合密封硅和玻璃基底之间的空腔

来源：Kim et al.[6]

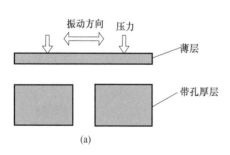
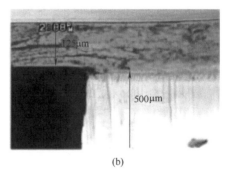

图 16.21 使用横向超声波塑料键合的聚合物 MEMS 制造示例：(a) 两塑料基底组装示意图；(b) 放大的键合界面上的光学显微照片，显示出出色的键合质量，没有通道变窄或堵塞

来源：Kim et al.[6]。© 2009 IEEE

---

❶ 1gf＝0.0098N。

参 考 文 献

1. Liu, X., Xu, S., Lu, G. Q., and Dillard, D. A. (2001). Stacked solder bumping technology for improved solder joint reliability. *Microelectron. Reliab.* 41: 1979-1992.

2. Luo, C. and Liwei, L. (2002). The application of nanosecond-pulsed laser welding technology in MEMS packaging with a shadow mask. *Sens. Actuat. A* 97: 398-404.

3. Yang, H. -A., Wu, M., and Fang, W. (2005). Localized induction heating solder bonding for wafer level MEMS packaging. *J. Micromech. Microeng.* 15: 394-399.

4. Cheng, Y. T., Hsu, W. T., Najafi, K. et al. (2002). Vacuum packaging technology using localized aluminum/silicon-to glass bonding. *IEEE/ASME J. Microelectromech. Syst.* 11: 556-565.

5. Qiu, X. and Wang, J. (2008). Bonding silicon wafers with reactive multilayer foils. *Sens. Actuat. A* 141: 476-481.

6. Kim, J., Jeong, B., Chiao, M., and Lin, L. (2009). Ultrasonic bonding for MEMS sealing and packaging. *IEEE Trans. Adv. Packag.* 32: 461-467.

7. Tao, Y., Malshe, A. P., and Brown, W. D. (2004). Selective bonding and encapsulation for wafer-level vacuum packaging of MEMS and related micro systems. *Microelectron. Reliab.* 44: 251-258.

8. Tao, Y., Malshe, A. P., Brown, W. D. et al. (2003). Laser-assisted sealing and testing for ceramic packaging of MEMS devices. *IEEE Trans. Adv. Packag.* 26: 283-288.

9. Yang, L., Liu, W., Wang, C., and Tian, Y. (2011). Self-assembly of three-dimensional microstructures in MEMS via fluxless laser reflow soldering. IEEE 12th International Conference on Electronic Packaging Technology and High Density Packaging, (4 pages).

10. Oppert, T., Teutsch, T., Azdasht, G., and Zakel, E. (2012). Micro ball bumping packaging for wafer level & 3-d solder sphere transfer and solder jetting. IEEE/CPMT 35th International Electronics Manufacturing Technology Conference, (6 pages).

11. Lin, L. (2000). MEMS post-packaging by localized heating and bonding. *IEEE Trans. Adv. Packag.* 23: 608-616.

12. Cheng, Y. T., Lin, L., and Najafi, K. (1999). Localized bonding with PSG or indium solder as intermediate layer. IEEE 12th International Conference on Micro Electro Mechanical Systems, 285-289.

13. Lemmerhirt, D. F. and Wise, K. D. (2006). Chip-scale integration of data-gathering microsystems. Proceedings of the IEEE, 94, 1138-1159.

14. Xu, Y., Wang, M. F., Premachandran, C. S. et al. (2009). Platinum microheater integrated silicon optical bench assembly for endoscopic optical coherence tomography. *J. Micromech. Microeng.* 20: 015008.

15. Yang, H. A., Wu, M., and Fang, W. (2004). Localized induction heating solder bonding for wafer level MEMS packaging. *J. Micromech. Microeng.* 15: 394.

16. Hagemaier, D. J. (1990). *Fundamentals of Eddy Current Testing*. Columbus, OH: The American Society for Nondestructive Testing, Inc.

17. Stansel, N. R. (1949). *Induction Heating*. New York, NY: McGraw-Hill.

18. Qiu, X., Zhu, J., Oiler J., and Yu, H. (2009). Reactive multilayer foils for MEMS wafer level packaging. IEEE 59th Electronic Components and Technology Conference, 1311-1316.

19 Braeuer, J., Besser, J., Wiemer, M., and Gessner, T. (2012). A novel technique for MEMS packaging: reactive bonding with integrated material systems. *Sens. Actuat. A* 188: 212-219.

20 Braeuer, J. and Gessner, T. (2014). A hermetic and room-temperature wafer bonding technique based on integrated reactive multilayer systems. *J. Micromech. Microeng.* 24: 115002-115010.

21 Lee, Y. C., Cheng, Y. T., and Ramadoss, R. (2018). *MEMS Packaging*. World Scientific Publishing Company Pte. Limited.

22 Xiang, Y., Zhou, Z., Mo, L. et al. (2017). Simulation of the temperature field for bonding IGBT chip and DBC substrate using Al/Ni self-propagating foil. IEEE 18th International Conference on Electronic Packaging Technology (ICEPT), 1016-1020.

23 Kim, J. H., Lee, J., and Yoo, C. D. (2005). Soldering method using longitudinal ultrasonic. *IEEE Trans. Comp. Packag. Technol.* 28: 493-498.

24 Lee, J. and Yoo, C. D. (2008). Thermosonic soldering of cross-aligned strip solder bumps for easy alignment and low-temperature bonding. *J. Micromech. Microeng.* 18: 125002.

25 Xiao, Y., Wang, Q., Wang, L. et al. (2018). Ultrasonic soldering of cu alloy using Ni-foam/Sn composite interlayer. *Ultrason. Sonochem.* 45: 223-230.

第17章 封装、密封和互连

Masayoshi Esashi

Tohoku University,Micro System Integration Center（μSIC），519-1176 Aramaki-Aza-Aoba，Aoba-ku，980-0845，Sendai，Japan

17.1 晶圆级封装

MEMS 包含运动部件，裸露的 MEMS 芯片不能直接采用聚合物模制，需要金属壳封装或陶瓷封装。此外，作为传感器的 MEMS 不能在晶圆上测试，同时良率较低时，会导致封装成本很高。当 MEMS 晶圆裸露时，在晶圆划片过程中会由于颗粒污染等问题导致良率较低。如图 17.1 所示，在划片前的封装过程称为晶圆级封装（WLP）或 0 级封装[1]。众所周知，在 MEMS 制备过程中，采用 WLP 工艺可以解决这些上述问题，使成本降低 20%～30%。如图 17.1 所示，WLP 的过程中采用了阳极键合工艺，但还有一种晶圆键合方法也可用于 WLP。当在硅晶圆上制备 MEMS 后，硅晶圆与玻璃晶圆键合，其中玻璃晶圆带有用于接电的引线位。将键合的晶圆切成单个芯片，最后连接引线。MEMS 的封装需要密封及电气互连，这些也将在本章中介绍。

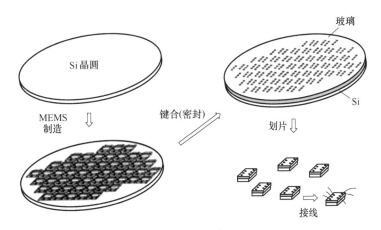

图 17.1 晶圆级封装（WLP）

在玻璃中采用电馈通互连的 WLP 工艺能够应用于集成型电容式压力传感器[2]。如图 17.2 所示为制备过程和封装芯片的工艺图。第一个工艺步骤是对 n-Si 晶圆进行图案化和刻蚀（图中1）。在硅片上制备CMOS电路和p^+层（图中2）。采用喷砂或电化学方法[3]在玻璃晶圆上打孔（图中1'）。采用Ti/Pt对玻璃晶圆进行金属化处理，并在电路上制备电容器电极和遮光罩（图中2'）。因为传统的铝基金属化会在阳极键合的热加工过程中产生粗糙的表面，称为凸起（hillock）。为减少凸起结构的产生，采用钛铂基底作为晶圆的金属化材料（图中3）。对于间隙小的电容器，应避免产生凸起结构。硅晶圆与玻璃晶圆间采用阳极键合，玻璃孔采用Cr/Cu/Au金属化（图中3），通过背面刻蚀硅晶圆制备膜片（图中4）。最后将键合的玻璃硅晶圆分割成单个芯片，并将引线钎焊到玻璃晶圆的金属化孔上（图中5）。

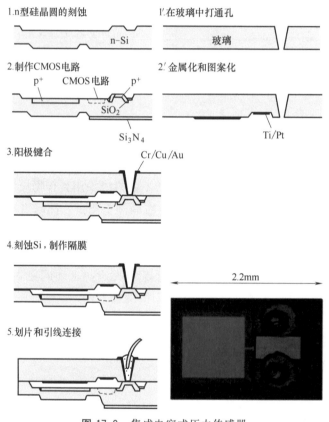

图17.2　集成电容式压力传感器

17.2　密封

17.2.1　反应密封

有学者开发了制备封装腔体的密封方法。如图17.3（a）所示为热氧化反应密封的示意图[4]。采用间隙为40nm的窄通道刻蚀牺牲层。采用热氧化物填充通道，如图17.3（b）所示在硅表面产生二氧化硅，使得硅的厚度提高了60%。有学者研制了一种$200\mu m \times 200\mu m$的激光再结晶压阻式微膜片压力传感器，膜片下腔采用热氧化密封。传感器的制备流程如图17.4所示，通过热氧化和图案化处理（图中1），获得了二氧化硅牺牲层和刻蚀通道。通过化学气相沉积方法（CVD）获得氮化硅、多晶硅和二氧化硅等材料层（图中2）。采用连续

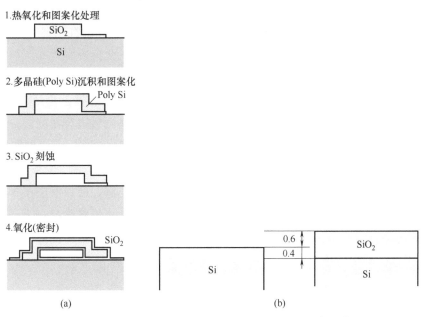

图 17.3 热氧化反应密封。(a) 反应密封工艺；(b) 硅氧化密封原理

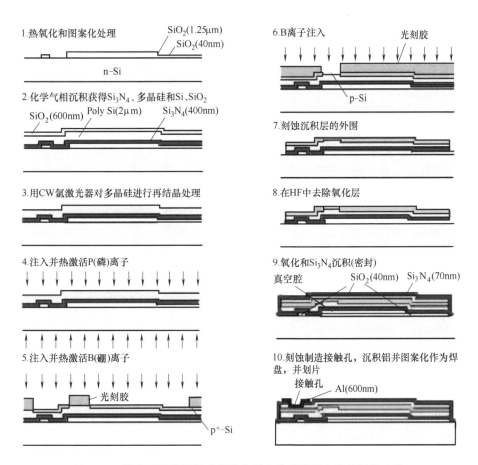

图 17.4 激光再结晶压阻式微膜片压力传感器反应密封制备工艺

来源：Based on Guckel and Burns[4]

波（CW）氩激光器对多晶硅进行再结晶处理（图中3）。注入并热激活磷（P）离子和硼（B）离子（图中4和图中5）。第二次添加硼后（图中6），刻蚀外围沉积层（图中7）。通过HF（氢氟酸）刻蚀去除窄通道的牺牲层（图中8）。通过硅氧化反应密封并沉积额外的氮化硅密封窄通道（图中9）。最后通过刻蚀制备接触孔，沉积铝并图案化，作为焊盘（图中10）。

如图17.5[5]所示，反应密封能够用于制备集成电容压力传感器。由图17.5可知制备了两个传感器电容和参考电容，并用单片集成开关电容器电路测量电容器的差分电容。制备过程如下：在底部n-Si晶圆上，制备一个凹槽，用作电容间隙（图中1）。硼离子扩散得到p^+层（图中2）。氧化的n-Si晶圆通过直接（熔融）键合到底部硅晶圆上，随后被氧化。p^+扩散过程中，空洞内产生的氧化反应消耗了氧气并形成真空孔洞，使得反应密封填充了底部Si的小台阶结构（图中3）。制备CMOS电路（图中4）。经过图案化处理及SiO_2刻蚀后（图中5），通过各向异性刻蚀方法制备硅膜片和隔离槽（图中6）。在底部薄片上制备接触焊盘，并连接引线（图中7）。

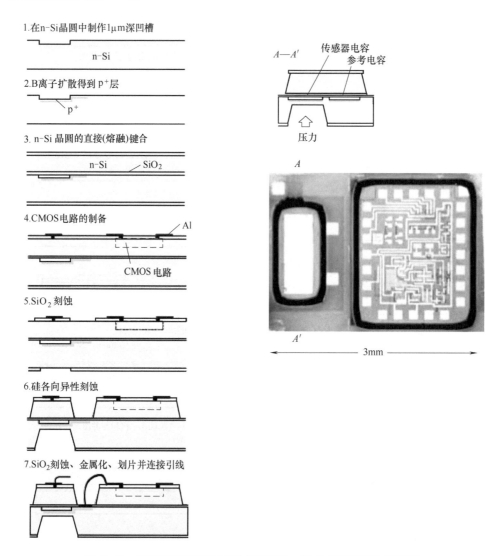

图17.5 采用Si直接键合和反应密封的一体式电容式压力传感器

17.2.2 沉积密封（壳体封装）

将某些材料沉积在可渗透流体的多孔膜表面的密封方法称为壳体封装。如图 17.6[7] 所示，空腔结构的制备过程如下：将磷硅玻璃（PSG）沉积在硅晶圆上（图中 1）。沉积氮化硅并对其图案化处理（图中 2），用于覆盖多孔多晶硅（图中 3）。因为多孔多晶硅具有良好的透气性，将位于 Si_3N_4 层下方的 PSG 置于 HF 溶液中进行刻蚀（图中 4）。最后沉积 Si_3N_4 用于密封器件（图中 5）。如图 17.7 所示为微多孔多晶硅表面的 SEM 形貌图。该微结构能够以 SiH_4（硅烷）为源气体[6]并置于 600℃ 和 73Pa 下通过薄膜沉积所得到。

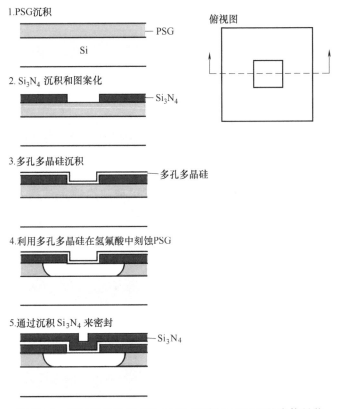

图 17.6 通过刻蚀渗透多孔多晶硅和氮化硅沉积的壳体封装

来源：Modified from Lebouitz et al.[6]

采用插塞工艺（plug-up progress）[8] 能够实现厚硅层密封。采用深反应离子刻蚀（DRIE）技术在绝缘体上硅（SOI）晶圆表面硅层上刻蚀得到窄而深的沟槽。在 SOI 晶圆表面沉积多孔多晶硅，并在 HF 中通过多孔多晶硅刻蚀 SOI 晶圆中的 SiO_2 层。采用沉积多晶硅填满沟槽的方法进行密封，从而制备密封腔。

多孔多晶硅还可用于表面微加工，制备密封真空结构。制备工艺如图 17.8 所示。在硅晶圆上制备微结构后（图中 1），沉积 PSG 并图案化，得到牺牲层（图中

图 17.7 多孔多晶硅表面

来源：Dougherty et al.[7]

2)。沉积多孔多晶硅并图案化（图中 3）。在 HF 中刻蚀多孔多晶硅，完成 PSG 牺牲层的刻蚀（图中 4）。在真空中通过蒸发沉积获得金属层并对其图案化，以用于密封（图中 5）。

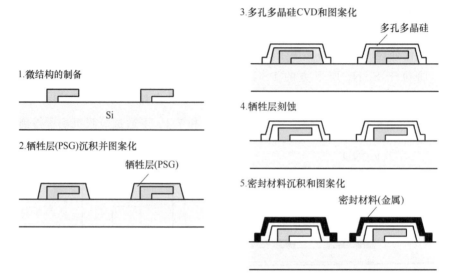

图 17.8　多孔多晶硅表面微加工及沉积密封

来源：Based on Fan et al.[9]

通过表面微加工制备的 MEMS 结构，可以采用刻蚀牺牲层的插塞工艺进行密封。如图 17.9 所示为离子束溅射真空封装非晶 SiC[10] 的示例。

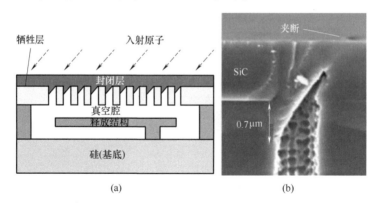

图 17.9　离子束溅射真空封装非晶 SiC。(a) 密封原理；(b) 密封部分照片

来源：Jones et al.[10]. © 2007，IEEE

该密封可以通过 CVD 实现[11]。在 CVD 技术中，H_2 气体仍然存在于空腔中，可以通过在 N_2 环境中退火，使得残余的 H_2 气体扩散出去，该部分将在 18.5 节中详细解释。

有学者提出了一种基于牺牲聚合物热分解并通过聚合物涂层扩散的封装方法[12]。其制备流程如图 17.10 所示。在硅晶圆上形成沟槽和绝缘体（图中 1）。悬涂牺牲聚合物 Unity（Promerus Ltd.），并对其进行图案化处理（图中 2）。该聚合物可以在紫外线下曝光形成图案。曝光部分热分解为气体。BCB（苯并环丁烯）聚合物能够用于牺牲聚合物的涂层（图中 3）。热分解牺牲聚合物后，通过 BCB 聚合物层将产生的气体扩散出去（图中 4）。通过在结构上沉积金属实现金属化（图中 5）。完成上述工艺步骤后，便得到了密封腔。

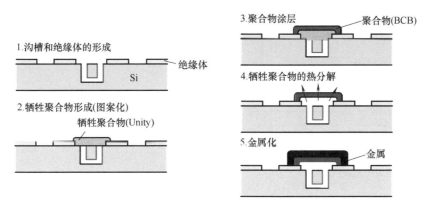

图 17.10 牺牲聚合物的热分解封装，并通过聚合物涂层扩散出来

来源：Modified from Monajemi et al.[12]

如图 17.11[13] 所示为采用密封胶对聚合物键合结构的两种密封方法。聚合物是不密封的，但通过等离子体增强 CVD（PECVD）的密封胶，如 Si_3N_4 等，可以获得密封性。BCB 用于聚合物键合。将含有 SiO_2 层的硅片与另一块含有厚度为 $2.5\mu m$ 的 BCB 硅片键合。在 300℃下获得了厚度为 $0.5\mu m$ 的 PECVD Si_3N_4 薄膜。图 17.11（a）的方法在凹角处有聚合物暴露；另一方面，图 17.11（b）的方法在凸角处有聚合物。如图中 He 泄漏率所示，采用（b）方法可以减少气体泄漏。这是因为密封剂在凸角处较厚 [方法（b）]，而在凹角处较薄 [方法（a）]。

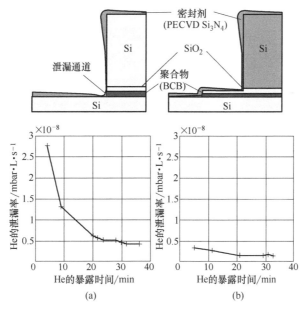

图 17.11 聚合物键合结构的密封及 He 的泄漏曲线。(a) 凹角聚合物密封；(b) 凸角聚合物密封

来源：Oberhammer et al.[13]. © 2004，Elsevier

17.2.3 金属压缩密封

金属压缩密封可应用于 MEMS 封装。图 17.12 所示为使用金垫片[14]的液体金属压缩密封。采用光刻胶作为掩模，在硅和玻璃上通过电镀制备得到金垫片（图中1）。将液体置

于储液器中,通过压印技术使金垫片变形进行密封(图中2)。将晶圆分割成薄片,采用环氧树脂填充薄片的缝隙(图中3)。该方法无需热处理即可封装液体。也有学者开发了另一种采用边缘金环的密封工艺[15]。

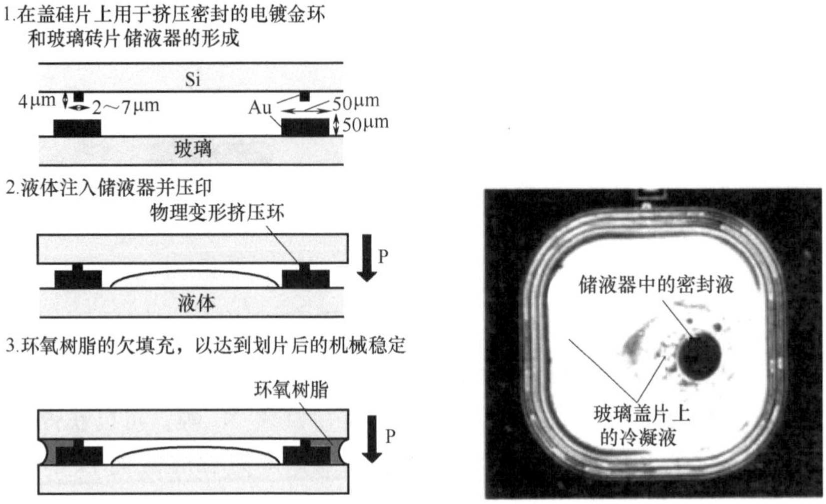

图 17.12 使用金垫片的硅片级液体压缩密封

来源:Lapisa et al.[14]

采用金柱形块填充孔洞的工艺通常用于引线键合[16]。如图 17.13 所示,具体制备流程

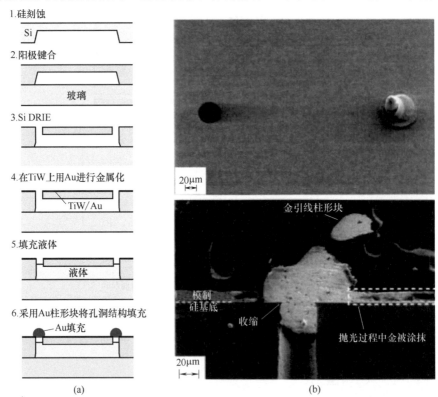

图 17.13 柱形块填充孔洞结构,用于液体封装。(a)工艺流程;(b)柱形块图片(俯视图和横截面视图)

来源:Antelius et al.[16]

如下。通过阳极键合腐蚀硅和玻璃（图中 1 和图中 2）制备空腔结构。采用 DRIE（图中 3）在硅表面制备孔洞结构。采用 TiW 和 Au（图中 4）对表面进行金属化处理后，对孔洞结构填充液体（图中 5）。最后，采用 Au 柱形块填充孔洞结构（图中 6）。

金颗粒和纳米多孔金（NPG）可用于密封和互连。图 17.14 所示为使用 Au 颗粒[17]进行密封的方法。如图 17.14（a）所示为该方法的流程示意图：在形成轮缘结构（图中 1）后，镀厚度为 3~5μm 的金层，该层包含平均直径为 0.2 ~ 0.4μm 的金颗粒。在掺有 4% 的 H_2、温度为 200℃的氩气中烧结薄膜（图中 2）。在温度 200℃、压力 200MPa 下，热压键合盖晶圆 30min（图中 3）。

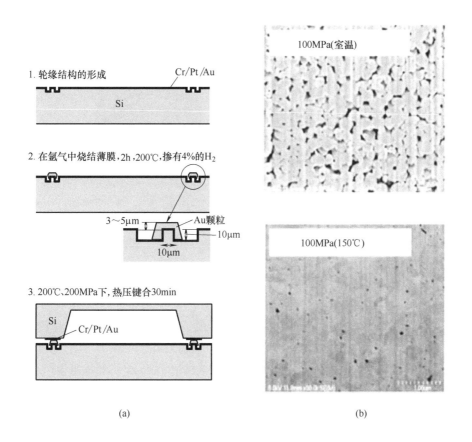

(a)　　　　　　　　　　　　(b)

图 17.14　Au 颗粒对 MEMS 的真空密封。(a) 工艺流程；(b) Au 颗粒表面照片
来源：Modified from Ogashiwa et al.[17]

NPG 可用于电气互连。图 17.15 所示为低温共烧陶瓷（LTCC）与 Si 在阳极键合过程中进行电互连的工艺流程，详见图 11.19[18]。这一过程充分利用了 NPG 的可变形性。制备了具有 Au 馈通和 Cr/Au 表层的 LTCC（图中 1）。在两侧的光刻胶图案化处理之后（图中 2），将光刻胶作为模板，电镀获得 Au-Sn（图中 3）。Au-Sn 中的 Sn 可以溶解在 60% 的 HNO_3 中形成 NPG（图中 4），这一过程称为脱合金。NPG 表面的 SEM 形貌如图 17.15 所示。NPG 在阳极键合过程中变形使得电气互连（图中 5）。

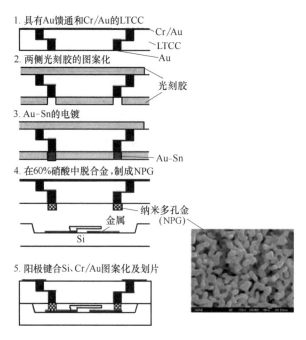

图 17.15 与 NPG（纳米多孔金）的电气互连

来源：Modified from Wang et al.[18]

17.3 互连

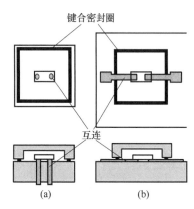

图 17.16 封装 MEMS 的垂直馈通互连和横向馈通互连。

(a) 垂直馈通互连；(b) 横向馈通互连

在封装 MEMS 中，互连扮演着重要的角色。如图 17.16（a）、（b）所示为垂直和横向馈通互连的示意图。垂直互连能够堆叠芯片，减小芯片的尺寸。在第 20 章中将讨论基底通孔（TSV）用于垂直互连。用于垂直互连的玻璃通孔（TGV）和硅通孔（TSiV）将在 17.3.1 节中进行解释。17.3.2 节将描述在基底和盖晶圆之间制备横向馈通结构。17.3.3 节介绍了特别适用于非平面结构的电镀互连方法。

17.3.1 垂直馈通互连

17.3.1.1 玻璃通孔（TGV）互连

斯坦福大学开发了一种采用红外发光二极管和光电二极管的植入式血氧仪[19]。该装置采用玻璃-硅阳极键合和 TGV 互连封装。TGV 的制备工艺如图 17.17[20] 所示。在硅晶圆上形成了 SiO_2 和 Al 图案（图中1）。经过玻璃-硅阳极键合后（图中2），采用 CO_2 激光烧蚀获得 TGV（图中3）。由于激光能够在铝表面反射，对玻璃的烧蚀会在其底部停止。通过沉积铝对玻璃孔进行金属化处理。

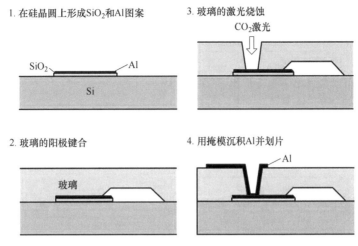

图 17.17 用于植入式血氧仪的玻璃通孔（TGV）互连

来源：Based on Bowman et al.[20]

如图 17.18 所示为采用 WLP 工艺[21] 制备 MEMS 开关。由于 WLP 的存在，能够保持电气接触表面清洁。交换器[22] 采用热膨胀系数（CTE）不同的 Al 和 SiO_2 双晶片热执行器。该交换器用于大规模集成电路（LSI）测试器[21] 的前端。采用带有 TGV 互连的玻璃是由于该互连工艺能够减少高频操作时的杂散电容。

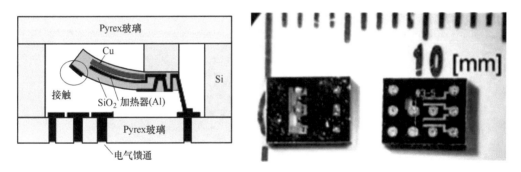

图 17.18 MEMS 开关通过 TGV 互连的晶圆级封装

来源：Modified from Nakamura et al.[21]

有学者研制了高深宽比的 TGV 互连系统[23]。制备工艺如图 17.19 所示。在玻璃表面形成金属图案（图中 1）。采用飞秒激光烧蚀制备孔洞结构（图中 2）。在硅晶圆上采用金属籽晶层电镀，在玻璃下获得铜（图中 3）。使用电镀电流和反向溶解电流的脉冲方法将 Cu 填充于孔洞结构。当电镀铜与金属表面接触时，能够通过电检测该结构。在靠近表面处溶解铜时（图中 4），电流方向是相反的。重复电镀、端点检测、溶解等工艺过程[24]。该脉冲电镀方法可以不采用最终的表面抛光工艺，制备得到平坦表面，因此可以在工艺第一步就提前制备金属图案以用于互连。通过去除 Si 片和金属籽晶层，最终得到 TGV 互连（图中 5）。

飞秒激光器可以应用于制备玻璃孔，如图 17.19 步骤 2 所示。图 17.20（a）所示为飞秒激光制备的玻璃通孔的两张照片，该结构的直径为 $50\mu m$、深度为 $300\mu m$。当大气通过玻璃时，可以观察到玻璃周围的沉积（照片 1）。此外，在真空中制备通道时没有观察到沉积

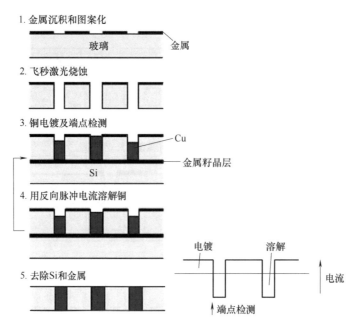

图 17.19　飞秒激光用于 TGV 互连的工艺过程
来源：Abe et al.[23]. © 2003，Elsevier

（照片 2）。其原因为经过烧蚀的玻璃颗粒在真空中没有反射。TGV 互连的截面图如图 17.20 （b）所示。

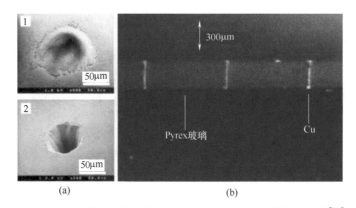

图 17.20　飞秒激光制备的玻璃通孔与 TGV 互连的横截面照片[23]。
（a）在空气（图中 1）和真空（图中 2）中制备的玻璃通孔；（b）TGV 互连的横截面照片

用于 TGV 互连的金属应与玻璃有接近的 CTE，尤其是在 TGV 直径较大的情况。否则在阳极键合的热过程中，金属和玻璃之间会产生一定的间隙，导致空气通过间隙泄漏。为解决该问题设计了如图 11.19 所示的带 Au 馈通的 LTCC[25]。

采用 DRIE 工艺批量生产玻璃上的孔洞。然而，由于 DRIE 刻蚀速率（约 $0.5\mu m \cdot min^{-1}$）较慢，且刻蚀产物沉积在孔的侧壁，很难在玻璃晶圆上形成深孔[26]。对玻璃晶圆采用特定的 DRIE 工艺：由于聚酰亚胺能承受阳极键合的温度，通过与聚酰亚胺的临时键合，可应用于 WLP。制备工艺如图 17.21[27] 所示。使用 Ni 掩模，在 Pyrex 玻璃晶圆上采用 DRIE 方法刻蚀出浅孔（深度约为 $50\mu m$）（图中 1）。在孔内填充电镀铜（或镍）（图中 2 和 3）。将玻璃晶圆表面抛光后，用聚酰亚胺键合在操作玻璃晶圆上（图中 4）。该操作晶圆内部有凹槽并在表面沉积锗层。从背部对 Pyrex 玻璃晶圆进行研磨抛光，将 Cu（或 Ni）暴露（图中 5）。通过阳极键合将 Pyrex 玻璃晶圆与 MEMS 硅晶圆键合（图中 6）。聚酰亚胺可承受键合温度为 400℃。最后通过将锗溶解在沸腾的 H_2O_2 中，将处理晶圆分离后刻蚀聚酰亚胺（图中 7）。如图 17.22 所示，将操作晶圆与 Pyrex 玻璃晶圆相互分离。

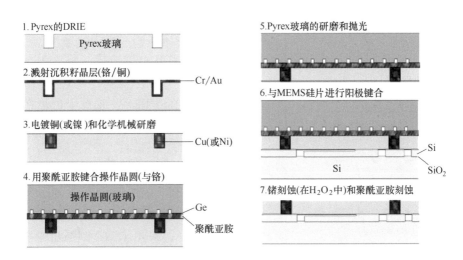

图 17.21 使用玻璃 RIE 和临时键合的晶圆级封装
来源：Modified from Li et al.[27]

图 17.22 MEMS 晶圆与操作玻璃晶圆在沸腾的 H_2O_2 中分离 [(a)→(b)→(c)][27]

17.3.1.2 硅通孔（TSiV）互连

通过硅晶圆的电气互连称为 TSiV。采用温度梯度区熔化方法实现了 TSiV[28,29]，其制备流程如图 17.23 所示。n-Si 晶圆氧化后，对 SiO_2 图案化处理（图中 1），各向同性刻蚀 Si 晶圆（图中 2）。沉积 Al 层（图中 3），刻蚀剥离 SiO_2 层（图中 4）。将正面保持在较低的温度，加热基底后面，使得厚度方向上存在温度梯度。在温度梯度下，Al 融化到 Si 中并转移至基底背面，获得 Al 掺杂的 p^+-Si（图中 5）。通过从硅晶圆背面减薄获得了 pn 结与 n-Si 电隔离的 TSiV。

采用多晶硅填充通孔能够获得 TSiV。图 17.24 所示为该多晶硅 TSiV 的制备过程。通过 DRIE 制备通孔（图中 1），通过氧化处理表面与二氧化硅绝缘（图中 2）。采用 CVD 填充

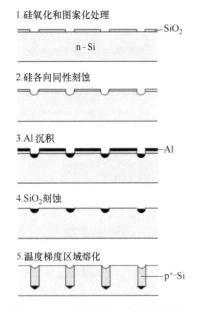

图 17.23 通过温度梯度区熔化制备的 TSiV
来源：Based on Cline and Anthony[28]；
Anthony and Cline[29]

多孔硅（图中 3），刻蚀得到表面多孔硅（图中 4）。可以通过掺杂多晶硅来降低串联电阻。图 17.25 所示为以多晶硅和 n^+ 掺杂多晶硅作为导体，SiO_2 作为绝缘体的 TSiV 截面图[30]。该 TSiV 是为大规模并行电子束直写（MPEBW）系统所需的有源矩阵电子发射阵列所开发的，该系统已在 9.4 节中有所介绍。在 TSiV 的顶部制备了一个 nc-Si（纳米晶硅）电子发射体，通过凸块键合与底部的 CMOS LSI 控制单元相连接（图 9.12 和图 9.13，详见第 9 章）。

控制 LSI 在 MPEBW 系统中也包含 TSiV，如图 17.16 所示。该 TSiV 采用金属（Cu）作为导体，其制备工艺如图 17.26[31] 所示。LSI 在低于表面的多金属层中含有 n 阱和用于互连的金属通孔（图中 1）。采用 DRIE 在背后的通孔周围刻蚀硅（图中 2），采用聚合物（BCB）填充刻蚀孔以实现绝缘（图中 3）。采用 DRIE 刻蚀出聚合物中的 Si（图中 4），然后采用电镀铜填充孔洞（图中 5）。使用 Cu 和聚合物（BCB）在背面形成两个金属互连层（图中 6）。

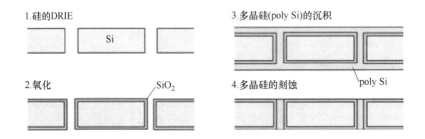

图 17.24 多晶硅 TSiV 的制备工艺

图 17.25 多晶硅 CVD 工艺的 TSiV[30]

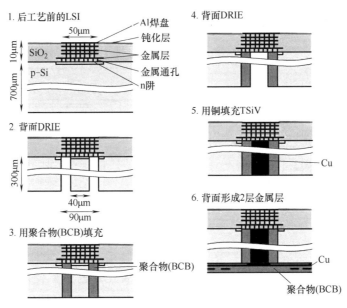

图 17.26 通过电镀在 LSI 下面制备的 TSiV

来源：Based on Miyaguchi et al.[31]

17.3.2 横向馈通互连

沉积密封可用于制备电容式压力传感器的基准压力室[32]。具有电容测量电极的玻璃通过阳极键合与具有膜片的硅基底相键合。从电极到焊盘的横向馈通通道用玻璃熔块（低熔点玻璃）密封。

另一个横向馈通连接的例子是热质量流量传感器，如图 17.27[33] 所示。传感器的微加热器位于气体通道中，通过在传感器和焊盘之间的孔中沉积 PECVD SiON 或环氧树脂来密封焊盘的横向馈通。

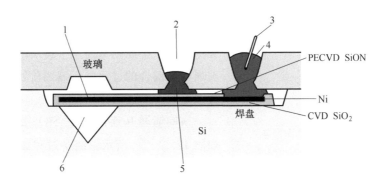

图 17.27 采用沉积密封的热质量流量传感器

来源：Esashi et al.[33]

1—微加热器；2—密封孔；3—引线；4—导电环氧树脂；5—PECVD SiON（或环氧树脂）；6—气体通道

通过阳极键合能够形成密封腔的横向馈通。图 17.28 为压阻式绝对压力传感器[34]。选择包含铝焊盘的玻璃晶圆与具有薄膜片的硅晶圆相键合。通过玻璃上 p^+-Si 与 Al 的接触制备得到压敏电阻的电气互连膜片。然而，和玻璃接触的 pn 结会产生漏电流。应用类似的横向互连[35]研制了压阻硅加速度计。

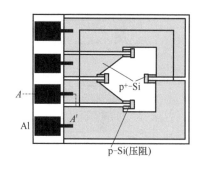 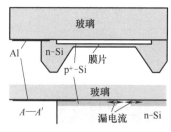

图 17.28 采用横向馈通的绝对压力传感器
来源：Based on Nunn and Angell et al.[34]

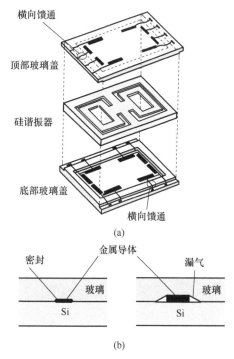

图 17.29 带有横向馈通的封装谐振结构。
(a) 封装谐振器；
(b) 无漏气或有漏气的横向馈通
来源：Modified from Corman et al.[36]

横向金属互连已经广泛应用于阳极键合的玻璃-硅。图 17.29 (a) 为封装后的谐振结构[36]。具有金属图案的玻璃晶圆在具有谐振器的硅晶圆两侧阳极键合。金属图案用作横向馈通。气体泄漏程度与金属厚度有关，如图 17.29 (b) 所示。带有金属薄层（厚度为 20nm 的 Au 垂直放置在厚度为 2nm 的 Ti 上，两种金属层的宽度为 20μm）的横向馈通并不会产生泄漏，金属厚度大于 50nm 会引起空气泄漏[37]。

如图 17.30[37] 所示，可以在阳极键合的玻璃-硅界面上制备密封的电气馈通。由于阳极键合过程中压薄了金属，可以在三角形图案的尖端处密封金属台阶的泄漏通道。

图 17.31 为横向馈通的另一种密封方法[38]。如图所示，金属图案通过了玻璃内的沟槽边缘。在玻璃相互键合的过程中压缩凹角处的金属，该方法能够密封泄漏通道。

横向馈通互连能够在 SiO_2 层中由金属制成，如图 17.32[39] 所示。制备过程如下：将硅氧化并结合光刻胶作为掩模，刻蚀部分表面氧化物获得沟槽结构（图中 1）。通过蒸发方法在表面获得 Cr 和 Al（图中 2）。去除光刻胶后，金属仍然残留在凹槽中，该过程为剥离过程（图中 3）。在表面涂布旋涂玻璃（SOG）并烧结，保证表面平整（图中 4）。通过溅射方法在表面沉积硅（图中 5），并通过阳极键合与 Pyrex 玻璃键合（图中 6）。由于需要在晶圆上制备 MEMS 结构后进行该过程，导致该工艺在许多情况下很困难。

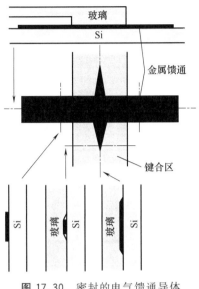

图 17.30 密封的电气馈通导体

来源：Based on Petersen[37]

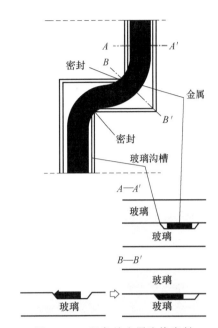

图 17.31 凹角处金属边缘密封

来源：Based on Hiltmann et al.[38]

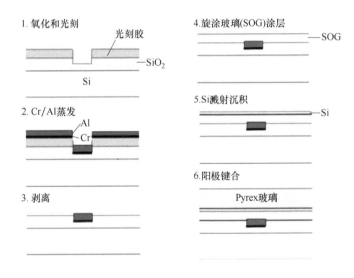

图 17.32 在二氧化硅上与金属的横向馈通互连

来源：Modified from Esashi et al.[39]

图 17.33 所示为在 PSG[40] 中与多晶硅横向馈通互连的示意图。该工艺能够用于制备可植入遥测胶囊。其制备过程如下：在热 SiO_2 上形成了掺 P 多晶硅图案（图中 1）。采用低温氧化物（LTO）和 PSG（图中 2）覆盖多晶硅，并在 1100℃ 下室温退火 2h，结合回流工艺使表面光滑（图中 3）。通过低压化学气相沉积（LPCVD）工艺获得二氧化硅、氮化硅和二氧化硅层（图中 4），对上述结构层与热二氧化硅图案化处理（图中 5）。在覆盖表面掺 P 多晶硅，玻璃胶囊被阳极键合在多晶硅上，用于密封（图中 6）。

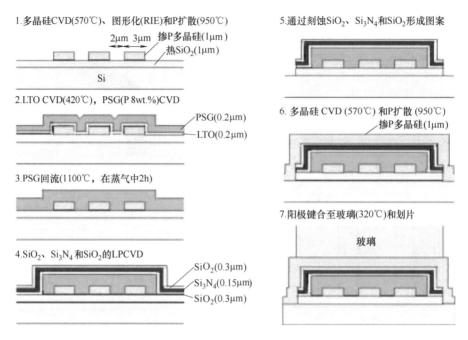

图 17.33 磷硅玻璃（PSG）中的多晶硅横向馈通互连工艺流程

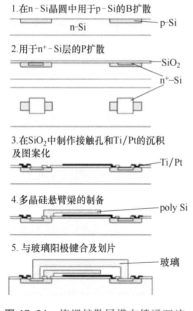

图 17.34 掩埋扩散层横向馈通互连

采用掩埋扩散层能够实现横向馈通互连，如图17.34所示。该掩埋扩散层的制备方法是将p-Si扩散层置于n-Si晶圆中（图中1）和n^+-Si扩散层中（图中2），n^+-Si扩散层能够覆盖p-Si扩散层。在SiO_2中制备接触孔，然后沉积Ti和Pt（图中3）。通过表面微加工制备MEMS结构，如多晶硅悬臂梁（图中4），并对盖玻璃进行阳极键合（图中5）。该馈通采用扩散层进行互连，具有一定的串联电阻。

可以采用熔化玻璃覆盖芯片表面的金属互连，以实现密封封装。如图17.35所示为采用该工艺制备集成加速度计的过程示意图[41]。采用表面微加工在含有集成电路（IC）芯片的硅晶圆表面制备MEMS。制备了一种具有用于密封的玻璃熔块（焊料玻璃和低熔点玻璃）图案的盖晶圆（图中1）。采用热键合方法将两晶圆与熔化的玻璃熔块键合（图中2）。将盖晶圆剖开露出键合部分，并将键合部分切割成单个芯片（图中3）。最后进行引线键合和塑料成型（图中4）。

17.3.3 电镀互连

电镀能够用于非平面（3D）批量互连工艺。图17.36为三维多电极阵列，其中互连工艺采用镍电镀[42]，用于检测神经元信号的电极连接到用于信号处理的电路。

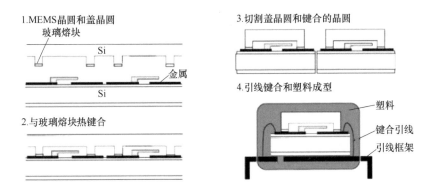

图 17.35　将玻璃熔块（焊料玻璃）键合到盖晶圆上的晶圆级封装
来源：Based on Judy[41]

图 17.36　三维多电极阵列电镀互连示意图
来源：Hoogerwerf and Wise[42] with permission

通过电镀的互连能够应用于触觉显示器[43]。如图 17.37（a）所示，采用两个形状记忆合金（SMA）执行器来上下移动引脚，并使用磁锁存器来保持状态。通过电流加热驱动 SMA。SMA 执行器和引脚组装在印制电路板上。采用电镀镍制备 3D 批量互连，如图 17.37（b）所示。触觉显示器实物的照片如图 17.37（c）所示。

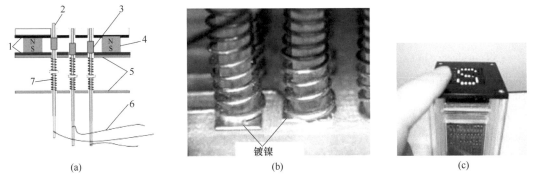

图 17.37　使用形状记忆合金执行器的触觉显示器电镀互连。(a) 示意图；(b) 电镀镍互连；(c) 实物照片
来源：Haga et al.[43]. © 2005, Elsevier
1—铁板；2—引脚；3—磁性材料管；4—永磁体；5—印制电路板；6—引线；7—SMA 线圈

如图 17.38[44] 所示为通过电镀批量制备组装活动导管。SMA 线圈与偏置弹簧的垫圈组合用作驱动器。根据 SMA 驱动器的移动方向，导管不仅可以弯曲，还可以倾斜和延伸。制备过程如下：SMA 线圈涂上丙烯酸树脂，与衬垫线圈组装。激光选择性地去除该驱动器的表面聚合物［图 17.38（a）］。对 SMA 线圈的外露部分采用电镀镍工艺，用于机械装配和电气互连［图 17.38（b）］。组装后的活动导管实物的照片如图 17.38（c）所示。

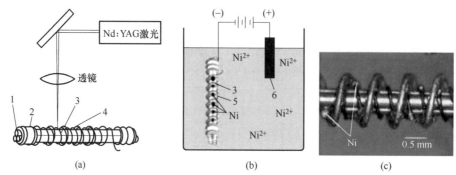

图 17.38 通过电镀批量组装活性导管。（a）去除表面绝缘体；（b）电镀镍；（c）活动导管实物图
来源：Haga et al.[44]. © 2000, IEEE
1—金属杆；2—垫片；3—SMA 线圈（绝缘）；4—内衬线圈；5—丙烯酸；6—电极

参 考 文 献

1　Esashi，M.（2008）. Wafer level packaging of MEMS. *J. Micromech. Microeng.* 18（7）：073001.（13pp）.

2　Matsumoto，Y.，Shoji，S.，and Esashi，M.（1990）. A miniature integrated capacitive pressure sensor. 22nd Conf. on Solid State Devices and Materials，Sendai，Japan（22-24 August 1990），701.

3　Shoji，S. and Esashi，M.（1990）. Photoetching and electrochemical discharge drilling of Pyrex glass. Tech. Digest of the 9th Sensor Symp. Tokyo，Japan（30-31 May 1990），25-28.

4　Guckel，H. and Burns，D. W.（1985）. Laser-recrystallized piezoresistive micro-diaphragm sensor. Digest of Technical Papers，The 3rd Int. Conf. on Solid State Sensors and Actuators（Transducers'85），Stockholm，Sweden（25-29 June 1985），182-185.

5　Shoji，S.，Nisase，T.，Esashi，M.，and Matsuo，T.（1987）. Fabrication of an implantable capacitive type pressure sensor. Digest of Technical Papers，The 4th Int. Conf. on Solid State Sensors and Actuators（Transducers'87），Tokyo，Japan（2-5 June 1987），305-308.

6　Lebouitz，K. S.，Howe，R. T.，and Pisano，A. P.（1995）. Permeable polysilicon etch-access windows for microshell fabrication. The 8th Int. Conf. on Solid State Sensors and Actuators，and Eurosensors IX（Transducers'95 Eurosensors IX），Stockholm，Sweden（25-29 June 1995），224-227.

7　Dougherty，G. M.，Sands，T. D.，and Pisano，A. P.（2003）. Microfabrication using one-step LPCVD porous polysilicon films. *J. Microelectromech. Syst.* 12（4）：418-421.

8　Kiihamäki，J.，Dekker，J.，Pekko，P. et al.（2004）."Plug-up"—a new concept for fabricating SOI MEMS devices. *Microsyst. Technol.* 10（5）：346-350.

9　Fan，R. H.，Fan，L.，Wu，M. C.，and Kim，C. J.（2004）. Porous polysilicon shell formed by electrochemical etching for on-chip vacuum encapsulation. Tech. Digest solid-State Sensor，Actuator and

Microsystems Workshop, Hilton Head Island, USA (6-10 June 2004), 332-335.

10 Jones, D. G., Azevedo, R. G., Chan, M. W. et al. (2007). Low temperature ion beam sputter deposition of amorphous silicon carbide for wafer-level vacuum sealing. 20th IEEE Intl. Micro Electro Mechanical Systems Conf. (MEMS 2007), Kobe, Japan (21-25 January 2007), 275-278.

11 Liu, C. and Tai, Y. -C. (1999). Sealing of micromachined cavities using chemical vapor deposition methods: characterization and optimization. *J. Microelectromech. Syst.* 8 (2): 135-145.

12 Monajemi, P., Joseph, P. J., Kohl, P. A., and Ayazi, F. (2006). Wafer-level MEMS packaging via thermally released metal-organic membranes. *J. Micromech. Microeng.* 16 (4): 742-750.

13 Oberhammer, J., Niklaus, F., and Stemme, G. (2004). Sealing of adhesive bonded devices on wafer level. *Sens. Actuators A* 110: 407-412.

14 Lapisa, M. A., Niklaus, F., and Stemme, G. N. (2009). Room-temperature wafer-level hermetic sealing for liquid reservoirs by gold ring embossing. The 15th International Conf. on Solid-State Sensors, Actuators and Microsystems (Transducers 2009), Denver, USA (21-25 June 2009), 833-836.

15 Decharat, A., Yu, J., Boers, M. et al. (2009). Room-temperature sealing of microcavities by cold metal welding. *J. Microelectromech. Syst.* 18 (6): 1318-1325.

16 Antelius, M., Fischer, A. C., Niklaus, F. et al. (2012). Hermetic integration of liquids using high-speed stud bump bonding for cavity sealing at the wafer level. *J. Micromech. Microeng.* 22 (4): 045021. (6pp).

17 Ogashiwa, T., Totsu, K., Nishizawa, M. et al. (2017). Wafer-to-wafer transportable gold particle plug for spot vacuum sealing of MEMS. The 19th International Conf. on Solid-State Sensors, Actuators and Microsystems (Transducers'17), (18-22 June 2017), 1304-1307.

18 Wang, W. -S., Lin, Y. -C., Gessner, T., and Esashi, M. (2015). Fabrication of nanoporous gold and the application for substrate bonding at low temperature. *Jpn. J. Appl. Phys.* 54 (3): 030215 (7).

19 Schmitt, J. M., Mihm, F. G., and Meindle, J. D. (1986). New methods for whole blood oximetry. *Ann. Biomed. Eng.* 14: 35-52.

20 Bowman, L., Schmitt, J. M., and Meindle, J. D. (1985). Electrical contacts to implantable integrated sensors by CO_2 laser-drilled vias through glass. In: *Micromachining and Micropackaging of Transducers* (eds. C. D. Fung, P. W. Cheung, W. H. Ko and D. G. Fleming), 79-84. Amsterdam: Elsevier Science Publishers B. V.

21 Nakamura, K., Takayanagi, F., Moro, Y. et al. (2004). Development of RF MEMS switch. *Advantest Tech. Rep.* 22: 9-16. (in Japanese).

22 Liu, Y., Li, X., Abe, T. et al. (2001). A thermomechanical relay with microspring contact array. The 14th IEEE Intl. Conf. on Micro Electromechanical Systems (MEMS 2001), Interlaken, Switzerland (21-25 January 2001), 220-223.

23 Abe, T., Li, X., and Esashi, M. (2003). Endpoint detectable plating through femtosecond laser drilled glass wafers for electrical interconnections. *Sens. Actuators, A* 108: 234-238.

24 Anthony, T. R. (1981). Forming electrical interconnections through semiconductor wafers. *J. Appl. Phys.* 52 (8): 5340-5349.

25 Tanaka, S., Matsuzaki, S., Mohri, M. et al. (2011). Wafer-level hermetic packaging technology for MEMS using anodically-bondable LTCC wafer. The 24th IEEE Intl. Conf. on Micro Electrome-

chanical Systems (MEMS 2011), Cancun, Mexico (23-27 January 2011), 376-379.

26 Li, X., Abe, T., and Esashi, M. (2000). Deep reactive ion etching of Pyrex glass. IEEE The 13th Intl. Annual Intl. Conf. on Micro Electro Mechanical Systems (MEMS 2000), Miyazaki, Japan (23-27 January 2000), 271-276.

27 Li, X., Abe, T., Liu, Y., and Esashi, M. (2002). Fabrication of high-density electrical feed-through by deep-reactive-ion etching of Pyrex glass. *J. Microelectromech. Syst.* 11 (6): 625-629.

28 Cline, H. E. and Anthony, T. R. (1976). Thermomigration of aluminum-rich liquid wires through silicon. *J. Appl. Phys.* 47 (6): 2332-2336.

29 Anthony, T. R. and Cline, H. E. (1976). Random walk of liquid droplets migrating in silicon. *J. Appl. Phys.* 47 (6): 2316-2324.

30 Ikegami, N., Koshida, N., Kojima, A. et al. (2013). Active-matrix nanocrystalline Si electron emitter array with a function of electronic aberration correction for massively parallel electron beam direct-write lithography: electron emission and pattern transfer characteristics. *J. Vac. Sci. Technol.* B31 (6): 06F703(8).

31 Miyaguchi, H., Muroyama, M., Yoshida, S. et al. (2015). An LSI for massive parallel electron beam lithography: its design and evaluation. *IEEJ Trans. Sens. Micromachines* 135 (10): 374-381. (in Japanese).

32 Jornod, A. and Rudolf, F. (1989). High-precision capacitive absolute pressure sensor. *Sens. Actuators* 17: 415-421.

33 Esashi, M., Eoh, S., Matsuo, T., and Choi, S. (1987). The fabrication of integrated mass flow controller. Digest of Technical Papers, The 4th Intl. Conf. on Solid State Sensors and Actuators (Transducers'87), Tokyo, Japan (2-5 June 1987).

34 Nunn, T. A. and Angell, J. B. (1977). An IC absolute pressure transducer with built-in reference chamber. In: *Indwelling and Implantable Pressure Transducers* (eds. D. G. Fleming, W. H. Ko and M. R. Neuman), 133-136. CRC Press.

35 Roylance, L. M. and Angell, J. B. (1979). A batch-fabricated silicon accelerometer. *IEEE Trans. Electron Devices* ED-26 (12): 1911-1917.

36 Corman, T., Enoksson, P., and Stemme, G. (1998). Low-pressure-encapsulated resonant structures with integrated electrodes for electrostatic excitation and capacitive detection. *Sens. Actuators A* 66: 160-166.

37 Petersen, K. E. (1985). Method and apparatus for forming hermetically sealed electrical feed-through conductor. WO 85/03381.

38 Hiltmann, K. M., Schmidt, B., Sandmaier, H., and Lang, W. (1997). Development of micromachined switches with increased reliability. 1997 Intern. Conf. on Solid-State Sensors and Actuators (Transducers'97), Chicago, USA (16-19 June 1997), 1157-1160.

39 Esashi, M., Ura, N., and Matsumoto, Y. (1992). Anodic bonding for integrated capacitive sensors. IEEE Micro Electro Mechanical Systems (MEMS'92), Travemunde, Germany (4-7 February 1992), 43-48.

40 Ziaie, B., Von Ark, J. A., Dokmeci, M. R., and Najafi, K. (1996). A hermetic glass-silicon micropackage with high-density on-chip feedthroughs for sensors and actuators. *J. Microelectromech. Syst.* 5 (3): 166-179.

41 Judy, M. W. (2004). Evolution of integrated inertial MEMS technology. Solid-State Sensor, Actuator and Microsystems Workshop, Hilton Head Island, USA (6-10 June 2004), 27-32.

42 Hoogerwerf, A. C. and Wise, K. D. (1991). A three-dimensional neural recording array. 1991 Intl. Conf. on Solid-State Sensors and Actuators (Transducers'91), Berkeley, USA (24-27 June 1991), 120-123.

43 Haga, Y., Makishi, W., Iwami, K. et al. (2005). Dynamic braille display using SMA coil actuator and magnetic latch. *Sens. Actuators A* 119: 316-322.

44 Haga, Y., Esashi, M., and Maeda, S. (2000). Bending, torsional and extending active catheter assembled using electroplating. IEEE The 13th Intl. Annual Intl. Conf. on Micro Electro Mechanical Systems (MEMS 2000), Miyazaki, Japan (23-27 January 2000), 181-186.

第18章 真空封装

Masayoshi Esashi

Tohoku University，Micro System Integration Center（μSIC），519-1176 Aramaki-Aza-Aoba，Aoba-ku，980-0845，Sendai，Japan

18.1 真空封装的问题

一些 MEMS 器件需要真空腔，例如谐振器、热红外（IR）成像仪和绝对压力传感器等。原因如下：谐振器由于周围气体的黏性阻尼使其失去了动能，从而导致降低了 Q（品质因数）；热红外成像仪上排列有红外传感器元件，每个元件上有一个红外吸收器和一个温度传感器，周围气体的热损失需要降到最低，以将红外线转换为温度，因此传感器必须保持在真空腔中，真空腔也有效地减少串扰、像素之间的热耦合；绝对压力传感器需要真空腔作为参考压力。

真空封装中的问题如图 18.1[1] 所示。气体分子通过结构材料的渗透是气密性封装的问题之一[2]。气体分子在材料中吸收并扩散。聚合物是一种非密闭材料，不适用于真空环境封装。固体无机材料，如玻璃、陶瓷、金属和硅，适用于密封材料；然而 He 可以通过玻璃扩散[3]。真空封装的其他问题是封装材料发生放气并通过不同材料之间的间隙泄漏，如图 18.1 所示。MEMS 器件里面的小空腔对真空封装的密封性要求较高。

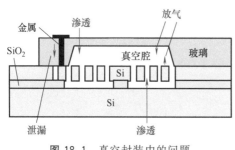

图 18.1 真空封装中的问题

18.2 阳极键合真空封装

真空封装可以在真空室中通过阳极键合来实现。然而，键合界面的玻璃会产生氧气。如图 18.2 所示为产生氧气的实验结果[4]。将不同空腔体积的带有 SiON 膜片的 Si 在真空室中阳极键合在 Pyrex 玻璃上，键合后在大气中测量膜片的变形。如果空腔体积较大，即空腔处于减压或真空状态，则通过大气压力对膜片放气。另一方面，如果空腔体积很小，膜片就会膨胀，这是因为空腔内充满了阳极键合过程中产生的氧气。在阳极键合过程中，可以观察到

Na^+离子的位移电流。然而，如图18.3所示，完成键合后，会产生一个较小的电流。该电流是由玻璃-硅界面[5]的以下电化学反应引起的：

$$2SiO^- \longrightarrow 2Si + 2e^- + O_2 \uparrow$$

SiO^-从玻璃空间电荷层向玻璃-硅界面移动，通过电化学反应生成了O_2气体。

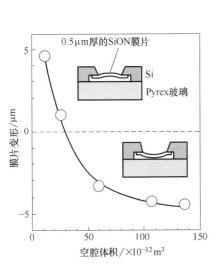

图18.2　真空阳极键合后膜片在大气中的变形
来源：Esashi[4]

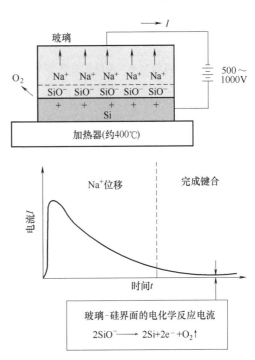

图18.3　阳极键合过程中观察到的电流

图18.4展示了一些减少氧气产生影响的方法。在玻璃上生成一个小孔。在阳极键合后，可以采用较小的玻璃[6]或钎焊工艺将小孔密封。

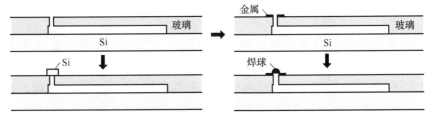

图18.4　阳极键合后的密封

如图18.5[7,8]所示，通过在腔内使用非蒸散型吸气剂（NEG），可以获得高真空腔。在真空阳极键合过程中，NEG被活化并吸收产生的氧气。NEG的机制如图18.6所示。NEG由Ti和Zr-V-Fe合金组成，其表面覆盖有氧化物和氮化物等组成的钝化层。表面氧化物和氮化物在真空中、400℃下的活化过程中，通过解吸或扩散到本体中消失。活化过程后，气体可吸附在表面。

空腔真空压力可由图18.7[7]所示的方法测量。所述封装的测试装置具有位于真空室中

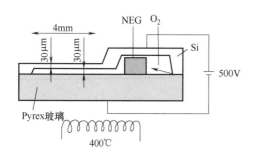
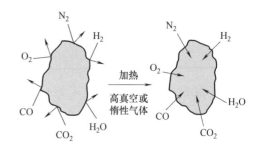

图 18.5 带有非蒸散型吸气剂的阳极键合真空封装
来源：Modified from Henmi et al.[7]

图 18.6 非蒸散型吸气剂的活化过程
来源：Provided by SAES Getters；Ref [8] with permission

的薄膜片，用一个光学变形传感器通过一个玻璃窗口来测量膜片的变形。膜片相对于腔室压力的测量偏差如图 18.7（b）所示。膜片在 0.01Pa 的压力下向空腔侧放气，这意味着空腔压力低于 0.01Pa，因此通过使用 NEG 实现了高真空。

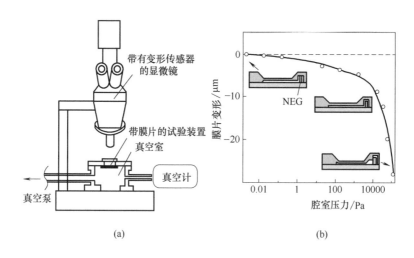

图 18.7 （a）测量系统；（b）膜片变形与腔室压力的关系
来源：Henmi et al.[7]. © 1994，Elsevier

采用 NEG 真空封装的硅膜片真空计如图 18.8（a）[9,10] 所示。通过使用薄硅膜片（7μm 厚，边长 4mm 的正方形）和真空参考腔，可以测量 0.1~133Pa 的低压环境。真空计制备流程如图 18.8（b）所示。用于薄膜片的硅晶圆是通过刻蚀和 B（硼）扩散（图中左侧 1~4）所得。制备底部有薄 p^+ 硅的通孔玻璃晶圆（图中右侧 1′~5′）。上述晶圆用于阳极键合（图左 5）。通过选择刻蚀 p^+ 硅膜片，得到较薄的膜片（图左 6）。将键合玻璃和硅晶圆分割划片，在薄的 p^+ 硅上打孔。通过在真空中阳极键合，将芯片与底部的玻璃互相键合，空腔内有 NEG，此外，对顶部玻璃上的孔进行金属化处理（图左 7）。

用 NEG 真空封装的另一个例子为如图 18.9[11] 所示的静电悬浮式转动惯量测量系统。硅盘在真空腔内静电悬浮并旋转，真空腔内有 NEG。需要保持高真空环境，以减少硅转盘的黏性阻尼。通过电容位置传感、静电驱动和高速数字信号处理的反馈控制，硅盘以 20000r/min 的速度旋转。该系统可以同时测量三轴加速度和两轴旋转。

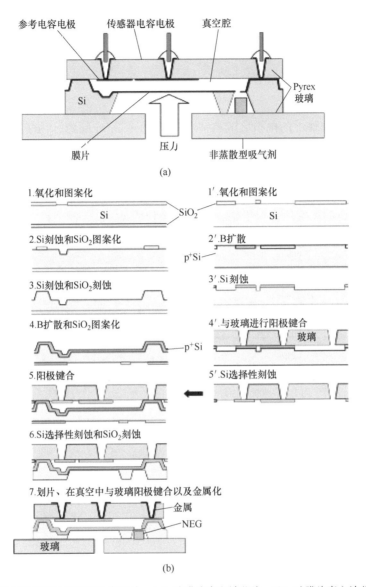

图 18.8 采用真空腔薄膜片的硅膜片真空计。(a) 硅膜片真空计芯片;(b) 硅膜片真空计芯片的制备工艺

来源:Modified from Miyashita and Kitamura[9]

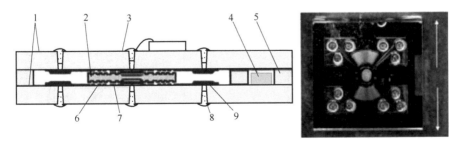

图 18.9 带有吸气剂真空腔的静电悬浮式转动惯量测量系统

来源:Based on Fukatsu et al.[11]

1—Pyrex 玻璃;2—转子(硅);3—共同电极;4—非蒸散型吸气剂;5—框架(硅);
6—控制电极;7—旋转电极;8—馈通;9—p^+Si

18.3 控制腔压的阳极键合封装

电容式加速度计等传感器需要控制最佳腔体压力，以防止在低真空下的黏性阻尼和高真空下的谐振[12]。图 18.10 展示了一种力平衡硅加速度计，它的质量块悬挂在薄梁（5μm 厚）上。在质量块和玻璃上的电极之间有一个狭窄的 1.5μm 间隙，用于电容传感和静电驱动以实现力平衡。只要静电力与惯性力通过加速度达到平衡，即可实现很大的测量范围。在较宽的加速度范围内，窄间隙可以有效地增加静电力，但需要对腔体压力进行控制，以防止在窄间隙处的黏性阻尼。其在不同腔压下的频率响应如图 18.11[13] 所示。从频率响应中可以看出，100Pa 左右的真空压力对于临界阻尼是最佳的。

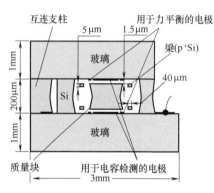 

图 18.10　带窄间隙的力平衡式硅加速度计

来源：Modified from Minami et al.[12]

如图 18.12 所示，通过在 Ar 环境中加入 NEG 来控制腔内压力。在阳极键合过程中，产生的氧气被 NEG 吸收。另一方面，类似于 Ar 等惰性气体不会被 NEG 吸收。当键合压力为 13332Pa 和 267Pa 且温度为 673K（400℃）时，空腔压力分别为 5000Pa 和 110Pa。这些结果可用理想气体定律来解释：

$$PV = nRT$$

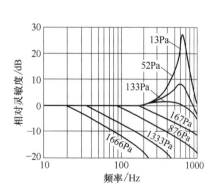 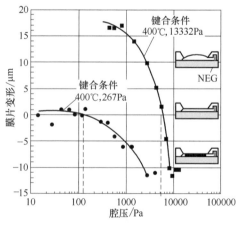

图 18.11　不同腔压下硅加速度计的频率响应

来源：Modified from Lim et al.[13]

图 18.12　氩环境下用阳极键合控制腔内压力

来源：Modified from Lim et al.[13]

其中，P 是腔压；V 是腔体积；n 是气体的摩尔数；R 是气体常数；T 是绝对温度。当 673K（400℃）下压力为 13332Pa 时，由该公式计算出的腔压在 300K（27℃）下为 5338Pa。当 673K（400℃）下压力为 267Pa 时，计算的压力在 300K（27℃）下为 107Pa。室温（27℃）下计算所得压力（5338Pa 和 107Pa）与实验所得腔压（5000Pa 和 110Pa）一致。实验结果表明可以控制空腔压力。然而，在低真空压力室阳极键合期间，需要防止电击穿。如图 18.13（a）所示，使用玻璃作为电极进行电接触，因为在真空室中暴露的金属应覆盖绝缘体。然而，在阳极键合过程中可以使用的最大电压限制在如图 18.13（b）[4] 所示的某些压力范围内。

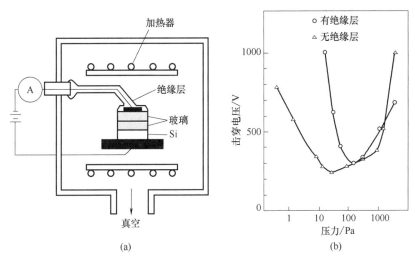

图 18.13 控制真空压力和击穿电压的阳极键合。(a) 可控压力的键合装置；(b) 击穿电压与压力的关系

来源：Esashi[4]

18.4 金属键合真空封装

图 18.14[14] 所示为采用金属键合真空封装制备所得的红外成像仪。由红外吸收器和 Si/SiGe 量子阱辐射热计组成的红外传感器像素是热隔离的，且呈阵列排布（间距为 17μm，数量为 32×32）。传感器阵列采用硅盖晶圆封装，其两侧有抗反射（AR）涂层。采用焊料在真空中通过金属键合密封上述器件。采用硅上的 NEG 薄膜来保持腔内的真空。

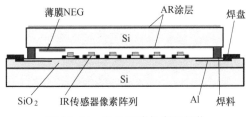

图 18.14 红外成像仪真空封装

来源：Based on Forsberg et al.[14]

18.5 沉积真空封装

用沉积材料密封可制备真空腔。硅沉积制备的谐振式压力传感器如图 18.15[15] 所示。在硅膜片中制备具有硅谐振腔的真空腔。谐振器的谐振频率由膜片上的压差引起的拉应力所控

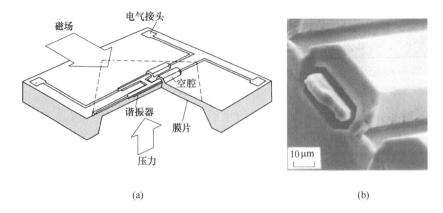

图 18.15 采用真空腔谐振器和膜片的谐振式压力传感器。(a) 真空腔谐振器的结构；(b) 真空腔谐振器的照片

来源：Ikeda et al.[15]. © 1990，Elsevier

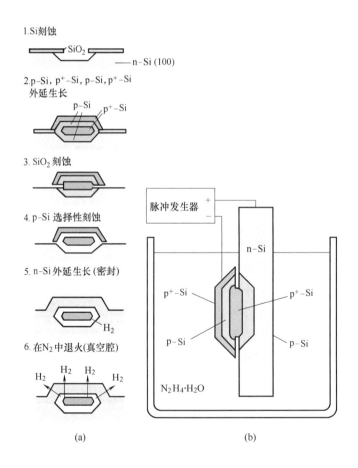

图 18.16 采用选择性刻蚀和沉积真空密封的制备工艺。(a) 工艺流程；(b) 选择性刻蚀

来源：Ikeda et al.[15]. © 1990，Elsevier

制。其制备过程如图 18.16 所示。采用二氧化硅作为掩模对 n-Si 晶圆进行刻蚀（图中 1）。在低压反应器中，p-Si、p^+-Si、p-Si 和 p^+-Si 依次外延生长（图中 2）。在 SiO_2 刻蚀后（图中 3），使用 $N_2H_4 \cdot H_2O$ 作为刻蚀剂选择性地得到 p-Si（图中 4）。选择性刻蚀如图 18.16（b）所示。在 n-Si 上施加正电压，使其表面形成阳极氧化膜，阳极氧化膜保护 n-Si 不受刻蚀。该结构由外延生长的 n-Si 密封（图中 5）。n-Si 外延生长时，腔内残留的 H_2 气体通过 N_2 环境退火扩散排除（图中 6）。采用此工艺便可获得真空腔。

18.6 气密性测试

必须对 MEMS 腔的气密性进行测试。如图 18.17（a）所示的结构可用于真空腔[16]的自检。从带有孔隙的膜片上可以看到真空腔。图 18.17（b）是泄漏测试的一个例子，其中膜片的稳定位移代表着密封性的程度。另一方面，由于部分空气泄漏，平膜片意味着腔内充满空气。玻璃中的铜馈通有时会出现漏气的问题。铜具有比玻璃更高的热膨胀率，会导致空气在铜和玻璃之间通过。第 11 章中图 11.19 所示的低温共烧陶瓷（LTCC）馈通就是为了解决这个问题而开发的。

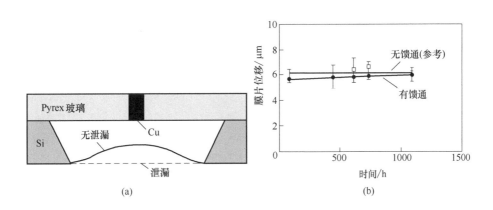

图 18.17 泄漏测试器件。(a) 器件结构；(b) 泄漏试验实例
来源：Modified from Li et al.[16]

腔内的真空度也可以通过使用腔内的微加热器[17]来监测。根据皮拉尼真空计的原理，通过其电阻的变化来测量加热器周围气体分子的散热。

微谐振器也可用来监测腔内的真空水平[18,19]。由于周围气体分子的阻尼，Q（品质因数）降低。

通过 He 泄漏试验，可以直接测量漏气量。图 18.18（a）所示为使用集成腔[20]的小体积高灵敏度 He 泄漏测试仪。在充满 He 气体的腔室中，封装的 MEMS 样品被转移到集成腔中。将样品保存在集成腔后，打开集成阀，采用质谱仪测量集成腔中积累的 He 气体。图 18.18（b）显示了对累积 He 气体的监测示例。可以从图中的面积 S 来评估密封性。累积时间为 1200s 时，泄漏率分辨率为 1×10^{-15} Pa·m^3·s^{-1}。这种分辨率比传统的泄漏测试方法高出三个数量级。

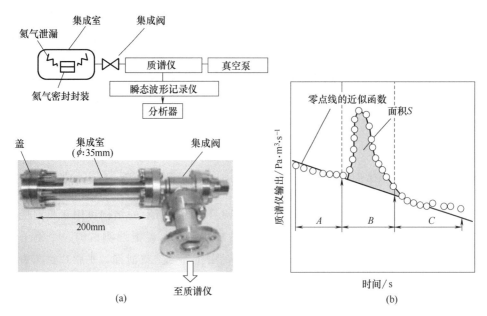

图 18.18　采用集成腔的高灵敏度 He 泄漏测试仪。(a) 测试系统；(b) 集成腔内 He 气体的监测
来源：Fujiyoshi et al.[20]

参 考 文 献

1　Choa，S.-H. (2005). Reliability of MEMS packaging：vacuum maintenance and packaging induced stress. *Microsyst．Technol*. 11：1187-1196.

2　Tummala，R. R. (2001). Chapter 15：fundamentals of sealing and encapsulation. In：*Fundamentals of Microsystems Packaging* (eds. C. P. Wong and T. Fang)，586-610. McGraw-Hill.

3　Urry，W. D. (1932). Further studies in the rare gases．1. The permeability of various glasses to helium. *J．Am．Ceram．Soc* 54：3887-3901.

4　Esashi，M. (1993). Complex micromechanical structures by low temperature bonding. 183rd Electrochemical Society Meeting，Honolulu，Hawaii，1233-1234.

5　Carlson，D. E.，Hang，K. W.，and Stockdale，G. F. (1972). Electrode "polarization" in alkali-containing glasses. *J．Am．Ceram．Soc*．55 (7)：337.

6　Hara，T.，Kobayashi，S.，and Ohwada，K. (1999). Fabrication of micromachined wafer level low-pressure package and its stability. IEEJ Technical Report，SMP-99-6，11-15. (in Japanese).

7　Henmi，H.，Shoji，S.，Shoji，Y. et al. (1994). Vacuum packaging for microsensors by glass-silicon anodic bonding. *Sensor．Actuat．A* 43：243-248.

8　Tominetti，S. and Amiotti，M. (2002). Getters for flat-panel displays. *Proc．IEEE* 90 (4)：540-558.

9　Miyashita，H. and Kitamura，Y. (2005). Micromachined capacitive diaphragm gauge. *Anelva Technical Report* 11 (4)：37-41. (in Japanese).

10　Esashi，M.，Sugiyama，S.，Ikeda，K. et al. (1998). Vacuum-sealed silicon micromachined pressure sensors. *Proc．IEEE* 86 (8)：1627-1639.

11 Fukatsu, K., Murakoshi, T., and Esashi, M. (1999). Electrostatically levitated micro motor for inertia measurement system. Technical Digest of the Transducers'99, 3P2.16 (7-10 June 1999) 1558-1561.

12 Minami, K., Moriuchi, T., and Esashi, M. (1997). Dumping control for packaged micro mechanical devices. *Trans. IEEJ* 117-E (2): 109-116. (in Japanese).

13 Lim, G., Baek, S., and Esashi, M. (1998). A new bulk-micromachining using deep RIE and wet etching for an accelerometer. *Trans. IEEJ* 118-E (9): 420-424.

14 Forsberg, F., Lapadatu, A., Kittilsland, G. et al. (2015). CMOS-integrated Si/SiGe Quantum-well infrared micro bolometer focal plane arrays manufactured with very large-scale heterogeneous 3-D integration. *IEEE J. Sel. Top. Quantum Electron.* 21 (4): 2700111.

15 Ikeda, K., Kuwayama, H., Kobayashi, T. et al. (1990). Three-dimensional micromachining of silicon pressure sensor integrating resonant strain gages on diaphragm. *Sens. Actuat.* A21-A23: 1007-1010.

16 Li, X., Abe, T., and Esashi, M. (2004). An integrated encapsulating technology with high-density plated-through-holes in Pyrex glass. ICEE 2004/APCOT MNT 2004, Sapporo (5-6 July 2004), 634-637.

17 Mitchell, J., Lahiji, G. R., and Najafi, K. (2006). Long-term reliability, burn-in and analysis of outgassing in Au-Si eutectic wafer-level vacuum packages. Solid-State Sensors, Actuators, and Microsystems Workshop, Hilton Head Island, USA (4-8 June 2006) 376-379.

18 Chiao, M. and Lin, L. (2002). Accelerated hermeticity testing of a glass-silicon package formed by rapid thermal processing aluminum-to-silicon nitride bonding. *Sens. Actuat. A* 97-98: 405-409.

19 Candler, R. N., Matthew, M. A., Hopcroft, A. et al. (2006). Long-term and accelerated life testing of a novel single-wafer vacuum encapsulation for MEMS resonators. *J. Microelectromech. Syst.* 15 (6): 1446-1455.

20 Fujiyoshi, M., Nonomura, Y., and Senda, H. (2007). High-sensitivity leak testing method with high-resolution vacuum integration technique, Proc. of the 24th Sensor Symposium, Tokyo, Japan (16-17 October 2007) 99-102.

第19章 单片硅埋沟

Kazusuke Maenaka

University of Hyogo，Department of Electronics and Computer Science，Graduate School of Engineering，2167 Shosha，Himeji 671-2280，Japan

19.1 LSI 和 MEMS 中的埋沟/埋腔技术

MEMS 技术是由 IC 技术发展而来的。因此，MEMS 和 IC 技术都采用了许多相似的技术。在接下来的内容中，将首先介绍大规模集成（LSI）中的埋沟技术，之后介绍 MEMS 中的埋沟技术。对于 IC 而言，有源晶体管与基底之间的 pn 结所产生的寄生电容和漏电流降低了运算速度和功率效率。有学者采用绝缘体形成晶体管的器件，如蓝宝石[1]、二氧化硅[2]等，用于减小寄生电容和漏电流，上述器件被称为蓝宝石上硅（SOS）和绝缘体上硅（SOI）。同时与传统器件相比，上述器件具有较低的寄生电容和漏电流现象［如图 19.1（a）～

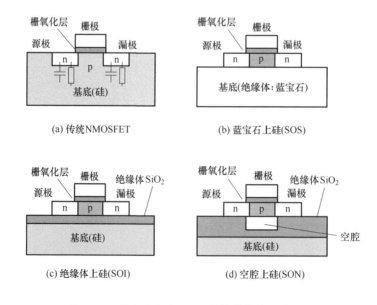

图 19.1 低寄生电容 MOS 晶体管结构的演变。
（a）传统结构；（b）SOS 技术；（c）SOI 技术；（d）SON 技术

(c)]。为了进一步改善器件特性,有学者研发了空腔上硅技术(SON)[3],将晶体管放置在空腔上方[如图 19.1(d)],能够较大幅度地降低寄生电容,从而提高器件性能。

这些结构(即具有绝缘层或腔/沟道的器件)同样能够在 MEMS 器件中发挥作用(如图 19.2)。绝缘层(一般为 SiO_2)可用于刻蚀阻挡层或牺牲层,能够作为预置传感器的膜组件、加速度传感器的可移动部件等。有学者采用多种方法制作 MEMS 器件的腔/沟道。在本章中,我们首先对具有空腔沟道的 MEMS 器件进行介绍,再讨论由表面迁移形成的 SON 技术。SON 技术包括表面原子平整且呈单晶排布等特点。埋沟可以实现真空密封,具有 SON 结构的晶圆能够作为 IC 技术的原始材料。

牺牲层刻蚀已经成为制造带有沟道微结构的主要方法,该方法通过多次沉积/键合结构层并在基底上刻蚀牺牲层,获得可移动的结构和沟道[4]。如图 19.2(b)所示为该结构的示例。其制作工艺为:(i)制备 SOI 作为初始晶圆;(ii)对有源层进行图案化处理及刻蚀形成刻蚀区和锚区;(iii)采用选择性湿法或气体刻蚀剂对牺牲层进行横向刻蚀以释放结构。刻蚀过程需要控制时间,避免刻蚀锚区。

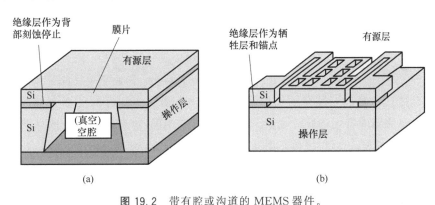

图 19.2 带有腔或沟道的 MEMS 器件。
(a) SOI 空腔用于压力传感器等;(b) 通过牺牲层刻蚀的 SOI 可移动结构

必须仔细控制释放刻蚀过程,才能成功地完成制作工艺。如果刻蚀时间太长,会对锚区进行刻蚀,导致器件失效。为避免这种情况出现,该工艺可以扩展为具有层沉积的两步光刻。图 19.3 显示了工艺流程。其中牺牲层被图案化用于锚的开口,随后是结构层的保形沉积;接下来,对器件结构进行图案化和刻蚀;最后进行牺牲层刻蚀。

多种类型的 MEMS 器件实例,如传感器,可以根据前述的制作工艺进行设计。目前几乎所有的 MEMS 惯性传感器(即加速度传感器和陀螺仪),基本上都是由图 19.3 所示的工艺制造的。

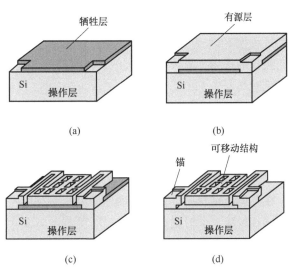

图 19.3 图 19.2(b)的替代器件的工艺流程。
(a) 锚区的图案化;(b) 有源层的沉积;
(c) 有源层的图案化;(d) 释放刻蚀

此外，针对这一基本过程，可以添加额外的扩展工艺，实现获得扩展结构的新功能（如密封或埋沟/腔），如图 19.4 所示，这种结构可用于压敏膜片或可动装置的密封。

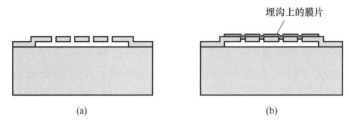

图 19.4　额外沉积密封。(a) 基本工艺；(b) 额外沉积形成密封

19.2　单片 SON 技术及相关技术

前一节介绍了常见的 MEMS 加工工艺。沟道或沟槽结构是通过复杂的工艺（如层的沉积、键合和牺牲层刻蚀）制备的，一般由复合材料组成。此外，另一种技术可以用来实现埋沟道或悬浮结构，不需要复杂的工艺过程，所形成的结构由单一材料（单晶硅）组成。该方法是利用硅原子的表面迁移来实现的，通常称为 SON 或硅内部空腔（ESS）技术。

在讨论 SON 之前，首先介绍热处理对硅表面的影响。热处理是 LSI 的重要工艺之一。对于目前的 LSI 技术而言，具有平坦原子表面的硅晶圆受到学者们的极大关注，这是因为硅的粗糙表面会使器件特性退化。由此可见，获得平坦的 Si 表面是必要的。氢退火技术是制造平坦表面的工艺之一，它提供了 Si 原子的表面刻蚀[7]和迁移[7-10]。

退火过程中氢硅和氢二氧化硅的化学刻蚀反应表示如下：

$$Si + 2H_2 \longrightarrow SiH_4$$
$$Si + H_2 \longrightarrow SiH_2$$
$$SiO_2 + H_2 \longrightarrow SiO + H_2O$$

其中，右边的方程式是刻蚀过程中的挥发性产物。Si 表面通常被原生氧化物覆盖，氢退火过程使 SiO_2 和 Si 都发生了刻蚀，正如上述公式所示。然而，Si 表面残留的 SiO_2 对 Si 起到掩模的作用，导致 Si 表面出现一些凹坑。因此，若要获得无凹坑表面，SiO_2 的刻蚀速率应足够高。Si 和 SiO_2 的刻蚀速率及其比值与温度呈函数关系，因此，退火温度至关重要。图 19.5 显示了在大气压氢环境中加热后的原生氧化物的厚度以及 SiO_2 和 Si 的刻蚀速率随退火温度的变化关系[6]。文献表明，在 1000℃ 以下的退火温度中，由于 SiO_2 的刻蚀速率比 Si 的刻蚀速率低，所以 Si 出现了一些凹坑[6]。在高温退火时，凹坑消失，可以获得平整的表面。硅的刻蚀现象是源于氢气，因此，在低氢气分压条件下，硅的刻蚀速率会降低。

在氢退火过程中，如果表面原子处于活化状态（没有表面氧化物），刻蚀和 Si 原子的表面迁移或扩散会同时进行。迁移是一种现象，其中原子倾向于最小化其能量状态，表面将被压平。表面平坦化的主要机制是表面迁移，而不是在真空或低氢分压的氢退火中刻蚀[7-10]。图 19.6 给出了 Si 表面变平整的例子，其中观察到了原子级的平整过程。当表面原子处于活化状态时，可以发生原子迁移，因此，高温预清洗（脱氧）的高真空退火也表现出同样的现象[10]。

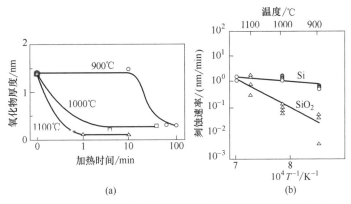

图 19.5 (a) 加热后的原生氧化物厚度；(b) 常压氢退火 Si 和 SiO_2 的刻蚀速率

来源：Habuka et al.[6]，© 1995，IOP Publishing

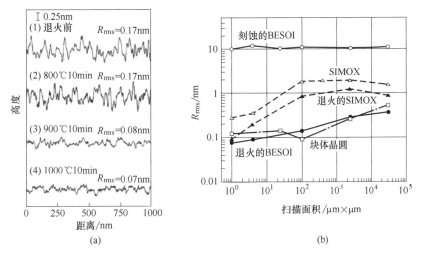

图 19.6 退火的平坦化效果。(a) Si (100) 表面在 AFM 测量的大气压下进行氢退火平坦化（He 中含 3% H_2 的低氢分压）；(b) AFM 测量的几个晶圆表面粗糙度均方根。样品包括键合减薄 SOI（BESOI）、氧注入隔离（SIMOX）和块体晶圆。AFM 扫描面积对结果有影响

来源：Sato and Yonehara[7]，with the permission of AIP Publishing

在二氧化硅上超薄（<30nm）的晶体硅的情况下，可使硅发生团聚，形成纳米级的岛或线（如图 19.7）[11-13]。图 19.7 为样品在超高真空下退火所得结果。最终的结构和结晶度取决于 Si 层厚度、晶体取向以及退火环境和温度。

上述平整技术也被用来平整高密度 DRAM 的沟槽电容侧壁。Sato 等人[14,15] 为达到此目的采用了氢退火技术。如前所述，退火操作会引起表面迁移，并使得侧壁粗糙度变得平滑。此外，当高温或低压下退火足够长的时间，由于硅原子扩散现象，使得沟槽趋向于表面积最小化，通过最小化表面能被重塑为空洞结构（图 19.8）[15]。最终的形状可以通过初始沟槽的直径和深度以及热处理条件来控制。这种现象被应用于 ESS 或 SON 的制作中[16-18]。如图 19.9 所示，对于合适的初始沟槽尺寸和排列方式，经过适当的热处理后，单个沟槽可以变成单个球形空腔结构，排成一条线的沟槽变成管状空腔结构，排成方格状的沟槽变成板状空腔结构。初始形状，特别是沟槽的深径比（沟槽的深度与直径之比），对沟槽的形成至

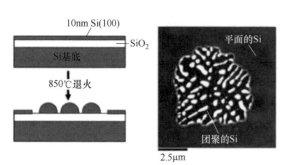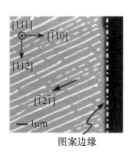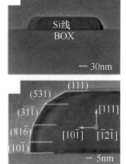

图 19.7　(a) 厚度为 10nm 的 (100) SOI 团聚现象示意图和 AFM 图；
(b) 在温度为 950℃ 下退火所得 Si 纳米线阵列的俯视图和侧视图

来源：(a) Reproduced from Danielson et al.[11] with the permission of AIP Publishing；
(b) Reproduced from Burhanudin et al.[12] with the permission of AIP Publishing

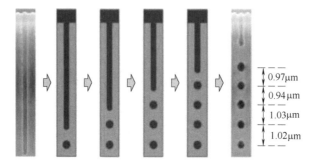

图 19.8　高温低压条件下氢气退火的沟槽转变

来源：Modified from Sato et al[15]．（在原图上加了比例尺）

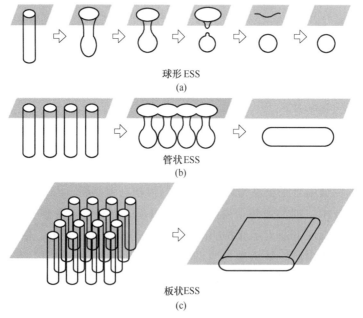

图 19.9　沟槽退火形成的埋沟

来源：Sato et al.[17]．Copyright © 2004 The Japan Society of Applied Physics

关重要。对于低深径比，沟槽会消失，仅仅生成部分下沉的平坦表面；中等深径比的沟槽会生成单个空腔；而大深径比沟槽则生成多个空腔。图 19.10 说明了不同深径比下空腔的形成。引用早期工作中的一些试验结果进行定量讨论[17]。本实验以沟槽直径和深度为参数对单孤的沟槽进行了试验，测量了最终球形空腔的直径和深度（硅基底表面与球腔中心的距离）。退火条件为 1100℃、10 Torr 氢气下退火 10min。图 19.11 所示为试验结果，其中沟槽深径比作为参数，当深径比小于 3 时，没有出现空洞，而当深径比大于 9.5 时，出现多个空洞。在这两个比值之间可以得到一个单腔。图 19.11（a）描述了不同沟槽初始直径下合成空洞的实测直径随深径比的变化。对于相同的沟槽初始直径，随着深径比的增大，结果得到的腔体直径增大。当腔径由初始沟槽直径归一化后时，这些结果均表现在图中单线上［图 19.11（b）］。结果表明，可以获得沟槽初始直径两倍左右的空腔直径。图 19.11（c）、（d）显示了空腔深度。在图 19.11（d）中，深度由初始沟槽直径归一化。此外，图 19.11（d）中的虚线表示空腔深度为初始沟槽深度乘以 0.6。实测数据与这条虚线吻合得很好。因此，不管深径比如何，腔体深度将被设置为初始深度的 0.6 倍。

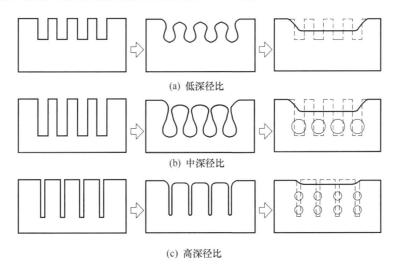

图 19.10 初始沟槽不同深径比空腔形成的示意图

非球状腔体的管状和板状空腔结构，都可以通过相互靠近的沟槽合并形成。当相邻沟槽之间的距离小于球形空腔直径时，空腔结构合并在一起，根据沟槽布置可以得到管状或板状空腔。图 19.12 给出了板状空腔随时间成形的例子，其中空腔上的光滑硅层 SON 是在最后阶段得到。接下来对退火条件的影响进行实验和理论研究。至于退火过程中的氢压，Kuribayashi 等人通过观察沟槽拐角的变形，表明了迁移速度与氢压的关系[19,20]，图 19.13 的实验结果证明了这个结论。在几种条件下测量了迁移沟槽角的曲率，发现曲率越大，Si 原子迁移就越少。如图 19.13（b）所示，曲率与时间的 $-1/4$ 次方成正比下降，这意味着圆整现象是由表面自扩散引起的，即在有限的时间很难获得过大的变形[21]。换句话说，过大的变形在有限的时间内很难获得。图 19.13（c）显示了曲率对氢气压力的依赖关系，其中退火时间保持为 3min。高的氢气压力明显减少了 Si 的扩散，特别是对于较低的退火温度。Kuribayashi 等人认为，即使在高温下，吸附氢也抑制了 Si 原子的表面扩散。通过上述实验估算了几种退火条件下的扩散常数（表 19.1）[19]。综上所述，退火过程中较低的 H_2 压力或真

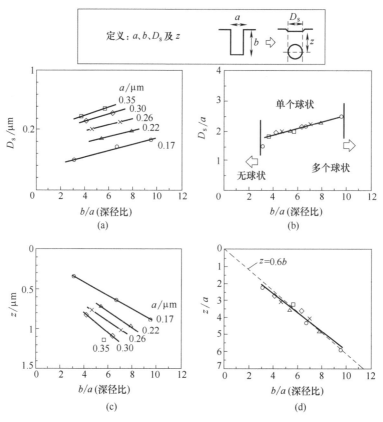

图 19.11 初始沟槽与球状空隙直径和空隙深度的关系。从文献 [17] 的图中做了一些修改

来源：Sato et al.[17]. Copyright © 2004 The Japan Society of Applied Physics

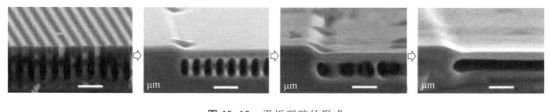

图 19.12 平板型腔的形成

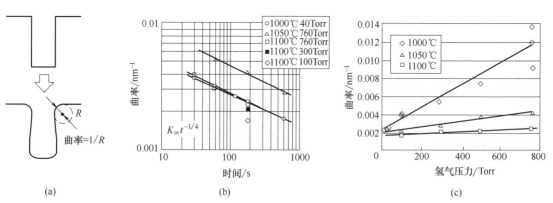

图 19.13 迁移对退火条件的依赖。(a) 迁移形态；(b) 时间和温度依赖性；(c) 氢气影响

来源：Reproduced from Kuribayashi and Shimizu[19] with the permission of the American Vacuum Society

空环境有利于 SON 的形成。反过来说，如果退火的目的不是变形，而是为了使得表面平整，则可保持 H_2 处于较高的压力[22]。该作者还对形状转变进行了数值模拟，以帮助理解其机理并预测其最终结构[23-26]。图 19.14 给出了一个仿真结果的例子，其中迁移现象得到了很好的表示。

表 19.1 不同退火条件下 Si 原子的扩散常数

来源：Data from Kuribayashi and Shimizu[19]　　　　　　　　　　$nm^2 \cdot s^{-1}$

温度	H_2(760Torr)	H_2(100Torr)	H_2(40Torr)	Ar(760Torr)	UHV(超高真空)
1000℃	3.4×10^3	2.0×10^5	1.9×10^6	2.0×10^6	2.8×10^8
1100℃	1.9×10^6	6.5×10^6	—	—	5.7×10^8

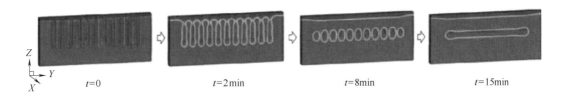

图 19.14　迁移现象的模拟结果

来源：Song et al.[23]

该技术的具体特点如下。

① 因为迁移现象是由表面能量最小化驱动的，所以导致真空中制备的薄硅层/膜片是无应力的，并且单个晶体继承了原来的晶体取向[24,25]。所以，单晶硅对 MEMS 器件具有优良的电学和力学性能，可以作为 IC 的起始材料用于单片集成应力敏感的测量仪和/或带有膜片的 LSI。

② 真空中薄硅层与基底之间的界面是光滑连接在一起的，并保持单晶硅状态，导致机械强度高的结构，且没有热应力产生。它与常规方法制作的其他器件有很大不同（图 19.2～图 19.4）。

③ 开、闭（密封）腔均可根据初始沟槽的布置和尺寸实现。对于封闭腔体，由于退火是在低压氢气环境或高真空下进行的，空腔将是真空的（氢容易向硅的外侧扩散）。这对于涉及绝对压力传感器等的应用是有用的[26]。

这种技术的局限性为制作深腔和大封闭腔时存在一定的困难。对于深腔而言，初始沟槽的深度必须大且直径大。但是，由于扩散系数限制，直径在 $5\mu m$ 以上的大沟槽在实际退火时间等条件下，不能相融合。这就将腔体的最大深度限制在几微米。对于面积较大的封闭腔体，由于腔体处于真空状态，当样品暴露在空气环境中时，所制备的薄膜会受到大气的压力。这使得如果膜片面积较大时，膜片产生变形导致膜片与基底接触。因此，膜片的最大尺寸应限制在几十到几百微米内。为了避免这些局限性，对 SON 的基本制作工艺进行了一些修改。

外延层下的空腔结构可以通过结合迁移现象和硅外延生长来实现。在硅外延生长中，四氯硅烷和氢气分别作为前体和助熔剂/还原剂气体，在高温反应器中供给。氢气不仅会充当缓冲气体，而且会在反应器中充当刻蚀气体，清洁表面。例如，图 19.15（a）～(d) 显示了外延层下埋沟形成的步骤[27]：第一步，硅表面被氧化并图案化处理，用于选择性外延生长[图（a）]；第二步，将样品置于外延式反应器中，从氧化物被剥离的区域开始选择性生长单晶硅，硅的生长是一个各向同性的现象，在氧化物上发生横向硅外延[图(b)]，然后转变为高温退火；第三步，在图(c)中，硅与氧化硅之间的界面发生了迁移，氧化硅在氢气中的高温退火腐蚀过程与选择性外延生长硅相结合，最终氧化硅消失。额外的外延生长封闭了腔体，造成了埋沟。通过附加外延生长可以增加埋沟深度。采用外延生长的优点是容易获得高质量的单晶层，并且对层的厚度和杂质浓度具有可控性。

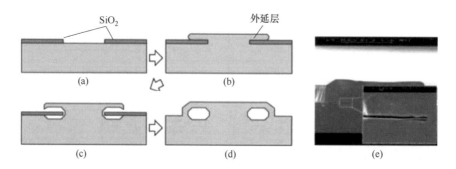

图 19.15 (a)~(d) 选择性外延过程中埋沟的形成；(e) 选择性外延横向过生长，
然后在高温下进行 H_2 退火，形成 $0.7\mu m$ 高和 $25\mu m$ 宽的埋沟

来源：Sagazan et al.[27] © 2005Springer Nature

除沟槽外，多孔硅也可以作为 Si 迁移的初始结构。多孔硅是具有互连硅基体的气孔网络。在氢氟酸溶液中对硅进行阳极氧化可以得到多孔硅[28]。根据起始原料的杂质浓度、溶液的混合液、阳极氧化电流等因素，可以控制气孔的孔隙率和大小（图 19.16）。当起始材料为单晶硅时，剩余孔内的原子保持了原来的晶体取向。因此，可以在多孔硅上外延生长。该技术结合了多孔硅的迁移和硅的外延生长，图 19.17 (a)~(d) 为工艺流程图[29]。首先，采用标准 IC 工艺，在 p-Si 基底上形成了浅 p^+ 和深 n^+ 层。n^+ 层可以作为后续阳极氧化的停止层。在用于阳极氧化保护层的 Si_3N_4 层沉积并形成图案后，在较低的阳极氧化电流下进行阳极氧化。在此步骤中，p^+ 层被阳极氧化，成为孔隙率约为 45% 的介孔层。然后用较高的电流对 p 层进行阳极氧化，在介孔层下方制作孔隙率约为 70% 的掩埋多孔硅层 [图 19.17 (b)]。样品经清洗干燥后，在氢气环境下的外延反应器中退火，造成表面孔隙的封闭和掩埋孔隙的合并 [图 19.17 (c)]。最后通过外延生长沉积顶层，形成具有真空腔的隔膜结构。该工艺由 Robert Bosch GmbH 提出，被称为先进多孔硅膜（APSM）。

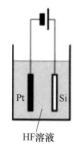 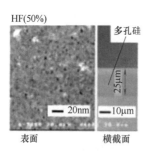 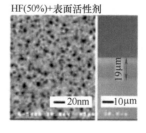 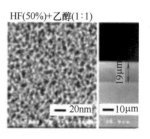

图 19.16 多孔硅的实例。本实验中，对于电阻率为 $0.02\Omega\cdot cm$ 的
p 型 (100) Si，阳极氧化电流为 $50mA\cdot cm^{-2}$，时间为 5min

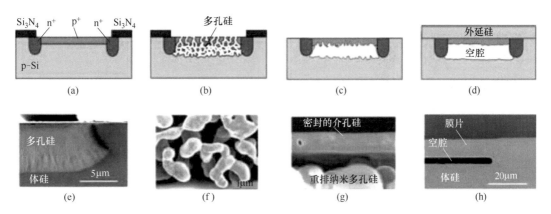

图 19.17 采用多孔硅的埋沟制作步骤。(a)~(d) 工艺流程；(e)~(h) 各个步骤的横截面照片

来源：Armbruster et al.[29]. © 2003 IEEE

利用 Si 原子的迁移现象不仅可以得到空腔结构，还可以得到其他独特的结构。例如，氧化硅表面上，较薄且较小的硅片会被退火工艺（图 19.18）[30]所包围并释放，形成具有圆形截面的梁［图 19.18（b）］和微球［图 19.18（c）］。氢退火不仅会引起表面扩散，而且会在硅和二氧化硅的界面上发生化学腐蚀[31]，从而使所要结构从基底上释放。梁状结构可以利用大面积硅的特性锚定在基底上，并不会释放。控制微球的退火时间，防止微球的完全释放。在常用的 MEMS 技术中，具有圆形轮廓的微结构很难加工，这种技术可能对这类结构的成形有帮助。

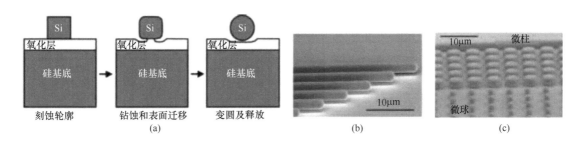

图 19.18 氧化层上硅梁的变形。(a) 原理；(b) 圆形梁的横截面；(c) 微球

来源：Lee and Wu[30]. © 2006 IEEE

对于 SOI，通过退火可以获得一个封闭的腔体。如图 19.19 所示，通过小孔对绝缘层进行离心式刻蚀后，氢退火可以关闭孔，产生封闭腔[32]。相对于标准的 SON，这种结构具有隔膜与基底之间电隔离的特点。这使得它们之间存在电容，可以应用于电容型传感器。

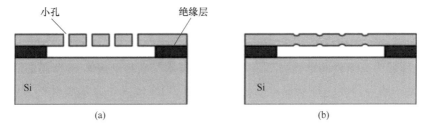

图 19.19 退火形成 SOI 的空腔。(a) 小孔 SOI（牺牲刻蚀后）；(b) 退火后

19.3 SON 的应用

SON 对于压力传感器的应用非常有用,因为带有真空腔的隔膜基本结构直接适用于压力传感机制。部分器件已在文献中提出,并进行了商业化生产。这里将介绍一些器件示例。

Hao 等人通过直接采用图 19.9～图 19.12 中解释的基本 SON 结构提出了电容型绝对压力传感器。电极与膜片之间的电容检测是通过将玻璃基底与电极阳极键合到 SON 上实现的 [图 19.20 (a)][33]。膜片变形、电极与膜片的距离根据环境压力确定,从而定义了电容以及该传感器的输出信号。膜片直径限制在 $300\mu m$,以避免膜片与腔底受大气压力接触。此外,采用多个膜片并联,以增加电容变化。膜片和腔体厚度分别为 $2.5\mu m$ 和 $2.4\mu m$。电极与膜片之间的间隙为 $2\mu m$。图 19.20 (c) 显示了膜片在几种温度下的表面轮廓,这些温度是由大气压力造成的,而图 19.20 (d) 显示了传感输出。

来自 Bosch 的 Armbruster 等人采用多孔硅的迁移(APSM 工艺)来制造压力传感器[29],如图 19.17 所示。图 19.21 (a) 显示了传感器芯片的俯视图,其中内部矩形区域是 SON 结构与真空室形成压敏膜片。将 4 个压敏电阻,放置在膜片周边上,其电阻根据施加的应力变化。在温度为 150℃、200mBar～2Bar 的 $1.5×10^5$ 次压力循环下,对器件进行了测试。该测试确保腔体在长期工作下仍保持密封状态。图 19.21 (b) 显示了在一定温度下(-40～125℃)运行时,器件的输出电压。在商用器件中,采用一个接口 LSI 控制传感器设备并将模拟传感信号转换为数字输出,并将传感器装置封装在较小的芯片中。其他学者也将 APSM 技术用于压力传感器[34]。

STMicroelectronics 还将 SON 技术用于压力传感器[35]。他们称这项技术为 VENSENS。图 19.22 是以 LPS22HB 的内部结构为例。第一步,在一个较小的塑料封装中(体积为 2mm×2mm×0.76mm),将传感器和 LSI 芯片垂直堆叠并连接在一起 [图 19.22 (a)]。第二步,硅传感器芯片由带小吸气孔的封盖层、传感元件和基底组成 [图 19.22 (b)]。封盖层的一侧直接暴露于外部环境中。该膜片是通过硅沟槽的迁移制造的。膜片上的压阻器会对由于环境压力引起的膜片变形进行检测。在本装置中,一个穿透的凹槽包围了膜片区域,导致产生了一个固定区域浮动或孤立的传感区域。这样就避免了传感器芯片内外对传感区域产生的额外和其他应力,使得传感器具有高稳定性。

SON 技术不仅适用于压力传感器,也适用于其他 MEMS 器件。以薄的单晶层为材料,制备了灯丝或加热器。SON 灯丝的优点是材料较薄导致的热导率较低,导致功率低,运行速度快,单晶硅作为加热器性能稳定。该灯丝是为皮拉尼真空计[36] 和红外发射器[37] 设计的。在这些情况下,相对于有真空沟道的情况,沟道可以打开,SON 区域没有限制。以红外发射器为例,简洁的工艺路线、灯丝形状和操作如图 19.23 所示[37]。最后的器件具有封盖结构,仅对灯丝的端部进行支撑,使热导率最小。

SON 的薄层为高质量的单晶硅。因此,SON 技术是获得低成本 Si 薄膜的一种方法。对于太阳能电池来说,需要一种低成本的硅薄膜,以 SON 薄膜作为基底材料为例,图 19.24 为这一概念的示意图[38]。SON 薄层与处理基底(例如玻璃晶圆)结合,然后从 SON 基底上分离。遗留下无薄层的 SON 基底可以回收用于下一道工序。这也是 SON 的应用之一。

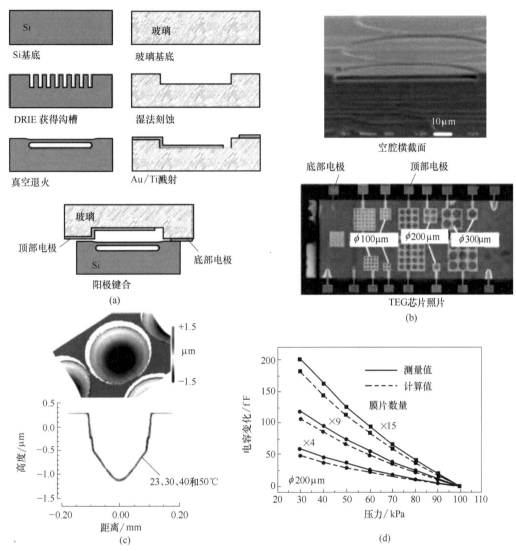

图 19.20 电容式压力传感器。(a) 工艺流程;(b) 膜片和测试元素组(TEG)装置(从玻璃侧看);(c) 几种温度下的膜片表面轮廓;(d) 传感器输出

来源:Hao et al.[33]. © 2014 IEEE

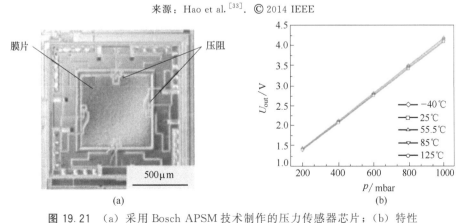

图 19.21 (a) 采用 Bosch APSM 技术制作的压力传感器芯片;(b) 特性

来源:(a) Armbruster et al.[29] adapted with permission;(b) Armbruster et al.[29]. © 2003,IEEE

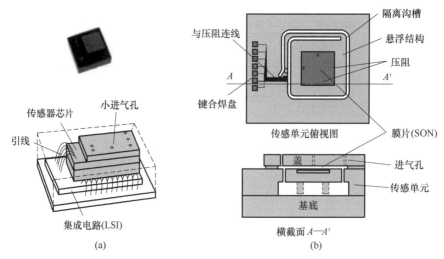

图 19.22 商品化压力传感器的实例。(a) 传感器的外部视图和内部视图;(b) 传感器芯片的概念结构

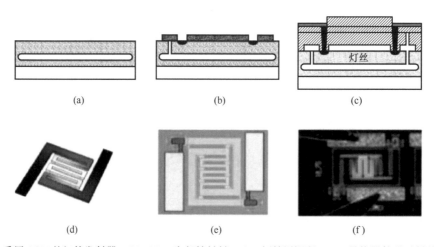

图 19.23 采用 SON 的红外发射器。(a) SON 为起始材料;(b) 牺牲层沉积;(c) 最终器件通过封盖层的形成,为灯丝形状定义的深度刻蚀,以及牺牲刻蚀;(d) 灯丝结构;(e) 该器件的俯部视图;(f) 作为红外发射器运行

来源:Komenko et al.[37]. CC BY 4.0

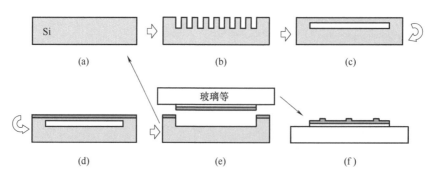

图 19.24 SON 太阳能电池工艺流程。(a) 起始材料;(b) 沟槽刻蚀;(c) SON 形成;(d) 电池背面的加工;(e) 键合和脱离;(f) 电池顶部的加工

来源:Based on Depauw et al.[38]

本章主要讨论了硅单片埋腔或埋沟的概念，及其在使用氢退火的 MEMS 技术中的应用。SON 技术可以用简单的工艺步骤实现：只需一次采用刻蚀和氢退火的光刻。利用该技术可以实现单晶硅结构，如硅梁、膜片或薄膜。这项技术将是未来制备 MEMS 器件的有力技术之一。

参考文献

1 Burgener, M. L. and Reedy, R. E. (1995). Minimum charge FET fabricated on an ultrathin silicon on sapphire wafer. US Patent 5,416,043A.

2 Kuo, J. B. and Lin, S. -C. (2001). *Low-Voltage SOI CMOS VLSI Devices and Circuits*. Wiley.

3 Kilchytska, V., Chung, T. M., Olbrechts, B. et al. (2007). Electrical characterization of true silicon-on-nothing MOSFETs fabricated by Si layer transfer over a pre-etched cavity. *Solid-State Electron*. 51 (9): 1238-1244.

4 Bustillo, J. M., Howe, R. T., and Muller, R. S. (1998). Surface micromachining for microelectromechanical systems. *Proc. IEEE*. 86 (8): 1552-1574.

5 Liu, C. and Tai, Y. C. (1999). Sealing of micromachined cavities using chemical vapor deposition methods: characterization and optimization. *IEEE J. MEMS* 8 (2): 135-145.

6 Habuka, H., Tsunoda, H., Mayusumi, M. et al. (1995). Roughness of silicon surface heated in hydrogen ambient. *J. Electrochem. Soc*. 142 (9): 3092-3097.

7 Sato, N. and Yonehara, T. (1994). Hydrogen annealed silicon-on-insulator. *App. Phys. Lett*. 65: 1924-1926.

8 Kumagai, Y., Namba, K., Komeda, T., and Nishioka, Y. (1998). Formation of periodic step and terrace structure on Si (100) surface during annealing in hydrogen diluted with inert gas. *J. Vac. Sci. Technol. A* 16 (3): 1775-1778.

9 Komeda, T. and Kumagai, Y. (1998). Si (001) surface variation with annealing in ambient H_2. *Phys. Rev. B* 58 (3): 1385-1391.

10 Keeffe, M. E., Umbach, C. C., and Blakely, J. M. (1994). Surface self-diffusion on Si from the evolution of periodic atomic step arrays. *J. Phys. Chem. Solids* 55 (10): 965-973.

11 Danielson, D. T., Sparacin, D. K., Michel, J., and Kimerling, L. C. (2006). Surface-energy-driven dewetting theory of silicon-on-insulator agglomeration. *J. Appl. Phys*. 100: 083507.

12 Burhanudin, Z. A., Nuryadi, R., Ishikawa, Y., and Tabe, M. (2005). Thermally-induced formation of Si wire array on an ultrathin (111) silicon-on-insulator substrate. *Appl. Phys. Lett*. 87: 121905.

13 Yang, B., Zhang, P., Savage, D. E. et al. (2005). Self-organization of semiconductor nanocrystals by selective surface faceting. *Phys. Rev. B* 72: 235413.

14 Sato, T., Mizushima, I., Kito, M. et al. (1998). Trench transformation technology using hydrogen annealing for realizing highly reliable device structure with thin dielectric films, Symposium on VLSI tech. Dig. Tech. Papers: 206-207.

15 Sato, T., Mitsutake, K., Mizushima, I., and Tsunashima, Y. (2000). Micro-structure transformation of silicon: a newly developed transformation technology for patterning silicon surfaces using the surface migration of silicon atoms by hydrogen annealing. *Jpn. J. Appl. Phys*. 39 (Part 1, 9A): 5033-5038.

16 Mizushima, I., Sato, T., Taniguchi, S., and Tsunashima, Y. (2000). Empty-space-in-silicon technique for fabricating a silicon-on-nothing structure. *Appl. Phys. Lett.* 77 (20): 3290-3292.

17 Sato, T., Mizushima, I., Taniguchi, S. et al. (2004). Fabrication of silicon-on-nothing structure by substrate engineering using the empty-space-in-silicon formation technique. *Jpn. J. App. Phys.* 43 (1): 12-18.

18 Sato, T., Matsuo, M., Mizushima, I. et al. (2007). Method of making empty space in silicon, US Patent 7,235,456 B2.

19 Kuribayashi, H. and Shimizu, R. (2004). Hydrogen pressure dependence of trench corner rounding during hydrogen annealing. *J. Vac. Sci. Technol. A* 22 (4): 1406-1409.

20 Kuribayashi, H., Hiruta, R., Shimizu, R. et al. (2004). Investigation of shape transformation of silicon trenches during hydrogen annealing. *Jpn. J. Appl. Phys.* 43 (4A): 468-470.

21 Mullins, W. W. (1957). Theory of thermal grooving. *J. Appl. Phys.* 28 (3): 333-339.

22 Hiruta, R., Kuribayashi, H., Shimizu, R. et al. (2006). Flattening of micro-structured Si surfaces by hydrogen annealing. *Appl. Surf. Sci.* 252: 5279-5283.

23 Song, J., Zhang, L., and Kim, D. (2016). Design of silicon-on-nothing structure based on multi-physics analysis. *Multiscale Multiphys. Mech.* 1 (3): 225-231.

24 Sudoh, K., Iwasaki, H., Hiura, R. et al. (2009). Void shape evolution and formation of silicon-on-nothing structures during hydrogen annealing of hole arrays on Si (001). *J. Appl. Phys.* 105: 083536.

25 Hiruta, R., Kuribayashi, H., Shimazu, S. et al. (2004). Evolution of surface morphology of Si-trench sidewalls during hydrogen annealing. *Appl. Surf. Sci.* 237: 63-67.

26 Su, J., Zhang, X., Zhou, G. et al. (2018). A review: crystalline silicon membranes over sealed cavities for pressure sensors by using silicon migration technology. *J. Semicond.* 39 (7): 071005.

27 Sagazan, O. D., Denoual, M., Guil, P. et al. (2005). Horizontal buried channels in monocrystalline silicon. Proceedings of the International Conference on MEMS, 661-664. (Sagazan, O. D, Denoual, M., Guil, P., et al. (2006). Horizontal buried channels in monocrystalline silicon. Microsyst. Technol. 12 (10-11) 959-963).

28 Lehmann, V. (2002). *Electrochemistry of Silicon*. Weinheim: Wiley-VCH.

29 Armbruster, S., Schafer, F., Lammel, G. et al. (2003). A novel micromachining process for the fabrication of monocrystalline Si-membranes using porous silicon. International Conference on Transducers, 246-249.

30 Lee, M.-C. M. and Wu, M. C. (2006). Thermal annealing in hydrogen for 3-D profile transformation on silicon-on-insulator and sidewall roughness reduction. *J. Microelectromech. Syst.* 15 (2): 338-343.

31 Liu, S. T., Chan, L., and Borland, J. O. (1987). Reaction kinetics of SiO_2/Si (100) interface in H_2 ambient in a reduced pressure epitaxial reactor. Proceedings of the 10th International Conference on Chemical Vapor Deposition, Pennington, NJ, 428-434.

32 Ebschke, S., Poloczek, R. R., Kallis, K. T., and Fiedler, H. L. (2013). Creating a Monocrystalline membrane via etching and sealing of nanoholes considering its sealing behavior. *J. Nano Res.* 25: 49-54.

33 Hao, X. C., Tanaka, S., Masuda, A. et al. (2014). The application of silicon on nothing structure for developing a novel capacitive absolute pressure sensor. *IEEE Sens. J.* 14 (3): 808-815.

34 Knese, K., Armbruster, S., Weber, H. et al. (2009). Novel technology for capacitive pressure sensors

with monocrystalline silicon membranes. 22th IEEE International Conference on Micro Electro Mechanical Systems, 697-700.

35 Villa, F. F., Barlocchi, G., Corona, P., Vigna, B., and Baldo, L. (2004). Halbleiterdrucksensor und Verfahren zur Herstellung, Patent, EP1577656B1.

36 Kravchenko, A., Komenko, V., and Fischer, W. -J. (2018). Silicon-on-nothing micro-Pirani gauge for interior-pressure measurement. *Proceedings* 2 (13): 1079. https: //doi.org/10.3390/proceedings2131079.

37 Komenko, V., Kravchenko, A., and Fischer, W. -J. (2018). Silicon-on-nothing IR-emitter for gas sensing applications. *Proceedings* 2 (13): 1080. https: //doi.org/10.3390/proceedings2131080.

38 Depauw, V., Gordon, I., Beaucarne, G. et al. (2009). Proof of concept of an epitaxy-free layer-transfer process for silicon solar cells based on the reorganisation of macropores upon annealing. *Mat. Sci. Eng. B* 159-160: 286-290.

第 20 章

基底通孔（TSV）

Zheyao Wang

Tsinghua University，Institute of Microelectronics，Beijing 100084，China

基底通孔（through-substrate via，TSV）是一种电气互连技术，通孔垂直穿过基底，将基底一侧的电信号传导到另一侧。TSV 作为一种使能技术，使得 MEMS 器件和系统能够实现高性能、多功能、低成本、高可靠性、小封装尺寸等优点的新型集成方案及晶圆级真空封装（WLVP）。这些功能极大地推动了过去 10 年内 MEMS 商业化的技术进步[1]。

MEMS 领域中 TSV 的出现，可以追溯到 20 世纪 90 年代初，东北大学（日本）、麻省理工学院、丹麦理工大学等利用湿法刻蚀和金属填充技术，在玻璃或硅片中制造用于传感器背面接触的倾斜空腔[2-6]。当时最具代表性的是 1992 年报道的一种电容式压力传感器[2]，它采用在玻璃晶圆中制备所得金属填充的 TSV 锥形，用于在真空腔中传导平板电容器的电信号。该真空腔是通过将玻璃晶圆和硅集成电路（IC）晶圆键合而形成的。这种压力传感器开创了 TSV 用于三维 MEMS 集成和 WLVP 的先进概念。由于早期湿法刻蚀 TSV 的所占面积较大，导致 TSV 不适合需要较多 TSV 工艺的应用。

20 世纪 90 年代中期，Bosch 深反应离子刻蚀（DRIE）技术的出现，使得通过刻蚀技术在硅片中获得垂直且较深的通孔成为可能，进而获得了用钨或多晶硅导体填充的具有高深径比的 TSV[7-11]。到 20 世纪末，采用 DRIE 技术，具有多晶硅或单晶硅导体为材料的垂直且高深径比的 TSV 被开发，并应用于微加工超声换能器阵列、微悬臂梁和微发动机[12-15]。随后，MEMS 制造商相继将惯性传感器[1, 16] 和薄膜体声波谐振器（FBAR）[17] 商业化，它们将气隙硅 TSV 或空心金属 TSV 用于 WLVP 技术。有学者于 2000 年开发了铜电镀技术，用于填充具有高深径比的 TSV[18-20]，从此以后，3D 集成 MEMS 传感器和 CMOS 相继成为研究热点，MEMS 和 CMOS 的集成方案从传统的技术难度较大的单芯片集成以及大尺寸的多芯片系统封装，逐渐走向 3D 堆叠集成的方向。

20.1 TSV 的配置

通常，TSV 由刻蚀在基底上的通孔、通孔中的导体和将导体与基底隔离的绝缘体组成。电容器通常由低阻多晶硅或单晶硅以及铜（Cu）、钨（W）、铝（Al）、镍（Ni）等金属制成，绝缘体可以是 SiO_2、聚合物，甚至是气隙。基底可以是硅片或玻璃片。通常基底被减薄到合理的厚度，以利于 TSV 的制备及降低键合晶圆的厚度。

虽然典型的 TSV 成形工艺比较简单，但 MEMS 领域的 TSV 在电阻、直径和成形工艺等方面都有很大的变化，使得 MEMS 领域的 TSV 在成形工艺、材料和制造方法上表现出很大的多样性。按照配置的不同，TSV 可分为实心 TSV、空心 TSV 和气隙 TSV，如图 20.1 所示。按照导体材料的不同，TSV 可分为多晶硅 TSV、硅 TSV 和金属 TSV。每种 TSV 都有不同的材料和制备方法，具有不同的性能和适用范围。

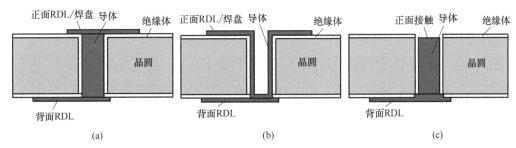

图 20.1　TSV 的配置：(a) 实心 TSV；(b) 带开孔的空心 TSV；(c) 气隙 TSV

20.1.1　实心 TSV

实心 TSV 意味着刻蚀在基底上的通孔完全被绝缘体和导体所覆盖，如图 20.1（a）所示。实心 TSV 中的导体可以是多晶硅、硅、Cu、W、Ni 等，绝缘体一般为 SiO_2。实心 TSV 的制备方法因导体材料而异。对于 Cu 材料，TSV 通常采用深孔刻蚀、沉积 SiO_2 或聚合物绝缘体以及用金属填充来制造；对于多晶硅或 W 等材料，分别采用低压化学气相沉积（LPCVD）或等离子体增强化学气相沉积（PECVD）的方法对其进行沉积；对于硅材料，利用环形沟槽的深刻蚀和 SiO_2 绝缘体对沟槽进行刻蚀制备 TSV。

实心 TSV 可以用于 MEMS 基底或 CMOS 基底中，将基底前端的器件与后端相连接。实心 Cu TSV 具有低电阻、高密度、小直径和良好的机械稳定性等优点，其主要缺点是制作工艺复杂，成本高，硅与铜热膨胀系数的差异导致基底热应力大。由于成本高、制作工艺复杂，Cu TSV 只在必要的条件下采用，如在 CMOS 基底上集成 MEMS 和 CMOS 或高密度 MEMS 阵列，以及需要低电阻、高密度或小直径的 TSV 等情况。

20.1.2　空心 TSV

图 20.1（b）为空心 TSV 的示意图，它具有沉积在通孔侧壁上的导体薄膜。绝缘体通常是 SiO_2，而导体可以是多晶硅[21] 或铜、铝和钨等金属[22-26]。空心 TSV 的制备过程更具成本效益，因为该技术只需要通过金属沉积来制造薄金属薄膜，不需要耗时的电镀工艺。此外，TSV 中的中空空腔为金属膜的热膨胀提供了自由空间，因此，由金属膜热膨胀引起的基底中的应力远低于实心 TSV[22,23]，对于基底应力较为敏感的 MEMS 器件非常有利。然而，对于相同的 TSV 直径，由于横截面积相对较小，中空 TSV 与实心 TSV 相比具有较差的承载电流的能力。一旦制造出中空 TSV，就可以通过采用光刻胶在表面上进行进一步的光刻[26]。

20.1.3 气隙 TSV

气隙 TSV 采用环形槽（气隙）代替 SiO_2 及聚合物作为绝缘体，如图 20.1（c）所示。采用硅导体的气隙 TSV 只需对高导电硅基底中的环形沟槽进行一步深度刻蚀即可制造，其中沟槽作为绝缘体，硅柱作为导体。产生了一种相对容易的制造方法，但是与金属 TSV 相比，具有较大的电阻。气隙还为导体的热膨胀提供了自由空间，但是导体侧壁缺乏机械支撑，可能会降低对振动和冲击的机械鲁棒性。

20.2 TSV 在 MEMS 中的应用

TSV 作为一种使能技术，在 MEMS 领域得到了广泛的应用。TSV 大多作为基底两侧的互连线起作用；然而，MEMS 领域的 TSV 功能较多，根据 TSV 功能可分为如下几种：电信号的背面传导、CMOS-MEMS 3D 集成、TSV 嵌入插接器的 2.5D 集成、基于 TSV 的 WLVP 工艺。

20.2.1 信号传导至晶圆背面

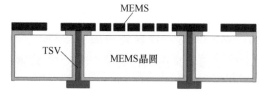

图 20.2 利用 TSV 对晶圆背面进行信号传导

通过将 TSV 嵌入基底中，可将 MEMS 器件的电信号从基底的一侧传导到另一侧，如图 20.2 所示。将信号传输至背面不需要在正面布置焊线，避免器件在高温或腐蚀环境等恶劣条件下工作时损坏焊线。用于 Au 线金属化的焊接过程中，采用的超声波搅动会导致发生磨损并形成微孔。在高温下，Au 迁移并形成 Au-Si 共晶，导致引线失效。此外，在腐蚀性化学品中运行的器件，可能会由于与化学品直接接触，从而腐蚀键合线，使得其长期可靠性降低。

采用 TSV 代替键合线也可以提高 MEMS 器件的性能。正面的传统键合线可能会对结果造成影响，因为它们的几何尺寸会阻碍流动或声场，并由于金属特性而干扰磁场和电场。因此，用 TSV 代替键合线可以避免引线对结果造成的影响。

由于许多 MEMS 传感器的输出信号极低，短 TSV 允许 MEMS 和读出集成电路（RO-IC）之间的距离更近，以减少寄生、噪声和干扰。例如，TSV 可以显著降低长水平互连线和焊线的大寄生电容，该寄生电容对电容传感器是严重不利的。

20.2.2 CMOS-MEMS 3D 集成

TSV 技术允许集成 MEMS 和 CMOS 芯片，由于悬空的 MEMS 结构具有一定脆弱性，且 MEMS 和 CMOS 之间工艺、材料的不兼容性，使这种集成非常困难。通过硅片堆叠和 TSV，可以在兼容的情况下实现 MEMS 和 CMOS 芯片的垂直（3D）集成，如图 20.3 所示。MEMS 与 CMOS 的三维集成能够实现高性能的集成微系统。例如，高密度、短 TSV 阵列允许 MEMS 阵列中的每一个元件，以数千甚至上百万个元件实现信号处理，这样就可以实现像素内信号处理,避免键合线带来的噪声、寄生和延时等影响。若将噪声数字电路与不同层的敏感模拟电路进一步分离,则可通过导电基底消除噪声耦合,以获得更好的性能。

MEMS 和 CMOS 的 3D 集成还可以得到较小的尺寸、较高的填充因子和较高可靠性。例如,对阵列所占区域(如超声传感器阵列、红外焦平面、有源像素阵列)具有性能敏感的

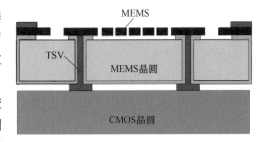

图 20.3 采用 TSV 的 MEMS-CMOS 三维集成

MEMS 阵列,通过将原本放置在 MEMS 阵列同一表面的 CMOS 电路移到背面,从而大大地从 3D 集成中获得高的填充因子。对于元件悬浮于基底上的 MEMS 阵列,TSV 不仅可以作为电气间连接起作用,还可以作为悬浮 MEMS 阵列的机械支撑。

20.2.3 MEMS 和 CMOS 2.5D 集成

尽管 MEMS 和 CMOS 的 3D 集成具有吸引人的优势,但 3D 集成的制造相当复杂,对于某些应用,2.5D 中介层集成是高度推荐的。2.5D 集成是指以 TSV 嵌入式中介层为基底,将 MEMS 和 CMOS 并排放置在中介层上,如图 20.4 所示。中介层表面上的二维金属线以二维方式,连接中介层上的所有芯片,中介层中嵌入的 TSV 连接封装基底。2.5D 集成通过集成各种芯片,包括多个 MEMS/传感器、模拟和数字芯片、存储器、微处理器、光电器件、RF 以及许多其他芯片,为 MEMS 从单一机械器件转向微系统提供了一种途径。

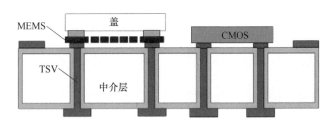

图 20.4 采用 TSV 中介层的多芯片 2.5D 集成

多个传感器的集成对多参数传感器和传感器融合都有很高的要求,从而达到优异的性能。例如,惯性测量单元(IMU)需要三个加速度计、三个陀螺仪、三个磁强计和一个高度计(压力传感器)。在传感器融合中,需要多传感器集成,利用其他传感器的优点来补偿每个传感器固有的弊端。采用多传感器获取冗余数据并采用数据融合,最终输出的结果比任何单个传感器都更准确。例如,通过对 IMU 中所有传感器的信号进行采集,并利用扩展卡尔曼滤波等数据融合算法对信号进行处理,可以避免单个传感器的缺点,输出比单个传感器更精确[27]。

将多个 MEMS/传感器与各种 IC 芯片(如逻辑芯片、射频芯片、存储器和微处理器)集成,可实现具有数据处理和通信能力的自主微系统。集成先进 IC 所获得的强大硬件也允许运行复杂的软件,从而实现可扩展功能、片上数据处理、智能决策和人工智能。

然而,由于多层三维集成的复杂性和成本问题,在大多数情况下,采用不同的技术来集成多层 MEMS 和 CMOS 芯片是不经济的。文献报道和国外同类产品已经表明,垂直三维配

置在单层集成 MEMS 中具有成本效益。这种 IC 层可以是另外两个 IC 芯片的 3D 堆叠，以可接受的复杂度和成本进行 3D 集成。这种三层垂直集成已经成功应用于图像传感器和有源像素传感器。

2.5D 集成已经成为集成多个 MEMS 和其他芯片的有效技术。作为系统性能和实现成本之间的折中方案，2.5D 集成技术在降低工艺复杂度和成本方面取得显著成效，但这是以芯片尺寸和带宽为代价。幸运的是，2.5D 集成在带宽和速度上仍然满足大多数 MEMS 应用的要求。另外，基于中介层的芯片可以是由两块或三块芯片垂直集成所得的 3D 集成芯片堆叠。从这个角度来看，2.5D 集成并不是向 3D 集成过渡的阶段；它在未来的多芯片集成中反而会与 3D 集成并行。

20.2.4　晶圆级真空封装

TSV 另一个但同等重要的功能是，在 WLVP 中，通过真空腔对 MEMS 器件的电信号进行传导。为保护脆弱结构，并提供适当的操作条件，密封（真空）封装是大多数 MEMS 器件所必需的。例如，加速度计、陀螺仪、开关、谐振器、红外焦平面阵列（FPA）、微镜等多种谐振式或热器件，需要从几十帕到 10^{-2} Pa 的真空环境[28]。由于高产量和低成本，WLVP 目前是密封封装 MEMS 的主要技术。

在 WLVP 中采用 TSV，允许将 MEMS 的电信号垂直传导出真空腔，如图 20.5（a）所示。TSV 避免了平面金属丝与密封圈之间的冲突，便于布线和密封材料的选择。例如，它允许采用窄金属密封圈进行密封键合，在占用较小芯片面积的同时具有良好的密封性能和可靠性。此外，如图 20.5（b）所示，加入 TSV 可以将原本位于芯片表面的键合焊盘，放置在盖晶圆或器件晶圆背面，从而减少芯片尺寸和封装尺寸以及成本。虽然 TSV 的制造增加了加工成本，但由于芯片尺寸的收缩而降低的成本，以及由此带来结构的紧凑性，可能更为重要。因此，基于 TSV 的 WLVP 是近 10 年来最重要的技术进步之一，极大地推动了 MEMS 在移动和电子领域的应用。

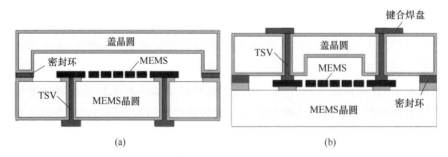

图 20.5　采用 TSV 的晶圆级真空封装。(a) MEMS 晶圆中的 TSV；(b) 盖晶圆中的 TSV

WLVP 采用晶圆键合来键合 MEMS 晶圆和盖晶圆，从而形成用于 MEMS 器件的密封腔。作为简单的 MEMS 器件只需要两个 TSV，具有多种直径、配置和导体的 TSV 可能适用。涉及 TSV 的 WLVP 的几个考虑因素包括盖晶圆的材料选择、TSV 的位置、密封环材料和金属键合方法。盖晶圆可以是硅晶圆、玻璃晶圆，甚至是 CMOS 晶圆。如果 TSV 不需要较小直径和较高密度，从成本角度来看，可以选择采用激光烧蚀进行 TSV 制造以及采用阳极键合进行真空密封的玻璃晶圆。对于需要透明盖晶圆的光学应用，带有玻璃通孔（TGV）的玻璃晶圆是最好的选择。

TSV 可以放置在基底中或盖晶圆中。因为盖晶圆中没有器件，所以将 TSV 放置在盖晶圆中使 TSV 制造与 MEMS 制造分离，但需要同时搭配密封环和金属凸块。将 TSV 放置在 MEMS 晶圆中只需要密封环键合，但需要协调 MEMS 和 TSV 工艺。为了同时实现真空封装和 CMOS 集成，一种选择是采用 CMOS 作为盖晶圆。尽管这种集成降低了芯片尺寸，但在 CMOS 晶圆中制造 TSV 的成本很高。

带有 TSV 的中介层可以用来与盖晶圆键合形成真空腔。一旦 WLVP 完成，通过采用器件下面的区域进行焊料连接，键合封装可以与 CMOS 进行 3D 集成。采用空心 TSV 或硅柱 TSV 的键合后 TSV 具有工艺简单、成本低等优点，如果采用空气隔离型硅 TSV，键合后 TSV 是唯一的选择。这是因为仅用一步 DRIE 制备硅柱 TSV，TSV 工艺对 MEMS 没有影响[1]。

20.2.5 其他应用

除上述主流应用外，TSV 还可以作为 MEMS 器件的功能组件，而不仅仅是作为导体。各种 TSV 的材料、结构以及力学、热学和物理性能可用于传感或驱动。例如，TSV 被用作热导体，通过将其热量传递给温度传感器，来测量嵌入层的温度[30]。将 TSV 作为 MEMS 的功能部件，可以降低器件的复杂度，改善性能，简化制作工艺，或者实现以前不可能实现的功能。

20.3 对 MEMS 中 TSV 的探讨

虽然 TSV 促进了 MEMS 和 CMOS 集成，但在 MEMS 应用中，工艺兼容性仍然是一个值得关注的问题。由于大多数 MEMS 器件是脆弱且悬浮的，它们会受到 TSV 工艺的损坏。优先选择在独立晶圆上分离 TSV 和 MEMS。但是，一旦 TSV 和 MEMS 必须在同一晶圆上加工，TSV 就应该在 MEMS 之前加工。如果不能实现该过程，需要在 TSV 工艺完成之前，停止释放 MEMS。

将 TSV 引入到 MEMS 中，使得 MEMS 的力学和热学问题更加困难，因为 TSV 可能由于金属导体与基底的热膨胀系数（CTE）失配而引起基底的严重应力或翘曲。由于许多 MEMS 器件对应力和应变都比较敏感，因此控制由 TSV 引起的应力非常重要。为了避免 TSV 对 MEMS 器件的影响，可以采用深沟槽或柔性结构将 MEMS 器件与应力区隔离。

考虑到大部分 MEMS 器件对 TSV 直径、密度、电阻、深径比等要求不高，IC 三维集成中的主流 TSV——实心 Cu TSV，并不是 MEMS 应用中的首选，因为 Cu TSV 的制作工艺冗长、复杂、价格昂贵。相反，简单的 TSV 配置、材料和制造工艺可能更合适。例如，高掺杂的多晶硅薄膜晶体管，由于其制作工艺简单、成本低廉，被用于 MEMS 传感器的信号传输。虽然这类 TSV 的电阻相对于 Cu TSV 来说比较高，但由于许多传感器的内阻比 Cu TSV 高几个数量级，因此它们的电阻可以忽略不计。

20.4 基本 TSV 制备技术

制备 TSV 的方法很大程度上取决于 TSV 的合成过程和材料。采用硅导体和气隙绝缘体的简单 TSV 可以通过环形沟槽的一步深硅刻蚀制备，但实心 Cu TSV 需要更复杂的工艺，包括在基底上刻蚀深孔、在孔侧边沉积电介质绝缘体以及黏附层/阻挡层/铜籽晶层、电镀铜填充孔、翻转并在背面减薄基底厚度从而暴露 TSV、在两侧制备重布线层（RDL）和金属凸块。

20.4.1 深孔刻蚀

20.4.1.1 深反应离子刻蚀

硅片中深孔刻蚀主要采用高密度 SF_6 等离子体基 DRIE 技术，可分为时间复用刻蚀（Bosch 工艺）[31] 和稳态刻蚀[32]，可进一步分为低温和非低温刻蚀[33]。

Bosch 工艺采用各向同性 SF_6 刻蚀和 C_4F_8 钝化之间的周期性交替，来实现硅的深度和各向异性刻蚀[34]，如图 20.6 所示。深刻蚀和各向异性刻蚀本质上是通过浅各向同性刻蚀的多次重复和垂直叠加来实现的。根据刻蚀循环周期的不同，复用特性会在刻蚀结构侧壁上产生 50~150nm 高度的扇形结构。扇形结构可能诱导绝缘体和 TSV 阻挡层内的应力和电场集中[35]，引起介质击穿或 Cu 扩散等可靠性问题[36]。刻蚀和钝化周期之间的高频切换有利于减少扇形结构的产生[37]，但这是以较低的刻蚀速率为代价。先进的 Bosch 刻蚀机采用先进的射频源和超快的气体调制技术，尽量减少刻蚀和钝化步骤之间的停止时间，降低刻蚀速率中的损耗。沉积在通孔侧壁上的类聚四氟乙烯残留物，会引起聚合物介导的缺陷，影响 TSV 的 C-V 特性。采用氧等离子体干法刻蚀或采用稀氢氟酸（HF）和/或胺或氢氟醚进行湿法清洗，可以去除残留物。

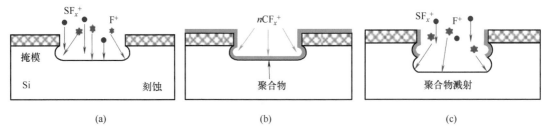

图 20.6 Bosch 深反应离子刻蚀。(a) SF_6 等离子体进行各向同性刻蚀；
(b) C_4F_8 等离子体进行钝化层沉积；(c) 接下来的 SF_6 等离子体刻蚀，
通过定向离子轰击，去除底部钝化层，并再次进行各向同性刻蚀

最先进的 Bosch 刻蚀机可实现（但不是同时）刻蚀速率 $50\mu m/min$，深径比大于 100∶1，扇形结构小于 5nm，垂直度 $90°±0.1°$，在 300mm 晶圆的上不均匀度小于 5%，光刻胶的选择比可达 100∶1。

低温和非低温稳态刻蚀机在同时刻蚀和钝化之间保持平衡，实现深度刻蚀。在 −110~−130℃ 低温刻蚀条件下，利用 SF_6 与 O_2 的反应生成 SiO_xF_y 以保护内壁，而底部的

SiO_xF_y 在沉积的同时被定向离子轰击。低温可通过降低 SiO_2 和光刻胶掩模的刻蚀速率，提高选择比至 10 倍左右，低温刻蚀可刻蚀直径小于 $1\mu m$、深径比达 30∶1 的孔，刻蚀速率可达 $20\mu m/min$，对光刻胶的选择比可达 150∶1，晶圆间不均匀度小于 1%[38]。

采用 $HBr+SF_6+O_2$、$SF_6+C_4F_8$ 或 SF_6+O_2 的非低温稳态刻蚀，近年来引起了人们的关注[39,40]。采用磁中性环路放电（NLD）可以获得均匀的等离子体密度和刻蚀速率，直径为 $30\mu m$、深度为 $300\mu m$ 的深通孔在 300mm 晶圆中的不均匀度小于 3%，但硅片的刻蚀速率较低，为 $1.5\mu m/min$。使用 NLD，可以以超过 $1\mu m/min$ 的速率刻蚀石英以及以超过 $0.8\mu m/min$ 的速率刻蚀 Pyrex[41]。

稳态刻蚀的一个显著优点是可以实现无扇形区域刻蚀[42]，并且可以通过改变 O_2 的填充率和温度来调节孔的渐变角度[43]。这一优点非常具有吸引力，因为侧壁角度为 83°~85° 的渐变孔可以促进阻挡层和籽晶层的 PVD 沉积以及后续 Cu 的无孔隙电镀[44]。在 Bosch 工艺中，由于涉及更多的相互作用过程参数，控制侧壁角度要复杂得多[45]。

20.4.1.2 激光烧蚀

激光烧蚀（钻孔）利用高能定向激光束产生的光子对基底进行烧蚀。近年来，纳秒、皮秒和飞秒激光被广泛应用在硅、玻璃和聚合物基底上制造通孔[46-52]。由于脉冲持续时间的不同，飞秒激光（FSL）的打孔机制与纳秒激光（NSL）不同。NSL 的激光脉冲持续时间（即脉宽，约 $10^{-9}s$）远长于大多数材料的光子-电子转换时间（约 $10^{-12}s$），并且允许在每一脉冲中产生热量，使基底立即熔化，如图 20.7 所示。

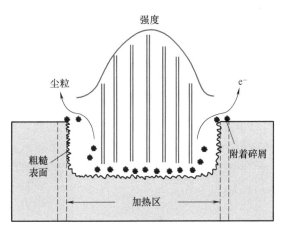

图 20.7 采用纳秒激光的激光烧蚀

相比之下，FSL（$10^{-12}s$ 或更少）的脉冲时间不足以实现光子到电子的转换，FSL 通过将其改变为等离子体，从而去除基底材料。由于不进行传热，FSL 可以钻出直径均匀、侧壁光滑、固体碎屑少、基底热区小的孔。但是，FSL 具有脉冲频率低、每脉冲功率低的缺点，使得向基底传递的能量有限，因而在钻孔深度上不如 NSL。表 20.1 对比了不同脉宽和波长的激光器。

由于激光烧蚀后的表面粗糙，会产生残余碎片，在烧蚀后采用 $HF-HNO_3$ 湿法处理，用于清洗/抛光表面。激光钻孔具有锥形形状，优先级高于随后的侧壁沉积和金属沉积。然而，由于激光加热的热效应，每个沟道周围的基底都会产生局部压应力。研究发现，对于 $15\mu m$ 通孔，在距离通孔边缘 $3\mu m$ 区域，残余应力消失。

激光烧蚀获得的最小 TSV 直径已达 $10\mu m$，但由于聚焦激光束的原因，进一步缩小到 $5\mu m$ 是困难的。NSL 实现的最高深径比超过 20∶1[47]，这满足了 MEMS 领域大多数应用的要求。通孔的深度、直径、间距和轮廓角可分别控制在 $\pm 5\mu m$、$2\mu m$、$2\sim 5\mu m$ 和 88° 左右。由于热效应的影响，激光打孔后可能增加晶圆的弯曲。

表 20.1 不同脉宽和波长的激光器

激光	CO_2	NSL	PSL	FSL
类型	$CO_2/N_2/He$	Nd:YAG	Nd:YAG	Ti-蓝宝石
波长	10.6μm	1064nm	532nm	约800nm
脉宽	>100ns	190ns	16ps	约100fs
脉冲频率	20kHz	100kHz	50kHz	1kHz
每脉冲功率	1W	1mJ	1~100nJ	nJ
平均功率	约kW	50~100W	10~500mW	100mW
通孔直径	约50μm	约50μm	约30μm	约20μm
通孔深度	500μm	500μm	500μm	200μm
钻孔方法	冲击钻	冲击钻	套孔钻	套孔钻

激光烧蚀是一个连续的过程，钻速随着通孔直径和深度的增加而降低，到目前为止，能够以超过2000孔/s的钻孔速率产生直径30μm、深度50μm的TSV。

由于激光钻孔不需要刻蚀掩模，能够在同一步骤中穿过不同的材料（包括金属、介质和硅/玻璃）进行钻孔，所以其总成本远低于DRIE。这些特性使得激光钻孔更多被采用MEMS应用中的TSV刻蚀，尤其当TSV密度低、直径大或在玻璃晶圆中的应用。然而，激光烧蚀的能量效率很大程度上取决于基底在激光波长处的吸收率。

对于TSV数量为10万个或更少的晶圆，激光钻孔的生产率约为DRIE的2~3倍，成本约低至1/10；对于TSV数量为25万个左右（取决于特定TSV参数）或更多的晶圆，DRIE刻蚀无论在生产率还是成本上都优于激光烧蚀。

20.4.2 绝缘体形成

对于TSV来说，介质绝缘体对于导体与基底之间进行电隔离是必不可少的。TSV绝缘体最常用的材料是SiO_2和聚合物。对于高深径比的TSV，最关心的是绝缘体的共形性，以及加工温度和介电性能。

20.4.2.1 二氧化硅绝缘体

二氧化硅具有良好的介电性能、良好的保形性、易沉积等优点，是最常用的绝缘体材料。可以采用3种方法沉积SiO_2绝缘体：(i) 1000℃左右温度的热氧化；(ii) 400℃左右的正硅酸乙酯（TEOS）和O_3的次常压化学气相沉积（SACVD）；(iii) 200~350℃的PECVD工艺。

如果可以采用高温，温度在1000℃左右的热SiO_2具有良好的保形性和突出的介电特性，从而被优先考虑。这种方法通常用于多晶硅或钨的TSV。正常情况下，100~200nm的厚度足以进行绝缘层和结构层沉积。

采用$TEOS/O_3$的SACVD在400℃左右沉积SiO_2，依然能获得足够的保形性、可接受的介电性能、较快的沉积速率以及对100nm扇形结构的良好平滑能力[54,55]。如图20.8所示，采用$TEOS/O_3$ SACVD在16:1的孔上沉积SiO_2绝缘体的保形性达到43%[54]。SACVD SiO_2很好地隔离了Bosch刻蚀后的侧壁扇形结构，SiO_2表面平滑。通常SiO_2绝缘体的厚度在0.2~0.5μm，在满足保形性和击穿电压要求的同时，仍能保持较高的生产率[37]。SACVD 由于残余应力较大，因此厚度不宜超过 0.5μm[56]。

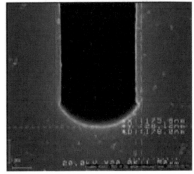

图 20.8　采用 SACVD 沉积的 SiO_2 绝缘体

来源：Ramm et al.[54]。© 2008 IEEE

PECVD 以其在 200～350℃的易用性和较低的沉积温度而备受青睐，击穿电场和漏电流密度没有太大变化。PECVD 沉积的一个缺点是保形性和台阶覆盖度相对较低。对于较小直径的 TSV，原子层沉积（ALD）被用来沉积高度保形的 SiO_2 绝缘体[57]。

20.4.2.2　聚合物绝缘体

通过完全填充环形沟槽或在通孔侧壁上沉积薄膜，聚合物已被用作 TSV 绝缘体[58-60]。完全填充适用于通过将聚合物置入深沟槽以获得硅 TSV，沉积适用于通过在孔侧壁涂复聚合物以获得 Cu TSV。聚酰亚胺和苯并环丁烯（BCB）具有良好的化学和热稳定性、低排气、低渗透性、低介电常数和易用性，是绝缘体常用的两种材料。为了方便填充及沉积，聚合物的黏度应在旋涂前调整到适当的范围。对于聚合物填充，聚合物分散后的真空处理有助于去除沟槽中的气泡[58]。

聚合物绝缘体虽然相对于 SiO_2 具有较大的热膨胀系数，但由于其弹性模量较低，能够较好地缓解 Cu 热膨胀引起的应力。此外，它们的低介电常数有助于降低 TSV 电容，这可能对处理小电容信号的应用有益。需要指出的是，聚合物的排气性能虽然可能很低，但会恶化器件的高真空环境，影响器件的性能。

20.4.2.3　气隙绝缘体

气隙绝缘体既可用于硅导体，也可用于铜导体。一些 MEMS 生产厂家和基础厂家利用气隙绝缘体和硅导体提供 TSV 产品或制造服务。这类 TSV 只需在基底上进行一步的 DRIE 刻蚀即可制备，显著降低了制作成本。

环形气隙也被证明是 Cu TSV 的绝缘体，可以起到缓解热应力和提高高频性能的作用[61]。对于 Cu 导体 TSV，可以采用非保形 SiO_2 沉积或聚合物牺牲层技术制备气隙，这些气隙通过反应离子刻蚀（RIE）或热分解释放，形成 Cu 导体与基底之间的气隙[61]。

20.4.3　导体形成

与以 Cu 作为主流 TSV 导体材料的 3D IC 不同，MEMS 应用中的 TSV 导体材料呈现出灵活的多样性。简单的制备工艺和低廉的成本，使得钨、镍以及重掺杂多晶硅和单晶硅等材料得到了广泛的应用。

20.4.3.1 多晶硅

低电阻率（重掺杂）多晶硅是 TSV 广泛采用的导体材料[15,62,63]。通常采用 CMOS 兼容的 LPCVD 工艺制备多晶硅 TSV，在 650℃ 左右或更高的掺杂温度下获得高深径比（>10∶1）填充、低应力和低电阻等。多晶硅 TSV 的平面横截面既可以是封闭状的圆形或矩形环，也可以是 I 形或 U 形沟槽。这样的形状有利于较高深径比的沟槽。由于多晶硅 TSV 具有较高的沉积温度和较高的耐受温度（>1000℃），通常在其他器件之前制备多晶硅 TSV，并采用热氧化法生长 SiO_2 绝缘体。通常通过化学机械抛光（CMP）工艺去除晶圆表面沉积的多晶硅，从而实现晶圆的平坦化。之后，MEMS 器件可以通过常规工艺在硅片上制造，这些硅片已经与多晶硅 TSV 键合。

多晶硅和硅的 CTE 几乎完全相同，因此 TSV 导体与硅片的 CTE 失配引起的热应力最小[64]。多晶硅不需要黏附力层和阻挡层，大大简化了加工过程，降低了成本。因此，多晶硅在可制造性、热应力、可靠性和制造成本等方面都远远优于 Cu 和 W。然而，重掺杂多晶硅的电阻率一般在 $1\sim20\Omega\cdot cm$ 左右，比 Cu 大几个数量级[14]，因此 TSV 电阻一般在 $5\sim50\Omega$ 左右。高温退火可以降低电阻[65]，但在合理的尺寸下，要得到小于 1Ω 的电阻仍然相当困难。此外，多晶硅 TSV 噪声较大，特别是对于 p 型多晶硅[66]。尽管如此，多晶硅 TSV 在压电、压阻或容性微传感器和 MEMS 器件中已经得到了广泛的应用，因为这些器件的内阻比多晶硅 TSV 高约 1 或 2 个数量级。对于这类应用，即使是电阻在 $M\Omega$ 量级的 Cu TSV 也没有过多的优越性。

20.4.3.2 单晶硅

低电阻率单晶硅（以下简称硅）在 TSV 应用中具有与多晶硅类似的性能，但也有一些额外的优点。以硅柱为 TSV 导体，四周沟槽为绝缘体，采用 DRIE 对封闭的低电阻率硅片进行一步刻蚀制备硅 TSV。此外，也可以通过对 MEMS 器件进行 DRIE 刻蚀来实现 TSV，使得 TSV 的制作简单，成本最低。沟槽还可选择用 SiO_2 或聚合物涂敷，以提高硅导体的稳定性和可靠性。

硅 TSV 与晶圆完美匹配，从而最小化了 CTE 中由于失配引起的任何可靠性和应力问题。在相同掺杂水平下，硅的电阻率低于多晶硅。此外，单晶特性使得硅 TSV 的噪声低于多晶硅，多晶硅可能会遭受相当大的 $1/f$ 噪声。可以采用空气沟槽将硅柱和晶圆隔离，完全消除与热应力相关的问题。这些优点使得硅 TSV 在 MEMS 领域得到了广泛的应用。

20.4.3.3 钨

钨材料在 IC 技术中广泛用作钨插塞以连接晶体管和沉积金属，可以利用化学气相沉积（CVD）[67-72] 将其沉积成高深径比的空穴结构。钨具有 1650℃ 的高熔点，因此可以在 W TSV 工艺完成后，加工 MEMS，消除工艺兼容性问题。对于极高深径比的 TSV，ALD 可用于采用 WF_6 和 SiH_4 反应气体进行 W 沉积[68]。由于 WF_6 溶解在作为催化剂的多晶硅衬层上，在 W 沉积前需沉积薄的多晶硅衬层，用来提高 W 的台阶覆盖率和附着性。

沉积态 W 表现出较大的压缩残余应力，随着 TSV 直径的增大和 TSV 间距的减小而增大[72]。400℃ 退火并不能显著缓解应力。采用空心 TSV 配置可以避免残余应力的影响。因此，W 适合于通过沉积薄层来制备空心 TSV 或通过细沟槽来制备小直径的实心 TSV。

在热膨胀系数上，W（4.5ppm）和 Si（2.5ppm）的微小差别减轻了与 TSV 有关的热应力和可靠性问题。W 的电阻率（5.65$\mu\Omega \cdot cm$）约为 Cu 的 3.3 倍，因此小直径 W TSV 的电阻通常在 0.1～1Ω 内，比 Cu TSV 高一个数量级。然而，该材料的电阻低至能够满足大多数 MEMS 应用的需要。缺点在于 W 很难用等离子体刻蚀，沉积后的 W 在基底上的覆盖层必须用 CMP 去除，这使得 TSV 的制作变得非常复杂和昂贵。虽然硅中 W 扩散较浅，但为了保证可靠性，仍然需要优先沉积 Ti/TiN 等黏附层/阻挡层。采用 CVD 工艺已经可以得到直径小于 1μm、深径比高达 50：1 的 W TSV。

20.4.3.4 铜

黏附层和阻挡层，如 Ti-TiN、Ti-TiW 和 Ta-TaN，对 Cu TSV 来说是不可或缺的[73,74]。离子化物理气相沉积（iPVD）具有成本低、生产率高、保形性好等优点，是批量生产中最常用的工艺。该方法经常用于将黏附层、阻挡层以及铜籽晶层，沉积深径比高达 10：1 的通孔。

常用的镀 Cu 方法是电化学沉积（ECD）或电镀。电镀 Cu TSV 最关键的问题是高深径比。由于通孔处的电镀速度比通孔底部快[76]，硅片表面产生大面积覆盖层以及 TSV 中的夹断效应和电镀液的封闭等问题，都有可能发生[77,78]。为解决该问题，人们开发了盲孔中的超保形镀铜[79-82] 和通孔中的单向镀铜[83-88]，以获得无 Cu TSV。

超保形铜电镀依赖于镀液中复杂的化学添加剂和合适的电镀电流波形[89-93]。SPS 和 MPS[94,95] 等促进剂为小分子物质，其溶解速度快于其他添加剂。抑制剂，如聚乙二醇（PEG）和丙二醇（PPG）[96,97] 等低扩散性的长链聚合物，主要吸附在 TSV 开口周围，并非位于 TSV 内部，从而抑制了 TSV 开口处 Cu 的沉积。流平剂，如 Janus Green B（JGB，詹纳斯绿 B、健那绿）和 1,2,3-苯并三氮唑（BTA）是黏度较高的聚合物，优先吸附在 Cu 表面，以减少局部促进剂作用[98,99]。

超保形电镀是添加剂之间相互作用和结合的结果，如图 20.9 所示[100]。促进剂和抑制剂控制了孔内镀铜的电化学反应，而流平剂在孔完全脱落后在表面起主导作用[101]。在开口处，抑制剂在吸附过程中，与促进剂和流平剂相比，表现出更强的优先性，保证了开口处沉积速率较低。在通孔中，促进剂的扩散速度远远快于抑制剂，从而在底部的角落积累，并促进底部的镀铜速度。连续的铜沉积收缩了表面和体积，进一步增加了底部角处的加速剂浓度，导致底部的沉积速度更快。因此，铜在孔中的沉积为超保形的，铜轮廓呈 V 形。一旦铜插塞到达晶圆表面，流平剂往往会取代促进剂和抑制剂，抑制铜插塞的形成。

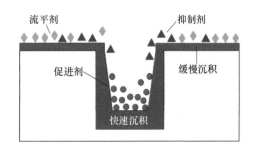

图 20.9 添加剂在镀铜中的分布及效果

合适的电流波形,如周期性脉冲反向(PPR)电流,对镀铜的保形性也至关重要[91-93]。PPR 通过提供依赖于厚度的回蚀,并且提供一个仅允许离子运输但不消耗的周期,促进共形沉积。如图 20.10 所示,在正电流周期内,通孔处 Cu 沉积速率较高;在负电流周期内,由于电流浓度较大,电化学反应以比其他区域快得多的速度,刻蚀孔洞边缘处的 Cu。因此,脉冲反向电流通过厚度比例回蚀,平衡 Cu 沉积速率。在无电流周期内,消耗 Cu 离子的电镀停止,而 Cu 离子进入孔内的运输继续进行,为下一个镀期补充孔内的离子。在 PPR 电流和添加剂的作用下,深径比为 20∶1 的 TSV 可以在没有空洞形成的情况下被填充,TSV 直径也小于 $1\mu m$[81]。

可以采用单向自下而上的电镀工艺,从通孔底部(通过刻蚀在基底上)沉积 Cu[83-88]。如果含有通孔的晶圆与沉积有 Cu 籽晶层的载体晶圆键合,位于通孔底部的 Cu 籽晶层,仅会通过蚀除通孔端口处的键合胶而暴露,如图 20.11 所示。因此,当侧壁的阻力足够大时,Cu 会沿着通孔的方向沉积。这种单向沉积完全避免了孔洞的形成,而且深径比大于 10∶1 的 TSV 可以在不需要复杂添加剂的情况下很容易实现[85]。键合胶或绝缘体底部的刻蚀应具有各向异性,否则在键合界面处会发生侧面电镀。为了避免 Cu 沉积在侧壁上,可以采用薄的阻挡层、氮化硅或不需要阻挡层的玻璃基底[86,87]。

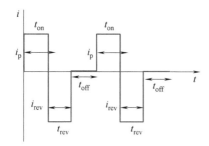

图 20.10 周期脉冲反向(PPR)电流

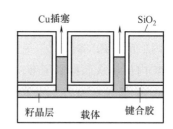

图 20.11 单向自下而上 Cu 电镀

20.4.3.5 其他导体材料

其他材料也被用作 TSV 导体。采用化学镀的方法研制了用于 MEMS 应用的镍 TSV[102]。Ni 具有类似 W 的导电性,其 CTE 比 Cu 低约 25%。化学镀的一个优点在于不需要籽晶层,简化了大规模阵列应用中高密度 TSV 的制备工艺。除了化学镀外,Ni TSV 也是通过铁磁性 Ni 丝的外磁铁辅助自组装实现的[103,104]。

熔融焊料沉积已发展成为一种低成本的方法来沉积 TSV。Sn-3.0Ag-0.5Cu(SAC305)焊料可通过涂布焊膏或浸入熔融钎焊浴,然后在晶圆背面施加真空环境,将焊料吸入通孔[105]。有学者研制了一种基于毛细管的焊料泵将焊球置入通孔[106]。也有学者采用丝网印刷将导电聚合物如杜邦 CB100 置入通孔作为 TSV 导体[107],其薄层电阻为 (0.13±0.02) Ω/□(欧姆/方块)。此外,有文献报道了采用金颗粒[108]、真空吸铟[109] 和电沉积因瓦(Invar)合金技术所得的 TSV[110]。

对于直径较大的通孔,也可以采用键合金丝作为导体,孔内聚合物作为绝缘体[111]。图 20.12 所示为直径 $200\mu m$ 的孔内的键合金丝(直径为 $25\mu m$)[111],然后用 BCB 对孔进行填充,以增强金丝的稳定性。这类 TSV 具有成本低、便于封装应用的制造等优点。

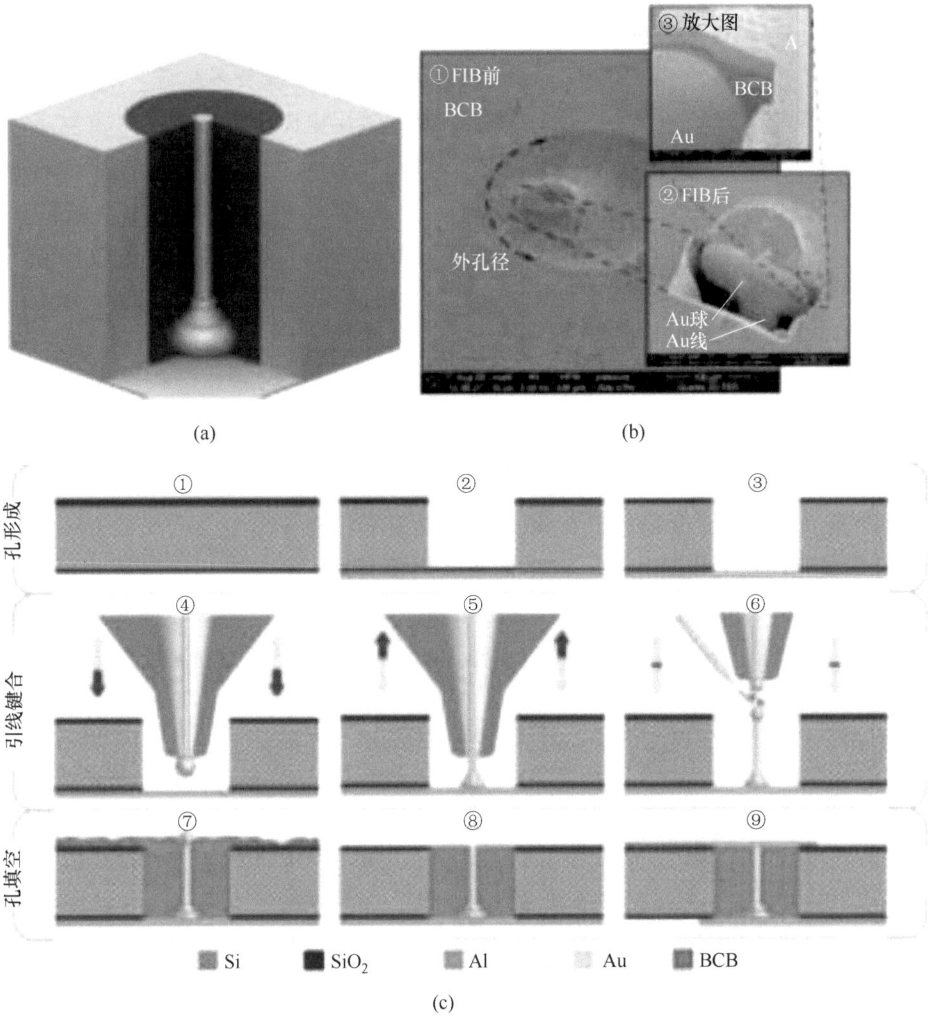

图 20.12 引线键合金丝。(a) 配置；(b) SEM 照片；(c) 制作工艺

来源：Fischer et al.[111]. © 2012 IEEE

20.5 多晶硅 TSV

多晶硅 TSV 具有最小的热应力、良好的工艺兼容性和低廉的制造成本。多晶硅 TSV 可以很容易地在高深径比的沟槽中制备，尺寸可以降到几微米。目前已有多家 MEMS 代工厂提供多晶硅 TSV 代工服务[112-114]，多晶硅 TSV 技术日趋成熟。

几乎所有的多晶硅 TSV 都是实心配置，因为多晶硅容易掉落，并且需考虑 TSV 的电阻；但是，空心或气隙混合的多晶硅 TSV 也是可行的。

20.5.1 实心多晶硅 TSV

图 20.13 所示为 U 形实心多晶硅 TSV。沟槽由掺磷多晶硅沉积形成，由 $1\mu m$ 厚的热

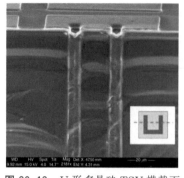

图 20.13 U 形多晶硅 TSV 横截面
来源：Lietaer et al.[114]. © 2010 IEEE

SiO_2 隔离得到[114]。TSV 高度为 $300\mu m$，U 形结构中，每段尺寸为 $7\mu m \times 70\mu m$。沟槽内热氧化后，在沟槽内用 LPCVD 沉积 $1\mu m$ 未掺杂多晶硅，然后用 $POCl_3$ 进行 P 掺杂，得到薄层电阻为 $5.5\Omega/\square$，重复多晶硅沉积和 P 掺杂，直到 TSV 完全脱落，再采用 RIE 去除晶圆表面的多晶硅。TSV 电阻为 1.2Ω，标准偏差为 0.1Ω。

实心多晶硅 TSV 可用于硅片背面的信号传输、CMOS-MEMS 集成和 MEMS 的 WLVP。图 20.14 所示为采用实心多晶硅 TSV 集成驱动 IC 的 100×100 有源纳米晶硅发射极阵列 3D 示意图[115]。TSV 的制作包括直径为 $25\mu m$、高度为 $300\mu m$ 通孔的 DRIE 刻蚀，热生长 $2\mu m$ SiO_2 绝缘体，通过 LPCVD 沉积厚度为 $1.5\mu m$ 的未掺杂多晶硅，沉积 PSG 和 SiO_2 作为掺杂源和阻挡层，以及沉积 $16\mu m$ 未掺杂多晶硅以完全充满孔。在 $1100°C$ 的高温下，第一个多晶硅层被 PSG n^{++} 掺杂，形成导体。形成阻挡层后，并未对空穴中的第二层多晶硅进行掺杂，而是最大化第一层多晶硅的掺杂浓度。TSV 的电阻约为 150Ω，对应的电阻率为 $4 \times 10^{-3} \Omega \cdot cm$。器件晶圆与 IC 晶圆采用 Au-Au 键合。这种 TSV 具有耐高温、直径小、通孔优先固有的低成本等优点。

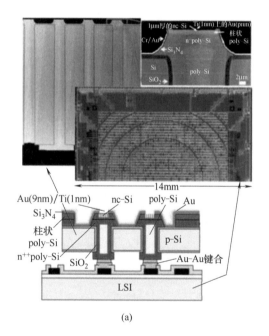

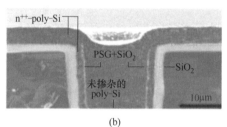

图 20.14 采用多晶硅 TSV 的集成纳米晶硅发射极阵列。(a) 配置；(b) TSV 截面
来源：Ikegami et al.[115]. © 2016 IEEE

图 20.15 所示为采用实心多晶硅 TSV 集成压阻式传感器的热弹性驱动器，用于监测水下高速超空泡航行体周围的气腔[116]。在超空泡流中运行，需要 TSV 来避免前端键合导线。以 SiO_2 为绝缘体，通过 $450\mu m$ 厚的 SOI 晶圆制备了直径为 $20\mu m$ 的多晶硅 TSV。然后通过绝缘体的热氧化、压阻器的植入、背面刻蚀 SOI 的操作层等方法制备传感器，形成薄膜。

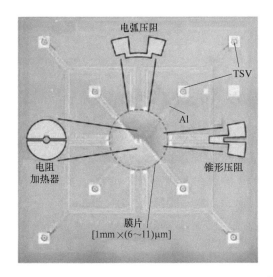
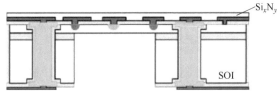

图 20.15　带 TSV 的热弹性驱动器/压阻传感器的俯视和横截面图

来源：Griffin et al. [116]. © 2012 IEEE

多晶硅 TSV 能承受器件制造所需的 1100℃ 退火和热氧化，且电阻适用于这种应用。

如图 20.16 所示，为采用多晶硅 TSV 的电容式微机械超声换能器（CMUT）阵列[117]。采用两级 DRIE 刻蚀盲孔和浅槽，然后热氧化 $1.7\mu m$ SiO_2。然后将重掺杂多晶硅沉积到盲孔及凹凸的顶层表面。随后，CMP 被用来平整顶层表面，去除绝缘层顶部的多晶硅，将多晶硅层分割成由浅沟槽定义的

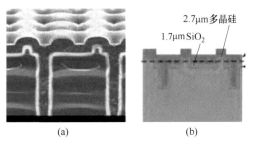

图 20.16　采用双大马士革工艺制造的多晶硅 TSV 和电极。

（a）横截面照片；（b）配置原理图

来源：Midtbø et al. [117]. © 2012 IEEE

独立元素。通过与另一个晶圆键合，创建两个间隙较小的电极组成传感电容。TSV 的直径为 $4\mu m$，深度为 $25\mu m$，间距为 $25\mu m$。这种同时形成水平电极和垂直 TSV 的思路类似于 CMOS 工艺中用于 Cu 互连制造的双层镶嵌（双大马士革）工艺。

图 20.17 所示为用于六自由度惯性传感器 WLVP 的在盖晶圆上制作的实心多晶硅 TSV[118]，传感器制作在 SOI 晶圆上 $30\mu m$ 厚、$0.01\mu\Omega \cdot cm$ 的器件层上。在器件层顶部沉积 $0.7\mu m$ 厚的 Al 作为键合焊盘和密封环。盖晶圆中的 TSV 有一层 $2\mu m$ 厚的热 SiO_2 绝缘体和一层重掺杂的 LPCVD 多晶硅导体。沉积完毕后对多晶硅进行抛光，沉积一层 Ge，然后进行刻蚀，制备出密封环和框架。其中多晶硅充当盖晶圆上的底层 RDL。盖晶圆与

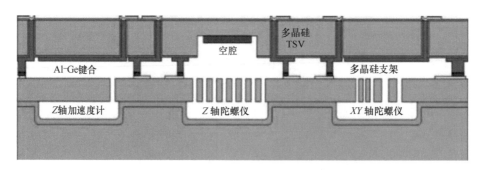

图 20.17 用于 WLVP 的盖晶圆中的实心多晶硅 TSV

来源：Wu et al.[118]. © 2019 IEEE

MEMS 晶圆采用 Al-Ge 共晶键合后，将盖晶圆研磨至暴露 TSV，然后进行 SiO_2 沉积、TSV 开口、Al RDL 和焊盘制作等工艺。

20.5.2 气隙多晶硅 TSV

通常多晶硅 TSV 与 SiO_2 绝缘体形成固溶体。然而，通过在多晶硅层上刻蚀封闭沟槽，利用独立的多晶硅柱作为 TSV，可以制备出气隙多晶硅 TSV。严格来讲，这样的 TSV 不是通过晶圆互连；相反，它是通过层互连，但具有普通 TSV 的特性。

图 20.18 显示了 STMicroelectronics 开发的在厚外延多晶硅层中制备气隙多晶硅 TSV。通过在 1000℃ 低压外延，在 125nm 厚的多晶硅籽晶层上沉积了 3MPa 低应力的厚多晶硅[119]。通过在多晶硅层中刻蚀闭合沟槽与 MEMS 器件一起形成气隙 TSV[2]，用来连接键合引线与密封在真空腔中的 MEMS 器件。

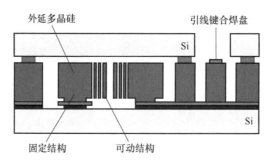

图 20.18 气隙多晶硅 TSV

研制了一种用于硅谐振器 WLVP 的气隙多晶硅 TSV 技术，即 Epi-Seal（外延-密封）技术。图 20.19 给出了结构示意图，谐振器是 DRIE 刻蚀在 SOI 晶圆 $20\mu m$ 厚的器件层中[120]。沟槽填充有 TEOS SiO_2，其被刻蚀以暴露器件层上的接触。在 SiO_2 的顶部沉积 $6\mu m$ 厚的外延多晶硅，并用刻蚀小的放气孔，通过用 HF 蒸气刻蚀沟槽中的 SiO_2 以释放谐振腔。高温烘烤后，沉积 $20\mu m$ 厚的表层多晶硅来封孔。TSV 是在厚多晶硅中通过在接触位置刻蚀沟槽直至底层 SiO_2 层形成的。用另一层 SiO_2 覆盖沟槽，以增强气隙多晶硅 TSV 的稳定性和可靠性。

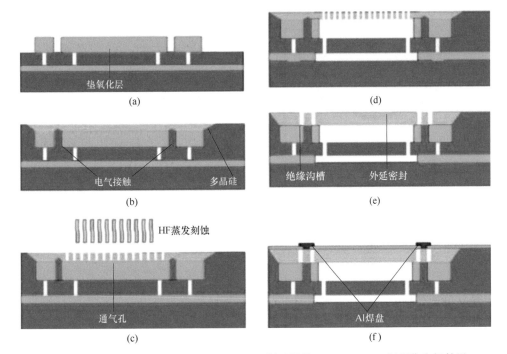

图 20.19 Epi-Seal 工艺。(a) 在 SOI 晶圆上刻蚀器件，TEOS SiO_2 沉积作为牺牲层；(b) 外延多晶硅沉积和 TSV 填充；(c) 外延多晶硅上刻蚀释放孔；(d) 用 HF 蒸气刻蚀 SiO_2；(e) 二次外延多晶硅沉积和 TSV 刻蚀；(f) SiO_2 沉积和金属接触制作

来源：Ayanoor-Vitikkate[120]，© 2009 Elsevier

20.6 硅 TSV

硅 TSV 采用高导电硅柱，通过在硅片上刻蚀环形沟槽作为导体来制作。绝缘体材料可以选择 SiO_2、聚合物、沉积在沟槽中的玻璃[121]，甚至沟槽本身[16,122]。由于硅 TSV 的电阻远小于许多 MEMS 器件的内阻，因此硅 TSV 广泛应用于 MEMS 领域。与金属和多晶硅 TSV 相比，硅 TSV 工艺更简单，成本更低。

大多数硅 TSV 用于将信号传输到晶圆背面或将 MEMS 信号传导到 WLVP 中的盖晶圆顶端。通过采用硅 TSV，可以将原来放置在 MEMS 晶圆上的引线键合焊盘移到盖晶圆顶部，节省芯片面积，减小芯片尺寸。在 MEMS 晶圆上制备了信号传输到晶圆背面的硅 TSV，而在盖晶圆上制备了 WLVP 的 TSV[123]。由于在晶圆制造后不能改变晶圆整体的电导率，高度大于 $10\mu m$ 的硅 TSV 只能在重掺杂晶圆上制造。

20.6.1 实心硅 TSV

图 20.20 所示为采用实心硅 TSV 作为传感电容背面电极的电容式压力传感器，TSV 是厚度较大、直径较大、电导率较高的硅柱，通过较窄的 SiO_2 绝缘体与基底绝缘[124]。TSV 作为传感电容的极板电极，由 SOI 晶圆的器件层制作的可变形膜片作为相反的电极。将 TSV 晶圆与 SOI 晶圆键合，形成两电极之间的间隙。可变形膜的厚度可减至几微米。采用

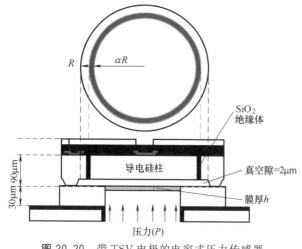

图 20.20 带 TSV 电极的电容式压力传感器
来源：Merdassi et al.[124]

TSV 作为电极，可以省略背板电极布线的工艺过程。

采用硅 TSV 或多晶硅 TSV 的 3 层结构已被开发用于真空封装，如图 20.21 所示[125]。TSV 晶圆中的 TSV，要么是 SiO_2 绝缘体隔离的多晶硅 TSV，要么是 SiO_2 沟槽隔离的低阻硅 TSV。在 TSV 晶圆表面刻蚀一个凹槽，然后将 TSV 晶圆与裸 MEMS 晶圆进行面对面熔融键合。MEMS 器件制作完成后，利用金属密封环将 MEMS 晶圆与盖晶圆键合。TSV 晶圆上和盖晶圆上的凹槽形成真空腔，为 MEMS 器件的面外运动提供了自由空间。TSV 还可以作为垂直电容传感电极，在不需要腔体内添加额外一层的情况下，即可测量面外运动。这使得传感器能够更好地利用空间和面积。有学者利用该方法，已研制出 6 轴 IMU[126]。

图 20.22 所示为 Teledyne DALSA 为 WLVP 开发的 MEMS 惯性传感器集成设计（MIDIS）技术，内压为 1.5Pa[127]。真空腔是通过在 MEMS 晶圆的两边熔融键合形成的。通过刻蚀孔、沉积 SiO_2 衬层作为绝缘体，以原位掺杂的多晶硅作为导体，在一个盖晶圆中形成 TSV。该工艺也可以制备更大直径的 TSV，其中采用硅柱 TSV 作为导体，通过 SiO_2 沟槽将其与低阻硅晶圆隔离。MIDIS 技术可用于制造真空封装的惯性传感器和谐振器。

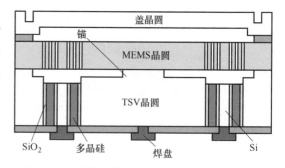

图 20.21 采用多晶硅 TSV 或 Si TSV 的 WLVP
来源：Redraw after Marx et al.[125]. © 2017 Springer Nature

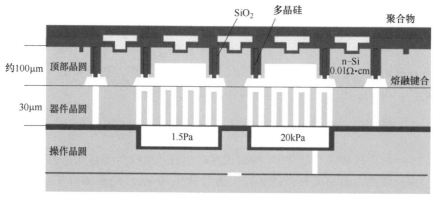

图 20.22 用于惯性传感器的硅 TSV 的 WLVP
来源：Merdassi et al.[127]. © 2015 Elsevier

20.6.2 气隙硅 TSV

通过在硅片中刻蚀具有闭合形状（通常为环形）的贯通沟槽，形成沟槽与硅片绝缘的硅柱导体，可以很容易地制备出气隙硅 TSV。一些 MEMS 制造商在惯性传感器等商业化产品中采用了气隙硅 TSV，同时，有些代工厂也可以制备气隙 TSV[161]。Silex Microsystems 是自 2005 年以来的第一家提供气隙硅 TSV 工艺的 MEMS 代工厂。其制造技术，即所谓的 Sil-Via^{TM}，能够制造出间距小于 $50\mu m$、深度为 $600\mu m$ 的 TSV。DRIE 刻蚀形成的缝隙可以选择采用专用绝缘材料进行刻蚀，使得通孔与基底之间隔离太欧姆级直流电。直径 $100\mu m$、厚度 $430\mu m$ 的 Sil-Via^{TM} TSV 具有 $0.5\sim 1\Omega$ 的典型电阻[122]。

2011 年，STMicroelectronics 发布了一款内置 TSV 的三轴加速度传感器，作为 LIS320DL 的特殊版本，该传感器代表了第一款批量生产的惯性传感器，其中采用了 TSV 工艺[128]。加速度计采用一种称作 SMERALDO 的技术制作[1]，该技术是厚表多晶硅 THELMA 技术的更新版本[129]，增加了通孔 TSV 工艺。TSV 是通过在重掺杂硅基底上刻蚀沟槽，将所得沟槽作为绝缘体，剩余的硅柱作为导体所制备的，如图 20.23 所示[1]。TSV 的一端提供金属焊盘用于引线键合，另一端通过掺杂多晶硅接触件连接 MEMS 器件，该接触件是在沉积厚多晶硅之前从正面制造的。通过这样的制备方法，可以减少高达 40% 的芯片尺寸。

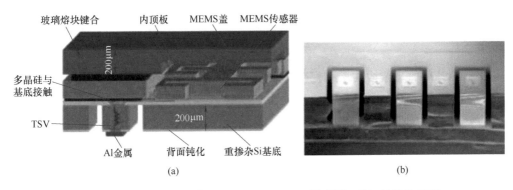

图 20.23 采用硅 TSV 的 SMERALDO。(a) 示意图；(b) 气隙硅 TSV
来源：Hirama et al.[1]. © 2015 IEEE

TSV 工艺的添加，使得 CMUT 阵列可以尽量减少连线间寄生电容，并改善布线等问题。图 20.24 给出了一种利用气隙硅 TSV 连接传感器阵列和 IC 的 CMUT 阵列[130]。气隙是刻蚀在硅片上的闭合沟槽，用于定义硅导体。硅导体的厚度为 $120\sim 180\mu m$，直径为 $250\mu m$，对应的电阻约为 4.5Ω。与 CMUT 阻抗（几千欧姆）相比，该阻抗可以忽略。如果采用低电阻率硅片（约 $0.01\Omega\cdot cm$），理论

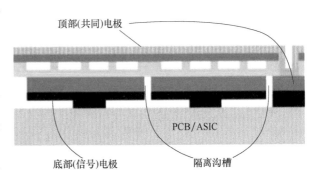

图 20.24 CMUT 阵列在 3D 集成中采用低阻硅基底作为 TSV
来源：Zhuang et al.[130]. © 2007 Elsevier

上 TSV 的电阻小于 1Ω。气隙沟槽显著简化了制造过程，避免了绝缘体沉积、多晶硅沉积和 CMP 工艺。

图 20.25 给出了一个采用气隙硅 TSV 集成、用于专用集成电路（ASIC）的 CMUT 阵列[131]。在 CMUT 阵列晶圆中制备了气隙硅 TSV，并与共晶 Sn-Pb 凸块焊料进行凸焊，将阵列与基于聚四氟乙烯的有机中介层进行键合。TSV 的边长为 $85\mu m$，高度为 $250\mu m$。中介层的另一侧是倒装芯片，有着超过 4000 个 I/O 的 ASIC 芯片。硅 TSV 将 CMUT 阵列和中介层通过电流相互连接，并作为机械元件支撑 CMUT 阵列。

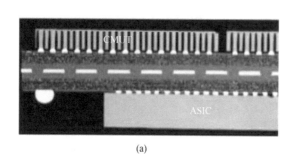 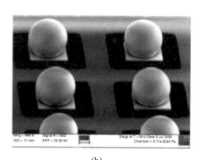

图 20.25　CMUT 阵列的气隙硅 TSV。(a) CMUT 阵列；(b) 带有凸块的硅 TSV

来源：Wodnicki et al.[131]. © 2009 IEEE

图 20.26 所示为密封气隙硅 TSV 及其在压力传感器中的应用[132]。首先沉积一个 SiO_2 掩模，并刻蚀出许多高密度的小孔，将其外围刻蚀形成沟槽状。通过 Bosch DRIE 对硅片进行刻蚀。硅刻蚀中的轻微钻蚀，扩大了硅片中刻蚀的孔，并将小孔合并成封闭槽。DRIE 刻蚀后，再沉积一层 SiO_2，掩模上的小孔作为连续层，起到密封作用。此密封步骤加强了对 TSV 的固定，并允许沉积 RDL 金属，并且不会在器件基底上产生应力。该 TSV 应用于压力传感器，其中由一个硅膜片和四个压阻器组成，且将硅片正面的压阻器连接到背面。

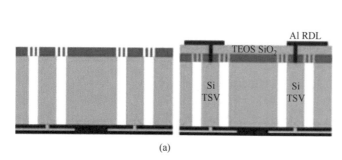 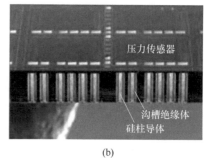

图 20.26　采用气隙硅 TSV 的压力传感器。(a) TSV 制作工艺；(b) 带 TSV 的压力传感器

来源：Bergmann et al.[132]. © 2013 IEEE

20.7　金属 TSV

金属 TSV 与其他 TSV 相比，在金属材料、TSV 配置、制备方法等方面具有更灵活的

多样性。实心金属 TSV 主要用于 CMOS 集成，可在低密度的 CMOS 晶圆中制造，也可在高密度的 MEMS 晶圆中制造。空心金属 TSV 既可以用于 CMOS 集成，也可以用于 WLVP。

20.7.1 实心金属 TSV

2014 年，Bosch Sensortec 发布了 BMA355，这是当时市场上最小的 3 轴加速度传感器，也是第一个大规模生产的包含在 CMOS 芯片上的中间通孔工艺制造 TSV 的 MEMS 器件[133]。如图 20.27 所示，MEMS 结构采用盖晶圆密封封装，通过引线键合到 ASIC 芯片上。在 ASIC 芯片上制作了较高深径比的 Cu TSV（直径 $10\mu m$，高度 $100\mu m$），将 CMOS 电路连接到背面，这样可以在背面制作焊球，以节省芯片面积。该芯片的尺寸为 $1.2mm \times 1.5mm \times 0.8mm$，比当时普通芯片小 60% 左右。

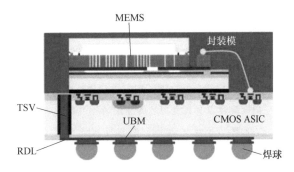

图 20.27　用于 MEMS-CMOS 集成的在 CMOS 芯片中的 Cu TSV

来源：Redraw after［133］

金属 TSV 已被用作三维螺旋电感和法拉第笼的组件之一[19,134]。图 20.28 所示为 3D 空心电感，该电感采用垂直 TSV 与晶圆前侧和后侧的平面金属丝构成多匝螺旋电感，该电感由晶圆双侧的多个扇形金属丝和多个实心 Cu TSV 构成，金属丝垂直连接。通过首先密封晶圆表面的通孔，TSV 采用单向自底向上的电镀 Cu。TSV 直径为 $35\mu m$，深径比约为 10∶1。通过去除电感金属包围的硅芯，品质因数提高至 1.4 倍，工作频率提高至 2.3 倍。

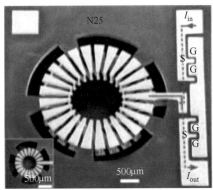

图 20.28　3D 空心 MEMS 电感的概览和详细视图

来源：Le et al.[134]. ⓒ 2018 Springer Nature

图 20.29 显示了一个采用 TGV 进行背面电信号控制的 CMUT 阵列。CMUT 元件的底部电极是沉积在玻璃晶圆上刻蚀所得浅腔底部的 Au 薄膜，顶部电极也是沉积在振动平台顶部的 Au 薄膜。电极为薄且低电阻率的硅，通过阳极键合工艺，从 SOI 晶圆转移到玻璃晶圆上。所有顶部电极连接在一起，然后采用 TGV 连接到晶圆背面。另一个 TGV 将底部电极

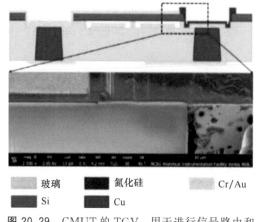

图 20.29 CMUT 的 TGV，用于进行信号路由和阳极键合以及真空封装的原位薄膜沉积

来源：Zhang et al.[135]. © 2017 IEEE

连接到背面，背面通过金线进一步连接到其他底部电极，金线穿过相邻空腔之间的沟道。利用激光打孔和电镀铜在 0.7mm 的玻璃晶圆上制备了 TGV。TGV 的间距为 $250\mu m$，两个开口的直径分别为 $70\mu m$ 和 $50\mu m$，寄生电阻和并联寄生电容分别为 2Ω 和 20fF。

在合适的材料下，金属 TSV 可以应用于高温环境。例如，金属玻璃沉积的 TSV 被用来研制高温压力传感器[136]，该传感器由硅膜片和岛状压敏电阻组成，它们分别从硅基底和 SOI 晶圆的器件层刻蚀而成。用凹槽刻蚀的玻璃盖晶圆与传感器晶圆面对面键合，形成压力腔。TSV 通过刻蚀通孔，及利用金属粉末与玻璃混合的方法在玻璃晶圆中制备。TSV 将键合界面处的压敏电阻连接到玻璃晶圆背面。TSV 避免了金属丝和焊球相关的问题，提高了高温条件下的可靠性。

如果 MEMS 器件具有可移动性或绝热性，TSV 既可以作为悬浮 MEMS 器件的机械支撑组件，也可以作为连接 MEMS 和 CMOS 的电气导体。实现这种配置的一种常用方法是晶圆转移技术，它本质上是通过晶圆键合和减薄技术，将在一个基底上制备的器件层转移到另一个基底上[61,65]。如图 20.30 所示[137]，采用聚合物将 SOI 晶圆键合到 CMOS 晶圆上，然后去除 SOI 基底，再通过 SOI 器件层和聚合物刻蚀通孔，直到金属与 CMOS 晶圆键合。通过沉积金属形成 TSV，连接金属板和 SOI 层。在 SOI 层中制备 MEMS 阵列后，去除聚合物以释放 MEMS。MEMS 与 CMOS 之间的间隙为 MEMS 的运动提供了自由的空间，减少了 CMOS 的散热，降低了 CMOS 基底上的电磁损耗。利用该技术成功实现了硅微镜阵列、SiGe 焦平面和硅二极管 FPA[138,139]。

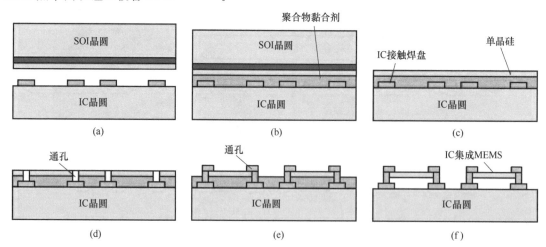

图 20.30 SOI MEMS 和 CMOS 的三维集成。(a) SOI 晶圆和 CMOS 晶圆；(b) 黏合剂键合两个晶圆；(c) 去除 SOI 晶圆基底；(d) 刻蚀孔；(e) 用金属填充孔形成 TSV；(f) 刻蚀黏合剂释放 MEMS 器件悬浮

来源：Niklaus et al.[137]. © 2009 Elsevier

除了硅层之外，与 CMOS 不兼容的材料也可以在另一个晶圆上转移，如压电器件、碳纳米管（CNT）或其他纳米材料[140,141]。图 20.31 显示了一个悬挂式压电 MEMS 开关，TSV 既充当电导体，又充当机械支撑组件[142]。压电开关由沉积在虚设晶圆上的锆钛酸铅（PZT）薄膜制成，然后通过多晶键合、去除基底、电镀 Au 等方式转移到电路晶圆上。在金 TSV 的支撑下，PZT 通过去除键合聚合物释放，达到悬浮状态。

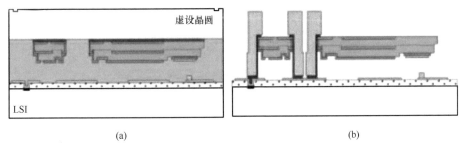

图 20.31　以 TSV 为机械支撑的 PZT 开关。（a）将虚拟晶圆上制作的 PZT 器件转移到 CMOS 晶圆上；（b）金柱支撑 PZT 器件以使其悬浮

来源：Matsuo et al.[142]. © 2012 IEEE

图 20.32 展示了一种 CMOS 集成和真空封装的 MEMS，采用了中介层和气隙硅 TSV 和实心金属 TSV[143]。MEMS 晶圆先与盖晶圆倒装键合，然后用气隙硅 TSV 制作。MEMS/盖堆叠和 ASIC 芯片采用金属凸点/焊料连接在中介层上。中介层中的铜 TSV 将中介层与另一盖晶圆连接形成的电信号传递到真空腔外。硅 TSV 既是 MEMS 与中介层之间的电导体，又是 MEMS/盖堆叠的机械支撑组件。

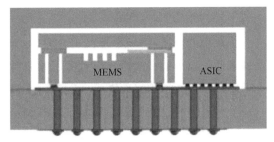

图 20.32　中介层同时用于集成 CMOS 和真空封装

来源：Steller et al.[143]. © 2014, IEEE

硅 TSV 可以在一定程度上倾斜于气隙中，从而使 MEMS 不受中介层应力和热膨胀的影响。

图 20.33 展示了一个由多片 MEMS 和 CMOS 芯片 2.5D 集成，从而实现的超小型化无线传感器节点（e-CUBES），并以压力传感器、射频收发器、微控制器和体声波谐振器（BAR）构成的轮胎压力监测系统为例。硅中介层通过 TSV 连接中介层两侧的微控制器和 3D 堆叠芯片。3D 堆叠芯片由压力传感器和谐振器组成，谐振器是晶圆级键合在 $60\mu m$ 厚的射频收发芯片上。对传感器管芯和收发器管芯的封盖进行 TSV 加工。收发器中的 TSV 是高深径比（20∶1）的钨 TSV。顶部和底部晶圆采用 Cu/Sn 固液互扩散（SLID）层或 SnAg 堆叠。

通常需要单独的晶圆来制造 MEMS 和 CMOS。然而，在某些应用中，在硅片的对面制造 MEMS 和 CMOS 并利用 TSV 连接是理论上可行的[144,145]。有学者在晶圆前侧制备的 ZnO 纳米线传感器，将其与在同一晶圆后侧制备的信号处理电路集成在一起[146]。其中，首先在晶圆背面制作 MOSFET，然后在晶圆内制作铜 TSV。最后在晶圆正面采用 $300\mu C$ 的气-液-固法生长 ZnO 纳米线，并与背面的 MOSFET 用 TSV 电连接。

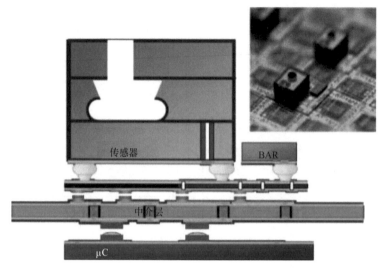

图 20.33　在 TSV 中介层上的带有压力传感器、BAR、控制器和存储器的 TMPS

来源：Ramm et al.[54]，© 2008 IEEE

20.7.2　空心金属 TSV

大多数空心金属 TSV 都是在 WLVP 的盖晶圆或 CMOS 晶圆中制造，以便将信号传导到晶圆表面，以节省引线键合焊盘占用的芯片面积。它们还可以在 MEMS 晶圆中制作，用于 MEMS 和 CMOS 的三维集成。

空心金属 TSV 的典型制造工艺如图 20.34 所示。两个晶圆（如 MEMS 和 CMOS 晶圆或 MEMS 和盖晶圆）键合后，顶部晶圆被刻蚀，直到底部晶圆上的导电垫被 TSV 绝缘体沉积。常见的绝缘层材料为通过 PECVD 沉积的 $1\sim2\mu m$ 厚的 SiO_2 绝缘层。然后通过 RIE 将通孔底部的绝缘体各向异性且无掩模地刻蚀掉，以暴露导电焊盘。最后沉积金属薄膜并图案

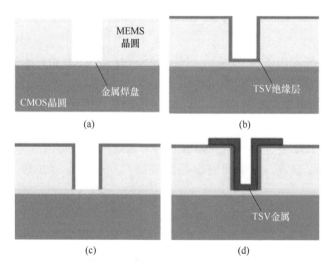

图 20.34　空心金属 TSV 的制作。(a) 通孔刻蚀；(b) 绝缘体膜沉积；
(c) 通孔底部绝缘体刻蚀；(d) 导体膜沉积

化处理,以形成 TSV 导体。典型的导体是铜,它可以在黏合层/阻挡层/籽晶层溅射后,通过电镀沉积于干膜光刻胶制作的模具中。空心铜 TSV 被广泛应用于 CMOS 图像传感器中,用来将像素传递到载体晶圆背面[147]。

除了图 20.35(a)所示的常规空心 TSV 外,也可以通过在一端留下一定厚度的硅,不对其进行刻蚀,从而获得 X 形空心 TSV,如图 20.35(b)所示[148]。从一侧刻蚀一个垂直且直径较大的孔,并在晶圆的较大部分处停止,从另一侧刻蚀一个同轴、小直径、锥形的孔。采用双面镀铜在侧壁上沉积 $10\mu m$ 厚的共形铜膜,形成 X 形铜导体。与空心 TSV 相比,提高了 X 形 TSV 的机械强度,同时使得制作过程相对简单。

图 20.35 空心 Cu TSV。(a) 环形;(b) X 形
来源:(a) Kraft et al.[24]。© 2011 IEEE;
(b) de Veen et al.[148]。© 2015 Elsevier

图 20.36 所示为在 CMOS 大规模集成(LSI)芯片上制作的空心金属 TSV 集成电容型 3 轴触觉传感器[149]。MEMS 芯片由一个膜片支撑的平台和四个往复运动电极组成,与在 CMOS LSI 芯片上制作的四个固定电极一起构成传感电容。接触力使平台产生变形并改变电容,通过 LSI 芯片读出电容。在 CMOS 芯片中制作空心 TSV,用于电源、GND 和数据的传输。通过 TSV 直接向触觉传感器供电,防止 LSI 引起的电压下降,从而保证传感器的性能。主要的 TSV 工艺包括:DRIE 刻蚀 $110\mu m$ 宽和 $400\mu m$ 深的沟槽,TEOS PECVD 沉积 $2\mu m$ SiO_2 绝缘体,沟槽底部 SiO_2 的 Ar 离子定向刻蚀,溅射 $400nm$ Ta 作为阻挡层和 $1\mu m$ 的黏附层,化学镀 $500nm$ Ni 的籽晶层和电镀 $10\mu m$ 的铜层。

图 20.37 显示了采用基于 TSV 的 WLVP 的 FBAR。使用 Au-Au 热压离子键合将带有电路并刻蚀空腔的 CMOS 晶圆与 MEMS 晶圆键合,以密封悬浮的 FBAR。可以通过激光打孔在 CMOS 晶圆中制造锥形 TSV,并在过孔侧壁上沉积薄金属膜作为导体。FBAR 通过 Au-Au 凸块键合连接到电路。由于封装通常占据 MEMS 谐振器芯片 90% 的面积,将引线键合焊盘放置在盖晶圆表面可以显著减小芯片尺寸[150]。

mCube 公司开发了空心 W TSV,将 3 轴加速度计与 CMOS 集成,实现批量生产,如图 20.38 所示[151]。采用中间通孔在 MEMS 芯片制备空心 W TSV。首先将用于 MEMS 制造的晶圆键合到 CMOS 晶圆的抛光电介质表面上,该晶圆在电介质中刻蚀有浅腔。在晶圆减薄后,采用深刻蚀和 CVD 方法在顶部硅片上制备了空心 W TSV。然后刻蚀顶部晶圆制作 MEMS 结构,之后键合盖晶圆进行密封封装。直径为 $3\mu m$、长径比为 10:1 的空心 W TSV 将 MEMS 器件与底层 CMOS 连接。封装尺寸为 $1.1mm\times1.3mm\times0.74mm$。

在晶圆键合之前,可以在盖晶圆中制备 TSV,也可以在键合后制备 TSV,如图 20.39 所示[152]。与通常采用盖片上刻蚀的腔体为可移动 MEMS 器件提供空间的方法不同,该方法采用盖片上 PECVD 工艺沉积 $5\mu m$ 厚的 TEOS SiO_2 作为 MEMS 与盖片之间的间隔层。采用 Au-Sn 密封环和键合凸块对盖晶圆进行电镀,然后采用共晶键合的方法与 MEMS 盖晶圆进行倒装键合。盖晶圆减薄至 $80\mu m$ 后,在盖晶圆上刻蚀直径为 $80\mu m$ 的通孔,随后进行镀铜,形成空心 TSV。

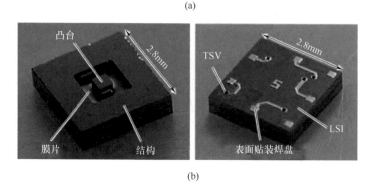

图 20.36　电容式 3 轴触觉传感器与 CMOS 的 3D 集成。(a) 3D 配置；(b) 3D 集成传感器的正面和背面
来源：Hata et al.[149]. © 2018 Elsevier
1—扭力梁；2—跷板式电极；3—凸台；4—膜片；5—键合环；6—TSV 焊盘；7—环形 TSV；
8—获取图案；9—多层互连；10—固定电极；11—重布线；12—I/O 焊盘；13—贴装焊盘

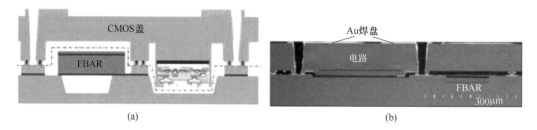

图 20.37　FBAR 的 WLVP。(a) WLVP 的示意图；(b) FBAR 芯片的横截面视图
来源：Small et al.[17]. © 2011 IEEE

图 20.40 显示了 CMOS 芯片和 CNT 谐振器的三维集成。CNT 谐振器是在纳米机电系统（NEMS）芯片上制备的，并采用 WLVP 封装在 0.1 mTorr 的真空中[153]。由于 CNT 易碎，且对后处理敏感，因此首先采用 KOH 刻蚀斜腔、Pt 溅射和 LPCVD 沉积 SiN 钝化层制备 TSV。将生长在单独晶圆上的 CNT，转移至 NEMS 芯片上。在使用 Au-Si 共晶键合将玻璃帽键合在器件芯片的顶部以形成用于 CNT 的真空腔，然后使用 Ag 导电胶键合 NEMS 芯

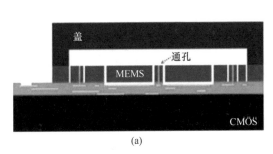 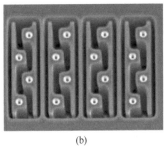

图 20.38　在 MEMS 层制作的用于 CMOS 集成的空心 W TSV。(a) TSV 示意图；(b) SEM 照片

来源：Image courtesy of mCube, Inc. Copyright 2014. All rights reserved

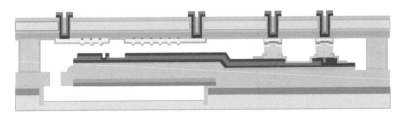

图 20.39　采用 TSV-last 工艺封装的射频开关

来源：Ferrandoni et al.[152]. © 2010 IEEE

片背面的 CMOS 芯片。将 TSV 放置在 NEMS 芯片中而不放置在盖晶圆中，便于 TSV 与 CNT 谐振器的电气连接。

图 20.41 展示了一个基于 TSV 的 WLVP 的 2D 微镜[154]。该微镜制作在 SOI 器件层上，将其密封于真空腔中。该真空腔由带有刻蚀深腔的玻璃晶圆阳极键合形成的。使得微镜在 20V 左右的驱动电压下实现 25°的转角。采用 HF 溶液湿法刻蚀在盖玻片，制备空心 TSV。

在玻璃盖晶圆中采用 TSV 也有利于双面阳极键合。如图 20.42 所示[155]，硅片一旦与玻璃片 Pyrex 1 阳极键合，由于形成耗尽，在硅-Pyrex 界面处形成电容。此电容进而阻止了 Pyrex 2 在硅片

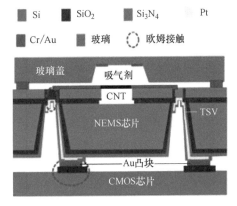

图 20.40　采用 TSV 结合真空封装和 CMOS 集成的 CNT 谐振器

来源：Gueye et al.[153]

另一侧阳极键合时，施加到硅片上的键合电压，因此很难进行第二次阳极键合。通过在 Pyrex 1 中制备 TSV，可以在 Pyrex 2 阳极键合过程中通过 TSV 施加给硅片电源电压。

图 20.43 显示了用于 DNA 测序的离子敏感型三极管（ISFET）pH 传感器[156]。钝化层中掺入从靶 DNA 较短链中断裂释放的脱氧核苷酸，这种脱氧核苷酸与漂浮栅电容耦合，从而引起 H^+ 的栅极电压变化，使得 ISFET 的电流随之变化[156]。连接在 ISFET 金属 1 上的空心 TSV 可以显著增加 ISFET 的栅极表面，即利用 TSV 的侧壁表面来增加传感层，从而显著提高 ISFET 的灵敏度。

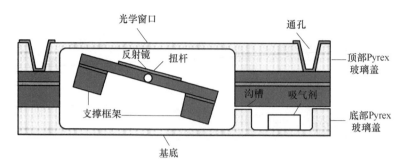

图 20.41　WLVP 封装的二维旋转微镜

来源：Chu et al.[154]．ⓒ 2018 Springer Nature

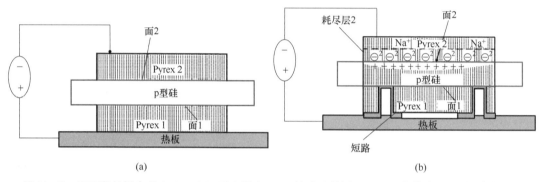

图 20.42　双面阳极键合的 TSV。(a) 两个没有 TSV 的玻璃晶圆；(b) 两个带有 TSV 的玻璃晶圆

来源：Chu et al.[155]．ⓒ 2013 Elsevier

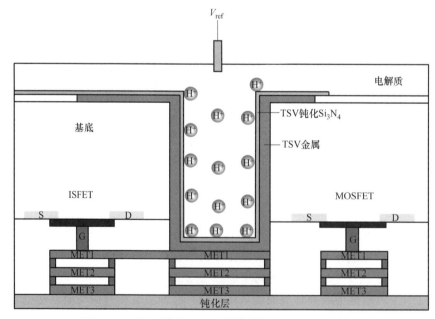

图 20.43　用于扩展 ISFET 传感器栅表面的空心 TSV

来源：Xiao et al.[156]．ⓒ 2017 IEEE

大多数空心金属 TSV 是通过在导电底部和通孔侧壁上沉积金属来制备的。如图 20.44 所示[157]，也可以对凹槽底部和侧壁进行金属化，然后进行背面减薄来暴露金属，如同制备实心金属 TSV 的工艺。虽然空心金属 TSV 具有金膜导体，以及位于 TSV 中央的空心空间，但空心空间可以填充聚合物。由中空 TSV 制成的小型中介层也可以嵌入到聚合物基底中，如图 20.45 所示[158]，即聚合物内芯片。通过在中介层中制备的 TSV，可以将聚合物基底的双面进行电连接。该技术具有低成本、高良率、易实现不同工艺和尺寸的硅芯片等优点。

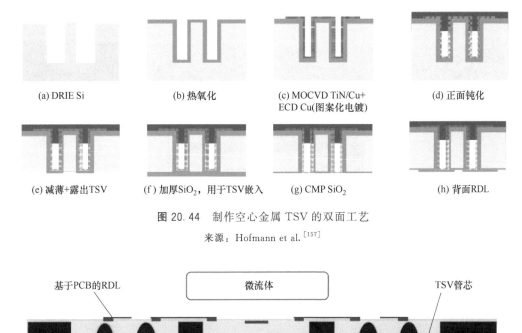

图 20.44 制作空心金属 TSV 的双面工艺

来源：Hofmann et al.[157]

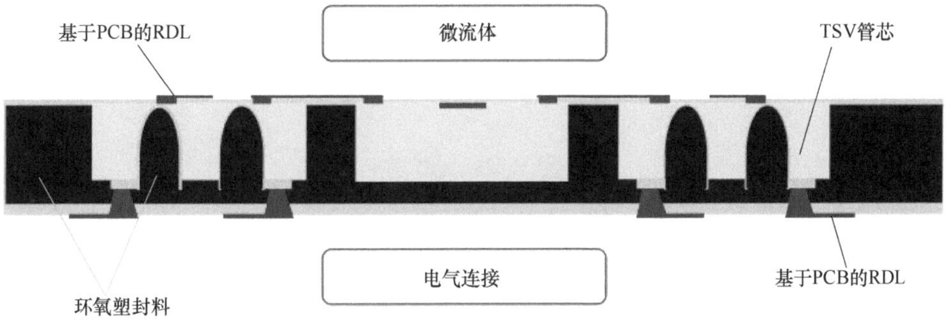

图 20.45 聚合物内芯片：聚合物模塑的 TSV 中介层和生物传感器

来源：Silex Microsystems[158]

20.7.3 气隙金属 TSV

虽然采用牺牲聚合物和 Cu 电镀技术可以制备气隙金属 TSV，但这种制备方法在 MEMS 应用中成本过高。在通孔的金属化底部，采用引线键合的方法可以代替金属电镀制得 TSV 导体。这种方法避免了 TSV 填充，从而节省了加工成本，但浪费了大量的 MEMS 晶圆面积，因为孔直径需要足够大才可以进行引线键合。

通孔既可以在盖晶圆中，如图 20.46（a）所示，也可以在 MEMS 晶圆中，如图 20.46（b）所示[159]。如果在键合前对通孔进行刻蚀，则可以将盖晶圆和 MEMS 晶圆进行对齐键合，这样沉积在 MEMS 层上的金属焊盘就可以定位在通孔中。随后，将金属线键合在金属焊盘上作为导体。如果在晶圆键合后刻蚀通孔，则需要在基底与 MEMS 层之间的间隔层上刻蚀凹槽，如图 20.46（c）所示[159]，使得沉积在通孔底部的金属焊盘与基底分离。图 20.46（d）显示了采用两种 TSV 的真空封装工艺。在 MEMS 晶圆中制作固态金属 TSV，将 MEMS 与金属焊盘连接，然后利用在底部盖晶圆中制作的气隙金属丝 TSV 与外部连接。

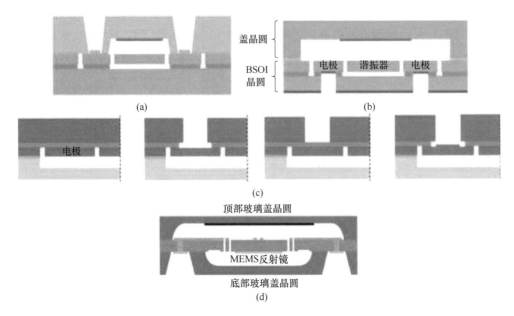

图 20.46　以键合引线为导体的气隙金属 TSV。（a）盖晶圆中的 TSV；（b）MEMS 晶圆中的 TSV；（c）制作工艺；（d）MEMS 晶圆和底部玻璃盖晶圆中的 TSV

来源：(a)~(c) Nicolas et al.[159]。© 2014 IEEE；(d) Chung et al.[160]。© 2019 Elsevier

参考文献

1　Hirama, I. (2015). New MEMS sensor process by TSV technology for smaller packaging, IEEE International Conference on Electronics Packaging iMAPS All Asia Conference, 456-459.

2　Esashi, M. (2012). Revolution of sensors in micro-electromechanical systems. *Jpn. J. Appl. Phys.* 51: 080001.

3　Goldberg, H. D, Breuer, K. S., Schmidt, M. A. et al. (1994). A silicon-wafer bonding technology for microfabricated shear-stress sensor with backside contacts. Technical Digest Solid-State Sensor and Actuator Workshop, 111-115.

4　Henmi, H., Shoji, S., Shoji, Y. et al. (1994). Vacuum packaging for microsensors by glass-silicon anodic bonding. *Sens. Actuat. A* 43: 243-248.

5　Linder, S, Baltes, H., Gnaedinger, F. et al. (1994). Fabrication technology for wafer through-hole interconnections and three-dimensional stacks of chips and wafers. IEEE Micro Electro Mechanical Systems Conference, 349-354.

6　Jono, K., Minami, K., Esashi, M. et al. (1995). An electrostatic servo-type three-axis silicon accelerometer. *Meas. Sci. Technol.* 6: 11-15.

7　Ruhl, G., Fröschle, B., Ramm, P. et al. (1995). Deposition of titanium nitride/tungsten layers for application in vertically integrated circuits technology. *Appl. Surf. Sci.* 91: 382-387.

8 Ramm, P., Bollmann, D., Braun, R. et al. (1997). Three dimensional metallization for vertically integrated circuits. *Microelect. Eng.* 37/38: 39-47.

9 Kurino, H, Fukushima, T. Tanaka, T. et al. (1997). Three-dimensional integration technology for real time micro-vision system. IEEE International Conference Innovative Systems in Silicon, 203-212.

10 Matsumoto, T., Fukushima, T., Tanaka, T. et al. (1998). New three-dimensional wafer bonding technology using the adhesive injection method. *Jpn. J. Appl. Phys.* 37: 1217-1221.

11 Soh, H., Yue, C., McCarthy, A. et al. (1999). Ultra-low resistance, through-wafer via technology and its application in three dimensional structures on silicon. *Jpn. J. Appl. Phys.* 1 (38): 2393-2396.

12 Chow, E., Soh, H. T., Lee, H. C. et al. (1999). Two-dimensional cantilever arrays with through-wafer interconnects. *Transducers*: 1886-1887.

13 Calmes, S, Cheng, C. -H., Degertekin, F. L. et al. (1999). Highly integrated 2-D capacitive micromachined ultrasonic transducers. IEEE International Ultrasonics Symposium, 1163-1166.

14 Ok, S., Kim, C., Baldwin, D. et al. (2003). High density, high aspect ratio through-wafer interconnect vias for MEMS packaging. *IEEE Trans. Adv. Packag.* 26: 302-309.

15 Mehra, A., Zhang, X., Ayon, A. et al. (2000). Through-wafer electrical interconnect for multilevel microelectromechnical system devices. *J. Vac. Sci. Technol B.* 18: 2583-2589.

16 Rimskog, M. (2007). Through wafer via technology for MEMS and 3D integration. IEEE International Electronics Manufacturing Technology Symposium, 286-289.

17 Small, M., Ruby, R., Ortiz, S. et al. (2011). Wafer-scale packaging for FBAR-based oscillators. Joint Conference IEEE International Frequency Control European Frequency and Time Forum, 1-4.

18 Takahashi, K., Terao, H., Tomita, Y. et al. (2001). Current status of research and development for three-dimensional chip stack technology. *Jpn. J. Appl. Phys.* 40: 3032-3037.

19 Wu, J, del Alamo, J. A., Jenkins, K. A. et al. (2000). A high aspect-ratio silicon substrate-via technology and applications. IEEE IEDM, 477-480.

20 Sasaki, K, Matsuo, M., Hayasaka, N. et al. (2001). 128Mbit NAND flash memory by chip-on-chip technology with Cu through plug. International Conference on Electronics Packaging, 3943-3947.

21 Lietaer, N., Storås, P., Breivik, L. et al. (2006). Development of cost-effective high-density through-wafer interconnects for 3D microsystems. *J. Micromech. Microeng.* 16: S29-S34.

22 Ebefors, T, Fredlund, J., Perttu, D. et al. (2013). The development and evaluation of RF TSV for 3D IPD applications, IEEE International 3D System Integration Conference 1-8.

23 Ko, S. C., Min, B. -G., Park, Y. -R. et al. (2013). Micromachined stress-free TSV hole for AlGaN/GaN-on-Si (111) platform-based devices. *J. Micromech. Microeng.* 23: 035011.

24 Kraft, J, Schrank, F., Teva, J. et al. (2011). 3D sensor application with open through silicon via technology. IEEE Electronic Components and Technology Conference, 560-566.

25 Hofmann, L, Schubert, I., Gottfried, K. et al. (2013). Investigations on partially filled HAR TSVs for MEMS applications. IEEE International Interconnect Technology Conference, 1-3.

26 Lietaer, N, Summanwar, A., Herum, S. R. et al. (2014). Dry-film resist technology for versatile TSV fabrication for MEMS, tested on blind dummy TSVs. Symposium On Design, Test, Integration and Packaging of MEMS/MOEMS, 1-5.

27 Zhao, H. and Wang, Z. (2012). Motion measurement using inertial sensors, ultrasonic sensors, and magnetometers with extended Kalman filter for data fusion. *IEEE Sens. J.* 12: 943-953.

28 Esashi, M. (2008). Wafer level packaging of MEMS. *J. Micromech. Microeng.* 18: 073001.

29 Hofmann, L., Fischer, T., Werner, T. et al. (2016). Study on TSV isolation liners for a Via Last approach with the use in 3D-WLP for MEMS. *Microsyst. Technol.* 22: 1665-1677.

30 Li, D., Joshi, S., Kim, J. -H. et al. (2017). End-to-end analysis of integration for thermocouple-based sensors into 3-D ICs. *IEEE Trans. Very Large Scale Integrated Syst.* 25: 2498-2511.

31 Laermer, F, Schilp, A. (1996). Method for anistropic plasma etching of substrates, US Patent 5,498,312.

32 Tachi, S., Tsujimoto, K., and Okudaira, S. (1988). Low-temperature reactive ion etching and microwave plasma etching of silicon. *Appl. Phys. Lett.* 52: 616-618.

33 Morikawa, Y, Akazawa, M., Yamada, S. et al. (2017). High-density via fabrication technology solution for heterogeneous integration. Pan Pacific Microelectronics Symposium, 1-6.

34 Wu, B., Kumar, A., and Pamarthy, S. (2010). High aspect ratio silicon etch: a review. *J. Appl. Phys.* 108: 051101.

35 Lin, P. R., Zhang, G. Q., van Zeijl, H. W. et al. (2015). Effects of silicon via profile on passivation and metallization in TSV interposers for 2.5D integration. *Microelect. Eng* 134: 22-26.

36 Ranganathan, N., Lee, D. Y., Liu, Y. et al. (2011). Influence of bosch etch process on electrical isolation of TSV structures. *IEEE Trans. Comp. Pack. Manuf. Tech.* 1: 1497-1507.

37 Ramaswami, S., Dukovic, J., Eaton, B. et al. (2009). Process integration considerations for 300 mm TSV manufacturing. *IEEE Trans. Dev. Mat. Reliab.* 9: 524-528.

38 Teh, W. H., Caramto, R., Arkalgud, S. et al. (2010). 300-mm production-worthy magnetically enhanced non-Bosch through-si-via etch for 3-D logic integration. *IEEE Trans. Adv. Semicond. Manuf.* 23: 293-302.

39 Gomez, S. and Belen, R. J. (2004). Etching of high aspect ratio structures in Si using SF_6/O_2 plasma. *J. Vac. Sci. Tech. A* 22: 606-615.

40 Ranganathan, N., Liao, E. B., Linn, L. et al. (2009). Integration of high aspect ratio tapered silicon via for silicon carrier fabrication. *IEEE Trans. Adv. Packag.* 32: 62-71.

41 https://www.ulvac.co.jp/products_e/equipment/products/etching-system/nld-5700.

42 Morikawa, Y, Murayama, T., Sakuishi, T. et al. (2012). A novel scallop free TSV etching method in magnetic neutral loop discharge plasma. IEEE Components and Technology Conference (ECTC), 794-795.

43 Kamto, A., Divan, R., Sumant, A. V. et al. (2010). Cryogenic inductively coupled plasma etching for fabrication of tapered through-silicon vias. *J. Vac. Sci. Tech. A* 28: 719-725.

44 Ranganathan, N., Ranganathan, N., Lee, D. Y. et al. (2008). The development of a tapered silicon micro-micromachining process for 3D microsystems packaging. *J. Micromech. Microeng.* 18: 115028.

45 Tezcan, D. S, De Munck, K., Pham, N. et al. (2006). Development of vertical and tapered via etch for 3D through wafer interconnect technology. IEEE Electronics Packaging Technology Conference, 22-28.

46 Dubey, A. and Yadava, V. (2008). Experimental study of Nd: YAG laser beam machining-an overview. *J. Mat. Process. Tech.* 195: 15-26.

47 Tan, B. (2006). Deep micro hole drilling in a silicon substrate using multi-bursts of nanosecond UV laser pulses. *J. Micromech. Microeng.* 16: 109-122.

48 Tang, C., Young, H. T., Li, K. M. et al. (2012). Innovative through-silicon-via formation approach

for wafer-level packaging applications. *J. Micromech. Microeng.* 22: 045019.

49 Le, V. N. -A. (2017). Investigation on drilling blind via of epoxy compound wafer by 532nm Nd: YVO$_4$ laser. *J. Manuf. Proc.* 27: 214-220.

50 Grob, T, Grob, T., Hovenkamp, R. A. et al. (2004). Comparison of via-fabrication techniques for through-wafer electrical interconnect applications. IEEE Electronic Components and Technology Conference, 1466-1470.

51 Rieske, R, Landgraf, R., Wolter, K. -J. et al. (2009). Novel method for crystal defect analysis of laser drilled TSVs. IEEE Electronic Components and Technology Conference, 1139-1146.

52 Laakso, P., Penttilä, R., Heimala, P. et al. (2010). Effect of shot number on femtosecond laser drilling of silicon. *J. Laser Micro/Nanoeng.* 5: 273-276.

53 Rodin, A. M., Callaghan, J., and Brennan, N. (2008). High throughput low CoO industrial laser drilling tool. 4th International Conference Exhibition Device Packaging, Arizona, USA http://www.emc3d.org/documents/library/technical/XSil_Laser_Drilling_A_Rodin.pdf

54 Ramm, P, Wolf, M. J., Klumpp, A. et al. (2008). Through silicon via technology-processes and reliability for wafer-level 3D system integration. IEEE Electronic Components and Technology Conference, 841-846.

55 Van Olmen, J., Huyghebaert, C., Coenen, J. et al. (2011). Integration challenges of copper Through Silicon Via (TSV) metallization for 3D-stacked IC integration. *Microelect. Eng.* 88: 745-748.

56 Suu, K. (2016). High-density packaging technology solution for smart ICT. Pan Pacific Microelectronics Symposium, 1-6.

57 Li, Y. L., Van Huylenbroeck, S., Roussel, P. et al. (2016). Dielectric liner reliability in via-middle through silicon vias with 3 micron diameter. *Microelect. Eng.* 156: 37-40.

58 Chen, Q., Huang, C., Tan, Z. et al. (2013). Low capacitance through-silicon-vias (TSVs) with uniform benzocyclobutene (BCB) insulation layers. *IEEE Trans. Comp. Packag. Manuf. Technol.* 3: 724-731.

59 Civale, Y., Tezcan, D. S., Philipsen, H. G. G. et al. (2011). 3-D wafer-level packaging die stacking using spin-on-dielectric polymer liner through-silicon vias. *IEEE Trans. Comp. Packag. Manuf. Technol.* 1: 833-840.

60 Wang, W. J., Yan, Y. Y., Ding, Y. T. et al. (2015). Electrical characteristics of a novel interposer technique using ultra-low-resistivity silicon-pillars with polymer insulation as TSVs. *Microelect. Eng.* 137: 146-152.

61 Huang, C., Chen, Q., Wang, Z. et al. (2013). Air-gap through-silicon vias (TSVs). *IEEE Elect. Dev. Lett.* 34: 441-443.

62 Agarwal, A, Murthy, R. B., Lee, V. et al. (2009). Polysilicon Interconnections (FEOL): fabrication and characterization. IEEE Electronics Packaging Technology Conference, 317-320.

63 Dixit, P., Vehmas, T., Vähänen, S. et al. (2012). Fabrication and electrical characterization of high aspect ratio poly-silicon filled through-silicon vias. *J. Micromech. Microeng.* 22: 055021.

64 Pares, G, Bresson, N., Moreau, S. et al. (2010). Effects of stress in polysilicon via-first TSV technology. IEEE Electronics Packaging Technology Conference, 333-337.

65 Tomozeiu, N., Antohe, S., and Modreanu, M. (2000). Electrical properties of LPCVD polysilicon deposited in the vicinity of amorphous polycrystalline phase. *J. Optoelect. Adv. Mat* 2: 657-663.

66 Deen, M. J., Rumyantsev, S., Orchard-Webb, J. et al. (1998). Low frequency noise in heavily doped polysilicon thin film resistors. *J. Vac. Sci. Technol. B* 16: 1881-1884.

67 Liu, F, Yu, R. R., Young, A. M. et al. (2008). A 300-mm wafer-level three-dimensional integration scheme using tungsten through-silicon via and hybrid Cu-adhesive bonding. IEEE Electron Devices Meeting, 1-4.

68 Kikuchi, H, Yamada, Y., Mossad Ali, A. et al. (2007). Tungsten Through-Si Via (TSV) technology for three-dimensional LSIs. International Conference on Solid State Devices Materials, 482-483.

69 Wieland, R., Bonfert, D., Klumpp, A. et al. (2005). 3D Integration of CMOS transistors with ICV-SLID technology. *Microelect. Eng.* 82: 529-533.

70 Ramm, P., Bonfert, D., Gieser, H. et al. (2001). InterChip via technology for vertical system integration. IEEE International Interconnect Technology Conference, 160-162.

71 Koyanagi, M., Nakamura, T., Yamada, Y. et al. (2006). Three-dimensional integration technology based on wafer bonding with vertical buried interconnections. *IEEE Trans. Elect. Dev.* 53: 2799-2808.

72 Dao, T, Triyoso, H., Mora, R. et al. (2010). Thermo-mechanical stress characterization of tungsten-fill through-silicon-via, VLSI Design Auto. Test Symposium, 7-10.

73 Shen, W.-W. and Chen, K.-N. (2017). Three-dimensional integrated circuit (3D IC) key technology: through-silicon via (TSV). *Nanoscale Res. Lett.* 12: 56.

74 Garrou, P., Bower, C., Ramm, P. et al. (2008). *Handbook of 3D Integration*. Wiley.

75 Civale, Y., Croes, K., Miyamori, Y. et al. (2013). On the thermal stability of physically-vapor-deposited diffusion barriers in 3D Through-Silicon Vias during IC processing. *Microelect. Eng.* 106: 155-159.

76 Xiao, H., He, H., Ren, X. et al. (2017). Numerical modeling and experimental verification of copper electrodeposition for through silicon via (TSV) with additives. *Microelect. Eng.* 170: 54-58.

77 Song, C., Wang, Z., Tan, Z. et al. (2012). Moving boundary simulation and experimental verification of high aspect-ratio through-silicon-vias for 3D integration. *IEEE Trans. Comp. Packag. Manuf. Technol.* 2: 23-31.

78 Beica, R, Sharbono, C., Ritzdorf, T. (2008). Through silicon via copper electrodeposition for 3D integration. IEEE Electronics Components and Technology Conference, 577-583.

79 Radisic, A., Lühn, O., Philipsen, H. G. G. et al. (2011). Copper plating for 3D interconnects. *Microelect.* Eng. 88: 701-704.

80 Hwang, G, R. Kalaiselvan (2017). Development of TSV electroplating process for via-last technology. IEEE Electronics Components and Technology Conference, 68-72.

81 Abbaspour, R., Brown, D. K., and Bakir, M. S. (2017). Fabrication and electrical characterization of sub-micron diameter through-silicon via for heterogeneous three-dimensional integrated circuits. *J. Micromech. Microeng.* 27: 025011.

82 Zhang, D., Smith, D., Kumarapuram, G. et al. (2015). Process development and optimization for 3 μm high aspect ratio via-middle through-silicon vias at wafer level. *IEEE Trans. Semicond. Manuf.* 28: 454-460.

83 Dixit, P. and Miao, J. M. (2006). Aspect-ratio-dependent copper electrodeposition technique for very high aspect-ratio through-hole plating. *J. Electrochem. Soc.* 153: G552-G559.

84 Wang, Z., Wang, L., Nguyen, N. T. et al. (2006). Silicon micromachining of high aspect ratio, high-density through-wafer electrical interconnects for 3-D multichip packaging. *IEEE Trans. Adv. Packag.*

29: 615-622.

85 Song, C., Wang, Z., Chen, Q. et al. (2008). High aspect ratio copper through-silicon-vias for 3D integration. *Microelect. Eng.* 85: 1952-1956.

86 Chang, H. H, Shih, Y. C., Hsiao, Z. C. et al. (2009). 3D stacked chip technology using bottom-up electroplated TSVs. IEEE Electronics Components and Technology Conference, 1177-1180.

87 Eun, C. K., Luo, X., Wang, J. -C. et al. (2014). A microdischarge-based monolithic pressure sensor. *IEEE J. Microelectromech. Syst.* 23: 1300-1310.

88 Zervas, M, Temiz, Y., Leblebici, Y. et al. (2010). Fabrication and characterization of wafer-level deep TSV arrays. IEEE Electronics Components and Technology Conference (ECTC), 1625-1630.

89 Moffat, T. P. and Josell, D. (2012). Extreme bottom-up superfilling of through-silicon-vias by damascene processing: suppressor disruption, positive feedback and turing patterns. *J. Electrochem. Soc.* 159: D208-D216.

90 Hoang, V. -H. and Kondo, K. (2017). Acceleration kinetic of copper damascene by chloride, SPS, and cuprous concentration computation in TSV filling. *J. Electrochem. Soc.* 164: D564-D572.

91 Hofmann, L., Ecke, R., Schulz, S. E. et al. (2011). Investigations regarding through silicon via filling for 3D integration by periodic pulse reverse plating with and without additives. *Microelect. Eng.* 88: 705-708.

92 Tian, Q., Cai, J., Zheng, J. et al. (2016). Copper pulse-reverse current electrodeposition to fill blind vias for 3-D TSV integration. *IEEE Trans. Comp. Packag. Manuf. Technol.* 6: 1899-1904.

93 Zhu, Q. S., Zhang, X., Liu, C. Z. et al. (2018). Effect of reverse pulse on additives adsorption and copper filling for through silicon via. *J. Electrochem. Soc.* 166: D3006-D3012.

94 Hayashi, T., Kondo, K., Saito, T. et al. (2011). High-speed through silicon via (TSV) filling using diallylamine additive. *J. Electrochem. Soc.* 158: D715-D718.

95 Willey, M. J. and West, A. C. (2007). SPS adsorption and desorption during copper electrodeposition and its impact on PEG adsorption. *J. Electrochem. Soc.* 154: D156-D162.

96 Dow, W. -P., Yen, M. -Y., Lin, W. -B. et al. (2005). Influence of molecular weight of Polyethylene Glycol on microvia filling by copper electroplating. *J. Electrochem. Soc.* 152: C769-C775.

97 Tsai, T. -H. and Huang, J. -H. (2011). Electrochemical investigations for copper electrodeposition of through-silicon via. *Microelect. Eng.* 88: 195-199.

98 Cao, Y., Taephaisitphongse, P., Chalupa, R. et al. (2001). Three-additive model of superfilling of copper. *J. Electrochem. Soc.* 148: C466-C472.

99 Tantavichet, N. and Pritzker, M. (2006). Copper electrodeposition in sulphate solutions in the presence of benzotriazole. *J. Appl. Electrochem.* 36: 49-61.

100 Beica, R, Siblerud, P., Sharbono, C. et al. (2008). Advanced metallization for 3D integration. IEEE Electronics Packaging Technology Conference, 212-218.

101 Moffat, T. P. and Yang, L. -Y. O. (2010). Accelerator surface phase associated with superconformal Cu electrodeposition. *J. Electrochem. Soc.* 157: D228-D241.

102 Fischer, A. C., Lapisa, M., Roxhed, N. et al. (2010). Selective electroless nickel plating on oxygen-plasma-activated gold seed-layers for the fabrication of low contact resistance vias and microstructures. IEEE Micro Electro Mechanical Systems Conference, 472-475.

103 Laakso, M. J., Bleiker, S. J., Liljeholm, J. et al. (2018). Through-glass vias for glass interposers

and MEMS packaging applications fabricated using magnetic assembly of microscale metal wires. *IEEE Access* 6: 44306-44317.

104 Fischer, A. C., Bleiker, S. J., Haraldsson, T. K. et al. (2012). Very high aspect ratio through-silicon vias (TSVs) fabricated using automated magnetic assembly of nickel wires. *J. Micromech. Microeng.* 22 (10): 105001.

105 Ko, Y. -K., Fujii, H. T., Sato, Y. S. et al. (2012). High-speed TSV filling with molten solder. *Microelect. Eng.* 89: 62-642.

106 Gu, J., Pike, W., and Karl, W. J. (2009). A novel capillary-effect-based solder pump structure and its potential application for through-wafer interconnection. *J. Micromech. Microeng.* 19 (7): 074005.

107 Saint-Patrice, D, Jacquet, F., Bridoux, C. et al. (2011). Ultra low cost wafer level via filling and interconnection using conductive polymer. IEEE Electronics Components and Technology Conference (ECTC), 1711-1716.

108 Shih, K., Nimura, M., Kanehira, Y. et al. (2013). Simple through silicon interconnect via fabrication using dry filling of sub-micron Au particles for 3D MEMS. *IEEE Micro Elect. Mech. Syst. Conf.*: 299-302.

109 Alfaro, J. A., Sberna, P. M., Silvestri, C. et al. (2018). Vacuum assisted liquified metal (VALM) TSV filling method with superconductive material. *IEEE Micro Electro Mech. Syst. Conf.*: 547-550.

110 Dubin, V. M., Lisunova, M. O., Walton, B. L. et al. (2017). Invar electrodeposition for controlled expansion interconnects. *J. Electrochem. Soc.* 164: D321-D326.

111 Fischer, A. C., Roxhed, N., Stemme, G. et al. (2010). Low-cost through silicon vias (TSVs) with wire-bonded metal cores and low capacitive substrate-coupling. *IEEE Micro Elect. Mech. Syst. Conf.*: 480-483.

112 http://www.teledynedalsa.com/semi/mems/toolbox/

113 Lietaer, N., Taklo, M. V., Schjølberg-Henriksen, K. et al. (2010). 3D interconnect technologies for advanced MEMS/NEMS applications. *ECS Trans.* 25: 87-95.

114 Lietaer, N., Summanwar, A., Bakke, T. et al. (2010). TSV development for miniaturized MEMS acceleration switch, *IEEE 3D Syst. Integr. Conf.*: 1-4.

115 Ikegami, N, Yoshida, T., Kojima, A. et al. (2016). Fabrication of through silicon via with highly phosphorus-doped polycrystalline Si plugs for driving an active-matrix nanocrystalline Si electron emitter array. 11th IEEE Annual International Conference on Nano/Micro Engineered and Molecular Systems (IEEE NEMS), 578-582.

116 Griffin, B. A., Chandrasekaran, V., and Sheplak, M. (2012). Thermoelastic ultrasonic actuator with piezoresistive sensing and integrated through-silicon vias. *IEEE J. Microelectromech. Syst.* 21: 350-358.

117 Midtbø, K., Rønnekleiv, A., Ingebrigtsen, K. A. et al. (2012). High-frequency CMUT arrays with phase-steering for in vivo ultrasound imaging. *IEEE Sens. Conf.*: 1-5.

118 Wu, G., Han, B., Cheam, D. D. et al. (2019). Development of six-degree-of-freedom inertial sensors with an 8-in advanced MEMS fabrication platform. *IEEE Trans. Industrial Elect.* 66: 3835-3842.

119 Kirsten, M., Wenk, B., Ericson, F. et al. (1995). Deposition of thick doped polysilicon films with low stress in an epitaxial reactor for surface micromachining applications. *Thin Solid Films* 259: 181-187.

120 Ayanoor-Vitikkate, V., Chen, K. -L., and Park, W. -T. (2009). Development of wafer scale encapsulation process for large displacement piezoresistive MEMS devices. *Sens. Actuat. A* 156: 275-283.

121 Kuisma, H. (2014). Glass isolated TSVs for MEMS. IEEE Electronics Systems-Integration Technology Conference, 1-5.

122 Himes, P. (2013). Vertical through-wafer insulation: enabling integration and innovation. *Solid State Technol.* 56: 13-17.

123 Jeong, Y., Serrano, D. E., and Ayazi, F. (2018). A wide-bandwidth tri-axial pendulum accelerometer with fully-differential nano-gap electrodes. *J. Micromech. Microeng.* 28: 115007.

124 Merdassi, A., Allan, C., Harvey, E. J. et al. (2017). Capacitive MEMS absolute pressure sensor using a modified commercial microfabrication process. *Microsyst. Technol.* 23: 3215-3225.

125 Marx, D. L, C. Acar, S. Akkaraju et al. (2010). Micromachined devices and fabricating the same. US Patent 8,710,599, 2010. 3. 8.

126 Acar, C. (2016). High-performance 6-Axis MEMS inertial sensor based on through-silicon via technology. IEEE International Symposium on Inertial Sensors Systems, 62-65.

127 Merdassi, A., Kezzo, M. N., Xereas, G. et al. (2015). Wafer level vacuum encapsulated tri-axial accelerometer with low cross-axis sensitivity in a commercial MEMS process. *Sens. Actuat. A* 236: 25-37.

128 Castoldi, L. The MEMS revolution. http://www.semi.org/eu/sites/semi.org/files/docs/STM.pdf

129 Grieco, B., Ausilio, D., Banfi, F. et al. (2004). A low-g 3 axis accelerometer for emerging automotive applications. In: *Advanced Microsystems for Automotive Applications*, 211-222. Springer.

130 Zhuang, X., Ergun, A. S., Huang, Y. et al. (2007). Integration of trench-isolated through-wafer interconnects with 2D capacitive micromachined ultrasonic transducer arrays. *Sens. Actuat. A* 138: 221-229.

131 Wodnicki, R., Woychik, C. G., Byun, A. T. et al. (2009). Multi-row linear cMUT array using cMUTs and multiplexing electronics. IEEE International Ultrasonics Symposium, 2696-2699.

132 Bergmann, Y., Reinmuth, J., Will, B. et al. (2013). Integration of a new through silicon via concept in a microelectronic pressure sensor. 14th International Conference Thermal, Mechanical, & Multi-Physics Simulation and Experiments in Microelectronics and Microsystems, 1-5.

133 http://www1.semi.org/eu/sites/semi.org/files/images/Eric%20Mounier%20-%20Future%20of%20MEMS.%20A%20Market%20and%20Technologies%20Perspective.pdf

134 Le, H. T., Mizushima, I., Nour, Y. et al. (2018). Fabrication of 3D air-core MEMS inductors for very-high-frequency power conversions. *Microsyst. Nanoeng.* 4: 17082.

135 Zhang, X., Yamaner, F. Y., Oralkan, Ö. et al. (2017). Fabrication of vacuum-sealed capacitive micromachined ultrasonic transducers with through-glass-via interconnects using anodic bonding. *IEEE J. Microelectromech. Syst.* 26: 226-234.

136 Kurtz, A. D, Ned, A. A., Epstein, A. H. et al. (2004). Ultra high temperature, miniature, SOI sensors for extreme environments, IMAPS International HiTEC Conference, 1-11.

137 Niklaus, F., Decharat, A., Forsberg, F. et al. (2009). Wafer bonding with nano-imprint resists as sacrificial adhesive for fabrication of silicon-on-integrated-circuit (SOIC) wafers in 3D integration of MEMS and ICs. *Sens. Actuat. A* 154: 180-186.

138 Zimmer, F., Lapisa, M., Bakke, T. et al. (2011). One-megapixel monocrystalline-silicon

micromirror array on CMOS driving electronics manufactured with very large-scale heterogeneous integration. *IEEE J. Microelectromech. Syst.* 20: 564-572.

139 Xue, X., Xiong, H., Song, Z. et al. (2019). Silicon diode uncooled focal plane array with three-dimensional integrated CMOS readout circuits. *IEEE Sens. J.* 19 (2): 426-434.

140 Esashi, M. and Tanaka, S. (2016). Stacked integration of MEMS on LSI. *Micromachines* 7: 137.

141 Tanaka, S., Park, K. D., and Esashi, M. (2012). Lithium-niobate-based surface acoustic wave oscillator directly integrated with CMOS sustaining amplifier. *IEEE Trans. Ultrason. Ferroelectr. Freq. Contr.* 59: 1800-1805.

142 Matsuo, K., Moriyama, M., Esashi, M. et al. (2012). Low-voltage PZT-actuated MEMS switch monolithically integrated with CMOS circuit. IEEE International Conference On Micro Electro Mechanical Systems, 1153-1156.

143 Steller, W., Meinecke, C., Gottfried, K. et al. (2014). SIMEIT-Project: high precision inertial sensor integration on a modular 3D-interposer platform. IEEE Electronics Components and Technology Conference, 1218-1225.

144 Santagata, F., Farriciello, C., Fiorentino, G. et al. (2013). Fully back-end TSV process by Cu electro-less plating for 3D smart sensor systems. *J. Micromech. Microeng.* 23: 055014.

145 Chou, L.-C, Lee, S.-W., Huang, P.-T. et al. (2014). Integrated microprobe array and CMOS MEMS by TSV technology for bio-signal recording application. IEEE Electronic Components and Technology Conference, 512-517.

146 Lam, K.-T., Chen, Y.-H., Hsueh, T.-J. et al. (2016). A 3-D ZnO-nanowire smart photo sensor prepared with through silicon via technology. *IEEE Trans. Elect. Dev.* 63: 3562-3566.

147 Charbonnier, J., Henry, D., Jacquet, F. et al. (2008). Wafer level packaging technology development for CMOS image sensors using through silicon vias. IEEE Electronic System-Integration Technology Conference, 141-148.

148 de Veen, P. J., Bos, C., Hoogstede, D. R. et al. (2015). High-resolution x-ray computed tomography of through silicon vias for RF MEMS integrated passive device applications. *Microelect. Reliab.* 55: 1644-1648.

149 Hata, Y., Suzuki, Y., Muroyama, M. et al. (2018). Integrated 3-axis tactile sensor using quad-see-saw-electrode structure on platform LSI with through silicon vias. *Sens. Actuat. A* 273: 30-41.

150 Hsu, W.-T. (2008). Resonator miniaturization for oscillators. IEEE International Frequency Control Symposium, 392-395.

151 The advantages of integrated MEMS to enable the internet of moving things. http://www.mcubemems.com/wp-content/uploads/2014/06/mCube-Advantagesof-Integrated-MEMS-Final-0614.pdf

152 Ferrandoni, C., Grecoi, F., Lagouttei, E. et al. (2010). Hermetic wafer-level packaging development for RF MEMS switch. IEEE Electronics System-Integration Technology Conference, 1-6.

153 Gueye, R., Lee, S. W., Akiyama, T. et al. (2013). High-temperature compatible 3D-integration processes for a vacuum-sealed CNT-based NEMS. *Proc. SPIE* 8614: 86140H.

154 Chu, H. M., Sasaki, T., and Hane, K. (2018). Wafer-level vacuum package of two-dimensional micro-scanner. *Microsyst. Technol.* 24: 2159-2168.

155 Chu, H. M., Vu, H. N., Hane, K. et al. (2013). Electric feed-through for vacuum package using double-side anodic bonding of silicon-on-insulator wafer. *J. Electrostat.* 71: 130-133.

156 Xiao, W, Miscourides, N., Georgiou, P. (2017). A novel ISFET sensor architecture using through-silicon vias for DNA sequencing. IEEE International Symposium of Circuits and Systems, 1-4.

157 Hofmann, L., Dempwolf, S., Reuter, D. et al. (2015). 3D integration approaches for MEMS and CMOS sensors based on a Cu through-silicon-via technology and wafer level bonding. *SPIE* 9517: 951709.

158 https://silexmicrosystems.com/2012/04/17/silex-microsystems-met-via-technology-enables-through-mold-via-applications/

159 Nicolas, S, Greco, F., Caplet, S., et al. (2014). High vacuum wafer level packaging for high-value MEMS applications. IEEE Electronics Components and Technology Conference, 1714-1721.

160 Chung, S. -H., Lee, S. -K., Ji, C. -H. et al. (2019). Vacuum packaged electromagnetic 2D scanning micromirror. *Sens. Actuat. A* 290: 147-155.

161 Bauer, T. (2007). High density through wafer via technology, NSTI-Nanotech, 116-119.

附　录

附录1　术语对照

1,2,3-benzotriazole（BTA），1,2,3-苯并三氮唑
1P6M（one poly Si layer and six metal layers）process，1P6M（1层多晶硅和6层金属）工艺
2P4M（two poly Si layers and four metal layers）process，2P4M（2层多晶硅和4层金属）工艺
3D hybrid integrated chip stack，三维混合集成芯片堆叠
3D MEMS integration and WLVP，三维微机电系统集成和晶圆级真空封装
3D-integration and high precision sensors，三维集成和高精度传感器
3-mercapto-1-propanesulfonic acid（MPS），3-巯基-1-丙磺酸

a

absolute pressure sensor，绝对压力传感器
accelerometer，加速度计
active DWP（ADWP），有源溶片工艺
active matrix electron emitter array，有源矩阵电子发射器阵列
actuator，执行器、致动器
adhesion，黏接、黏附
adhesive wafer bonding，黏合剂晶圆键合
advanced piezoresistive pressure sensor，先进压阻式压力传感器
advanced porous silicon membrane（APSM），先进多孔硅膜
air-gap insulator，气隙绝缘体
air-gap polysilicon TSV，气隙多晶硅基底通孔
air-gap TSV，气隙基底通孔
Al-Ge bonding for microcap，微盖 Al-Ge 键合
AlN contour mode resonator（CMR），氮化铝轮廓模式谐振器
aluminum nitride（AlN），氮化铝

amorphous silicon deposition，非晶硅沉积
amperometry，电流滴定法
amplitude-to-phase modulation（AM-PM）phase noise conversion，振幅相位调制相位噪声转换
analog-to-digital conversion（ADC），模数转换
anchor loss，锚损耗
anisotropic wet etching，各向异性湿法刻蚀
anodic bonding，阳极键合
anti-stick layer，防粘层
application-specific integrated circuit（ASIC），专用集成电路
atmospheric-pressure chemical vapor deposition（APCVD），常压化学气相沉积
atomic layer deposition（ALD），原子层沉积
atomic migration，原子迁移

b

back-end CMOS interconnect process，后道CMOS互连工艺
back-end-of-line（BEOL），后道工序
ballistic electron，弹道电子
bandwidth（BW），带宽
$BaSrTiO_3$（BST），钛酸锶钡
benzocyclobutene（BCB），苯并环丁烯
bimorph thermal actuator，双晶片热执行器
binary-weighted capacitor array，二进制加权电容器阵列
biochemical sensor，生化传感器
bipolar and CMOS（BiCMOS），双极CMOS电路
blade test，刀片测试
bond and etch-back SOI（BESOI），键合减薄绝缘体上硅
bond and etch-back，键合减薄工艺
boron-doped diamond（BDD），掺硼金刚石

Bosch process，Bosch 工艺
BST varactor，钛酸锶钡变容二极管
buffer oxide etch（BHF/BOE），缓冲氧化物刻蚀
bulk micromachining，体微加工
bump bonding，凸块键合
buried oxide（BOX），埋层氧化物、氧化埋层

c

cantilever and microscanner，悬臂和微扫描仪
cantilever piezoresistive sensor，悬臂式压阻传感器
capacitance detection circuit，电容检测电路
capacitive accelerometer，电容式加速度计
capacitive avian influenza virus sensor，电容式禽流感病毒传感器
capacitive micromachined ultrasonic transducer（CMUT），电容式微机械超声换能器
capacitive pressure sensor，电容式压力传感器
capacitive sensor，电容式传感器
capacitive transduction，电容换能
capillary force based biosensor，基于毛细力的生物传感器
cavity pressure，空腔压力
cavity SOI technology，空腔 SOI 技术
cavity vacuum pressure，空腔真空压力
ceramic quad flatpack（CQFP），陶瓷四方扁平封装
charge and voltage distribution，电荷和电压分布
chemical etching reactions，化学刻蚀反应
chemical mechanical planarization（CMP），化学机械平坦化
chemical mechanical polishing（CMP），化学机械抛光
chemical vapor deposition（CVD），化学气相沉积
chip level transfer，芯片级转移
chip-in-polymer，聚合物内芯片
CMEMS® process，CMEMS® 工艺
CMOS electronics，CMOS 电子学
coefficient of thermal expansion（CTE），热膨胀系数
combo sensor，复合传感器
complementary metal oxide semiconductor（CMOS），互补金属氧化物半导体
composition，组成
compressive stress，压应力
conductive polymer，导电聚合物
conductor formation，导体形成
conductor material，导体材料
contour mode resonator（CMR），轮廓模式谐振器
conventional Al metallization，常规铝金属化
conventional single-unit pressure sensor，传统单体单元压力传感器
copper，铜
Coriolis force，科里奥利力（科氏力）
cost analysis，成本分析
creatinine detection，肌酐检测
creep resistance，抗蠕变性
creep，蠕变
cross-unit Wheatstone-bridge，跨单元惠斯通电桥
CTE mismatch，热膨胀系数失配
Cu deposition rate，铜沉积速率
cyclic voltammogram，循环伏安图

d

deep hole etching，深孔刻蚀
deep reactive ion etching（DRIE），深反应离子刻蚀
deep-etch shallow-diffusion process，深刻蚀浅扩散工艺
deposition method，沉积方法
deposition sealing，沉积密封
deposition，沉积
depressing thermal-mismatch stress，抑制热失配应力
design of experiment（DoE），试验设计
design rule check（DRC），设计规则检查
desired SiGe properties for MEMS，MEMS 所需的 SiGe 特性
device transfer，器件转移
diaphragm bending stress，膜片弯曲应力
dielectric charging，电介质层（介电层）充电
diffusion-based methods，基于扩散的方法
digital micromirror device（DMD），数字微镜器件
digital offset trimming，数字偏移调整
direct bonded copper（DBC），直接键合铜
direct bonding，直接键合
direct current（DC）magnetron sputtering，直流磁控溅射
direct wafer bonding，直接晶圆键合
dissolved wafer process（DWP），溶片工艺
distortion，变形

distributed tactile sensor，分布式触觉传感器
dopamine detection，多巴胺检测
doped poly Si，掺杂多晶硅
double-ended tuning fork (DETF)，双端音叉
dry film resist (DFR)，干膜光刻胶
dry-etch BCB，干法刻蚀 BCB
dry-etching process，干法刻蚀工艺
dual bath technology (DBT)，双浴法
dual damascene-like process，双大马士革（双镶嵌）工艺
dual thick poly Si，双厚层多晶硅
dual-unit pressure sensor，双单元压力传感器
dual-unit PS^3 sensor，双单元 PS^3 传感器
dual-unit sensor，双单元传感器
dynamic device，动态器件

e

elastic recoil detection analysis (ERDA)，弹性反冲探测分析
elastomeric polymers，弹性聚合物
electrical conductor，电导体
electrochemical deposition (ECD)，电化学沉积
electrochemical etch-stop (ECE)，电化学刻蚀停止
electrochemical oxidation，电化学氧化
electrochemical reaction，电化学反应
electrode materials and lifetime of PZT thin film，PZT 薄膜电极材料和寿命
electrode module，电极模块
electron beam exposure system，电子束曝光系统
electron beam lithography，电子束光刻
electron cyclotron resonance (ECR) source，电子回旋共振源
electroplating，电镀
electrostatic bonding，静电键合
empty space in silicon (ESS)，硅内部空腔
encapsulation and electrical interconnection，封装和电气互连
encapsulation process，封装工艺
endoscopic optical coherence tomography (EOCT)，内窥光学相干断层成像
enhance crystallization，促进结晶
enhanced bulk micromachining based on MIS process，基于 MIS 工艺的增强体微加工技术
epi-poly Si，外延多晶硅
epi-seal process，Epi-Seal（外延-密封）工艺
epitaxial poly Si surface micromachining，外延多晶硅表面微加工
ethylenediamine pyrocatechol water (EPW)，乙二胺邻苯二酚水
etching techniques of Si，硅刻蚀技术
eutectic bonding，共晶键合

f

fabrication complexity and cost，制造复杂性和工艺成本
fabrication process，制造工艺
femtosecond laser，飞秒激光
Fe-Ni-Co alloy，铁镍钴合金
field assisted bonding，场辅助键合
film bulk acoustic resonator (FBAR)，薄膜体声波谐振器
film thickness and Ge content，薄膜厚度和锗含量
film transfer，薄膜转移
filter frequency responses，滤波器频率响应
finite element analysis (FEA)，有限元分析
flip-chip bonding，倒装芯片键合
flip-chip bump-bonding process，倒装芯片凸块键合工艺
foil type RMS，箔型 RMS
force feedback loop，力反馈回路
free-free beam (FFB)，两端自由梁
front-end-of-line (FEOL)，前道工序

g

gap measurement，间隙测量
gas and humidity sensors，气体和湿度传感器
gas sensor，气体传感器
generic fabrication platform，通用制造平台
germanium content，锗含量
germanium sacrificial layer，锗牺牲层
glass bonding process，玻璃键合工艺
glass frit，玻璃熔块、玻璃浆料
glass reflow process，玻璃回流工艺
glass-Si anodic bonding，玻璃-硅阳极键合
gold wire bonding，金丝键合

grain growth，晶粒生长
grain reorientation，晶粒重定向

h

hepatitis B virus (HBV)，乙型肝炎病毒
hermetic packaging，气密性封装
hermetic sealing，密封
hermetically sealed electrical feedthrough conductor，气密性电馈通导体
hermeticity testing，气密性测试
heterogeneous integration，异构集成
heterogeneously integrated aluminum nitride MEMS resonators and filters，异构集成氮化铝 MEMS 谐振器和滤波器
heterojunction bipolar junction transistors，异质结双极晶体管
HF/ HNO_3/ CH_3COOH (HNA)，氢氟酸/硝酸/乙酸
high aspect ratio，高深宽比、高深径比
high density plasma (HDP) oxide，高密度等离子体氧化物
high vacuum cavity，高真空腔
high-resolution transmission electron microscope (HRTEM)，高分辨率透射电子显微镜
high-temperature annealing，高温退火
hinge memory，铰链记忆
hollow TSV，空心 TSV
hybrid integration，混合集成
hybrid polymer，杂化聚合物
hydrogen annealing，氢退火
hydrogen dilution，氢稀释
hydrogen peroxide release，释放过氧化氢
hydrophilic bonding，亲水键合
hydrophilic wafer bonding，亲水晶圆键合

i

implantable telemetry capsule，植入式遥测胶囊
inductive coupled plasma source，电感耦合等离子体源
inductive heating，感应加热
inductive sensor，电感式传感器
inductively coupled plasma (ICP)，感应耦合等离子体
infrared (IR) sensor，红外传感器
initial deformation，初始变形
in-plane X-axis cantilever-mass accelerometer，平面 X 轴悬臂式质量加速度计
insertion loss，插入损耗
insulated-gate bipolar transistor (IGBT)，绝缘栅双极晶体管
integrated capacitive pressure sensor，集成电容压力传感器
integrated capacitive sensors，集成电容传感器
integrated reactive material systems (iRMS)，集成反应材料体系
interconnection by electroplating，电镀互连
interconnection methods，互连方式
interdiffusion coefficient，互扩散系数
interdigital fringing electrodes，叉指边缘电极
interdigital sensing electrodes，叉指传感电极
interface formation，界面形成
interface loss，界面损失
intermediate thin film，中间薄膜
intermediate-layer bonding，中间层键合
isotropic etching method，各向同性刻蚀法
isotropic phenomenon，各向同性

j

Janus Green B (JGB)，詹纳斯绿 B、健那绿

k

Kirkendall void，柯肯德尔孔洞
KOH etching，KOH 刻蚀
Kovar-alloy，可伐合金

l

laser ablation，激光烧蚀
laser soldering，激光钎焊
laser-recrystallized piezoresistive micro-diaphragm pressure sensor，激光再结晶压阻式微型隔膜压力传感器
lateral feedthrough interconnection，横向馈通互连
lead zirconate titanate (PZT)，锆钛酸铅
lifetime，寿命
LIGA like ultraviolet (UV) technology，类 LIGA 紫外线技术
liquid encapsulation，液体封装
lithographie, galvanoformung, abformung (LIGA)，光刻、电铸和注塑
lithography/etching method，光刻/刻蚀方法

local solder assembly process，局部焊料封装工艺
localized polymer wafer bonding，局部聚合物晶圆键合
long-time stability，长期稳定性
low resistivity metal and poly Si，低电阻率金属和多晶硅
low temperature co-fired ceramics（LTCC），低温共烧陶瓷
low temperature SiO_2（LTO），低温二氧化硅
low-melting-point glass，低熔点玻璃
low-pressure chemical vapor deposition（LPCVD），低压化学气相沉积
low-temperature CVD oxide，低温 CVD 氧化物
low-temperature oxide（LTO），低温氧化物

m

magnetic flux，磁通量
Mallory bonding，Mallory 键合
manifold absolute pressure（MAP），歧管绝对压力
Marangoni effect dryer，马兰戈尼效应干燥装置
mass flow controller（MFC），流量控制器
mass flow meter（MFM），流量计
massive parallel electron beam write（MPEBW），大规模并行电子束直写
Maszara method，Maszara 方法
material loss，材料损失
material properties comparison，材料性能对比
material system，材料体系
MEMS device，MEMS 器件
MEMS switch，MEMS 开关
metal bonding，金属键合
metal compression sealing，金属压缩密封
metal oxide，金属氧化物
metal sacrificial，金属牺牲
metal surface micromachining，金属表面微加工
metal thermocompression bonding，金属热压键合
metal TSV，金属 TSV
metal wafer bond technology，金属晶圆键合技术
micro cantilever，微悬臂
micro system，微系统
micro-electro-mechanical-system（MEMS），微机电系统
microelectronics and micro-mechanical components，微电子和微机械元件
microencapsulation，微封装
microfabrication，微制造
microfluidic structure，微流体结构
microfluidic inclinometer，微流体倾角计
micro-hole trench，微孔沟槽
micro-holes interetch and sealing（MIS），微孔间刻蚀与密封
micromachining，微加工
microstructure（MICS），微结构
MEMS integrated design for inertial sensors（MIDIS）technology，惯性传感器 MEMS 集成设计技术
migration phenomena，迁移现象
minimally invasive surgery，微创手术
molten solder filling，熔化焊料填充
monolithic SON technology pipe-and plate-shaped cavities，管状和板状空腔的单片 SON 技术
monolithically integrated switched capacitor circuit，单片集成开关电容电路
morphotropic phase boundary（MPB），准同型相界
multi-project wafer（MPW），多项目晶圆
multi-sensor integration，多传感器集成

n

nano-electro-mechanical（NEM）switch，纳米机电开关
nano-imprint lithography，纳米压印光刻
nano-imprinting resist mr-I 9000 series，纳米压印光刻胶 mr-I 9000 系列
nanosecond laser heating/bonding process，纳秒激光加热/键合工艺
narrow-ditch trench，窄沟槽
Ni electroplating，镍电镀
non-cryogenic steady-state etching，非低温稳态刻蚀
non-evaporable getter（NEG），非蒸散型吸气剂
nonlinearity，非线性

o

open circuit potential（OCP），开路电位
optical deflection sensor，光学偏转传感器
orientation control，取向控制
orientation，取向
out of band-rejection（OBR），带外抑制
oxide based integrated reactive material systems（oiRMS），基于氧化物的集成反应材料体系

oxide dry etching，氧化物干法刻蚀
oxide sacrificial，氧化物牺牲
oxide-rich double-ended tuning-fork (DETF) resonator，富氧化物双端音叉谐振器
oxygen generation，氧气生成

p

P+G integrated sensors，P+G 集成传感器
packaged resonator，封装谐振器
packaging stress suppressing suspension，封装压力抑制装置
packaging, sealing and interconnection，封装、密封和互连
pad module，焊盘模块
parasitic capacitance，寄生电容
particle control，颗粒控制
parylene，聚对二甲苯
periodic pulse reverse (PPR) currents，周期脉冲反向电流
phase locked loop (PLL)，锁相环
phase noise，相位噪声
phosphosilicate glass (PSG)，磷硅玻璃
photolithographic technique，光刻技术
photolithography，光刻法
photosensitive polymer，光敏聚合物
physical sensor，物理传感器
physical vapor deposition (PVD)，物理气相沉积
piezoelectric cantilevers，压电悬臂（梁）
piezoelectric material，压电材料
piezoelectric MEMS，压电 MEMS
piezoresistive accelerometer，压阻式加速度计
piezoresistive sensor，压阻式传感器
piezoresistive Si accelerometer，压阻硅加速度计
piezoresistive Wheatstone-bridge，压阻惠斯通电桥
piezoresistor，压敏电阻
PinG configuration，PinG 配置
piranha treatment，食人鱼溶液刻蚀
Pirani vacuum gauge，皮拉尼真空计
planar fabrication technology，平面制造技术
planar multilayer stack，平面多层堆叠
planar multilayer system，平面多层体系
plasma based etching，基于等离子体的刻蚀

plasma enhanced chemical vapor deposition (PECVD)，等离子体增强化学气相沉积
plastic deformation，塑性变形
plastic molding，塑料成型
plate-shaped cavity，板状空腔
plug module，插槽模块
plug-up process，插塞工艺
poly(ether-urethane) (PEUT)，聚醚氨酯
polycrystalline Si (poly Si)，多晶硅
polydimethylsiloxane (PDMS)，聚二甲基硅氧烷
polyethylene glycol (PEG)，聚乙二醇
polyethylene-2,6-naphthalate (PEN)，聚 2,6-萘二甲酸乙二酯
polyimide (PI)，聚酰亚胺
polymer adhesion mechanism，聚合物黏接机理
polymer bonding，聚合物键合
polymer insulator，聚合物绝缘体
polymer，聚合物
polypropylene glycol (PPG)，聚丙二醇
polypyrrole film，聚吡咯薄膜
poly-SiGe surface micromachining，多晶 SiGe 表面微加工
poly-silicon deposition，多晶硅沉积
polysilicon piezoresistor，多晶硅压敏电阻
poly-silicon thin-film diaphragm，多晶硅薄膜膜片
polysilicon，多晶硅
porous silicon，多孔硅
post-CMOS process，后 CMOS 工艺
post-CMOS integration，后 CMOS 集成
pressure sensor，压力传感器
printed circuit board (PCB)，印制电路板
probability density function (PDF)，概率密度函数
process flow，工艺流程
process monitoring and maintenance，过程监测和维护
process parameter，工艺参数
process space mapping，过程空间映射
properties of polymer，聚合物性能
pulse method，脉冲法
pulsed laser deposition (PLD)，脉冲激光沉积
Pyrex glass wafer，Pyrex 玻璃晶圆

q

quality factor，品质因数

r

radio frequency (RF) magnetron sputtering, 射频磁控溅射
reaction sealing, 反应密封
reactive bonding, 反应键合
reactive deposition, 反应沉积
reactive ion etching (RIE), 反应离子刻蚀
reactive material system (RMS), 反应材料体系
readout circuit integration, 读出电路集成
redistribution layer (RDL), 重布线层
reduced-pressure chemical vapor deposition (RPCVD), 减压化学气相沉积
resonator for electronic timing, 电子定时谐振器
release etching, 释放刻蚀
repeatable physical vapor deposition techniques, 可重复物理气相沉积技术
residual stress, 残余应力
residual stresses of thin films, 薄膜残余应力
resistive heating, 电阻加热
resistive sensors, 电阻传感器
resonant sensors, 谐振传感器
resonator, 谐振器
resorcinol-formaldehyde (RF) aerogel, 间苯二酚-甲醛气凝胶
RIE & DRIE, 反应离子刻蚀与深反应离子刻蚀
root mean square roughness (RMS), 均方根粗糙度

s

sacrificial bulk micromachining (SBM), 牺牲体微加工
sacrificial etching, 牺牲刻蚀
sacrificial layer, 牺牲层
"scar-free" pressure sensor chip, "无痕"压力传感器芯片
SCREAM process, 单晶反应刻蚀及金属化工艺
sealing and interconnection methods, 密封和互连方法
selective etching, 选择性刻蚀
self-aligned effect, 自对准效应
self-aligned metallization, 自对准金属化
self-aligned process, 自对准工艺
self-assembled beam-steering micromirror, 自组装光束控制微镜
self-assembly, 自组装
self-healing filters, 自愈滤波器
self-propagating exothermic reaction (SER), 自蔓延放热反应
self-propagating high-temperature synthesis (SHS), 自蔓延高温合成
self-propagating reaction heating, 自蔓延反应加热
Semiconductor Manufacturing International Corporation (SMIC), 中芯国际
sensing film, 传感膜
sensor hub, 传感器中枢
sensor, 传感器
shape memory alloy actuators, 形状记忆合金执行器
shell packaging, 外壳封装
Si diaphragm vacuum gauges, 硅隔膜真空计
silicon beam, 硅梁
silicon dioxide insulators, 二氧化硅绝缘体
silicon dry etching, 硅干法刻蚀
silicon etching phenomena, 硅刻蚀现象
silicon fusion bonding, 硅熔融键合
silicon micromirror array, 硅微镜阵列
silicon on glass (SOG), 玻璃上硅
silicon on insulator (SOI), 绝缘体上硅
silicon on nothing (SON), 空腔上硅
silicon on sapphire (SOS), 蓝宝石上硅
silicon optical bench (SiOB) assembly, 硅光学平台组装
single bath technology (SBT), 单浴法
single-axis and tri-axis accelerometer, 单轴和三轴加速度计
single-crystal reactive etching and metallization (SCREAM) process, 单晶反应刻蚀及金属化工艺
single-crystal silicon (SCS), 单晶硅
single-pole four-throw multiplexer configuration, 单刀四掷 (SP4T) 多路复用器配置
single-wafer single-sided silicon-on-nothing processes, 单晶圆单面 SON 工艺
slit module, 狭缝模块
smart cut process, 智能剥离工艺
SOI micromachining MPW processes, SOI 微机械 MPW 工艺
SOI multiuser MEMS process (SOIMUMPs), SOI

多用户 MEMS 工艺
solder glass，焊料玻璃
solder jet bumping process，焊料喷射凸块工艺
solder reflow process，焊料回流工艺
soldering by local heating，局部加热钎焊
sol-gel method，溶胶-凝胶法
sol-gel orientation control，溶胶-凝胶方向控制
sol-gel，溶胶-凝胶
solid liquid interdiffusion bonding (SLID)，固液互扩散键合
spacer layer deposition，间隔层沉积
spacer layer etch，间隔层刻蚀
spacer module，间隔模块
spontaneous bonding，自发键合
sputtering，溅射
static device，静态器件
statistical element selection (SES)，统计元素选择
steady-state etching，稳态刻蚀
STMicroelectronics，意法半导体（公司）
stress-free film，无应力薄膜
structural SiGe module，结构化 SiGe 模块
structure module，结构模块
sub-atomspheric chemical vapor deposition (SACVD)，低压化学气相沉积
superconformal plating，超保形电镀
super-critical rinsing and drying，超临界冲洗和干燥
surface acoustic wave (SAW) filter，表面声波滤波器
surface activated bonding (SAB)，表面活化键合
surface micromachining like process，类表面微加工工艺
surface micromachining processes，表面微加工工艺
surface mounting technique (SMT)，表面贴装技术
surface sputter etching，表面溅射刻蚀
system in package (SiP) MEMS，系统级封装 MEMS
system on chip (SoC) MEMS，片上系统 MEMS

t

tactile sensor network，触觉传感器网络
tactile sensor，触觉传感器
temperature coefficient of elastic modulus (TC_E)，弹性模量温度系数
temperature coefficient of frequency (TC_f)，频率温度系数
temperature coefficient of offset (TCO)，温度偏移系数
temperature stability，温度稳定性
temperature-dependent resistor，热变电阻
tensile stress，拉伸应力
test evaluation group (TEG)，测试评估组
tetramethylammonium hydroxide (TMAH)，四甲基氢氧化铵
thermal annealing，热退火
thermal conduction process，热传导过程
thermal deformation，热变形
thermal oxidation，热氧化
thermal piezoresistive resonators (TPR)，热压阻谐振器
thermal treatment to silicon surface，热处理对硅表面的影响
thermite reactions，铝热反应
thermoelastic damping (TED)，热弹性阻尼
thermoplastic polymer，热塑性聚合物
thermosetting polymer，热固性聚合物
thick epi-poly silicon layer，厚外延多晶硅层
thick film deposition，厚膜沉积
thin film bulk acoustic resonator (TFBAR)，薄膜体声波谐振器
thin film composition and orientation，薄膜成分和取向
thin film deposition，薄膜沉积
thin-film encapsulation (TFE)，薄膜封装
three-degree-of-freedom (3-DOF) accelerometer，三自由度加速度计
through glass via interconnection，玻璃通孔互连
through glass vias (TGV)，玻璃通孔
through Si via interconnection，硅通孔互连
through-substrate-vias (TSV)，基底通孔
time-sequence control，时序控制
TiN-composite (TiN-C)，TiN 复合材料
tire pressure monitoring system (TPMS)，轮胎压力监测系统
traditional bulk micromachining process，传统体微加工
transversal ultrasonic bonding，横向超声波键合
tri-axis accelerometer，三轴加速度计
TUB (thin-film under bulk)，体硅下薄膜技术
tunable SAW filter，可调式表面声波滤波器

tungsten,钨
two multi-pore dopant injectors,双多孔掺杂剂喷射器

u

ultra-miniaturized wireless sensor nodes,超小型化无线传感器节点
ultrasonic Al-Al bonding,超声波 Al-Al 键合
ultrasonic frictional heating,超声波摩擦加热
ultrasonic soldering technique,超声波钎焊技术
ultrasonication,超声处理
under bump metallization (UBM),凸块下金属化
UV curing,紫外固化
UV nanoimprint lithography,紫外纳米压印光刻
UV-curable thermosetting polymers,紫外固化的热固性聚合物

v

vacuum encapsulation/vacuum packaging,真空封装
vacuum sealing,真空密封
Venice process for sensors (VENSENS),Venice 传感器工艺
vertical feedthrough interconnection,垂直馈通互连
vertical furnace,立式炉
vertical multilayer stack,垂直多层堆叠
vertical pillar systems,垂直支柱系统
vertical reactive material systems,垂直反应材料体系
vertical Z-axis cantilever-mass accelerometer,垂直 Z 轴悬臂式质量加速度计
vertical-parallel-plate (VPP) sensing capacitor,垂直平行板传感电容器
vertical-parallel-plate (VPP),垂直平行板
via-first,先通孔
via-last,后通孔
viscoelastic heating,黏弹性加热
void formation,孔洞形成
volatile organic compounds (VOC),挥发性有机化合物
voltage-controlled oscillator,压控振荡器

w

wafer direct bonding,晶圆直接键合
wafer fusion bonding,晶圆熔融键合
wafer level liquid compression seal,晶圆级液体压缩密封
wafer level packaging (WLP),晶圆级封装
wafer level transfer,晶圆级转移
wafer transfer,晶圆转移
wafer-level vacuum packaging (WLVP),晶圆级真空封装
wafer-to-wafer alignment in,晶圆间对准
wet etching,湿法刻蚀
wire bonding,引线键合
working frequencies,工作频率

x

X-ray fluorescence (XRF) spectrometry,X 射线荧光光谱

附录 2 单位换算

$1\ \text{in} = 0.0254\ \text{m}$

$1\ \text{Å} = 10^{-10}\ \text{m}$

$1\ \text{bar} = 10^5\ \text{Pa}$

$1\ \text{atm} = 101325\ \text{Pa}$

$1\ \text{Torr} = 1\ \text{mmHg} = 133.3224\ \text{Pa}$

$1\ \text{P} = 0.1\ \text{Pa} \cdot \text{s}$

$1\ \text{atm} \cdot \text{cc/s} = 0.101\ \text{Pa} \cdot \text{m}^3/\text{s}$

$1\ \text{ppm} = 10^{-6}$

$1\ \text{ppb} = 10^{-9}$